サプライ・チェインの設計と管理

コンセプト 戦略・事例

普及版

D. スミチ・レビ＋P. カミンスキ＋E. スミチ・レビ 著
David Simchi-Levi　Philip Kaminsky　Edith Simchi-Levi

久保幹雄 監修
伊佐田文彦＋佐藤泰現＋田熊博志＋宮本裕一郎 訳

Designing and Managing the
Supply Chain

朝倉書店

Designing and Managing the Supply Chain
Concepts, Strategies, and Case Studies

David Simchi-Levi
Northwestern University, Evanston, Illinois

Philip Kaminsky
University of California, Berkeley

Edith Simchi-Levi
LogicTools, Inc., Northbrook, Illinois

Copyright © 2000 by The McGraw-Hill Companies, Inc.
All rights reserved.
Japanese translation rights arranged with
The McGraw-Hill Companies, Inc.
through Japan UNI Agency, Inc., Tokyo.

まえがき

　ここ数年，サプライ・チェイン・マネジメントに関する出版物は爆発的に増えている．多くの本が出版され，学術雑誌，商業雑誌，大衆雑誌にはたくさんの記事が見うけられる．これらの出版物はいくらか技術的であり，そのため初心者・初学者にはとっつきにくいものであったり，あるいは扱う話題の幅や深さが欠けていたりする．それゆえ，経営学あるいは工学の学生にサプライ・チェイン・マネジメントを教えるために適した本を探すのはむずかしい．しかしそんな問題をこの本『サプライ・チェインの設計と管理』が解決してくれた！

　この本はサプライ・チェインを扱うものすべてにとって道しるべとなるものであり，その貢献は大きい．これはサプライ・チェインに関する話題を深く総括的にカバーし，かつ，この分野の主要な難題を明確に表している最初の本といっていい．この本は，長年サプライ・チェイン・マネジメントに関して研究，コンサルティング，ソフトウェア開発をしてきた学界・産業界の専門家によって書かれている．

　この本は，古典的なもの新しいものを問わず多くの事例を含むとともに，在庫管理，ネットワーク設計，ストラテジックな提携などの技術的観点から深く分析されている．そのため大学学部生，修士学生を対象としたサプライ・チェイン・マネジメントの授業のテキストとして理想的である．各章は独立しているので，授業の長さと内容に従って，教える側が適切な章をかいつまんで利用することもできる．

　サプライ・チェイン・マネジメントを企業戦略の中核としてとらえている企業も多く，この本はそういった企業でサプライ・チェイン構築プロセスにかかわる実務家にとっても興味深いものとなるであろう．

サプライ・チェインを扱う者のために，このようなすばらしいテキストを書いた著者に感謝の意を表したい．

　Hau L. Lee
　スタンフォード大学教授
　スタンフォード大学 グローバル・サプライ・チェイン評議会 理事

序

　我々はノースウェスタン大学において多くのサプライ・チェイン・マネジメントコースや経営者教育プログラムを教えており，LogicTools 社において多くのコンサルティング・プロジェクトを手がけ，サプライ・チェイン意思決定支援システムを開発した．この本はそういった背景から生まれたものである．ノースウェスタン大学の生産管理プログラム，Kellog School of Business と McCormick School of Engineering の MBA 共同プログラム，Kellog 校の経営者教育プログラムは多くの画期的かつ効果的なサプライ・チェイン教育コンセプトを生み出した．これらのプログラムは，サプライ・チェインの設計・管理・運用に関して最近開発された重要なモデル・解決手法を，わかりやすい形で，提供することに焦点を当てていた．LogicTools 社で開発された意思決定支援システムやコンサルティング・プロジェクトはこれら最新の技術を使ってクライアントが直面している個々の問題を解くことに焦点を当てていた．

　サプライ・チェイン・マネジメントに対する関心は，産業界でも学界でも，ここ数年急速に大きくなっている．この傾向を支える要因はたくさんある．第一に，近年，多くの企業がその生産費用を現実として可能な限り減らしたということが明らかになった．そしてこれらの企業の多くは，サプライ・チェインをもっと効率的に計画し運用することによって多大な費用削減ができることを知った．実際に，ちょうどいい例としてウォルマートの成功例がある．ウォルマートの成功の要因として，クロスドッキングと呼ばれる新しいロジスティクス戦略を導入したことが挙げられる．第二に，情報・コミュニケーション・システムが広く導入され，サプライ・チェインのすべての構成要素が統合データを利用できるようになった．第三に，輸送産業の規制緩和により輸送方法の多様化をもたらされ，ロジスティクス・システムがたいへん複雑になる一方で，輸送

費用は削減された．

そのため，多くの企業がそのサプライ・チェインの分析に巻き込まれることは不思議ではない．けれども，多くの場合，その分析は経験と勘に基づいて行われている．つまり，分析のプロセスにおいて分析モデルや設計手法はほとんど使われていない．対照的に，ここ20年の間に学界ではサプライ・チェイン・マネジメントに関するさまざまなモデルやツールが開発された．残念なことに，初期に開発されたものは産業界で効果的に使うには頑強性も柔軟性も十分とはいえなかった．しかしここ数年の間にこの状況は変わった．分析手法や洞察手法は改善され，効果的なモデルや意思決定支援システムが開発された．しかしこれらは産業界において必ずしもよく知られたものではなかった．実際，我々が知る限り，適切なレベルでこれらの問題，モデル，概念，手法を議論した出版物はなかった．

この本では，サプライ・チェイン・システムの設計，管理，運用，経営に重要な，最新のモデル，概念，解決手法を提示することによってこういったギャップを埋めることを意図している．特に，サプライ・チェインの概念の鍵となるものの裏にある直感的考え方や，サプライ・チェインのさまざまな側面を分析できる簡単な手法を伝えたいと思う．

サプライ・チェインに関連する仕事に興味を持つ学生はもちろんのこと，経営者や実務家にも読みやすいものとなるよう念頭に置いた．さらに，サプライ・チェインの設計，分析，管理を目的とした情報システムや意思決定手法を読者に紹介することも考えた．

この本は以下のために書かれている．

- MBAレベルのサプライ・チェイン(ロジスティクス)マネジメントコースのためのテキスト
- サプライ・チェイン(ロジスティクス)マネジメントを扱う生産工学コースの学部学生・修士学生のためのテキスト
- サプライ・チェインを支える何らかの仕事にかかわる教育者，コンサルタント，実務家のための参考図書

もちろんサプライ・チェイン・マネジメントは広範囲に及ぶ学問であり，それに関連するすべての分野を1冊の本で深くカバーすることは不可能である．実

際,学界・産業界を問わず,「サプライ・チェインに関連する分野とは正確に定義するとなんなのか?」という問いかけに対してみんなが同意できる答えはない.しかし,我々はこの本でサプライ・チェイン・マネジメントの重要な側面の多くを広く紹介しようと思う.サプライ・チェイン・マネジメントの本質的な問題の多くはお互いに関連しているが,各章は独立に読めるようつとめた.よって,読者は自分が興味ある話題に触れている章を直接読んでも差し支えないと思う.扱っている話題は,在庫管理,ロジスティクス・ネットワーク設計,ロジスティクス・システム,顧客価値などの基礎的なものから,ストラテジックな提携,サプライ・チェインにおける情報の価値,意思決定支援システム,サプライ・チェイン・マネジメントに関する国際的な問題などのより高度なものまで及ぶ.それぞれの章にはたくさんの事例や例などが載せてある.また,数学的な節や技術的な節は読み飛ばしても差し支えない.

この本の内容は私の仕事のみならず私を含む共同作業あるいは他の人の仕事に基づいている.第1章と第2章は,Springer より出版された "The Logic of Logistics"(著者は Julien Bramel, David Simchi-Levi)から広範囲に渡って借用している(著作権者からの許可は得ている).鞭効果の資料は Kluwer Academic Publishers から出版された "Quantitative Models for Supply Chain Management"(編者は Sridhar Tayur, Ram Ganeshan, Michael Magazine)の Chen, Drezner, Ryan, Simchi-Levi の論文から借用した.

謝　　辞

　この本の作成を助けていただいたすべての人に感謝いたします．まず Myron Feinstein 博士に感謝いたします．博士はニューヨークのユニリーバでサプライ・チェイン戦略開発の前理事だった人です．博士にはこの本を読んでいただき各章につき有用な意見をいただきました．同様に Michael Ball 教授 (メリーランド大学)，Wendel Gilland 教授 (ノースカロライナ大学)，Eric Johnson 教授 (バンダービルト大学)，Douglas Morrice 教授 (テキサス大学)，Michael Pangburn 教授 (ペンシルバニア州立大学)，Powell Robinson 教授 (テキサス A&M 大学)，William Tallon 教授 (ノーザンイリノイ大学)，Rachel Yang 教授 (イリノイ大学) にお世話になりました．彼らの有意義な意見によりこの本の構成・説明はよりよいものとなりました．この本の初稿に対し有用な意見を寄せてくれたノースウェスタン大学博士コースの Deniz Caglar さんにも感謝いたします．各章の編集・校正をしてくれた Kathleen A. Stair 博士と Ann Stuart さんにも感謝いたします．

　Colleen Tuscher さんにはこのプロジェクトを序盤支えていただきました．Irwin/McGraw-Hill 編集者の Scott Isenberg さん，その助手の Nicolle Schieffer さんにはこの本が完成するまでの間励ましていただきまた助けていただきました．McGraw-Hill の Kimberly Moranda さんと制作スタッフのみなさんにも助けていただきました．みなさんに感謝いたします．

David Simchi-Levi, Evanston, Illinois
Philip Kaminsky, Berkeley, California
Edith Simchi-Levi, Northbrook, Illinois

目　次

1. サプライ・チェイン・マネジメントへの招待 ……………………… 1
   1.1 サプライ・チェイン・マネジメントとは何か? ……………… 1
   1.2 なぜサプライ・チェイン・マネジメントが必要なのか? ……… 5
   1.3 サプライ・チェイン・マネジメントの複雑性 ………………… 8
   1.4 サプライ・チェイン・マネジメントにおける重要な課題 …… 10
       1.4.1 ロジスティクス・ネットワークの構成 ………………… 11
       1.4.2 在庫管理 …………………………………………………… 11
       1.4.3 ロジスティクス戦略 ……………………………………… 12
       1.4.4 サプライ・チェインの統合, 戦略的提携 ……………… 12
       1.4.5 製品設計 …………………………………………………… 13
       1.4.6 情報技術と意思決定支援システム ……………………… 14
       1.4.7 顧客価値 …………………………………………………… 14
   1.5 本書の目的と全体像 ……………………………………………… 15

2. ロジスティクス・ネットワークの構成 ……………………………… 17
   2.1 はじめに …………………………………………………………… 20
   2.2 データ収集 ………………………………………………………… 23
       2.2.1 データの集約 ……………………………………………… 23
       2.2.2 輸送価格 …………………………………………………… 25
       2.2.3 距離の見積もり …………………………………………… 28
       2.2.4 倉庫費用 …………………………………………………… 30
       2.2.5 倉庫の容量 ………………………………………………… 31

2.2.6	倉庫の候補地 ………………………………………	32
2.2.7	要求されるサービスレベル ……………………………	33
2.2.8	将来の需要 …………………………………………	33
2.3	モデルとデータの妥当性の検証 …………………………	33
2.4	解決のための手法 ………………………………………	35
2.4.1	近似解法と厳密解法の必要性 …………………………	35
2.4.2	シミュレーション・モデルと最適化手法 ………………	38
2.5	ネットワーク構成のための意思決定支援システムの重要な特徴 ‥	40
2.6	コケコーラの配送問題の解決 ……………………………	41

3. 在庫管理とリスク共同管理 …………………………………… 44

3.1	はじめに ………………………………………………	46
3.2	倉庫が1箇所の例 ………………………………………	48
3.2.1	経済的ロットサイズ・モデル …………………………	49
3.2.2	需要の不確実性の影響 …………………………………	52
3.2.3	複数発注機会 …………………………………………	58
3.2.4	固定発注費用がない場合 ………………………………	59
3.2.5	発注費用が固定の場合 …………………………………	62
3.2.6	リード時間の変動 ……………………………………	63
3.3	リスク共同管理 …………………………………………	64
3.4	集中型配送システム 対 分散型配送システム ……………	69
3.5	サプライ・チェインにおける在庫管理 …………………	69
3.6	実務上の問題 ……………………………………………	72

4. 情報の価値 ……………………………………………………… 75

4.1	はじめに ………………………………………………	93
4.2	鞭効果 …………………………………………………	94
4.2.1	鞭効果の定量化 ………………………………………	98
4.2.2	鞭効果における情報集中化の影響 ……………………	101
4.2.3	鞭効果の対処法 ………………………………………	105

4.3　有効な予測 ………………………………………………… 115
　4.4　システム間の調整のための情報 ………………………… 116
　4.5　あるべき製品をあるべき場所に ………………………… 118
　4.6　リード時間の短縮 ………………………………………… 118
　4.7　サプライ・チェインの統合 ……………………………… 119
　　　4.7.1　サプライ・チェインにおける相反する目的 ……… 120
　　　4.7.2　相反する目標のためのサプライ・チェイン設計 … 120

5. ロジスティクス戦略 …………………………………………… 127
　5.1　はじめに …………………………………………………… 129
　5.2　集中管理と分散管理 ……………………………………… 130
　5.3　ロジスティクス戦略 ……………………………………… 131
　　　5.3.1　直接配送 ……………………………………………… 132
　　　5.3.2　クロスドッキング …………………………………… 133
　5.4　在庫転送 …………………………………………………… 135
　5.5　集中型施設と分散型施設 ………………………………… 136
　5.6　押し出し型システムと引っ張り型システム …………… 137
　　　5.6.1　押し出し型サプライ・チェイン …………………… 138
　　　5.6.2　引っ張り型サプライ・チェイン …………………… 139

6. 戦略的提携 ………………………………………………………… 141
　6.1　はじめに …………………………………………………… 142
　6.2　戦略的提携のための枠組み ……………………………… 144
　6.3　3PL ………………………………………………………… 147
　　　6.3.1　3PLとは何か? ………………………………………… 147
　　　6.3.2　3PLの長所と短所 …………………………………… 148
　　　6.3.3　3PLの課題と要件 …………………………………… 151
　　　6.3.4　3PL導入の課題 ……………………………………… 153
　6.4　小売・納入提携 …………………………………………… 154
　　　6.4.1　小売・納入提携の種類 ……………………………… 154

6.4.2	小売・納入提携に対する要求	156
6.4.3	小売・納入提携における在庫の所有権	157
6.4.4	小売・納入提携を実施するうえでの問題点	159
6.4.5	小売・納入提携導入の方法	159
6.4.6	小売・納入提携の利点と欠点	160
6.4.7	成功と失敗	162

6.5 物流統合 ……………………………………………… 164
  6.5.1 物流統合の種類 ……………………………… 165
  6.5.2 物流統合の問題点 …………………………… 166

7. 国際的なサプライ・チェイン・マネジメントの課題 …………… 169

7.1 はじめに ……………………………………………… 175
  7.1.1 世界的市場が及ぼす影響力 ………………… 177
  7.1.2 技術力 ………………………………………… 178
  7.1.3 世界規模で考えた費用の影響力 …………… 179
  7.1.4 政治的経済的な力 …………………………… 180

7.2 国際的なサプライ・チェインのリスクと利点 ……… 180
  7.2.1 リスク ………………………………………… 181
  7.2.2 国際的リスクの問題 ………………………… 182
  7.2.3 国際的戦略を実現するために必要なもの … 184

7.3 国際的サプライ・チェイン管理の諸問題 …………… 186
  7.3.1 国際製品と地域製品 ………………………… 186
  7.3.2 分散的自律管理と中央集中管理 …………… 187
  7.3.3 その他のさまざまなリスク ………………… 188

7.4 ロジスティクスにおける地域的な違い ……………… 190
  7.4.1 文化の違い …………………………………… 190
  7.4.2 基盤設備 ……………………………………… 191
  7.4.3 効率性の期待と評価 ………………………… 192
  7.4.4 情報システムの利用可能性 ………………… 193
  7.4.5 人的資源 ……………………………………… 193

8. 製品設計とサプライ・チェイン設計の統合 ………………… 195
8.1 はじめに ………………………………………………… 209
8.1.1 ロジスティクスのための製品設計：概観 ………… 209
8.1.2 経済的な包装と輸送 ……………………………… 209
8.1.3 同時処理と並行処理 ……………………………… 211
8.1.4 遅延差別化 ………………………………………… 213
8.1.5 考慮すべき重要なポイント ……………………… 217
8.1.6 押し出し型と引っ張り型の境界 ………………… 219
8.1.7 事例分析 …………………………………………… 220
8.2 納入業者を巻き込んだ新製品開発 ……………………… 223
8.2.1 納入業者統合の範囲 ……………………………… 224
8.2.2 効果的な納入業者統合の鍵 ……………………… 225
8.2.3 技術と納入業者の「ブックシェルフ」 ………… 226
8.3 マスカスタマイゼイション ……………………………… 227
8.3.1 マスカスタマイゼイションとは何か …………… 227
8.3.2 マスカスタマイゼイションを機能させるには … 228
8.3.3 マスカスタマイゼイションとサプライ・チェイン・マネジメント ………………………………………………… 230

9. 顧客価値とサプライ・チェイン・マネジメント …………… 233
9.1 はじめに ………………………………………………… 235
9.2 顧客価値の切り口 ……………………………………… 238
9.2.1 要求との適合 ……………………………………… 238
9.2.2 製品の選択 ………………………………………… 239
9.2.3 価格とブランド …………………………………… 242
9.2.4 付加価値サービス ………………………………… 243
9.2.5 関係と経験 ………………………………………… 245
9.3 顧客価値の評価尺度 …………………………………… 248
9.4 情報技術と顧客価値 …………………………………… 250

10. サプライ・チェイン・マネジメントのための情報技術 … 255
- 10.1 はじめに … 265
- 10.2 サプライ・チェイン情報技術の目標 … 267
- 10.3 標準化 … 272
- 10.4 情報技術基盤 … 275
  - 10.4.1 インターフェイス機器 … 275
  - 10.4.2 通信 … 276
  - 10.4.3 データベース … 277
  - 10.4.4 システムアーキテクチャー … 278
- 10.5 電子商取引 … 281
  - 10.5.1 電子商取引の各段階 … 283
- 10.6 サプライ・チェイン・マネジメントを構成する要素 … 287
- 10.7 サプライ・チェイン情報技術の統合 … 290
  - 10.7.1 開発の各段階 … 291
  - 10.7.2 企業体資源計画システムと意思決定支援システムの導入 … 293
  - 10.7.3 「いいとこどり」システム導入と単一ベンダーによる企業体資源計画システム導入の対比 … 295

11. サプライ・チェイン・マネジメントのための意思決定支援システム 299
- 11.1 はじめに … 301
- 11.2 意思決定支援システムのシステム構成 … 304
  - 11.2.1 入力データ … 305
  - 11.2.2 分析ツール … 307
  - 11.2.3 提示ツール … 312
- 11.3 サプライ・チェインの意思決定支援システム … 318
- 11.4 サプライ・チェイン意思決定支援システムの選択 … 327

文献 … 331

監修者あとがき … 337

和文索引 ………………………………………………………… 339

欧文索引 ………………………………………………………… 365

事 例

コケコーラ 17／冷麺電子 44／水着の生産 53／バリラ(A) 75／バリラ(B) 107／バリラ(C) 109／米国出版販売の場合 127／音複堂 141／各国の状況に適応するためのウォルマートの戦略転換 169／ヒューレット・パッカード 195／デルの直販ビジネスモデル 233／エスプレッソコーヒーの供給ライン 255／企業体資源計画システムによる早期導入の成功事例 262／生産フローを円滑にするサプライ・チェイン・マネジメント 298／

著者紹介

David Simchi-Levi:
　コロンビア大学，ノースウェスタン大学をへて現在，マサチューセッツ工科大学の土木・環境工学科の教授．テル・アビブ大学においてサプライ・チェイン，ロジスティクス，輸送に関する研究で賞を受け，オペレーションズ・リサーチの博士号を取得した．Springer-Verlag から出版された "The Logic of Logistics" の共著者(著者は Julien Bramel)であり，サプライ・チェイン・マネジメントのための意思決定支援ソフトウェアを販売する LogicTools 社の創始者であり会長である．

Philip Kaminsky:
　カリフォルニア大学バークレー校の生産工学科の助教授．ノースウェスタン大学で生産工学の博士号を取得した．博士号取得前に Merck 社の製造部門で働いており，サプライ・チェインおよび製造管理のコンサルティングの経験を持つ．

Edith Simchi-Levi:
　LogicTools 社の社長．テル・アビブ大学で数学・計算機科学の学士を取得した．広範囲に渡るソフトウェア開発の経験を持ち，サプライ・チェイン・マネジメントに関する数々のコンサルティングの経験を持つ．

1

サプライ・チェイン・マネジメントへの招待

1.1 サプライ・チェイン・マネジメントとは何か?

今日の企業は，国際市場における厳しい競争，製品ライフサイクルの短命化，消費者の高度な要求に直面し，自らのサプライ・チェイン (あえて日本語にするならば供給連鎖) に資金を投入し，注意を払うことが必須となっている．さらに，(たとえば移動体通信や翌日配送などに代表されるように) 通信技術や輸送技術が進歩し続けるとともに，サプライ・チェインやその管理技術も進化し続けている．

典型的なサプライ・チェインは，原材料の購入から始まって，1箇所または複数箇所の工場で製品を生産し，倉庫へ出荷して中間在庫となり，小売または消費者へ納入するまでの各段階を含む．したがって，費用を削減しサービスレベルを向上するためには，サプライ・チェインのさまざまな段階における相互作用を考慮した，効果的なサプライ・チェイン戦略を考えなければならない．サプライ・チェインはロジスティクス・ネットワークとも称され，各拠点間を流れる原材料，仕掛在庫，最終製品，さらに供給業者，製造施設，倉庫，物流センター，特約小売店などを含む (図 1.1 参照).

本書では，サプライ・チェインを効果的に管理するために重要な概念，洞察，実践的な方法，意思決定手法を示し説明をする．まず初めに，サプライ・チェイン・マネジメントとは何かを正確に定義づけることが必要であろう．本書では，以下のように定義する.

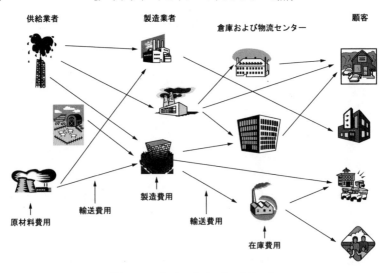

図 1.1　ロジスティクス・ネットワーク

　サプライ・チェイン・マネジメントとは，供給，生産，倉庫，店舗を効果的に統合するための一連の方法であり，適正な量を，適正な場所へ，適正な時機に生産・配送し，要求されるサービスレベルを満足させつつ，システム全体の費用を最小化することを目的とする．

　この定義から，いくつかの注目すべき点が導き出される．第一に，サプライ・チェイン・マネジメントは，顧客の要求に適合する製品を作る役割を持ち，かつ，原価に影響を与える，すべての拠点を考慮に入れている．すなわち，供給業者や製造業者の拠点から，倉庫や物流センターを経て，小売業者や店舗まで，すべてを考慮に入れている．サプライ・チェインの分析を行うに際して，供給業者の供給業者や，顧客の顧客が，サプライ・チェインの業績に影響を与えている場合には，そこまで考慮に入れる必要がある．
　第二に，サプライ・チェイン・マネジメントの目的は，ロジスティクス・ネットワーク全体の効率化や費用低減にある．すなわち，輸送や配送の方法から，原材料，仕掛品，製品在庫まで，全体の費用を最小化することである．目的の焦点は，単に輸送費用を最小化したり在庫を削減するということではなく，む

しろサプライ・チェイン・マネジメント全体に関する組織的な取り組みにある．

最後に，サプライ・チェイン・マネジメントは，供給，製造，倉庫，店舗の効率的な統合を課題としており，ストラテジックレベルから，タクティカルレベル，オペレーショナルレベルまでの多くの企業活動を含んでいる．

「サプライ・チェイン・マネジメントとロジスティクス・マネジメントはどこが違うのか?」という疑問が多い．驚くべきことに，この疑問に対する答えは説明する人によって異なる．しかし本書では区別をしていない．実際のところ，本書のサプライ・チェイン・マネジメントの定義は，ロジスティクス管理協議会[*1)]によるロジスティクス・マネジメントの定義と似通っている．

> 顧客の要求に対応するために，生産地から消費地に至る，原材料，仕掛在庫，完成品，および関連情報の，効率的で費用対効果の優れた流れおよび保管について計画，実行，管理するプロセス．

どちらの定義も，サプライ・チェインの中の異なる構成要素の統合ということに力点を置いている．企業が，目覚しく費用を下げサービスレベルを上げるには，サプライ・チェインの統合を実現するしかないことは確かである．しかしながら，主に以下の2つの理由で，サプライ・チェインの統合には困難を伴う．

1) サプライ・チェインに含まれる異なる拠点ごとに目標が異なり，しかも対立しやすい．たとえば，概して供給業者は製造業者に対して，大量に，かつ安定した数量で，しかも納期は融通が効くように発注してほしいと望む．残念ながら，多くの製造業者は長期計画で操業したいと思っていても，顧客の要求や需要の変化には柔軟に対応しなければならない．したがって，供給業者の望みは，製造業者の要請する柔軟な対応とは真っ向から対立する．実際，生産計画を決定するのは，概して顧客の正確な需要情報が得られる状態になる前である．したがって，製造業者が需要と供給とを一致させられるかどうかは，多くの場合，実際の需要情報をつかんだときに，供給量を変化させる能力にかかってい

[*1)] 訳者注：ロジスティクス管理協議会 (Council of Logistics Management) は米国のロジスティクスに関する学会であり，1963年に National Council of Physical Distribution Management の名前で創設，1985年に現在の名前になった．会員数は約15,000人である (2001年現在)．

る.一方,製造業者は生産1回あたりの量を大きくしたいが,倉庫や物流センターでは在庫を減らそうとしており,一般に双方の目標は対立する.さらに悪いことに,倉庫や物流センターが在庫レベルを減らそうとすると,概して輸送費用が増大する.

2) サプライ・チェインは動的システムであり,常に進化している.顧客の需要や,供給業者の能力が常に変化しているだけではなく,サプライ・チェインの拠点間の関係もまた常に進化している.たとえば,顧客の力が強まると,製造業者や供給業者が,製品の種類の増加,品質の向上,最後には特注製品を作らなくてはならないという圧力が強まる.また,個々の製品に関して顧客の需要がそれほどばらついてはいない場合でも,サプライ・チェインの中で在庫や受注残のレベルは大きく変動する.たとえば,図1.2 に示したように,典型的なサプライ・チェインにおいては,卸売業者の工場への発注量は,元になっている小売業者の需要量と比較して,はるかに大きく変動している.

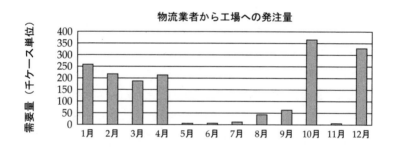

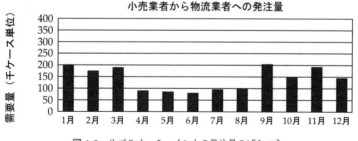

図 **1.2** サプライ・チェイン上の発注量のばらつき

1.2 なぜサプライ・チェイン・マネジメントが必要なのか？

例 1.1.1. 産業用リレーなどの電子製品を製造している韓国の冷麺電子 (仮名，第3章参照) では，すべての注文のうち，たった70%程度しか納期どおりに納入できていないという問題に直面していた．一方で，在庫は積み上がり続けており，しかもその多くは需要がない製品であった．冷麺電子の主要な倉庫での，年間の在庫回転率[*1)]は約4であった．しかしながら，電子産業における最優良企業では，年間の在庫回転率は9を超えていた．冷麺電子が，もし最優良企業並に在庫回転率を向上させることができれば，在庫レベルを著しく減らすことができる．そこで，冷麺電子は，今後3年間にわたってサービスレベルを約99%に上げ，同時に在庫レベルや費用を劇的に下げるための，新しい戦略を模索中である．

ほんの数年前には，多くの研究者が，サービスレベルを上げつつ在庫を減らすという，2つの目標を同時に達成することはできないといっていた．事実，伝統的な在庫理論では，サービスレベルを上げるには在庫を増やさなくてはならず，そのために費用がかかると説明されている．しかし驚くべきことに，最近の情報技術やコミュニケーション技術の発展とサプライ・チェイン戦略に対する理解の改善とによって，企業がこれらの2つの目標を同時に実現できる革新的な方法が実行可能になっている．

1.2 なぜサプライ・チェイン・マネジメントが必要なのか？

1980年代に，企業が費用を削減し，かつさまざまな市場での競争力を強化するための，いくつかの新しい製造技術や戦略が見出された．たとえば，ジャストインタイム (Just In Time) 生産[*2)]，カンバン方式，リーン生産，総合品質管理 (Total Quality Management: TQM) などの戦略が大変有名になり，これらの戦略を実行するために膨大な経営資源が投入された．しかしながら，この数年の間に，多くの企業が，これ以上は実際には不可能というところまで，製

[*1)] 訳者注：在庫回転率とは，製品の通過量が，平均在庫量に対して何倍であるかを表す指数．たとえば，平均在庫量が100個である倉庫から搬出される製品の量が，年間で500個の場合，年間の在庫回転率は5である (p.31参照)．

[*2)] 訳者注：ジャストインタイム生産 (運搬) とは必要なときに，必要なものを，必要なだけ生産 (運搬) する方式である．生産 (運搬) 指示に「カンバン」を用いたため，「カンバン方式」とも呼ばれる．リーン生産も同様の方式である．

造費用を削減してしまったことがはっきりしてきた．このような企業の多くが，利益や市場シェアを増大させるには，効果的なサプライ・チェイン・マネジメントこそが次に採用すべきものだと気づきつつある．

実際に，Robert V. Delaney の著した"ロジスティクスの現状に関する報告"によると，1997年時点で，米国企業は，米国の GNP の約 10% に相当する約 8,620 億ドルを，供給に関する諸活動に費やしている．この金額には，工場内，倉庫内，そしてサプライ・チェイン上の種々の拠点間における，製品の移動，保存，管理の費用が含まれる．残念なことに，この巨額の投資には，たいていの場合，サプライ・チェインの中の余剰在庫や，非効率な輸送戦略，その他の無駄な業務に伴う，多くの不必要な費用が含まれている．たとえば，専門家によれば，食品業界で，より効率的なサプライ・チェイン戦略を用いることで，およそ 300 億ドル，あるいは年間の業務費用の約 10% を節約することができるといわれている[44]．

以上に関連して，次の米国での 2 つの事例について考えてみたい．

1) ごく一般的な箱入りのシリアル製品が，工場からスーパーマーケットに届けられるのに，3ヶ月以上かかっている．

2) ごく一般的な新車が，工場からディーラーに届けられるのに，平均で 15 日かかっている．この 15 日というリード時間に対し，実際に輸送にかかる時間は 4～5 日以内である．

以上の事例でもわかるように，サプライ・チェインという視点で見てみると，費用を削減できる機会はたくさんある．現在，効果的なサプライ・チェイン・マネジメントによって，大いに収益を拡大し，あるいは費用を削減できた企業が非常にたくさんあるという事実は，大いに納得ができるところである．

例 1.2.1. プロクター・アンド・ギャンブル (Procter & Gamble : P&G) は，過去 18ヶ月にわたって，小売の顧客に関する約 6,500 万ドルの費用を節約したと推定している．P&G によると，その方法の要点は，製造業者と供給業者との相互の緊密な連携にある．サプライ・チェイン全体を通した無駄の原因を共同で削減する事業計画を立案したのである[114]．

この例は，供給業者と製造業者との間の戦略的提携が，サプライ・チェインの業績に著しい影響を与えることを示している．戦略的提携を構築するにあたって，次のような検討課題がある．

- 最も費用を削減し，サービスレベルを上げるにはどのような事業計画や提携を採用すればよいのか？
- 供給業者と製造業者との置かれている状況の違いによって，それぞれどのような方法が適切なのか？
- 提携を成功に導くには，どのような動機づけや業績指標が用いられるべきか？
- 戦略的提携によって得られた利益をどのように分配するべきなのか？ 費用の削減効果を顧客に還元するのか，各提携者間で分けるのか，あるいは提携者のうち，最有力者が保持するべきなのか？

例 1.2.2. ナショナル・セミコンダクターは，2年間に世界中の6箇所の倉庫を閉鎖し，マイクロチップをシンガポールにある新型の集中物流センターから顧客に空輸するようにしたことで，配送費用を2.5％削減し，納期を47％短くし，販売を34％増加させた[44]．

当然，空輸に切り替えたことで，ナショナル・セミコンダクターの輸送費用は著しく増加した．しかしながら，この増加分は，従来の複数の倉庫による分散型ロジスティクス・ネットワークを，単一の倉庫による集中型ロジスティクス・ネットワークに変えたことによる在庫費用の減少により相殺された．この例から，在庫費用と輸送費用との間の正しい関係を把握しなければならない，ということがわかる．

例 1.2.3. 1979年の段階では，Kマートは小売業の主要企業の1つであり，1,891の店舗を持ち，1店舗あたりの平均の収益は約725万ドルであった．同じ頃，ウォルマートは南部の小さな地方小売業者で，229の店舗しかなく，1店舗あたりの平均の収益はKマートの半分ほどであった．それから10年の間に，ウォルマートは変身した．1992年には，あらゆるディスカウント小売業者の中で，店舗面積あたりの販売額，在庫回転率，営業利益とも最高になっていた．現在，ウォルマートは世界最大，かつ

最高の利益を計上する小売業者となった．では，ウォルマートはどのようにしてこのような変身を実現したのであろうか？その基本は，徹底して顧客の要求を満足させることに集中したことである．ウォルマートの目標はわかりやすく，顧客が商品を欲しいときに欲しい場所で手に入れられるようにすることと，費用構造を明らかにし低価格を可能とすることであった．この目標を達成するための鍵は，在庫の補充方法を戦略の中核に据えたことであった．そこでは，クロスドッキングという名前で知られているロジスティクス技術が用いられた．これは，商品がウォルマートの倉庫に継続的に納入され，そこでは在庫としてとどまることなく，すぐに店舗に配送するという戦略である．この戦略により，ウォルマートの販売費は著しく削減され，顧客に毎日低価格で商品を提供することが可能となった[106]．

それでは，クロスドッキング戦略がウォルマートでは非常にうまく機能したのなら，他のあらゆる企業が同じ戦略をとるべきなのであろうか？実際には，小売においては，これとは異なるさまざまなロジスティクス戦略が用いられている．たとえば，以下のとおりである．

伝統的なロジスティクス戦略　在庫が倉庫に保存される．

直送方式　商品は供給業者から直接小売店へ配送される．

本書では以下，これらの問題をそれぞれ詳細に扱うようにつとめている．それぞれの状況に応じてある特定の戦略が適用されている理由や，各ロジスティクス戦略間でどのようなトレードオフがあるのか，といったことの実証だけでなく，実際の各ロジスティクス戦略の実施方法についての説明にも焦点を当てている．

1.3　サプライ・チェイン・マネジメントの複雑性

前節では，いくつかのサプライ・チェイン・マネジメントの成功事例について紹介した．もし本当に，それらの企業が，戦略的提携，集約型の倉庫，またはクロスドッキング戦略に焦点を当て，サプライ・チェインの業績を向上させているなら，なぜ他の企業が，サプライ・チェインの業績を改善するために，同じ技術を用いていないのだろうか？この疑問に答えるためには，多くの重要な問題を知らなければならない．

1) サプライ・チェインは，異なった，しかも対立した目標を持つ施設や組織からなる複雑なネットワークである．そのため，ある特定の企業にとって最良のサプライ・チェイン戦略を見出すことは，大変な難題を引き起こすと思われる．以下の例は，今日の国際企業におけるきわめて典型的なネットワークを示している．

例 **1.3.1.** ナショナル・セミコンダクターは，モトローラやインテルなどが競合として名を連ねる，世界最大の半導体チップ製造業者の1つである．その製品は，ファックスや携帯電話，コンピュータ，自動車などに用いられている．現在，ウェハー成形・加工用の4つの工場を持ち，うち3つが米国にあり，残り1つが英国にある．また，マレーシアとシンガポールに検査と組立てを行う拠点を持っている．組立工程の後，完成品はコンパック，フォード，IBM，シーメンスなど，世界中の数百の製造業者に出荷される．半導体産業は非常に競争が激しいため，短納期を設定し，かつ期限内に納入できるかどうかが決定的に重要である．1994年の時点で，ナショナル・セミコンダクターは，95％の顧客に対して受注後45日以内に納品している一方，残りの5％は90日以内であった．リード時間に対する厳しい要求に応えるために，ナショナル・セミコンダクターは12の航空運送会社の，約2万の異なる経路を使っていた．問題は，自らが90日以内に受け取る5％になるのか，45日以内に受け取る95％になるのかが，顧客側には事前にはわからないことであった[44]．

2) 需要と供給とを適合させることは，たいへんなことである．
 ● ボーイング・エアクラフトは，1997年10月に，「原材料の不足，内部生産部品および供給業者の部品の不足，生産性の低下などによる収益減が，約26億ドルに相当する」との記録を公表した[115]．
 ● 米サージカルの第2四半期の売上が25％減少し，約2,200万ドルの損失となった．売上および利益の減少は，顧客である病院の棚に予想以上に在庫があったことによる[116]．
 ● IBM の新しいパソコンである Aptiva が売り切れを起こした．この生産不足により失った収益は数百万ドルに値する[117]．

明らかに，このような問題は，製造業者が，需要がはっきりする数ヶ月前に，生産レベルを決めなくてはならないために起こっている．このように，生産レ

ベルを事前に決定することは，財務面や供給面で多大なリスクを伴う．

3) 時間の経過に伴うシステムの変化はまた，考慮すべき重要な事項である．たとえ (たとえば契約の締結により) 需要が正確にわかったとしても，計画の立案過程では，季節変動，流行，宣伝，広告，競合他社の価格戦略などの影響による需要や費用要因の変化を考慮に入れなくてはならない．このような時間の経過に伴う需要や費用要因の変化のために，最も効果的なサプライ・チェイン・マネジメント戦略，すなわちロジスティクス・ネットワーク全体の費用を最小化し顧客の要求に合うような戦略の決定には困難を伴う．

4) サプライ・チェインに関する問題の多くは新しい問題であり，どのような事項が関係するのか，明確にはわかっていない．たとえば，先端技術産業においては，製品のライフサイクルはどんどん短くなっている．特に，多くのコンピュータやプリンタ製品のライフサイクルはわずか数ヶ月であり，製造業者は受注あるいは生産をたった 1 回行うだけかもしれない．残念ながら，これらは新しい製品なので，製造業者は，過去の情報から正確に顧客の需要を予測することはできない．また，これらの業界では製品の種類が急増しており，特定の型の製品の需要を予測することはより困難になっている．さらには，このような商品は，価格の急速な下落が常態化しており，製品ライフサイクルの間でも商品価値は次々と下落するのである[83]．

また事例に挙げたコンピュータやプリンタといったいくつかの産業においては，サプライ・チェイン・マネジメントが企業が成功するかどうかを決定するおそらく唯一の最も重要な要因である．コンピュータ産業やプリンタ産業においては，多くの製造業者が同じ供給業者やまったく同様の技術を用いているため，企業の競争は費用とサービスレベルとで行われている．この費用とサービスレベルこそ，本書の定義するサプライ・チェイン・マネジメントの 2 つの鍵である．

1.4 サプライ・チェイン・マネジメントにおける重要な課題

本節では，本書において詳細に検討する，サプライ・チェイン・マネジメントにおけるいくつかの課題を紹介する．それらの課題は，ストラテジックレベ

ルから，タクティカルレベル，オペレーショナルレベルまで，企業活動の広い活動領域にわたっている．ストラテジックレベル，タクティカルレベル，オペレーショナルレベルを，以下のように定義する．

●ストラテジックレベルとは，企業に長期にわたって継続的に影響する意思決定の領域である．これらは，倉庫や工場の数，場所，処理能力や，ロジスティクス・ネットワーク全体のフローに関する意思決定などである．

●タクティカルレベルとは，一般に四半期から年に一度更新する意思決定の領域である．これらは，購買計画，生産決定，在庫政策や，顧客への訪問頻度を含む輸送戦略などが該当する．

●オペレーショナルレベルとは，スケジューリング，リード時間見積，配送計画，積荷計画などの，日常的な意思決定の領域である．

ここでは，異なる意思決定に関する重要な問題点，疑問，トレードオフについて紹介し議論する．

1.4.1 ロジスティクス・ネットワークの構成

ある企業の複数の工場が，地理的に分散した小売店へ商品を製造し供給している状況を想定する．企業経営者は，現在の倉庫の組み合わせは不適当と考え，ロジスティクス・ネットワークを再編・再設計したいと思っている．たとえば，需要傾向の変化や，いくつかの既存の倉庫の賃借契約が切れるといった場合に，このような状況が起こりうる．また，需要傾向が変化すれば，工場の生産レベルの変更，新しい供給業者の選択，ロジスティクス・ネットワーク上に流す新しい商品が必要となりうる．その場合に経営者は，製造，在庫，輸送を合わせた全体費用を最小化し要求されるサービスレベルを満足するために，倉庫の場所や容量，各工場での製品ごとの生産レベル，工場から倉庫，あるいは倉庫から小売店へといった拠点間の輸送経路の組み合わせを，どのように選択するべきなのか?

1.4.2 在 庫 管 理

ある小売店が，ある商品を在庫として保管している状況を想定する．顧客の需要は時間が経過すれば変化してしまうので，小売店が需要の予測に用いるこ

とができるのは，過去のデータのみである．小売店の目的は，いつ，どれだけ商品を発注するかを決めて，発注費用および在庫保管費用を最小化することである．ここで本質的な問題として，そもそもなぜ小売業者は在庫を持たなければならないのかを考える必要がある．それは，顧客の需要の不確実性に対応するためなのか，あるいは供給の不確実性なのか，もっと他の理由からなのであろうか？ もし顧客の要求の不確実性のためであるとすれば，それを減少する方法はあるのか？ 顧客の需要を予測するために役に立つ予測手法はあるのか？ 小売店は，需要予測より多めに発注すべきなのか，少なめがよいのか，あるいはちょうどがよいのであろうか？ そして最後に，どのような在庫回転率の指標が用いられるべきなのか？ それは産業によって異なるのか？

1.4.3 ロジスティクス戦略

ウォルマートの最近の成功事例により，クロスドッキングと呼ばれるロジスティクス戦略の重要性に脚光が当っている．前述したように，クロスドッキングとは，小売店が中央倉庫から供給を受け，中央倉庫は供給プロセスの調整役を果たし，外部の業者からの納品を積み替える拠点であり，そこでは在庫を持たない，といったロジスティクス戦略である．そのような倉庫は，クロスドックポイントと呼ばれている．クロスドッキングには，以下のような課題がある．クロスドックポイントは何箇所必要なのか？ クロスドッキング戦略によってどのような費用削減が達成できるのか？ 実際にどのようにしてクロスドッキング戦略を実行するべきなのか？ クロスドッキング戦略は，倉庫が在庫を持つ伝統的な戦略より優れているのか？ クロスドッキング戦略，倉庫に在庫を置く伝統的な戦略，あるいは供給業者から小売店へ直接商品を送る直送戦略のうち，それぞれの企業ではどの戦略を用いるべきなのであろうか？

1.4.4 サプライ・チェインの統合，戦略的提携

前述したように，サプライ・チェインを統合することは，サプライ・チェイン自体が動的に変化し，また異なる拠点や提携者間では目標が相矛盾するため，きわめて困難である．それにもかかわらず，ナショナル・セミコンダクターや，ウォルマート，P&Gといった成功事例から，サプライ・チェインの統合が可能

であるだけでなく，それによって企業の業績や市場シェアに相当な影響を与えることがわかる．もちろん，これらの3つの事例で挙げた企業はそれぞれの業界における最大級の企業で，それ以外のほとんどの企業にとっては不可能な技術や戦略を実行できる特別な事例であると主張することもできる．しかしながら，今日の競争的な市場においては，多くの企業にとって他に選択肢はないのであり，サプライ・チェインを統合し，戦略的提携を結ぶことを迫られている．しかも，顧客からもサプライ・チェイン上の他の企業からも迫られているのである．それでは，どのようにすれば統合は成功裏に実現できるのであろうか？ 明らかに，情報や業務計画の共有がサプライ・チェインの統合を成功させる鍵である．では，どのような情報が共有されるべきなのか？ その情報はどのように用いられるべきなのか？ サプライ・チェインの設計および運営において，情報はどのような影響を及ぼすのか？ 組織の内部および外部の提携者と，どのようなレベルの統合が必要なのか？ 最後に，どのような提携が実行可能であり，また状況に応じて実行されるべきなのであろうか？

1.4.5 製品設計

効果的な製品設計は，サプライ・チェインにおいていくつかの重大な役割を担っている．最もはっきりしているのは，製品設計によって在庫の保管費用や輸送費用が増加したり，製造リード時間が短くなったりするということである．一方，残念ながら，製品設計の見直しには多額の費用がかかる．それでは，サプライ・チェイン全体の費用やリード時間を短縮するためには，どのような時期に製品設計を見直す価値があるのだろうか？ 顧客の需要の不確実性を，製品設計によって補うことは可能なのであろうか？ そのような戦略による費用の削減を定量化することはできるのか？ 新しい製品設計をうまく活かすには，サプライ・チェインにどのような変化を与えるべきなのか？ 最後に，マスカスタマイゼイション (あえて日本語に訳するならば大量注文生産) といった新しい概念が徐々に普及してきたが，これらの概念を成功させるために，サプライ・チェイン・マネジメントの果たすべき役割は何であろうか？

1.4.6 情報技術と意思決定支援システム

情報技術は，効果的なサプライ・チェイン・マネジメントを可能にする重大な促進要因である．今日サプライ・チェイン・マネジメントに興味が持たれている大きな背景として，豊富なデータ量や，データの優れた分析で得られた蓄積により，ビジネスチャンスが拡大していることが挙げられる．サプライ・チェイン・マネジメントにおける情報の主要な問題は，データを受け取ることができるかどうかではなく，どのデータをやりとりすべきかである．すなわち，どのようなデータが，サプライ・チェイン・マネジメントにとって重要で，どのようなデータは無視しても差し支えないのかである．また，データはどのように分析し用いられるべきなのであろうか？ インターネットはどのような影響力を持っているのか？ 電子商取引の役割は何なのか？ 自社内およびサプライ・チェインの提携者との間で，どのような情報基盤が必要なのか？ 最後に，情報技術と意思決定支援技術がともに利用可能であるとして，これらの技術は市場における競争優位を実現するために用いる主要な手段と見なすことができるのであろうか？ もし可能であるとするならば，他社が同じ技術を用いることをどのように妨げるのであろうか？

1.4.7 顧客価値

顧客価値は，企業の顧客に対する貢献度の指標であり，企業が提供する商品，サービス，その他無形のもののすべてに基づいている．近年，この顧客価値という指標は，品質や顧客満足度といった指標に取って代わってきている．企業が顧客の要望を満たし，価値の提供を望むなら，明らかに効果的なサプライ・チェイン・マネジメントが重要である．では，さまざまな業界において，顧客価値はどのようにして決まるのであろうか？ 顧客価値はどのように測定されるのであろうか？ 情報技術は，サプライ・チェインにおいて顧客価値を高めるために，どのように用いられるのであろうか？ サプライ・チェイン・マネジメントは，顧客価値にどのように貢献するのであろうか？ 顧客関係管理 (Customer Relationship Management: CRM) のように，顧客価値をとらえるための新しい動向は，サプライ・チェイン・マネジメントにどのような影響を与えるのであろうか？

1.5 本書の目的と全体像

さまざまな理由により，この数年，ロジスティクス・マネジメントやサプライ・チェイン・マネジメントに対する関心は爆発的に高まっている．この関心の高まりを背景に，多くの企業が自らのサプライ・チェインを分析している．しかしながら，多くの場合，この分析は経験や勘に基づいて行われており，分析の過程において分析モデルや設計手法はほとんど用いられていない．一方，このおよそ20年の間に，研究者の間ではサプライ・チェイン・マネジメントを支援する数多くのモデルや手法が開発されている．残念ながら，これらの技術のうち初期世代のものは，実業界で有効に利用するには，頑丈さや柔軟さが十分ではなかった．しかしこの状況はこの数年で変化し，分析や洞察の手法が進歩し，有効なモデルや意思決定支援システムが開発されてきた．しかし，これらは実業界には普及していない．

本書の狙いは，サプライ・チェイン・システムの設計，調整，運営，管理において重要な，最先端技術を用いたモデルや解決手法を提示し，前述の隔たりを埋めることにある．本書は，経営学修士(Master of Business Administration: MBA)程度のロジスティクスやサプライ・チェインの教科書として，また，サプライ・チェインを構築するプロセスに何らかのかかわりのある教育者やコンサルタント，経営者の参考として役立つことを意図している．

各章には事例や，多くの例を載せている．加えて，各章はおおむね独立しており，また，数学的あるいは技術的な節は読み飛ばしても，話の連続性には差し支えない．それゆえ，本書は，サプライ・チェイン・マネジメントの多様な側面のうち，一部のみに興味のある人にとっても取っ付きやすいと思われる．たとえば，輸送責任者が輸送方法を決定する場合，在庫管理責任者ができるだけ少ない在庫レベルで円滑な生産を実行したい場合，購買・供給責任者が供給業者や顧客との契約関係を立案する場合，ロジスティクス責任者が自社のサプライ・チェインを仕切る場合に，本書の内容を役立てられると思われる．

本書は各章で以下の論点を取り扱っている．

- ロジスティクス・ネットワークの構成，拠点の立地

- 在庫管理
- 情報の価値
- ロジスティクス戦略
- 戦略的提携
- 国際的なサプライ・チェイン・マネジメント
- サプライ・チェイン・マネジメントと製品設計
- 顧客価値
- 情報技術
- 意思決定支援システム

2

ロジスティクス・ネットワークの構成

 事例: コケコーラ

コケコーラ*1)は清涼飲料を生産,販売する会社である.現在,アトランタとデンバーに2つの生産工場を有しており,米国全土の小売や店舗,約12万箇所に清涼飲料を供給している.現在の供給方式では,取引先に配送する前に,シカゴ,ダラス,サクラメントにある3つの倉庫に,すべての製品を輸送することになっている.コケコーラは1964年に家族だけのベンチャー企業として創業され,1970年代,1980年代を通して堅実に業績を拡大し続けてきた.今では12人の株主がおり,新しく任命された最高経営責任者(Chief Executive Officer: CEO)により経営されている.

清涼飲料業界の限界収益*2)は約20%で,どの製品の単位あたりの価格も,1,000ドル程度である.このような高収益体質にもかかわらず,新しい経営者は,ロジスティクス・ネットワークをもっと効率的にできるだろうと思っていた.最近の株主総会で彼は,「コケコーラの現在のロジスティクス戦略は,15年も前に設計されたものであり,今まで見直されたことはなかった.」と株主に説明した.

コケコーラの製品は以下の流れで輸送される.
- 生産された後,工場倉庫で保管される.
- ピッキング・荷積され,倉庫または物流センターへ移される.

---

*1) 出典:コケコーラは架空の会社である.本事例は,いくつかの会社における著者らの経験に基づいて作成されている.
*2) 訳者注:単位労働あたりの収益.

- 倉庫で保管される.
- ピッキング・荷積され,取引先へ配送される.

そこで,株主は,コケコーラのロジスティクス・ネットワークを最適化するため,外部の人材の知恵を借りて対応することに決めた.あなたの所属するコンサルタント会社は,営業企画部門の半年に及ぶ働きかけの末,契約を結ぶに至った.契約時の内容では,問題となっているロジスティクス・ネットワークの効率性を改善し,ロジスティクス業務の費用を会計的な収益性で計れるようにすることを約束していた.同社は当初の提案において,「販売と配送の機能を再構築することにより達成できる.」と主張していた.おそらく,ロジスティクス・ネットワーク全体を再構築するという着想と,それに伴い新しい配送戦略を設計するだけではなく,実施までさせるという約束が,コケコーラの株主には魅力的にみえたと思われる.

これは巨大プロジェクトなので,多くのことをむしろ早急に実行できるとコンサルタントは認識していた.実際,終了したばかりの第 1 段階では,工場から直接配送を受けることが望ましい約 1 万もの取引先を明らかにした.

判定基準となったのは以下の項目である.
- 荷受け設備の能力
- 在庫可能な能力
- 受入方法
- 商品化計画に対する要望
- 発注能力
- 配送の時間枠指定
- 現在の価格
- 販売促進活動の方向性

次は,ロジスティクス・ネットワークの再設計である.そのため,コンサルタントは取引先を 250 の地域に,製品を 5 種類の製品群に分類した.

下記のデータが収集された.

1) 各取引先が立地する地域における 5 種類の製品群ごとの 1997 年の需要 (製品在庫単位 (Stock Keeping Unit: SKU))

2) 各生産工場における年間の生産可能量 (製品在庫単位)

3) 新旧を含む倉庫の最大容量 (製品在庫単位)

4) 生産工場からあるいは倉庫から製品を配送する際にかかる製品群ごとの

1マイルあたりの輸送費

5) 倉庫を新しく建設し稼動させるためにかかる費用

この市場では，競合製品が多数あるため，コケコーラは顧客対応を特に重要視していた．顧客へのサービスレベルは金額には換算できないものであるが，最高経営責任者は，競争力を維持するために，顧客への配送時間は48時間以内にすべきであると主張した．そのためには，倉庫と顧客の地域間の距離が900マイルを超えてはいけないことになる．

コケコーラは，包括的な市場調査を終えたばかりであったが，その調査によると，この市場では数量の増加が顕著であることが明らかとなった．また，地域間に需要格差はないが，製品間には需要格差があることも判明した．1998年から1999年の推定成長率を表2.1に示す．

表 2.1 年間成長率の推定

製品群	1	2	3	4	5
成長率	1.07	1.03	1.06	1.05	1.06

工場における変動費用は，製品ごと，工場設備ごとに異なる．最高経営責任者と株主は費用とリスクを懸念して新工場の建設に反対していたが，必要に応じて既存の工場における生産能力を増強することには賛成していた．同種製品の生産能力の増強には，100単位あたり約2,000ドルかかると見積もっていた．

コケコーラは，次の疑問を解明したいと考えている．

1) 開発されたモデルは，本当にコケコーラのロジスティクス・ネットワークを表すものとなるのか．どうすれば，コケコーラはこのモデルの妥当性を検証できるのか．顧客を地域に，製品を製品群に，それぞれ集約することは，モデルの正確さにどのような影響を与えるのか．

2) どれだけの物流センターを用意するべきなのか．

3) 物流センターはどこに位置するべきなのか．

4) 工場で生産された製品をどのように倉庫に割り当てるのか．

5) 生産能力を拡大するべきなのか．それはいつ，どの工場で行うべきなのか．

この章の学習を通して，最後に，我々はコケコーラの事例を分析する1つの方法を提案する．

本章の最後まで読めば，次の問題を理解できるであろう．

- どのようにすれば，会社はロジスティクス・ネットワークを表すモデルを構築・開発することができるのか．
- どのようにすれば，会社はこのモデルの妥当性を検証できるのか．
- 顧客と製品をそれぞれ集約することは，モデルの正確さにどんな影響を及ぼすのか．
- どのようにすれば，会社は新たに必要な物流センターの数を知ることができるのか．
- どのようにすれば，会社はこれらの物流センターをどこに設置すればよいかわかるのか．
- どのようにすれば，会社は工場から生産されるそれぞれの製品を多くの物流センターに割り当てることができるのか．
- 会社は生産能力の拡大をすべきなのか，そして拡大するなら，それはいつどの工場で行えばよいのか．

2.1 はじめに

ロジスティクス・ネットワーク(第1章参照)は，供給者，倉庫，配送拠点，小売店舗と，それらの施設間を移動する原材料，仕掛品在庫，最終製品から構成されている．この章では，ロジスティクス・ネットワークの設計や構成に関与するいくつかの問題について考えていく．

ネットワークの構成には，工場，倉庫，小売の位置に関する問題を考える必要がある．第1章で説明したように，この種の問題は，当該会社に長期にわたる影響を及ぼすため，ストラテジックレベルの意思決定を行う必要がある．以下に鍵となる意思決定を挙げる．

1) 最適な倉庫数の決定
2) 各倉庫の位置の決定
3) 各倉庫の容量の決定
4) 各倉庫で各製品に割り当てられるスペースの決定
5) どの倉庫からどの製品が顧客へ配送されるのかの決定

ここでは，問題を簡潔にするために，工場と小売の位置は変わらないものと

仮定する．目的は，要求されるサービスレベルに応じて発生する，システム全体にかかる年間費用を最小化するロジスティクス・ネットワークを設計・再構築することである．この費用としては，製造費，購買費，在庫保管費，設備費 (保管費，運用費，固定費)，輸送費が含まれる．もう1つの重要決定事項である輸送手段 (たとえば，トラック，鉄道など) の選択については，タクティカルな決定であり，第3章で議論する．

今回の設定では，トレードオフが明確で，倉庫の数を増やすと決まって次のようなことが起こる．

- 顧客への平均移動時間が短縮されることによるサービスレベルの改善
- 顧客需要の不安定さに各倉庫が対処できるよう安全在庫を増やすために生じる在庫費の増加
- 一般経費と立ち上げ費の増加
- 外向き (outbound) 輸送費用，すなわち，倉庫から顧客への配送費用の低減
- 内向き (inbound) 輸送費用，すなわち，供給業者，製造工場から倉庫への輸送費用の増加

本質的には，新しく倉庫を建てる費用と，顧客との距離が近くなる利点とのつりあいをとらなければならない．このように，倉庫の位置に関する意思決定は，サプライ・チェインが製品配送にとって効率的な経路になっているかを決める重大な要素である．

以下では，最適化のモデルに必要なデータの収集と費用計算に関連する問題点について述べていく．提供されている情報は一部，文献[7,53,100] に掲げたロジスティクスの教科書をもとにしている．

図 2.1 と図 2.2 は，意思決定支援システム (Decision Support System: DSS) の典型的な2つの画面 (利用者が最適化の過程で目にするであろう画面) を表している．図 2.1 は，最適化前のデータ，図 2.2 は，最適化後のネットワークを表す．

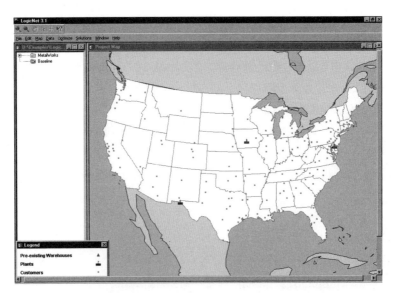

図 2.1 最適化前のデータを示す意思決定支援システムの画面

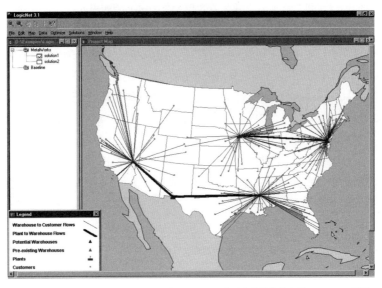

図 2.2 最適化後のロジスティクス・ネットワークを示す意思決定支援システムの画面

2.2 データ収集

　一般に，ネットワーク構成問題を解決するためには，多くのデータを収集しなければならない．たとえば，次のような情報が必要とされる．
1) 顧客，小売，既存の倉庫・配送拠点，工場設備，供給業者の位置
2) 容量，特別な輸送形態 (たとえば，冷凍輸送) を含む全製品の情報
3) 各製品の顧客の地域別年間需要
4) 輸送形態の違いによる輸送料金
5) 人件費，在庫保管費，運営固定費を含む倉庫費用
6) 顧客への配送単位と頻度
7) 注文の処理費用
8) 顧客に対して必要とされるサービスとその目標

2.2.1　データの集約

　前出の箇条書きを少しみても，この問題に対する最適化モデルには，どれも莫大な量のデータが含まれることがわかる．たとえば，典型的な清涼飲料の配送システムでは，1万から12万にものぼる取引先 (顧客) を対象としている．同様にウォルマートやJ.C.ペニーなどの小売業者のロジスティクス・ネットワークでは，ネットワークを流れる製品の種類数が，数千，多いときには数十万にものぼるといわれている．

　このような理由からもわかるとおり，最初の重要な段階はデータの集約である．データの集約は，次の基準で行われる．

　1) 互いに近接する顧客は，メッシュ(格子状の分割) やその他のクラスタリング (区分) 技法を用いて集約される．1つの区分単位内に含まれるすべての顧客は，区分単位内の中央に位置する単一の顧客に置き換えられる．この区分単位は顧客区域 (customer zone) と呼ばれる．一般的に用いられる非常に有効な手法は，郵便番号によって顧客をまとめる方法である．また，顧客が配送のサービスレベルと頻度によって分類されれば，顧客は各分類ごとに集約されることになる．つまり，同じ分類に属する顧客は，その他の分類と区別して集約され

ることになる．

2) 以下のことを基準として，製品は適当な数の製品群に集約される．

配送パターン (distribution pattern)　同じ発送元で収集し，同じ顧客へ配送する製品はすべて1つに集約される．

製品の型 (product type)　多くの場合，製品の差異は，単なる製品の型式や外観の違いであったり，梱包の形が異なっているにすぎない．このような製品は，1つに集約される．

元々の個別の詳細なデータの代わりに集約されたデータを使用した場合，モデルの効果がどのくらい上がるかということが非常に重要である．これに関して2通りの視点からみてみる．

1) 仮に，元々の個別のデータからロジスティクス・ネットワーク設計問題を解く技術が存在したとしても，集約されたデータの方が有用であると思われる．なぜならば，我々が取引先ごと，製品ごとに消費者需要を予測する能力は通常は優れておらず，集約を通して変動が低減され，集約した単位での需要予測の方がはるかに正確になるからである．

例 2.2.1. 異なる顧客を集約する効果を示すため，2つの顧客 (たとえば，小売業者) を集約する事例をみてみよう．表 2.2 に過去7年にわたるこれらの顧客からの需要データを示す．

表 2.2　2つの顧客の履歴情報

年	1992	1993	1994	1995	1996	1997	1998
顧客1	22,346	28,549	19,567	25,457	31,986	21,897	19,854
顧客2	17,835	21,765	19,875	24,346	22,876	14,653	24,987
合計	40,181	50,314	39,442	49,803	54,862	36,550	44,841

表 2.2 のデータが各顧客の翌年の需要分布を正確に表すと仮定すると，表 2.3 は，各顧客別にそれらを集計した平均年間需要量，年間需要の標準偏差，変動係数を示している．標準偏差と変動係数の違いについての議論は第3章を参照していただきたい．

2件の顧客を集約した平均年間需要は，顧客ごとの平均年間需要の総計となっている．しかし，2件の顧客を集約した標準偏差と変動係数は集約前の値の和よりも小さくなっている．

表 2.3 履歴情報の概要

統計量	年間需要量の期待値	年間需要量の標準偏差	変動係数
顧客 1	24,237	4,658	0.192
顧客 2	20,905	3,427	0.173
合計	45,142	6,757	0.150

2) さまざまな研究者の報告によると，約 150 から 200 の点に集約されたデータは，全輸送費の見積もりに対して1%以下の誤差しか通常生じない(文献[7,49]参照)．

実際にデータを集約する際に，以下の指標がよく使われる．

- 需要を表す点を 150 から 200 の区域にまとめる．顧客が配送のサービスレベルと頻度によって分類されるなら，各分類は 150 から 200 の集約された点とする．
- 各区域の総需要量はほぼ同じとなるようにする．この場合，各区域の地理的な広さは異なっている可能性がある．
- 区域の中心に集約点を置く．
- 製品を 20 から 50 の製品群に集約する．

図 2.3 は，北米に存在する 3,200 件の顧客の情報を示し，図 2.4 は，それらの顧客を 3 桁の郵便番号に基づいて 217 の点に集約した後のデータを示す．

2.2.2 輸送価格

次に，効率的なロジスティクス・ネットワークを設計するために，輸送費を見積もる[*1]．トラック，鉄道や他の輸送手段を含め輸送価格を決める際の重要な特徴は，輸送量ではなく，輸送距離にほぼ比例して価格が決まることである．ここで，自社の車両と他社の車両を利用した場合の輸送費を分けて考える．

自社所有のトラックによる輸送費の見積もりは，いたって簡単である．トラックごとにかかる年間費用，トラックごとの年間運送距離，年間配送量，トラックの積載容量を見積もればよい．これらの情報を元に，簡単に製品単位ごとの 1 マイルあたりの費用を計算することができる．

他社を利用した輸送にかかる費用を輸送のモデルに組み込むとすると，輸送

[*1] 訳者注：本項と次項は主に米国の事例を元にしている．

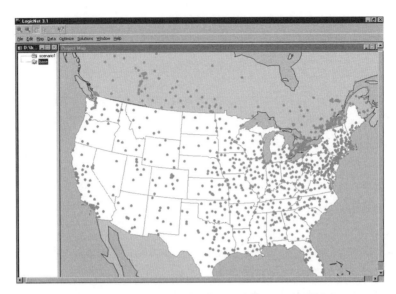

図 2.3 集約前のデータを表す意思決定支援システムの画面

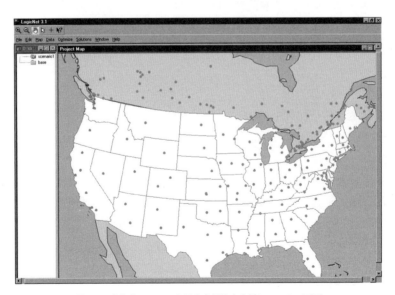

図 2.4 集約後のデータを示す意思決定支援システムの画面

2.2 データ収集

費の見積もりは自社輸送よりはるかに複雑になる．ここで，我々は，トラック1台分の積み荷による輸送（トラック1台貸切）をTL(TruckLoad)，トラック1台分より少ない積み荷の輸送（たとえば，宅配便で小荷物を1つだけ輸送するなど）をLTL(Less than TruckLoad)として，2種類の輸送のモデルに分ける．

米国では，TL業者は料金設定のため国内をいくつかの地域に分割している．フロリダやニューヨークなど2つの地域に分割している大きな州を除いて，ほぼすべての州は1つの地域となっている．TL業者は，契約時に地域間の輸送費用を顧客に示す．このデータベースには，2地域間の1マイルあたり，トラック1台あたりの費用が載っている．たとえば，イリノイ州のシカゴからマサチューセッツ州のボストンまでのTL費用を計算するには，イリノイ州とマサチューセッツ州の州間のマイルあたりの費用を調べた後，シカゴとボストン間の距離をそのマイルあたりの費用にかけ合わせればよい．TLの費用構造の重要な特徴は，その費用が対称でない，つまり行きと帰りで同じでないことである．一般に，ニューヨーク州からイリノイ州へトラックで出荷するより，イリノイ州からニューヨーク州へトラックで出荷する方が運賃は高い（なぜそうなのか，理由を考えてみよう）．

LTL産業では，運賃は基本的に次の3種類に分けられる．すなわち，等級別(class)，例外(exception)，特定商品(commodity)である．この等級別運賃は通常使われるもので，ほとんどすべての製品や商品に適用される．また，この運賃は，各輸送品の運賃と等級を定めている等級料率表(classification tariff)から知ることができる．たとえば，鉄道運賃の等級は，広範に使われている統一等級料率表(Uniform Freight Classification)によると（荷物の運びづらさを表す指数が400から13までの)31等級がある．他方，(アメリカ)国内自動車等級料率表(National Motor Freight Classification)には（荷物の運びづらさを表す指数が500から35までの)23の等級しかない．しかし，どの等級表でも，運賃もしくは等級が上になればなるほど，荷物の輸送運賃は相対的に高くなる．製品の等級を決定する要素は数多くあり，たとえば，製品の密度，取り扱いや輸送の容易度・困難度，破損に対する責任などである．いったん，運賃が決まると，運賃基礎番号(rate basis number)を確認する必要がある．この番号は，積み荷の出発点と到着点間の概算の距離を表す．荷物の等級，運賃基礎番号が

あれば,運送業者の料率表から,100 ポンドあたりの輸送にかかる具体的な運賃を知ることができる.

「例外」,「特定商品」と呼ばれる他の 2 種類の運賃は特別運賃で,割安運賃 (例外) もしくは荷物独自の運賃 (特定商品) として適用される.これらの運賃についてさらに詳しい内容を知りたい読者は,文献[53, 88] を参照していただきたい.ほとんどの運送業者は,輸送運賃のすべてを網羅したデータベース・ファイルを提供しており,通常,意思決定支援システムに組み込まれている.

LTL 輸送の運賃や,トラック運送業の非常に細分化された特性から,精巧な運賃決定方法の必要性が高まってきている.そのような運賃決定方法の一例として,南部自動車運送の郵便番号に基づく完全調査運賃 (Southern Motor Carrier's Complete Zip Auditing and Rating: CZAR) が広く用いられている.この手法は,Lite 版 (CZAR-Lite) と併せて,種々の運送業者の料率表とともに使用できる.また,CZAR-Lite は個々の運送業者の料率表と違い,地域内外そして全国の LTL の市場価格を基にした賃金表を提供する.これにより,荷主に公正な運賃決定制度を提供し,個々の運送業者の業務内容や販売促進活動の偏りが,荷主の選択に公然と影響を与えないようにしている.結果的に,荷主,運送業者,3PL(3rd-Party Logistics) 業者間の LTL 契約交渉の基礎資料として,CZAR-Lite はよく用いられている.

2.2.3 距離の見積もり

前項で説明したように,特定の出発点から特定の到着点まで製品を輸送する費用は,2 点間の距離の関数である.そのため,距離を見積もる方法が必要とされる.道路網または直線距離を用いて距離を算出することが可能である.具体的に,ある点 a とある点 b 間の距離を見積もりたいと仮定しよう.そのためには,点 a の経度 (longitude)lon_a と緯度 (latitude)lat_a が必要である (同様に点 b の経度と緯度も必要である).このとき a, b 間の直線距離 D_{ab} は次のように求められる.

$$D_{ab} = 69\sqrt{(lon_a - lon_b)^2 + (lat_a - lat_b)^2}$$

経度と緯度が「度」の単位で与えられたとき，係数69は，北米大陸の緯度または経度1度あたりのマイル数にほぼ相当する．ただ，この式は，短い距離にのみしか正しい値を与えない．なぜなら，この式は地球の曲率を考慮に入れていないからである．かなり長い距離を測定し，さらに地球の曲率を盛り込むために，米国地理調査[67)]により示された近似値を用いると以下の式になる．

$$D_{ab} = 2(69)\sin^{-1}\sqrt{\sin\left(\frac{lat_a - lat_b}{2}\right)^2 + \cos(lat_a) \times \cos(lat_b) \times \sin\left(\frac{lon_a - lon_b}{2}\right)^2}$$

この式で非常に正確に2点間の距離を計算できる．ただ，どちらも，実際の道路運行距離より短く見積もってしまう．この問題を解決するためには，迂回係数 ρ を D_{ab} にかけ合わせる．一般に，米国の大都市地域では $\rho = 1.3$，大陸レベルでは $\rho = 1.14$ である．

例 2.2.2. 製造業者が，イリノイ州シカゴからマサチューセッツ州ボストンまで，1台の満載のトラックで配送する例を考えてみよう．この製造業者は，トラック1台，1マイルあたり，105セントを請求するTL運送業者を利用する．この輸送にかかる費用を計算するためには，地理データが必要である．表2.4はシカゴとボストンの経度と緯度を示している[*1)]．

表 2.4 地理情報

都市	経度	緯度
シカゴ	−87.65	41.85
ボストン	−71.06	42.36

先ほどの式に当てはめることで，シカゴとボストン間の直線距離は855マイルと計算できる．この値に先ほどの迂回係数，この場合では1.14，をかけることで，道路距離は974マイルと見積もられる．実際の道路距離は965マイルである．(ほぼ等しいことがわかる．) したがって，運行距離の見積もりから，この例における輸送費は1,023ドルとなる．

[*1)] 注意：表内の経度や緯度は，87°39′ を 87.65 で表すような，小数点表記になっている．経度は東西の位置を示し，子午線から西側は負の値となる．緯度は南北の位置を表し，赤道より南側は負の値となる．

より正確な距離が求められる場合，第11章で紹介する地理情報システム (Geographic Information Systems: GIS) を利用することが考えられる．しかしながら，地理情報システムを用いると，一般に意思決定支援システムの稼動が極端に遅くなる．そのため，先ほど述べた計算方法で算出される数値の精度で十分な場合が多い．

2.2.4 倉庫費用

倉庫や物流センターでかかる費用は主に3つの要素から成る．

運営費 (handling cost)　これには，倉庫の年間製品通過量に比例する人件費と設備費が含まれる．

固定費 (fixed cost)　これは，倉庫の物資通過量には比例しない費用のすべてである．この固定費は，通常，倉庫の大きさ (容量) に比例しているが，非線形 (図 2.5) である．図にみられるように，倉庫の大きさがある範囲の間，この費用は一定である．

保管費 (storage cost)　これは在庫保管費を表しており，平均在庫レベル (第3章を参照) に比例する．

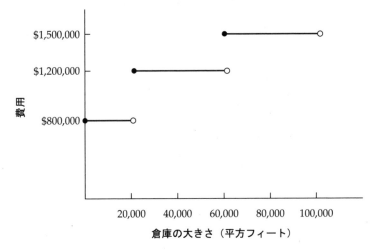

図 2.5　倉庫の容量の関数で表した倉庫の固定費

上記費用のうち，固定費と保管費の見積もりはかなりむずかしいが，運営費の見積もりは容易である．この違いを知るために，1 年を通してある顧客が 1,000 個の製品を注文していると考えてみよう．これら 1,000 個は倉庫を同時に通り抜ける必要はないため，平均在庫レベルは 1,000 個を大きく下回るであろう．そのため，意思決定支援システムで利用できるデータにするために，年間製品通過量を実際の在庫量に変換する必要がある．同様に，この製品の年間製品通過量と平均在庫レベルがわかっても，倉庫にその製品のためのスペースがどれだけ必要かはわからない．なぜなら，倉庫が必要とするスペースの大きさは，年間通過量や平均在庫レベルではなく，在庫レベルの最大値に比例するからである．

この問題を解決する効果的な方法としては，在庫回転率 (inventory turnover ratio) の利用がある．在庫回転率は次のように定義される．

$$在庫回転率 = \frac{年間売上量}{平均在庫レベル}$$

今の場合，在庫回転率は，1 年間に倉庫を通り抜ける製品通過量の合計 (年間売上に相当) と平均在庫レベルの比率である．そのため，もし在庫回転率が λ なら，平均在庫レベルは，年間の製品通過量を在庫回転率 λ で割れば得ることができる．また，平均在庫レベルに在庫保管費をかければ，年間の保管費がわかる．

最後に，固定費を計算するために，倉庫容量を見積もる必要がある．これは，次項 2.2.5 で説明する．

2.2.5 倉庫の容量

ロジスティクス・ネットワーク設計モデルに必要なもう 1 つの入力項目は実際の倉庫の容量である．問題は，倉庫を通る特定の物資の年間通過量が与えられたとき，実際に必要なスペースをどう見積もるかである．ここでも，在庫回転率が適切な方法を示唆してくれる．前で述べたように，倉庫を通る年間製品通過量を在庫回転率で割ることにより，平均在庫レベルを計算することができる．図 2.6 に示されたように時間ごとの出荷量が一定であると仮定すると，必要とされる倉庫スペースは，平均在庫レベルのほぼ 2 倍である．実際には，もちろん，倉庫に置かれているパレットを取り出したり，作業するためにある程

度のスペースが必要である．そのため，通路，取出し，仕分け，工程設備，さらに無人搬送車 (Automatic Guided Vehicle: AGV) に必要とされるスペースをも考慮して，実際に必要なスペースを算出するために，通常，ある係数 (1 以上) をかける．この係数は倉庫の種類に依存しており，この係数をかけることで，必要とされる倉庫スペースの大きさをより正確に知ることができる．実際によく使用されている係数値は「3」である．この係数は，次のように使用される．倉庫を通る年間製品通過量が 1,000 個で，在庫回転率が 10.0 であると仮定する．これは，平均在庫レベルが 100 個 $(= 1,000 \div 10.0)$ であることを示す．ここで，もし 1 個あたり 10 平方フィートの床面積を占めるとすれば，製品に必要なスペースは 2,000 平方フィート $(= 100 \times 10 \times 2$, すなわち平均在庫レベルの 2 倍のスペースが必要なので) となる．それゆえ，倉庫に必要なスペースの総計は，約 6,000 平方フィート $(= 2,000 \times 3)$ となる．

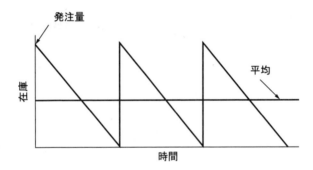

図 2.6 時間の関数で表した在庫レベル

2.2.6 倉庫の候補地

新しい倉庫の候補地を，効率的に認識することもまた重要である．通常，倉庫の位置を決定する際，次のような条件を満足させなければならない．

- 地理的，あるいは社会的生産基盤の状況
- 天然資源と労働力の確保
- 地域産業と税制
- 公共の利益

結果として，ほんの一握りの場所しかすべての要求を満たせないが，そのような場所こそが，新しい倉庫の候補地となる．

2.2.7 要求されるサービスレベル

サービスレベルの定義の仕方はいくつか考えられる．たとえば，各顧客とその顧客に製品を配送する倉庫との最大距離によって定義する方法が考えられる．これにより，倉庫は，確実に，手頃な時間内に顧客に製品を届けることができる．しかしながら，時には，田舎や孤立した地域の顧客に対して，他の顧客が受けられるのと同等のサービスレベルを提供することはきわめて困難である．このような場合，ある一定の距離を決め，倉庫までの距離がその距離以下である顧客の割合を決めておくことが，サービスレベルを定義する際に役に立つことが多い．たとえば，製品を出荷する倉庫の 200 マイル以内に顧客の 95% が存在することなどである．

2.2.8 将来の需要

第1章でみたように，ロジスティクス・ネットワーク設計を含むストラテジックレベルの決定は，企業に長期的な影響を与える．特に，倉庫の数，位置，大きさにかかわる決定は，少なくとも3年から5年の間，企業に影響を与えるものである．このことは，ロジスティクス・ネットワークを設計する際に，今後数年間の顧客需要の変化を考慮する必要があることを示している．この種の問題を処理するには，正味現在価値の計算を組み込んだ，シナリオベース・アプローチを使うことが多い．たとえば，計画期間に渡る将来の需要の動向を表した，いくつかの可能なシナリオを導きだし，このシナリオをモデルに組み込むことによって最良のロジスティクス戦略を決定する．

2.3 モデルとデータの妥当性の検証

前節 2.2 では，ロジスティクス・ネットワーク構成モデルのためのデータを集計し，表にまとめ，整理された情報にすることの困難さについて述べた．ではこの後，データとモデルがロジスティクス・ネットワーク設計問題を正確に

反映しているか確かめるにはどうすればよいであろうか．

このような問題の対処法は，モデルとデータの妥当性検証として知られている．これは，通常，モデルと集計されたデータを用いて現在のロジスティクス・ネットワークを再構成し，新しいモデルから得られた結果を現状のデータと比較することで行われる．

妥当性の検証はとても重要である．現在のロジスティクス・ネットワークの運営状況 (需要，輸送費など) をそのまま新しいモデルに載せて出力された値は非常に価値がある．そこには，現在のロジスティクス・ネットワーク構成から発生するすべての費用 (倉庫，在庫，製品，輸送に関する費用) が含まれているからである．これらのデータは，企業の会計情報と比較することができる．この方法は，しばしば，データの誤り，問題の仮定，モデルの欠点などを明確にするのに最善の方法である．以下に例を挙げる．あるプロジェクトで，妥当性検証の手順を通して計算された輸送費が，会計データにより予想される費用よりいつも下回っていたとしよう．コンサルタントはロジスティクス運営状況を注意深く見直し，トラックが実際に運送した容量は，トラックが運送可能な容量のたった30%ほどであると結論づけた．つまり，トラックはほんの少ししか荷物を積まず運行していたことがわかった．このように，妥当性検証の手順を通して，モデルに使用されている変数の調整を行えるだけでなく，現在のロジスティクス・ネットワークの運用における潜在的な改善点を示唆することもできるのである．

システムが費用とサービスレベルへ及ぼす影響を見積もるためには，ロジスティクス・ネットワークの構成を部分的に少しだけ変更することが有効である場合は多い．このやりかたは，もしこうだったらといった仮定 (What if) を多く含んでいる．たとえば，現在ある倉庫の閉鎖がシステム効率に与える影響の見積もりなどを含んでいる．また倉庫を閉鎖せずに，ネットワークは現在のままで製品の流れだけを変更し，それによる費用の変化を知るというやりかたもある．管理者は，システムに小さな変更を加えるとどういう影響が得られるかについて，直感的にわかることが多々あるため，彼らは，モデルの欠陥をより容易に見つけることができる．ただ，全システムの抜本的な再設計の効果については，直感はあまり頼りにならない．

妥当性の検証は，モデルとデータの有効性を判断する際に重要であるが，この妥当性の検証の手順は，他の利益ももたらす．特に，妥当性の検証の手順を通してモデル化された現在の業務内容と，最適化により得られた可能な改善を関連づけやすくするのである．

2.4 解決のための手法

いったんデータが集計され，表にまとめられ，妥当性が検証されたなら，次の段階はロジスティクス・ネットワークの構成を最適化することである．実際には，2種類の手法が用いられる．
1) 数理最適化手法 (下記を含む)
 ●最適解 (すなわち最小費用解) を見つけることが保証された厳密解法 (exact algorithm)
 ●必ずしも最適解を見つける保証はないが，良い解を見つける近似解法 (heuristic algorithm)
2) 設計者により作成された特定の設計案を評価する仕組みを提供するシミュレーションモデル

2.4.1 近似解法と厳密解法の必要性

数理的最適化手法についての議論から始める．近似解法の効果と厳密解法の必要性を理解するために，Geoffrioin と Van Roy が用いた次の例について考えてみよう．

例 **2.4.1.** 次の配送システムについて考えてみる．
 ●1種類の製品を扱う．
 ●工場 $p1$ と工場 $p2$ の 2 工場がある．
 ●工場 $p2$ の年間生産能力は 60,000 個である．
 ●2つの工場の生産費用は同じ．
 ●倉庫 $w1$ と倉庫 $w2$ があり，倉庫の運営費は同じ．
 ●$c1, c2, c3$ の 3 つの市場が存在し，それぞれ 50,000, 100,000, 50,000 個の需要が存在する．

● 表 2.5 は 1 個あたりの配送費を示す．たとえば，工場 $p1$ から倉庫 $w2$ への配送費用は 5 ドルである．

表 2.5　1 個あたりの配送費

施設 倉庫	$p1$	$p2$	$c1$	$c2$	$c3$
$w1$	0	4	3	4	5
$w2$	5	2	2	1	2

目的は，工場 $p1$ の生産能力の制約を考慮に入れたうえで，供給業者から，倉庫，市場までの製品の流れを決定し，市場需要を満たし，さらに，総配送費用を最小化するような配送戦略を見出すことである．この問題は，2.3 節までで議論したロジスティクス・ネットワークの構成の問題を解くよりもはるかに容易であることがわかるだろう．なぜなら，今回は施設配置については問題とならないよう仮定しており，単に効率的な配送戦略を発見しようと試みるだけだからである．

ここで，容易に思いつく 2 種類の直感的近似解法を検証してみる．

近似解法 1　それぞれの市場に対して，需要を満たす最も安価な倉庫を選ぶ．すると，市場 $c1, c2, c3$ へは倉庫 $w2$ から配送されることになる．次に，最も安価な工場から倉庫 $w2$ へ輸送することにする．つまり，工場 $p2$ から 60,000 個を配送され，残りの 140,000 個は工場 $p1$ から配送される．この配送にかかった費用は，総計で

$$2 \times 50{,}000 + 1 \times 100{,}000 + 2 \times 50{,}000$$
$$+ 2 \times 60{,}000 + 5 \times 140{,}000 = 1{,}120{,}000$$

である．

近似解法 2　それぞれの市場に対して，倉庫へ出入荷する際の最も安価な配送ルートから倉庫を選んでみよう．つまり，工場から入荷する際にかかる配送費と市場へ出荷する際にかかる配送費の両方を考えるのである．近似解法 1 と異なり，工場 → 倉庫 → 市場のルート全体を考慮して費用を検討する．市場 $c1$ へは，$p1 \to w1 \to c1, p1 \to w2 \to c1, p2 \to w1 \to c1, p2 \to w2 \to c1$ のルートが考えられる．これらのルートの中で，最も安価なルートは，$p1 \to w1 \to c1$ なので市場 $c1$ へは倉庫 $w1$ から出荷することとする．同様にして，市場 $c2$ へは倉庫 $w2$ から，市場 $c3$ へは倉庫 $w2$ から出荷することとする．

この結果，倉庫 $w1$ は総計 50,000 個を配送し，倉庫 $w2$ は総計 150,000 個を配送することになる．最も安価な倉庫への入荷の流れは，工場 $p1$ から倉庫 $w1$ へ 50,000

個，工場 $p2$ から倉庫 $w2$ へ 60,000 個，工場 $p1$ から倉庫 $w2$ へ 90,000 個である．この戦略による費用の総計は 920,000 ドルである．

残念なことに，上記の 2 種類の近似解法からは最も望ましい戦略，すなわち最小費用の戦略は導かれていない．最適な配送戦略を見つけるために，次の最適化モデル (optimization model) を考えてみる．実際には，先に述べた配送問題は，次の線形計画問題としてまとめられる[*1)]．

定式化のために以下の準備をする．

- $x(p1, w1)$, $x(p1, w2)$, $x(p2, w1)$, $x(p2, w2)$ は工場から倉庫への製品の流量を示す．たとえば，$x(p1, w1)$ は工場 $p1$ から倉庫 $w1$ への製品の流量を示す．
- $x(w1, c1)$, $x(w1, c2)$, $x(w1, c3)$ は倉庫 $w1$ から市場 $c1$, $c2$, $c3$ への製品の流量を示す．
- $x(w2, c1)$, $x(w2, c2)$, $x(w2, c3)$ は倉庫 $w2$ から市場 $c1$, $c2$, $c3$ への製品の流量を示す．

解きたい線形計画問題の目的関数は以下のとおりである．

$$\text{Minimize} \left\{ 0 \cdot x(p1, w1) + 5 \cdot x(p1, w2) + 4 \cdot x(p2, w1) \right.$$
$$+ 2 \cdot x(p2, w2) + 3 \cdot x(w1, c1) + 4 \cdot x(w1, c2)$$
$$\left. + 5 \cdot x(w1, c3) + 2 \cdot x(w2, c1) + 1 \cdot x(w2, c2) + 2 \cdot x(w2, c3) \right\}$$

制約式は以下のとおりである．

$$x(p2, w1) + x(p2, w2) \leq 60{,}000$$
$$x(p1, w1) + x(p2, w1) = x(w1, c1) + x(w1, c2) + x(w1, c3)$$
$$x(p1, w2) + x(p2, w2) = x(w2, c1) + x(w2, c2) + x(w2, c3)$$
$$x(w1, c1) + x(w2, c1) = 50{,}000$$
$$x(w1, c2) + x(w2, c2) = 100{,}000$$
$$x(w1, c3) + x(w2, c3) = 50{,}000$$

製品の流量はすべて 0 以上である．

この問題は Excel 上でモデルを簡単に組むことができ，Excel の線形計画ソルバーを用いて最適戦略を見つけられる．Excel でのモデルの組み立て方については，文献[58)] を参照していただきたい．表 2.6 に，最適な配送戦略を示す．

最適な配送戦略を採用すると，費用の総計は 740,000 ドルとなる．

[*1)] 以下の部分は，線形計画法の基礎知識を必要とする．読み飛ばしてもよい．

表 2.6 最適な配送戦略

施設倉庫	p1	p2	c1	c2	c3
w1	140,000	0	50,000	40,000	50,000
w2	0	60,000	0	60,000	0

この例をみると,最適化を基礎にした手法がどれだけ価値のあるものかが明白である.このような線形計画ソルバーを用いると,システム全体の費用を劇的に減少させる戦略を決定することができる.

もちろん,通常,分析し解きたいロジスティクス・ネットワーク構成モデルは,先に紹介した単純なモデルよりはるかに複雑である.重要な違いは,倉庫,物流センター,クロスドックポイントの最適な位置を決める必要がある点である.残念ながら,これらを決めるために線形計画を利用することは適当でなく,整数計画 (integer programming) と呼ばれる手法を用いる必要がある.ある都市に倉庫を建設するかどうかの決定は,建設するなら1,そうでなければ0という 0-1 変数であるが,線形計画問題は連続な変数 (すなわち実数変数) のみを扱うものであるからである.

このようにロジスティクス・ネットワーク構成モデルは,整数計画モデル[*1]である.残念ながら,整数計画問題を解くのはとても困難である.ロジスティクス・ネットワーク構成問題を解くための厳密解法をもっと深く知りたい場合は文献[14]を参照していただきたい[*2].

2.4.2 シミュレーション・モデルと最適化手法

先に述べた数理的最適化手法には,いくつかの重要な制限がある.それらは,通常は年間または平均の需要といった,静的なモデルを扱い,動的な要素を考慮に入れていない.シミュレーションをもとにした手法は,システムの変化を簡単に考慮できるので,設計変更後のシステムの性能を (実際にシステムを変更することなく) 評価できる.シミュレーション・モデルは使い方次第で,設計変更をたくさん入れたりできる.設計変更をどのくらい入れるかは,シミュレーション・モデルを使う人次第である.

[*1] 訳者注:正確には,混合整数計画モデルと呼ばれ,整数変数と実数変数の混在した計画モデルになる.
[*2] 訳者注:なお,日本語の文献として「ロジスティクス工学」[121] がある.

このことは，シミュレーション・モデルを用いて，微視的な分析が可能であることを示している．実際，シミュレーション・モデルには次のような要素が含まれる (文献[46] 参照)．

1) 個々の注文パターン
2) 特定の在庫方策
3) 倉庫内の在庫の移動

残念ながら，シミュレーション・モデルは事前に明示されたロジスティクス・ネットワーク設計を形にしただけである．いいかえると，倉庫，小売などが特定の構成として付与されると，シミュレーション・モデルは，その構成に付随する費用を見積もる際には有用である．もし他の構成が考えられたなら (たとえば，一部の顧客は別の倉庫から製品が配送されるなど)，モデルをもう一度計算しなければならない．第 11 章で詳細に検討するが，シミュレーションは最適化の手段ではない．シミュレーションは特定のロジスティクス・ネットワークの構成の効果を特徴づけるには役立つが，多くの構成候補の中から，効果的な構成を決定するためには役に立たない．

さらに，個々の顧客の発注パターン，特定の在庫や製品に関する方針，日々の配送戦略などに関する情報を取り込んだ詳細なシミュレーション・モデルは，システム性能を正しく知るために必要な精度を達成するために，多大な計算時間を要する．このことは，シミュレーション手法を使う際，変更は通常ほとんど考慮できないことを意味している．

そのため，システムの動的部分がそれほど重要でなければ，静的なモデルが適切であり，数理的最適化手法を利用すればよい．著者らの経験では，この種のモデルで実際に使用されているほとんどすべてのネットワーク構成モデルを説明できる．システムの詳細かつ動的な部分が重要である場合は，シミュレーション手法と最適化手法の両方の利点を有している，以下の 2 段階アプローチを利用するとよい．これは Hax と Candea によって提案されたものである[46]．

第 1 段階 大域的視野で最小費用を達成する解をいくつか導き出すために，最適化モデルを利用する．その際には，費用の面で最も重要な構成要素を考慮する．

第 2 段階 第 1 段階で求めた解を評価するためシミュレーション・モデルを

用いる．

2.5 ネットワーク構成のための意思決定支援システムの重要な特徴

ネットワーク設計のための意思決定支援システムでは，柔軟性が重要な必要条件の1つとなる．ここでは，システムの柔軟性を，既存のロジスティクス・ネットワークの数多くの特性を取り込める能力と定義する．実際，使う用途次第であるが，あらゆる種類の設計思想に利用できることが望ましい．つまり，すべての倉庫の閉鎖を許しすべての輸送を自由に決められるような，ロジスティクス・ネットワークの完全な最適化を行えなければならないし，また，以下のような制限を考慮した最適化モデルを扱えなければならない．

1) 顧客別のサービスレベルの要求
2) 既存の倉庫．多くの事例では，倉庫はすでに存在しており，リース契約はまだ終了していない．それゆえ，モデルでは倉庫の閉鎖を許すべきではない．
3) 既存の倉庫の拡張．既存の倉庫は拡張できるかもしれない．
4) 特定の物流パターン．多くの状況で，特定の物流パターン(たとえば，ある特定の倉庫から特定の顧客へ)は変更するべきでない．また，もっとありうる可能性として，ある工場では特定の製品在庫単位を製造しない，またはできない．
5) 倉庫間の転送．場合によっては，材料は倉庫から別の倉庫に転送される．
6) 部品展開表．場合によっては，最後の組み立ては倉庫で行われる．この点はモデルに組み入れておく必要がある．そのため，モデルの利用者は，最終製品の組み立てに使用される構成部品に関する情報をモデルに提供する必要がある．

しかし，意思決定支援システムが上記のすべての要素を組み込んでも，まだ充分とはいえない．意思決定支援システムには，効力をほとんど，またはまったく失わずにあらゆる要素を組み込む能力が必要である．この必要条件は，いわゆるシステムの頑健性(robustness)に直接関係してくる．システムによって生成された解の相対的な質(費用やサービスレベルなど)は，特別な環境，特別な状況，データの多様性に依存してはいけない．意思決定支援システムに頑健

性がなければ，ある問題に対して意思決定支援システムがどれほど有効であるか判断することは困難である．

システムの計算時間が妥当であることも重要である．もちろん，何が妥当であるかは取り扱う問題によって異なる．よく使われている意思決定支援システムを Pentium 200MHz を搭載したパソコンで走らせた計算時間を表 2.7 に示す．この表には，いろいろな問題で走らせた計算時間を載せている．さらに，それぞれの例に対して，集約後の顧客数，製品数，供給業者数，倉庫の候補地，既存の倉庫数を示している．さらに，意思決定支援システムで考慮する新しい倉庫数の範囲を示している．この値は，意思決定支援システムによって考慮される倉庫の数が，下限以上で，上限以下であることを示す．また，それぞれの問題における顧客と，その顧客に製品を配送する倉庫との距離の上限により規定される要求サービスレベルも載せている．この数値は，距離の列に記されている．この意思決定支援システムは，最適解と比較し 1.0%から 0.5%の差に納まるような解を見つけ出す．それぞれの解を得るのにかかった計算時間も表に示す．表に示したすべての問題は，米国に存在するいくつかの企業の実際のデータをもとにしたものである．

表 2.7 計算時間 (秒)

顧客数*	製品数	供給業者数	倉庫の候補地数	既存の倉庫数	新しい倉庫数の範囲 (下限–上限)	距離の上限	計算時間 1.0%	計算時間 0.5%
333	1	2	307	2	3–3	1300	12	12
333	1	2	307	2	3–7	1300	140	223
333	1	2	307	2	3–10	1300	184	209
2448	12	4	73	0	3–32	**	126	300
2066	23	23	52	0	3–25	700	393	500

* 集約後　** 要求サービスレベル

2.6　コケコーラの配送問題の解決

ここで，この章の最初に書かれたコケコーラの事例へ戻る．分析をする際に重要な問題は，ネットワーク設計において予測される需要の増加の影響を，効果的に知る方法である．1 つの方法は，現在の需要をもとにネットワークを設計し，将来の需要が総費用に及ぼす影響を評価する方法である．すなわち，現在

(1997年)の需要に基づいた倉庫の数と場所を固定し,1997年,1998年,1999年の総費用を計算する.そのうえで,この数値と,たとえば,1998年の需要をもとにしたロジスティクス・ネットワーク設計とを比較してみる.

具体的には,次の3種類の選択肢を考えてみる.

選択肢 I 1997年の需要をもとに最適なロジスティクス・ネットワーク設計を見つける.

選択肢 II 1998年の需要をもとに最適なロジスティクス・ネットワーク設計を見つける.

選択肢 III 1999年の需要をもとに最適なロジスティクス・ネットワーク設計を見つける.

選択肢 I について考える.この事例では,ロジスティクス・ネットワーク構成が変わらないと仮定し,1998年と1999年の総費用を計算する必要がある.この設計の選択肢に基づいたロジスティクス・ネットワーク構成を固定し,総費用に対する需要増加の影響を評価する.1997年,1998年,1999年の総ロジスティクス費用の現在価値を計算することにより,この設計の選択に伴う総費用を知ることができる.また,この過程を通して,生産能力の問題を考えることができる.たとえば,1998年の需要データの分析から,製品の生産能力は充分か,顧客の需要を満たすために生産能力を増強する必要があるかを評価できる.

同じ分析を,他の2種類の選択に適用ができ,3つの現在価値を,最終決定する際に利用する.

まとめ

この章では,ロジスティクス・ネットワークの設計で重要な問題について検討した.しばしば起こる疑問は,需要を集約することの効率性である.個々の小売の需要情報が得られるにもかかわらず,分析に際し,顧客を集団にまとめ,各集団を1つの集約顧客として扱う理由は自明ではない.これまでみてきたように,需要データを集約する理由は大きく2つある.1つ目は,入力データから得られるモデルの大きさである.実際に,顧客数が増すにつれて,ロジスティクス・ネットワーク設計問題を解く時間は指数的に長くなる.たとえ最適化に要

する時間が重要な問題でなくとも，需要予測の精度を向上させるためには，需要を集約することが重要である．実際，我々が，取引先ごと，製品ごとに顧客需要を予測するのはむずかしく，その意味でも需要の集約は重要である．集約により変動は減るので，集約した単位における需要予測は，集約前に比べはるかに正確になる．

　実務でよく生じる2つ目の疑問は，ロジスティクス・ネットワークを最適化するために意思決定支援システムは必要か，ということである．つまり，洗練された道具が必要なのか，表計算ソフトウェアだけで充分なのか，ということである．この章では，徹底的にロジスティクス・ネットワークを分析するためには，複雑な輸送費用構造，倉庫の大きさ，生産の限界，在庫回転率，在庫費，サービスレベルなどを考慮しなければならないことを論じてきた．以上を満たし，大規模な問題を効率的に解決するためには，最適化を基礎にした意思決定支援システムが必要である．詳細な議論は第11章を参照していただきたい．

3

在庫管理とリスク共同管理

事例: 冷麺電子——サービスレベルの危機

　冷麺電子[*1)]は,産業用リレーなどを製造する製造業者である.5つの工場が極東地域の異なる国にあり,本社は韓国のソウル市にある.

　米国冷麺電子は,冷麺電子の子会社で,1978年に米国に設立された.米国冷麺電子は,米国における配送・保守機能を担当している.シカゴに中央倉庫があり,2種類の顧客に配送している.2種類の顧客とは,卸売業者およびOEM(Original Equipment Manufacturing)企業である.卸売業者は冷麺電子製品の在庫を持ち,顧客から要求があるたびに供給する.OEM企業は冷麺電子製品を使って,車庫の自動開閉装置などといったさまざまな商品を製造している.

　冷麺電子は約2,500種類の製品を製造しており,それらはすべて極東地区で製造されている.最終製品は韓国の中央倉庫に保管され,そこからさまざまな国に出荷される.特に,米国で販売される商品は船でシカゴの倉庫まで輸送される.

　近年,米国冷麺電子は競争の激化に直面し,サービスレベルを改善し,費用を下げるように顧客や卸売業者から強い圧力を受けていた.残念ながら,在庫管理者であるカルビンは,次のように指摘している.「現在のサービスレベルはかつてないほど低い.全受注のたった70%ほどしか納期どおりに納品されていない.一方,在庫は増え続けており,それらのほとんどは需要がない.」

[*1)] 出典:冷麺電子は架空の企業である.本事例の内容は,著者らの経験などに基づく.

3. 在庫管理とリスク共同管理

米国冷麺電子の社長，副社長兼総支配人のハラミン，韓国本社代表との最近の打合せで，カルビンはサービスレベルが低い理由をいくつか指摘した．

1) 顧客の需要予測の困難さ．確かに，経済状況や顧客の行動，その他の要因の変化は需要に大きな影響を与えており，予測することは大変むずかしい．

2) サプライ・チェイン全体のリード時間の長さ．イリノイ州の倉庫へ製品が到着するには，発注後，通常6～7週間かかる．このようにリード時間が長いのには，根本的な理由が2つある．1つは韓国の中央物流センターでの処理に1週間もかかることである．もう1つは，海上の運送に非常に時間がかかることである．

3) 米国冷麺電子で取り扱う製品の種類の多さ．米国冷麺電子は，小さなリレーから大型のプログラム可能なコントローラまで，約2,500種類の製品を顧客に配送している．

4) ソウル本社の米国子会社に対する優先度の低さ

日本や韓国の顧客から韓国本社に届いた注文は，米国から受け取った注文よりも概して優先度が高い．そのため，米国へのリード時間はときとして7週間より長くなることもある．カルビンは，顧客需要の予測のむずかしさを説明するために，冷蔵庫の製造に用いられるリレー製品である商品番号xxx-1534の月ごとの需要のグラフを示した（図3.1）．このグラフが示すように，顧客の需要変動は非常に大きい．月ごとに需要は変化しており，最先端の予測技術を用いても，顧客の需要がどうなるのか予測するのはむずかしい．総支配人である

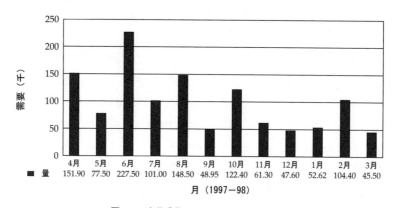

図 **3.1** 商品番号 xxx-1534 の月ごとの需要

ハラミンは，カルビンの分析に対して非常に批判的であった．ハラミンは，「もしリード時間の長さが問題なら，航空運送に切り替えることによって，リード時間をおそらく2週間程度まで短縮できるので，米国冷麺電子は切替えをすべきであろう．」と指摘した．しかしながら，ハラミンは，この切替えがサプライ・チェイン全体に与える影響について，確信を持って判断ができなかった．彼は，「輸送費用は確かに上昇するが，どこかに費用削減の余地がないのか検討すべきである．」と主張した．

打合せの結果，ハラミンが代表となり，このサービスレベルの危機を処理する特別委員会を発足させることが決まった．

カルビンは会議後，多くの他の企業が類似の問題，すなわち大きな需要変動，長いリード時間，不安定な供給工程，多大な製品種類数などに直面しているに違いないと感じていた．彼は，競合企業がこれらの問題をどのように上手に処理しているのか知りたいと考えた．

本章の最後まで読めば，次の問題を理解できるであろう．
- 企業が顧客需要の大きな変動をうまく処理するにはどうすればよいであろうか？
- サービスレベルと在庫レベルの間の関係はどうなっているか？
- リード時間およびそのばらつきが在庫レベルに与える影響はどのくらいか？
- 効果的な在庫管理方針は何か？

3.1 はじめに

在庫管理の重要性や，在庫方策と輸送方策との調整の必要性自体は，これまでもずっと明白であった．残念ながら，複雑なサプライ・チェインの中で在庫を管理することは概して非常にむずかしく，顧客に対するサービスレベルやサプライ・チェインのシステム全体の費用に大きな影響を与えている．

第1章で論じたように，典型的なサプライ・チェインは，原材料を供給する供給業者，原材料を完成品に変換する製造業者，完成品をそこから顧客へ配送する物流センターや倉庫を含んでいる．したがって，在庫は，サプライ・チェインの中で以下のさまざまな形態で存在する．

- 原材料在庫
- 仕掛在庫
- 完成品在庫

それぞれの在庫別に管理する仕組みが必要である．おのおのの在庫管理の仕組みを決定するのは容易なことではない，なぜならばシステム全体の費用を削減し，サービスレベルを向上させるためには，サプライ・チェイン上のさまざまなレベルの相互作用を考慮に入れなければならないからである．それは困難なことであるが，それによって大きく利益を拡大することが可能である．

例 3.1.1. ゼネラル・モーターズは，世界最大の生産ネットワークおよびロジスティクス・ネットワークを持つ企業の1つである．1984年には，ゼネラル・モーターズのロジスティクス・ネットワークには20,000の供給業者の工場，133の部品工場，31の組立工場，そして11,000の販売特約店が含まれていた．航空輸送費用は約41億ドルかかっており，材料の発送費の60%を占めていた．加えて，ゼネラル・モーターズの保有する在庫は74億ドルに相当し，70%が仕掛在庫で残りが完成品在庫であった．ゼネラル・モーターズは，在庫と輸送を合わせた費用を削減できる意思決定手法を利用し始めた．実際，出荷単位(すなわち在庫管理方策)や出荷経路(すなわち輸送戦略)を調整することで，費用は年間におよそ26%削減しうるのである[10]．

当然のことながら，最大の問題は，なぜそもそも在庫を持つのかということである．その理由のいくつかを以下に示す．

1) 企業は，顧客需要の思いがけない変化による影響を避けたい．顧客の需要予測は常に困難であり，しかも以下のような理由で，近年顧客の需要はますます不安定になっている．

- 製品のライフサイクルが短くなり，品種が増えてきた．このことから，顧客の需要に関する過去のデータが存在しないか，または非常に限られてきた(第1章参照)．
- 市場に多くの競合製品が登場してきた．製品の種類が急増し，ある特定の型式について需要を予測することのむずかしさが増している．確かに，製品群全体すなわち同じ市場で競合しているすべての製品全体の需要を予測することは比較的容易であるが，個々の製品の需要を見積もることは非常にむずかしい．

このことは第8章で論じる.

2) 調達品の量や品質, 供給業者の費用, 納期などがはっきりしない状況が起こりやすい.

3) 輸送業者は規模の経済を追求し, 企業は商品別に大量に輸送するようにしようとするため, 結果として大量の在庫を持つことになる. 多くの輸送業者が, 荷主に大きなロットで出荷させようと, あらゆる種類の値引きを行っている (第2章参照).

残念ながら, 通常このような状況においては, 在庫を効果的に管理することは困難となる. 以下の例もそのことを示している.

- 1993年, デルが赤字の予測をし, 株価が急落した. デルは, 需要の予測を大きくはずしたことを認め, 在庫の評価額が大きく下がることとなった[118].
- 1993年, リッツ・クライボーン (Liz Claiborne) は, 予想を上回る在庫の結果として, 思いがけない収益減を経験した[119].
- 1994年, IBMは在庫の管理に失敗し, ノートパソコンであるThinkPadの生産が間に合わなくなり苦闘した.

これらの例から次の2つの重要な在庫管理上の問題を挙げることができる.

1) 需要予測
2) 発注量の計算

需要量はたいてい不確実なため, 需要予測が発注量を決める重大な要素となる. では, 需要予測と最適な発注量との関係はどう決まるのか? 発注量は, 需要予測量と等しくすべきなのか, あるいは多く, または少なくするべきなのか? それも, どのくらい? これらの問題について, 以下で論じる.

3.2 倉庫が1箇所の例

在庫管理方策に影響を与える重要な要素として, 以下を挙げることができる.

1) 真っ先に挙げることができるのは, 顧客の需要である. これは, 前もってわかることも, まったく不規則なこともある. 需要が不規則でも過去のデータが利用可能であれば, 平均的な顧客の需要やそのばらつき (しばしば, 標準偏差を使う) を見積もるために使える予測手法はある.

2) 補充リード時間. 発注時にわかる場合も, わからない場合もある.
3) 倉庫に保管される商品の種類数.
4) 計画期間の長さ.
5) 発注費用, 在庫保管費用など.
   a) 一般に, 発注費用は, 製造費用と輸送費用を合わせたものである.
   b) 在庫保管費用, あるいは在庫の荷扱い費用は, 以下で構成される.
      i. 州税, 資産税, 在庫にかける保険料
      ii. 在庫の維持費
      iii. すたれることによる費用. 市場の変化による商品価値の減少リスクで決まる.
      iv. 機会費用. 製品を在庫するのではなく, 製品をお金に換えてほかのところ (たとえば株式市場など) に資金を投入していれば得られたであろう投資対収益で表すことができる.
6) 要求されるサービスレベル. 顧客の需要が不明確な状況では, 顧客の注文に100%間に合わせることは一般に不可能であり, 管理者は受け入れ可能なサービスレベルを決めておかなくてはならない.

3.2.1 経済的ロットサイズ・モデル

1915年にFord W. Harrisが提案した古典的な経済的ロットサイズ・モデルは, 発注費用と保管費用の間のトレードオフを説明した単純なモデルである. 単一品種, 需要が一定, 倉庫が1つという状況を想定する. また, 倉庫から供給業者に発注する際, 供給業者が持っている商品の量に上限はないと仮定している. 以下の仮定をする.

- 需要は一定であり, 1日あたりの商品の需要量を D とする.
- 発注量は固定であり, 発注1回あたりの商品の量を Q とする. すなわち, 倉庫からの発注量は毎回 Q である.
- 倉庫から発注を行うたびに毎回発生する固定の発注費用を K とする.
- 在庫保管費用, すなわち保管する在庫1単位あたりにつき1日に発生する保管費用を h とする.
- 発注から納入までの間に経過するリード時間はゼロとする.

- 初期の在庫レベルはゼロとする.
- 計画期間は長期 (無限期間) とする.

このモデルの目的は，品切れを起こすことなく年間の購買・在庫費用を最小化するための，最適な発注方策を見出すことである.

このモデルは，実際の在庫管理方法を極端に単純化している．長期にわたる需要がわかっており，しかも一定であるという仮定は非現実的である．製品の補充には通常数日を要するし，発注費用が固定であるという必要条件が当てはまる場合は限られる．にもかかわらず，このモデルから得られる見識は，現実の，より複雑な状況でも有効な在庫管理方策を作成するために役立つ.

前述の諸々の仮定のもとで最適に管理されている状態とは，ちょうど在庫レベルがゼロになった時点で製品を発注する状態である．これを在庫ゼロ発注性と呼ぶ．在庫レベルがゼロになる前に発注し納品させる方策と比較して，在庫がゼロになるまで発注を待つことで，在庫保管費用を節約できる.

経済的ロットサイズ・モデルでは，最適な発注方策を見つけるために，在庫レベルを時間の関数とする (第 2 章の図 2.6 参照)．このモデルにおける在庫レベルの変動は，いわゆるのこぎりの歯の形状になる．発注と次の発注との間の時間をサイクル時間と呼ぶ．この場合，サイクル時間 T における総費用は

$$K + \frac{hTQ}{2}$$

である．発注固定費用 K は，発注 1 回ごとにかかる．製品 1 個あたり 1 単位時間あたりの保管費用を h とし，サイクル時間は T であり，平均在庫レベルは $Q/2$ なので，保管費用は上の式になる.

1 サイクルの間 (長さ T) に在庫レベルは Q から 0 へ変化し，需要は一定で単位時間あたり D とすれば，$Q = TD$ である．上式の費用を T または Q/D で割れば単位時間あたりの平均費用になり，それは

$$\frac{KD}{Q} + \frac{hQ}{2}$$

である．この式を微分することにより，費用関数を最小化する最適発注数量 Q^* を求めると，

$$Q^* = \sqrt{\frac{2KD}{h}}$$

となる.この量は,経済発注量 (Economic Order Quantity: EOQ) と呼ばれている.

この単純なモデルから,2つの重要な洞察が得られる.

1) 単位時間あたりの在庫保管費用と,単位時間あたりの固定発注費用とを考慮して,最適な発注量を決めることができる.単位時間あたりの固定発注費用は KD/Q であり,単位時間あたりの保管費用は $hQ/2$ である (図 3.2 参照).このように,発注量 Q を増やすと,単位時間あたりの在庫保管費用が増加する一方,単位時間あたりの固定発注費用は減少する.最適な発注量は,単位時間あたりの発注費用 (KD/Q) と,単位時間あたりの在庫保管費用 ($hQ/2$) とが等しくなる量として求めることができる.すなわち,

$$\frac{KD}{Q} = \frac{hQ}{2}$$

であり,

$$Q^* = \sqrt{\frac{2KD}{h}}$$

である.

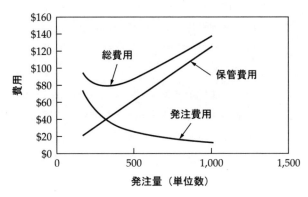

図 3.2 経済的ロットサイズ・モデル (単位時間あたりの総費用)

2) 総在庫費用は,発注量に敏感ではない.すなわち,発注量を変えても,年間の発注費用や在庫保管費用への影響は比較的小さい.このことを,以下の例を使って説明できる.ある在庫管理責任者が,最適発注量 Q^* の b 倍の数量 Q

を発注したとする．いいかえると，与えられた b に対して，発注量は $Q = bQ^*$ である．ここで $b = 1$ なら，責任者は経済発注量どおりの発注を行ったことを意味する．仮に $b = 1.2$(あるいは $b = 0.8$) であれば，責任者は最適な発注量より20%多め(あるいは少なめ)，に発注することを意味する．表 3.1 は，b の変化が，総在庫費用に与える影響を示している．たとえば，責任者が最適発注量より20%多めに発注したとして $(b = 1.2)$，総在庫費用は最適な場合に比べて1.6%増える程度である．

表 3.1 感度分析

b	0.5	0.8	0.9	1	1.1	1.2	1.5	2
費用の増加	25.0%	2.5%	0.5%	0	0.4%	1.6%	8.0%	25.0%

3.2.2 需要の不確実性の影響

前述のモデルにより，発注費用と在庫保管費用とのトレードオフを説明することができる．しかし，このモデルでは需要の不確実性や予測との関係などが考慮されていない．概して，多くの企業は世の中の動きを予測可能と考え，販売する時期よりもはるか以前に予測に基づき生産量および在庫レベルを決めている．これらの企業は，予測を行う際に需要の不確実性は認識しているにもかかわらず，あたかも最初の予測が現実を正確に表しているかのように扱い，生産計画の立案作業をしている．

残念ながら近年，技術の進歩が早まるにつれ，多くの商品のライフサイクルは短くなり，需要の不確実性は増している．また，非常に多様な商品が同じ市場で競合するようにもなっている．次の事例を使って，需要の不確実性や，需要予測を分析に取り込むことの重要性を説明し，また需要の不確実性が在庫方策に与える影響を明らかにしたい．

事例: 水着の生産

　水着など，夏の流行商品のデザイン，生産，販売を行っている西瓜 (すいか) 紡 (仮名)[1]の事例について検討する．西瓜紡は，夏の始まるおよそ6ヶ月前に，自社製品のすべての生産量を決定しなければならない．新しいデザインがどれだけ売れるか事前に知ることはできないので，さまざまな予測手法を用いて，それぞれのデザインの需要を予測し，それに沿って生産・供給計画を立てなければならない．この場合，トレードオフは明確である．すなわち顧客需要を過剰に見積り，売れ残り在庫を作るか，顧客需要を過小に見積り，在庫を切らして，潜在顧客 (potential customer) を失うかである．このような状況での意思決定を支援するために，市場調査部門では，過去5年間の履歴情報，現在の経済情勢，その他の要素を用いて，水着の需要の確率的予測を行っている．起こりうる天候パターンや競合他社の行動などの要素に基づき，来期の販売に関して発生しうるいくつかのシナリオを分類し，それぞれの実現確率を求める．たとえば，8,000着を販売するというシナリオの実現確率は11%，といった具合に，異なる販売量のシナリオについて，それぞれ発生確率を求める．各シナリオを図 3.3 に示す．この確率予測から，需要予測数の平均値は約 13,000 着で，それより多くなる可能性も少なくなる可能性もあることがわかる．

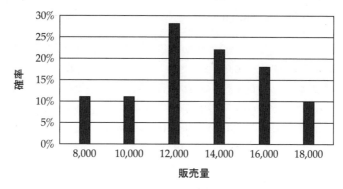

図 **3.3**　確率予測

---

[1]　出典：この事例は文献35)とコロンビア大学大学院の授業資料に基づく．

さらに，西瓜紡に関し以下の情報がある．
- 生産を始めるためには，生産数量に関係なく，10万ドルの投資をしなくてはならない．この費用を固定生産費と呼ぶ．
- 1着あたりの変動生産費は80ドルである．
- 夏のシーズン中は，水着は1着あたり125ドルの販売価格で売れる．
- 夏のシーズン中に売れ残った水着は，どれも20ドルの処分価格でディスカウント・ショップに販売する．

ここで，最も望ましい生産量を求めるために，生産量，顧客需要，利益の関係を理解しなければならない．

西瓜紡が10,000着を生産し，需要が実際には12,000着であった場合を想定する．この場合の利益は，夏の間の売上高から変動費と固定費とを引いた値である．すなわち，

$$\text{利益} = 125 \times 10{,}000 - 80 \times 10{,}000 - 100{,}000$$
$$= 350{,}000$$

となる．

一方，もしも西瓜紡が10,000着の水着を生産し，需要が実際には8,000しかなかった場合の利益は，夏の間の売上高と処分価格での売上額との合計から，変動生産費と固定生産費を引いたものである．すなわち，

$$\text{利益} = 125 \times 8{,}000 + 20 \times 2{,}000 - 80 \times 10{,}000 - 100{,}000$$
$$= 140{,}000$$

ここで，需要が8,000着である確率は11%で，12,000着である確率は27%である．すなわち，10,000着の水着を製作して350,000ドルの利益を得る確率は27%で，140,000ドルの利益を得る確率は11%である．同じやり方で，この製造業者が10,000着の水着を生産する場合に，各シナリオで得られる利益を計算できる．これにより，10,000着を生産する場合の平均利益(利益の期待値)を計算できる．すなわち，10,000着を生産した場合に予測される利益の期待値は，それぞれのシナリオで得られる利益を，それぞれのシナリオが起こる確率で加重平均した値となる．

もちろん，ここで求めたいのは，利益の期待値を最大化する最適生産量である．では，最適生産量と，この事例における約13,000着の平均需要とは，ど

のような関係になるのであろうか？ すなわち，最適生産量は平均需要と同じであろうか，多くなるのであろうか，あるいは少なくなるのであろうか？

この疑問に答えるために，水着を1着追加生産する場合の限界収益と限界損失[*1]を求めることにする．この追加生産した水着が夏のシーズン中に売れた場合，限界収益は1着あたりの販売価格と1着あたりの変動生産費用の差であり，計算すると45ドルとなる．追加生産した水着が夏のシーズン中に売れなかった場合，限界損失は1着あたりの変動生産費と処分価格との差であり，計算すると60ドルとなる．ここで，追加生産した水着が夏のシーズン中に売れない場合の損失は，シーズン中に売れた場合の利益よりも大きい．このことから，西瓜紡の事例での最適生産量は，平均需要よりも小さくなる．

図3.4は，利益の期待値を生産量の関数で表したものである．この図から，最適生産量，すなわち利益の期待値を最大にする生産量は，約12,000着であることがわかる．また，9,000着生産する場合と16,000着生産する場合の利益はほぼ等しく，294,000ドルである．では，もし何らかの理由で，生産量を9,000着と16,000着のいずれかから選ばなければならないとしたら，どちらを選ぶべきであろうか？

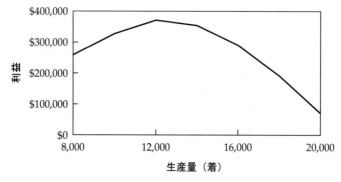

図 **3.4** 利益の期待値 (生産量の関数)

この疑問に答えるためには，決定に伴うリスクについて，より良く理解しておく必要がある．ヒストグラム (図 3.5) は，与えられた2種類の生産量 (9,000着と16,000着) における，利益額の確率を示している．まず，生産量が16,000着の場合を考える．グラフから，利益の分布は左右対称ではないことがわかる．

[*1] 訳者注：限界損失とは，生産量を増やしたときの損失の増加分である．

220,000 ドルの損失が発生する確率は約 11% であり，410,000 ドル以上の利益が出る確率は 50% である．一方，生産量が 9,000 着の場合，利益額のヒストグラムから，可能性のある利益額は 2 通りしかないことがわかる．約 11% の確率で 200,000 ドル，約 89% の確率で 305,000 ドルの利益が出る．すなわち，生産量 16,000 着の場合，平均の利益額は 9,000 着の生産計画の場合と変わらないが，起こりうるリスクと相応する報酬は，生産量が増えるにつれて増加する．

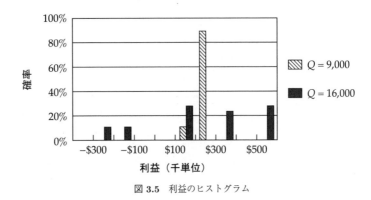

図 3.5 利益のヒストグラム

この事例の分析結果は，以下のようにまとめられる．

- 最適な生産・発注量は，需要予測量の平均値と必ずしも同じではない．最適な量は，追加 1 単位の販売により得られる限界収益と限界損失との関係に依存する．
- 生産・発注量が増加すると概して，生産量がある値に至るまでは平均利益が増加し，その値を超えると平均利益は減少し始める．
- 生産量を増加させると常に，リスク—すなわち大損失の確率—はより大きくなる．同時に，より大きな利益を得る確率も増加する．これはリスク/報酬のトレードオフである．

初期在庫の影響

西瓜紡が，あるデザインの水着について，去年生産した 5,000 着を初期在庫として持っていると仮定する．このデザインの需要は過去と同じシナリオをたどると仮定して，西瓜紡は生産を開始するべきなのか，もしそうなら何着製造するべきなのかを以下で検討する．

3.2 倉庫が 1 箇所の例

　もし西瓜紡が追加の水着をまったく生産しないとしたら，5,000 着以上を売ることはできないが，追加の固定生産費は発生しない．一方，西瓜紡が今年も追加生産をすれば，生産量にかかわらず，固定生産費がかかる．

　この問題に関して，図 3.6 をみてみたい．実線が，固定生産費を考慮しない場合の平均利益を示し，点線が固定生産費を考慮した場合の平均利益を示している．点線は図 3.4 の実線とまったく同じである．実線は，どのような生産量でも点線の上に位置し，2 つの線の間の距離が，固定生産費の大きさを示している．

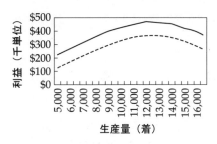

図 **3.6**　平均利益と初期在庫レベルの影響

　追加生産をしない (5,000 着売ることができる) 場合の今年の平均利益は，図 3.6 の実線で示されており，下記のとおりである．(訳注：図からは$200,000 より大きめの値が読みとれるが，おおよその値を読みとっていると推測される．)

$$200,000(図\ 3.6\ より) + 5,000 \times 80 = 600,000$$

ここで，合計値 600,000 ドルは，すでに消費された (すなわち昨年生産に使った) 変動生産費を含んでいることに注意する．一方，西瓜紡が今年も追加生産をする場合，当然在庫レベルを 5,000 着から 12,000 着に増やすために生産する．この場合の平均利益は点線の方になり，

$$375,000(図\ 3.6\ より) + 5,000 \times 80$$

となる．在庫レベルを 12,000 着に増やした場合の平均利益は，今年は生産しない場合の平均利益よりも大きいことから，今年も生産を行うのが最適な方策となる．

次に，初期在庫が仮に 10,000 着の場合を考える．同じ分析を行うと，生産は必要ないことがわかる．すなわち，初期在庫の 10,000 着のみで得られる平均利益は，追加生産により在庫レベルを 12,000 着に増やした場合に得られる平均利益よりも大きい．生産を行わなければ固定生産費を支払わなくてよいが，生産をする場合には，生産量に関係なしに固定生産費を支払わなくてはならないからである．

追加生産をする場合，平均利益は最大で 375,000 ドルとなる．この値は，初期在庫が約 8,500 着あり，かつ追加生産をまったくしない場合の平均利益と等しい．したがって，初期在庫が 8,500 着より少なければ，追加生産をして在庫レベルを 12,000 着にすればよい．一方，初期在庫が 8,500 着以上あれば，生産するべきではない．

この水着の事例から，在庫管理で実践的に使える有力な方策を導きだせる．すなわち常に，在庫レベルが s を下回れば，S まで在庫を増やすべく発注 (あるいは生産) すればよい．この方策を (s, S) 方策，あるいはミニ・マックス方策と呼ぶ．一般的に，s は発注点，S は補充目標点と呼ばれる．水着の生産の事例では，発注点は 8,500 着で，補充目標点は 12,000 着である．この2点の差は，発注，生産，輸送にかかわる固定費により変動する．

3.2.3 複数発注機会

これまでに記述し分析してきたモデルで，発注量の管理者が全計画期間において1回だけ発注の決定を行うという前提を置いていた．この前提は，水着やスキー服といった，販売できる期間が短く，顧客の実需に基づいて再度発注・生産することができないような流行商品には当てはまる．一方，他の多くの場合，管理者は年間を通じて，商品を随時繰り返し発注している．

例として，テレビの卸売業者である秋葉原無線 (仮名) の事例について，以下検討する．秋葉原無線は，不定期な顧客の需要に対応しながら，テレビ製造業者から供給を受けている．当然テレビ製造業者は，秋葉原無線の注文にすぐに対応できるわけではない．秋葉原無線がいつ発注しても，ある長さ以上の固定リード時間が必要である．需要が不定期であり，テレビ製造業者からの納入には固定納入リード時間が必要なので，発注するための固定費が仮にかからない

としても，秋葉原無線は在庫を持たなくてはならない．秋葉原無線が在庫を持たなくてはならない理由として，少なくとも以下の3つを挙げることができる．

1) リード時間に発生する需要に対応するため．発注した品物がすぐに納品されるわけではないので，リード時間中に，顧客需要に対応するための在庫を持たなくてはならない．

2) 予測できない需要の変動に対応するため．

3) 年間の在庫保管費用と発注費用との調整をするため．発注回数を増やせば在庫レベルを引き下げ，在庫保管費用を減らせる一方，年間の固定発注費用は増加する．

これらのことは直感的にはわかりやすいが，適用すべき在庫管理方策は単純ではない．秋葉原無線は，在庫を効果的に管理するために，いつどれだけテレビを発注するか，意思決定を行っていかなければならない．

3.2.4 固定発注費用がない場合

以上の問題を解決するにあたって，次の前提を追加する．

- 日々の需要量は不定で，かつ正規分布に従う．いいかえると，日々の需要量は，有名な釣鐘状の曲線に従うと仮定する．正規分布は，平均値と標準偏差だけで特定できる分布である．
- 秋葉原無線は，テレビを製造業者に対して発注する場合，発注量に比例した金額を支払う．固定発注費用はないとする．
- 在庫保管費用は，商品の量および保管時間に比例する．
- 顧客から注文が入ったときに，手元に合致する在庫がなければ(すなわち，秋葉原無線が在庫を切らしている場合)，注文はのがす．
- 要求されるサービスレベルは秋葉原無線が決める．この場合，サービスレベルはリード時間に在庫を切らさない確率である．たとえば，秋葉原無線が，リード時間に，需要の95%まで在庫で対応したいと考えたとすると，要求されるサービスレベルは95%である．

秋葉原無線が用いるべき在庫方策の特徴を明らかにするために，次の情報を決める必要がある．

$AVG = $ 秋葉原無線に対する1日あたりの需要量の平均値

$STD = $ 秋葉原無線に対する1日あたりの需要量の標準偏差

$L = $ テレビ製造業者から秋葉原無線への補充にかかる日数 (リード時間)

$h = $ 製品1単位あたりの1日の秋葉原無線での在庫保管費用

$\alpha = $ サービスレベル.すなわち,在庫切れの確率は $1-\alpha$ で表される.

加えて,在庫ポジション (inventory position) の概念を定義する.在庫配置は,ある時点において,倉庫に現存する在庫と,秋葉原無線が発注して未入荷の在庫との合計とする.

秋葉原無線が用いるべき方策に関し,前述の s と S,すなわち発注点と補充目標点を思い起こしてほしい.この事例の場合に効率的な在庫管理方策は,$s = S$,すなわち発注点と補充目標点をまったく同じにすることである.したがって秋葉原無線は,在庫ポジションが補充目標点 S を下回ったときに,秋葉原無線は在庫ポジションレベルが S になる量だけ発注すればよい.

補充目標点 S は,2つの要素で構成されている.1つは,リード時間の平均需要量であり,1日あたりの平均需要とリード時間との積である.この在庫を持つことで,次の納品までの間の平均的な需要に対応できる.リード時間の平均需要は

$$L \times AVG$$

と表される.もう1つの構成要素は,安全在庫である.これは,発注から納入までの間に需要が平均を上回った場合に秋葉原無線が対応するために,倉庫および補給経路に持つ在庫である.安全在庫レベルは

$$z \times STD \times \sqrt{L}$$

と計算できる.ここで z はサービスレベルを表す定数であり,安全在庫係数と呼ばれる.補充目標点は

$$L \times AVG + z \times STD \times \sqrt{L}$$

と表される.安全在庫係数は,リード時間に在庫切れを起こす確率が $1-\alpha$ になるように,統計表から抽出する.つまり,補充目標点に関して

$$\text{Prob}\{\text{リード時間中の需要} \geq L \times AVG + z \times STD \times \sqrt{L}\} = 1 - \alpha$$

が成り立つ．表 3.2 は，異なるサービスレベルに対する安全在庫係数の値を示している．

表 3.2 サービスレベルと安全在庫係数

サービスレベル	90%	91%	92%	93%	94%	95%	96%	97%	98%	99%	99.9%
安全在庫係数	1.29	1.34	1.41	1.48	1.56	1.65	1.75	1.88	2.05	2.33	3.08

例 3.2.1. 秋葉原無線が，複数の TV 機種の内，ある 1 機種について，倉庫での在庫管理方式を決めようとしている．表 3.3 は，その機種のテレビが過去 12 ヶ月間に販売された数量を月別に示している．倉庫からテレビ製造業者へ発注する際の補充期間 (リード時間) は，常に約 2 週間である．秋葉原無線は，サービスレベルを約 97% にしたいと考えている．発注にかかる固定費用はないとして，秋葉原無線はどのような補充目標点を使うべきであろうか？

表 3.3 に示した月別需要の平均値は 191.17 であり，標準偏差は 66.53 である．

表 3.3 月別販売履歴

月	9月	10月	11月	12月	1月	2月	3月	4月	5月	6月	7月	8月
販売量	200	152	100	221	287	176	151	198	246	309	98	156

リード時間が 2 週間であることから，月別需要の平均値および標準偏差を次の式により週ごとの値に変換する．

$$\text{週別需要の平均値} = \frac{\text{月別需要の平均値}}{4.3}$$

$$\text{週別需要の標準偏差} = \frac{\text{月別需要の標準偏差}}{\sqrt{4.3}}$$

これらの値を，表 3.4 に示す．これらの値から，リード時間における平均需要と，サービスレベルが 97% になる安全在庫レベルとを求めることができる．サービスレベルが 97% になる安全在庫係数は，表 3.2 から約 1.9 (正確には 1.88) である．これらの値は表 3.4 に示したとおりである．また表の右端には，補充目標量が何週間分の在庫に相当するかが示されている．これらの検討の結果，秋葉原無線は約 4 週間分に相当する在庫を倉庫および補給経路に持つ必要があることがわかる．

表 3.4 在庫レベルの分析

項目	週別需要の平均値	週別需要の標準偏差	リード時間中の平均需要	安全在庫	補充目標点	同左(週)
量	44.58	32.08	89.16	86.20	176	3.95200

3.2.5 発注費用が固定の場合

秋葉原無線が,発注量によって変動する変動発注費用に加えて,発注をするたびに固定発注費用 K を支出しているとする.この場合に用いるべき在庫方策は,発注点と補充目標点とが異なる (s,S) 方策であり,前述の場合とは異なる.1期の場合,s と S との差は発注固定費用あるいは製造固定費用で決まっていた.このことは,これから扱う場合にも当てはまる.秋葉原無線が用いるべき発注点 s は,前述の場合で求めた発注点と同じく,

$$s = L \times AVG + z \times STD \times \sqrt{L}$$

と表される.補充目標点 S の値は,経済的ロットサイズ・モデルを用いて計算することができる.まず,経済的ロットサイズ・モデルより,

$$Q = \sqrt{\frac{2K \times AVG}{h}}$$

である.秋葉原無線が発注した後,受け取るまでに L 日かかるので,顧客の需要が変動しないとすれば,在庫レベルが $L \times AVG$ になった時点で,Q だけ発注すればよい.しかし,実際には需要が変動するので,秋葉原無線は安全在庫を持たなくてはならない.安全在庫の必要量は

$$z \times STD \times \sqrt{L}$$

である.ここで安全在庫係数 z は,前の場合と同じく,要求されるサービスレベルを達成するように決める.よって,補充目標点 S は

$$S = \max\{Q, L \times AVG\} + z \times STD \times \sqrt{L}$$

となる.ここで,$\max\{Q, L \times AVG\}$ は,Q と $L \times AVG$ の大きい方をとることを意味している.

図 3.7 は,以上の方策が用いられた場合の,在庫レベルの時系列変化を表している.

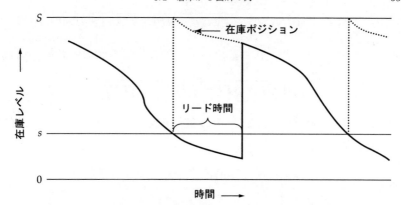

図 3.7　複数回発注する場合の (s, S) 方策

例 3.2.2. 前述の場合で，秋葉原無線がテレビを発注する際，発注量にかかわらず，常に固定費用が 4,500 ドルかかると仮定する．テレビの秋葉原無線への卸値は 250 ドルで，年間の在庫保管費用は，製品費用全体の約 18% を占めているとする．よって，1 週間のテレビ 1 台あたりの在庫保管費用は

$$\frac{0.18 \times 250}{52} = 0.87$$

すなわち 0.87 ドル (87 セント) である．このことから，発注量 Q は

$$Q = \sqrt{\frac{2 \times 4{,}500 \times 44.58}{0.87}} = 679$$

となる．したがって，補充目標点は

$$安全在庫 + Q = 86 + 679 = 765$$

となる．すなわち，秋葉原無線は，在庫レベルが 176 台以下になるたびに，在庫レベルが 765 台になるように発注をすべきである．

3.2.6　リード時間の変動

倉庫への配送リード時間が一定で，しかも前もってその期間の長さがわかっているという仮定は成り立たない場合が多い．実際には，倉庫へのリード時間は，平均値 $AVGL$，標準偏差 $STDL$ で表される正規分布に従って分布していると仮定しなければならない場合が多い．この場合，発注点 s は

$$s = AVG \times AVGL + z\sqrt{AVGL \times STD^2 + AVG^2 \times STDL^2}$$

となる．ここで，$AVG \times AVGL$ は，リード時間中の平均需要を表しており，

$$\sqrt{AVGL \times STD^2 + AVG^2 \times STDL^2}$$

の部分は，リード時間中の需要量の標準偏差を表している．この場合，保有すべき安全在庫レベルは，

$$z\sqrt{AVGL \times STD^2 + AVG^2 \times STDL^2}$$

となる．前の場合と同じく，補充目標点 S は，安全在庫レベルに，最適発注量 Q か，リード時間中の平均需要かの大きい方の値を足した量になり，

$$S = \max\{Q, AVGL \times AVG\} + z\sqrt{AVGL \times STD^2 + AVG^2 \times STDL^2}$$

と表される．最後に，安全在庫係数 z を表 3.2 から選択すればよい．

3.3 リスク共同管理

　米国の北東部で電子機器の製造および配送を行っているベーグル・エレクトリック (仮名) における，次のような配送に関する問題について検討しよう．現状の配送システムでは，北東部を 2 つの販売地域に分け，それぞれに 1 箇所ずつ倉庫を持っている．1 つは，ニュージャージー州パラマスにあり，もう 1 つはマサチューセッツ州ニュートンにある．ベーグルの顧客は基本的に小売業者であり，商品は倉庫から直接配送されている．現状の配送システムでは，各顧客はどちらかの販売地域に分類され，対応する倉庫からのみ配送されている．
　ベーグルの倉庫へは，シカゴにある製造工場から商品が送られている．各倉庫への納入にかかるリード時間はおよそ 1 週間で，製造工場は倉庫からどんな量の注文があっても，充分に対応できる生産能力をもっている．現状の配送戦略で達成されるサービスレベルは 97%である．すなわち，各倉庫での在庫切れ確率が 3%になるように，在庫方策が設計されている．当然，注文に応えることができなければ，競合他社が代わりに納入してしまうので，後から納品して

も間に合わない．

既存の配送システムは7年以上前に設計されており，ベーグルの，新しく任命された最高経営責任者 (Chief Executive Officer: CEO) であるサンドは，現状のロジスティクス・システムの見直しを決定した．ベーグルのサプライ・チェイン上では1,500種類の商品が扱われ，北東部で約10,000件の顧客がいる．

ベーグルでは，次のような新たな戦略が検討されていた．すなわち，2箇所の倉庫を1箇所とし，パラムスとニュートンの間に設置し，すべての顧客へ配送するというものである．この提案を，ここでは集中配送システムと名づけることにする．サンドは，このロジスティクス戦略を採用しても，97%というサービスレベルは維持すると強調した．

明らかに，倉庫が2つある現状の配送システムは，倉庫が1つの配送システムに比べて重要な利点がある．すなわち，各倉庫はそれぞれの顧客群により近く，配達時間が短い点である．しかし，新しい提案にも重要な利点がある．すなわち，ベーグルは同じ97%というサービスレベルを大変少ない在庫で達成でき，総在庫レベルが同じであればより高いサービスレベルを実現できるのである．

このことは，直観的に次のように説明できる．需要が不規則であるとすると，ある小売店での平均以上の需要と，別の小売店での平均以下の需要とを相殺できる可能性がある．1つの倉庫から供給する小売店の数が増えれば，この可能性も増大する．

では，ベーグルが集中配送システムに移行し，同じ97%のサービスレベルを維持すると決めた場合，どれだけ在庫を減らせるであろうか？

この問題に答えるためには，ベーグルが現状のシステムおよび集中配送システムの双方で用いるべき在庫方策について，より厳密な分析を行う必要がある．ここでは，商品Aと商品Bという，特定の2つの商品での分析について説明する．この分析は，全商品についても適用される必要がある．

両方の商品とも，発注1回あたりの工場からの輸送費用は60ドルで，在庫保管費用は1週間で1商品あたり0.27ドルである．現状の配送システムでは，各倉庫から顧客への商品の輸送費用は，平均で商品あたり1.05ドルである．集中配送システムでは，中央倉庫からの輸送費用は，平均で商品あたり1.10ドルの見積もりとなる．この分析では，2つの配送システムの間で，納入リード時

間には顕著な差はないと仮定している．

表3.5 および表3.6 は，商品 A と B とのそれぞれの，過去のデータを表している．表には，各商品の各販売地域での過去8週間の需要情報が示されている．商品 B は売行きが悪く，商品 B の需要は，商品 A の需要に比べてかなり小さいことがわかる．

表 3.5 商品 A の履歴情報

週	1	2	3	4	5	6	7	8
マサチューセッツ	33	45	37	38	55	30	18	58
ニュージャージー	46	35	41	40	26	48	18	55
計	79	80	78	78	81	78	36	113

表 3.6 商品 B の履歴情報

週	1	2	3	4	5	6	7	8
マサチューセッツ	0	2	3	0	0	1	3	0
ニュージャージー	2	4	0	0	3	1	0	0
計	2	4	0	0	3	1	0	0

表 3.7 履歴情報まとめ

項目	商品	平均需要	需要の標準偏差	変動係数
マサチューセッツ	A	39.3	13.2	0.34
マサチューセッツ	B	1.125	1.36	1.21
ニュージャージー	A	38.6	12.0	0.31
ニュージャージー	B	1.25	1.58	1.26
計	A	77.9	20.71	0.27
計	B	2.375	1.9	0.81

表 3.7 は，各商品に関する週ごとの需要の平均値と標準偏差をまとめたものである．また，各倉庫における需要の変動係数が示されている．変動係数は

$$変動係数 = \frac{標準偏差}{平均需要}$$

と定義される．ここで重要なことは，標準偏差と変動係数との違いを理解することである．両者はともに顧客需要の変わりやすさの指標である．標準偏差は

顧客需要の絶対的な変わりやすさを示しており，変動係数は平均値に対する相対的な変わりやすさを示している．たとえば，ここで分析している2つの商品の場合，商品Aの標準偏差の値は商品Bより非常に大きいが，商品Bの変動係数は商品Aより非常に大きい．この2つの商品の違いが，最終的な分析に重要な影響を与える．

集中配送システムにおける倉庫での各商品の平均需要は，既存の各倉庫での平均需要の合計になっている．一方，中央倉庫における変動の大きさは，標準偏差でみても変動係数でみても，2つの既存の倉庫における変動の合計よりはるかに小さい．このことは，現状のシステムと新しく提案された配送システムとの在庫レベルに大きな影響を及ぼす．それぞれの在庫レベルについて前節の方法で計算した結果を表 3.8 に示す．

表 3.8 在庫レベル

	商品	リード時間中の平均需要	安全在庫	発注点	Q	補充目標点
マサチューセッツ	A	39.3	25.08	65	132	158
マサチューセッツ	B	1.125	2.58	4	25	26
ニュージャージー	A	38.6	22.80	62	131	154
ニュージャージー	B	1.25	3	5	24	27
中央	A	77.9	39.35	118	186	226
中央	B	2.375	3.61	6	33	37

ニュージャージー州パラムスの倉庫における商品Aの平均在庫は，おおよそ以下のとおりである．

$$安全在庫 + \frac{Q}{2} = 88$$

同様の計算により，マサチューセッツ州ニュートンの倉庫における商品Aの平均在庫は約91個となる．一方，集中倉庫の在庫は約132個となる．したがって，商品Aの平均在庫レベルは，ベーグルが現状の配送システムから新しい集中配送システムに転換することにより，約26％も減ることになる（これは大きい！）．

商品Bの平均在庫レベルは，パラムスの倉庫で15個，ニュートンの倉庫で15個，また集中倉庫では20個となる．商品Bについても，ベーグルは平均在庫レベルを約33％も減らせる．

ベーグルの事例は，リスク共同管理という，サプライ・チェイン・マネジメントにおける重要な概念を説明している．リスク共同管理の概念は，拠点間の需要をまとめることで需要の変動が減少するということを示している．なぜなら，複数拠点の需要をまとめると，ある顧客の需要の多さが別の顧客の需要の少なさにより相殺されるということが，より起こりやすくなるからである．需要の変動が減少すれば，安全在庫が減り，結果として平均在庫レベルが減る．たとえば，前述の集中配送システムにおいては，単一の倉庫からすべての顧客に供給するので，需要変動は標準偏差でみても変動係数でみても減少している．

これまでにわかったリスク共同管理に関する重要な点を3つ，以下にまとめる．

1) 在庫を集中化することで，システム全体の安全在庫レベルも平均在庫レベルも削減できる．このことは，直観的に次のように説明できる．集中配送システムの場合，ある地域での需要が平均より高く，別の地域の需要が平均より低ければ，別の地域に割り当てられていた倉庫内の在庫を，需要が大きい地域へ割り当て直すことができる．集中配送システムでない場合，それぞれの販売地域に別々の倉庫から供給されるため，在庫を割り当て直すことができない．

2) 変動係数が大きいほど，集中配送システムのご利益は大きくなる．すなわち，リスク共同管理によるご利益が大きくなる．このことは，次のように説明できる．まず，平均在庫レベルは，2つの要素に分解できる．1つは，週次の平均需要に比例する部分 (Q) であり，もう1つは，週次の需要の標準偏差に比例する部分 (安全在庫) である．平均在庫レベルを減らせるかどうかは，主として安全在庫をどれだけ減らせるかにかかっており，変動係数が大きいほど，安全在庫の減少の効果は大きい．

3) リスク共同管理の効果の大小は，販売地域間の需要の関係によって変わってくる．ある販売地域の需要が平均より大きいと別の販売地域でも大きくなり，逆に小さい場合もう一方も小さくなることを，正の相関があるという．直観的にわかるように，2つの販売地域の間で，需要の正の相関が大きければ大きいほど，リスク共同管理による効果は減る．

第8章では，リスク共同管理に関する別の事例が登場する．本章において複数顧客の需要を集約した方法と異なり，第8章の事例では複数製品の需要を集

約するというリスク共同管理の方法を取り上げている．

3.4 集中型配送システム 対 分散型配送システム

前節での分析を通じて，実務上重要な問題が明らかになった．集中型配送システムと分散型配送システムとを比較する場合，どのようなトレードオフを考慮する必要があるのか，という問題である．

安全在庫 分散型配送システムから集中型配送システムに変えることで，安全在庫を減らせることは明らかである．減少量は，変動係数や販売地域間の需要の相関といったさまざまな要因により決まってくる．

サービスレベル 集中型配送システムと分散型配送システムとで総安全在庫レベルを同じにした場合，サービスレベルは集中型の方が高くなる．安全在庫と同様，サービスレベルの高さは，変動係数や販売地域間の需要の相関といったさまざまな要因により決まってくる．

間接費 一般に，分散型の方が規模の経済の効果が出にくいので間接費は高くなる．

顧客へのリード時間 分散型の方が，倉庫から顧客への距離が近いため，顧客の要望に対応する時間を短くできる (第 2 章参照)．

輸送費用 システムの違いが輸送費に及ぼす影響は状況次第である．倉庫の数を増やすと，顧客への輸送費用，すなわち，倉庫から顧客への輸送にかかる費用は，倉庫が顧客に近い分だけ安くなる．一方，拠点間の輸送費用，すなわち，供給施設や工場から倉庫への輸送費用は高くなる．このように，全体の輸送費用への影響の実体については，即座にわかるものではない．

3.5 サプライ・チェインにおける在庫管理

これまでに検討してきた在庫モデルや事例は，単一の施設 (倉庫，小売店舗など) を前提に，そこでの在庫費用をできるだけ最小化する管理方法を取り扱ってきた．サプライ・チェインにおける第一の目的は，システム全体の費用の削減であり，サプライ・チェイン上のさまざまな各拠点間の相互作用や，その相

互作用が各拠点で採用される在庫政策に与える影響の検討が重要である．

そのため，ある1つの倉庫から多数の小売店へ配送する小売配送ネットワークを検討する．ここで，以下の2つの重要かつ合理的な仮定をする．

1) 在庫の決定は1人の意思決定者が行い，この意思決定者はシステム全体の費用の最小化を目的としている．

2) この意思決定者は，各小売店と倉庫の在庫情報を把握している．

これらの仮定のもとでは，いわゆるエシェロン (echelon) 在庫に基づく在庫方策が効果的な管理手法である．これから記述するが，重要なことは，この在庫方策がより複雑なサプライ・チェーンの管理に自然に拡張できるという点である．

この在庫方策を理解するために，エシェロン在庫の概念を紹介しよう．ロジスティクス・ネットワークにおけるそれぞれの段階やレベル (すなわち，倉庫や小売店といったひとまとまり) を，しばしば1つのエシェロン (あえて日本語に訳すならば「階層」) と見なす．ここで，システムの各段階やレベルにおけるエシェロン在庫は，各エシェロンにある在庫に，下流の在庫を加えたものである．(サプライ・チェーンを供給側から顧客側への流れと見なしている．すなわち，最下流は顧客である．) たとえば，倉庫におけるエシェロン在庫とは，倉庫にある在庫に，小売店への運搬中の在庫，小売店にある在庫を加えたものである．同様に，倉庫でのエシェロン在庫ポジションは，倉庫におけるエシェロン在庫に，倉庫から発注済みで未入荷の在庫を加えたものである (図 3.8 参照)．

1箇所の倉庫から多数の小売に配送するシステムを管理するために効果的な方法を次に示す．第一に，個々の小売店は，3.2.3項で紹介した，適切な (s, S) 在庫方策を用いて管理する．第二に，倉庫からの発注は，倉庫におけるエシェロン在庫ポジションに基づいて決定する．具体的には，各小売店における発注点 s と補充目標点 S は，3.2.3項で紹介した方法で計算する．小売店では，在庫ポジションが発注点 s を下回るたびに，在庫ポジションが補充目標点 S になるように発注を行う．同様に，倉庫における発注点 s と補充目標点 S も計算する．しかしこの場合，倉庫ではエシェロン在庫ポジションで管理する方策を採る．すなわち，倉庫におけるエシェロン在庫ポジションが発注点 s を下回ったらエシェロン在庫ポジションが補充目標点 S になるように発注を行う．

それでは，倉庫におけるエシェロン在庫ポジションの発注点を，どのように

3.5 サプライ・チェインにおける在庫管理

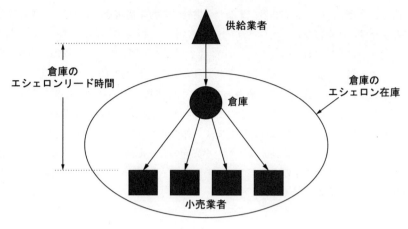

図 **3.8** 倉庫のエシェロン在庫

計算すればよいのであろうか？ この場合，発注点 s は

$$s = L^e \times AVG + z \times STD\sqrt{L^e}$$

となる．ここで，各定数は以下のとおりである．

$L^e =$ エシェロンリード時間

(これは，倉庫から小売へのリード時間と，

供給業者から倉庫へのリード時間を足したもので定義される．)

$AVG =$ 小売業者全体の平均需要

(すなわち，集約された需要の平均値を表す．)

$STD =$ 小売業者全体の (集約された) 需要の標準偏差

例 3.5.1. ここで再び，例 3.2.1 で，倉庫における在庫方策の検討に用いたテレビ卸売業者の秋葉原無線の例を取り上げる．今，この倉庫から複数の小売店に供給しているとする．表 3.3 に示されている需要データの履歴は，集約された小売店需要データであるとする．また，エシェロンリード時間を 2 週間とする．エシェロンリード時間は，倉庫で発注してから顧客に届くまでにかかる時間である．ここで，秋葉原無線は，テレビ製造業者から倉庫までの供給経路，倉庫内の在庫，小売店への配送経路，小売

店内を合わせて，在庫量 176 台，すなわち供給量の約 4 週間分以上あることを確認しておかなければならない．

小売業者についてはどうか？ この場合も，まったく同じ計算を行うが，小売店については個別の需要量と，倉庫からそれぞれの小売店までのリード時間を用いる．

たとえば，ある小売店における週あたりの平均需要が 11.6 で，標準偏差が 4.5 であったとする．さらに，倉庫からその小売店へ商品を配送するのに 1 週間かかるとする．97％のサービスレベルを目標にして，これまでと同様に計算すると，この小売店の発注点 s は 20 台となる．すなわち，小売店の在庫配置が 20 台になるたびに発注をすればよい．当然，他の小売店では，需要もリード時間も異なっているので，それぞれの発注点も異なってくる．

意思決定者がサプライ・チェイン上の在庫を集中して管理し，各エシェロンの在庫情報を把握できるのであれば，ここで取り上げた手法は，もっと複雑な多段階のサプライ・チェインへも拡張が可能である．これは重要なことである．

3.6 実務上の問題

最近の調査[*1]で，原材料や在庫の管理者に，効果的な在庫削減戦略について質問したものがある．その中で，最も多かった戦略を 5 つ挙げると，以下のとおりである．

定期的な在庫の調査 この戦略では在庫を一定の間隔で調査し，調査をするつど発注量を決定する．この定期在庫調査方策を用いることで，管理者は売行きの良くない商品やすたれた商品を識別し，継続的に在庫レベルを減らせる．

使用率，リード時間，安全在庫の厳密な管理 この戦略を用いることで，企業は在庫を適切なレベルに維持できる．このような在庫管理をすれば，たとえば，最近数ヶ月の使用率が落ちているといった状況を認識できる．もし何も適切な対応を採らなければ，同じ期間で比べた場合，使用率が減るに従って在庫レベルが増えることになる．

ABC 法 この戦略では，品目を 3 種類に分類する．分類 A は，価値の高い

[*1] Inventory Reduction Report, no. 98-4 (April 1998) pp.12-14.

品目であり，一般には年間の売上高の約80%を占め，在庫量では約20%を占める．分類Bは，売上高の約15%を占める．分類Cは，価値が低い品目であり，売上高の5%以下である．分類Aの品目は売上高の大半を占めているため，定期的な在庫の調査を頻繁に(たとえば，週単位で)行うのが適切である．同様に，分類Bについても定期的な在庫の調査を行うべきだが，その頻度は，分類Aほど頻繁でなくてよい．分類Cについては，品目の価値によって対応が異なり，高価な品目であれば在庫を持たず，安価な品目は多めに在庫を持つのが適当である．

安全在庫レベル削減 これは通常，リード時間の長さ削減に集中することで実現する．

定量的方法 さまざまな定量的方法があり，本章で述べてきたような方法と同様，在庫の保管費用と発注費用との望ましいつりあいに焦点を当てている．

この調査から，費用の削減よりも在庫レベルの減少に注目が集まっていることがわかる．確かに最近数年，産業界では在庫回転率を上げるために相当な労力が費やされている．在庫回転率の定義は次式である．

$$在庫回転率 = \frac{年間売上}{平均在庫レベル}$$

この定義から，在庫回転率を上げるためには，平均在庫レベルを減らせばよいことがわかる．たとえば，有力な小売業者であるウォルマートの在庫回転率は，あらゆるディスカウント業者の中で最高である．このことから，ウォルマートは流動性を高くすることによって，売れ残りの危険性を低くし，在庫への投資を削減していることがわかる．もちろん，在庫レベルが低いこと自体が常に望ましいわけではなく，それは売り逃しの危険を増すことにもなる．

したがって，企業が実務においてどのような在庫回転率を用いるべきかが問題である．ある最近の産業実態調査[*1)]では，この問題の答えは年によって変化し，また特に産業の特性に依存することが示されている．この調査報告によると，1997年に在庫回転率が大きく上昇しており，この調査に参加している製造業者の約51.6%が回転率を上げている．表3.9に，1997年における，産業別

[*1)] Inventory Reduction Report, no. 98-3 (March 1998) pp.10-12.

の製造業者の在庫回転率の違いを示す[*1].

表 3.9　産業別の在庫回転率

産業	上位 25%の値	中央値	下位 25%の値
電子部品	9.8	5.7	3.7
コンピュータ	9.4	5.3	3.5
家庭用音響映像機器	6.2	3.4	2.3
家庭用電化製品	8.0	5.0	3.8
化学工業品	10.3	6.6	4.4
日用雑貨	34.4	19.3	9.2
出版・印刷	9.8	2.4	1.3

まとめ

サプライ・チェインにおいて，需要と供給とを適合させることは重要な課題である．費用を削減しつつ要求されたサービスレベルで供給するには，在庫保管費用，発注費用，リード時間，需要予測を考慮することが重要である．残念ながら「需要予測は常に外れる」というのがいわゆる在庫管理の第一法則である．それゆえ，需要の予測値という単一情報だけでは，効果的な在庫方策を決定する際に不充分である．本章で述べた在庫管理戦略では，需要のばらつきに関する情報も考慮している．

「集約後の需要情報の精度は，集約前の需要情報の精度よりも高い」というのが在庫管理の第二法則である．すなわち，集約した需要の方が，ばらつきははるかに小さいのである．このことがリスク共同管理の概念の基礎であり，サービスレベルに影響することなく在庫レベルを引き下げることを可能としている．

[*1]　出典：Robert Morris Associates の調査をもとに作成．

4
情報の価値

 事例: バリラ (A)

　世界最大のパスタ生産業者，バリラ (Barilla SpA)[*1)]のロジスティクス責任者である Maggiali は，苛立ちを強めていた．彼は，製造システムおよびロジスティクス・システムにおいて，需要変動により強いられる作業量が日ごとに増加していることを，はっきりと認識していた．1988 年にロジスティクスの責任者に任命されて以来，前任者である Vitali が提唱してきた革新的な考えをさらに進歩させようとしてきた．ジャストインタイム配送 (Just In Time Distribution: JITD) と Vitali が呼んでいたその考案は，いわゆる「ジャストインタイム」と呼ばれる製造概念を手本にしたものである．Vitali が特に強調していたのは次のような点である．通常，製造側は，物流業者の発注に応じて，製品を輸送するが，ジャストインタイム配送では，バリラの物流部門が「適切な」配送量を決定する．この配送量とは，最終顧客の必要量を効果的に満たし，さらに，バリラの製造部門と物流部門の作業負荷のそれぞれをさらに均一にするものである．

　その後 2 年間，Vitali 提案を強烈に支持してきた Maggiali は，その考えを実行しようとした．しかし，1990 年春現在，ほとんど進歩はない．考えられる理由は，バリラの顧客は単に自分たちの判断で発注するという権利を放棄したくなかったことと，バリラが配送決定や需要予測の精度を上げる名目で要求

[*1)] 出典：ハーバード・ビジネス・レビューの事例 ("Barilla SpA(A)", Copyright ©1994 by the President and Fellows of Harvard College) に基づく．

してくる詳細な販売データを提供したくなかったことである．さらに厄介だったのは，バリラの営業部門やマーケティング部門からの内部反発である．彼らはこの考えを実行不可能か，危険，もしくは両方であると思っていたらしい．おそらく，この考えは実行不可能として，諦めるときが来たのだろう．そうでなければ，Maggiali はこの考えを受け入れてもらう機会をどうやって拡大すればよいのであろうか？

会社の背景

Pietro Barilla が 1875 年に，イタリアのパルマのエマニュエル通りに小さな店を開いたのがバリラの始まりである．店には「実験室」が隣接されており，Pietro はよく自分の店で売るパスタやパン製品を作っていた．Pietro の息子である Ricardo が店を成長路線にのせ，1940 年代に自分の子供である Pietro と Gianni に店を託した．バリラは小さな店から，時を経て，イタリア全土に製粉所，パスタ工場，パン製品工場を持つ，縦断的に統合化された巨大会社にまで成長したのである．

2,000 社以上も競合ひしめくイタリアのパスタ市場において，Pietro と Gianni は，バリラの革新的なマーケティング計画に支援された高品質商品で，自社製品を差別化していた．たとえば，パスタの販売単位を小さな箱単位にし (通常は大量一括供給)，その箱にはさまざまな色を付けて目立つようにした．この新しい販売単位，自社パスタの強烈なブランドイメージにより，イタリアのパスタ業界のマーケティング手法に革命をもたらしていった．1968 年には，1960 年代にバリラが経験した 2 桁の販売成長を支えるために，Pietro と Gianni は，パルマから 5km ほど離れた田舎町である，ペドリガノに 125 万平方メートルに及び最新設備を備えたパスタ工場の建設に着手していった．

しかしながらこの巨大な設備 (世界最大，さらに技術的にも世界最新鋭であるパスタ工場) 投資費用のため，バリラは莫大な借金を負うこととなり，1971 年にはついに，2 人はバリラを米国の多国籍企業である W.R. グレースに売却した．W.R. グレースはバリラにさらに資本投資を行うとともに，専門的な経営手法を取り入れ，パン製造ラインを新しく立ち上げた．1970 年代を通して，経済状況が厳しく，また，新しいイタリアの法律により，パスタの小売価格に上限が設定され，従業員に対する生活費手当ての増加があるなど，W.R. グレースはバリラ買収の支払いに苦心した．1979 年に，W.R. グレースは，その時

点で買い戻しに必要な資金を蓄積したバリラに会社を売り戻すこととなった．

W.R. グレースによる資本投資および組織変革，さらには，改善しつつあった市場環境により，バリラは復活に成功した．1980 年代には，バリラは年率 21％以上の成長を遂げるまでになっていた (表 4.1 参照)．この成長は，新しい関連事業の買収と，イタリアおよび他の欧州諸国における既存事業の拡張によってもたらされた．

表 4.1　バリラの売上高, 1960–1991

年	バリラの売上 (10 億リラ[*1])	イタリアの総売上 価格指標
1960	15	10.8
1970	47	41.5
1980	344	57.5
1981	456	67.6
1982	609	76.9
1983	728	84.4
1984	1,034	93.2
1985	1,204	100.0
1986	1,381	99.0
1987	1,634	102.0
1988	1,775	106.5
1989	2,068	121.7
1990[†]	2,390	126.0

1990 年までに，バリラは世界最大のパスタ製造業者となり，イタリアで 35％，欧州で 22％の販売市場占有率を占めるまでに成長した．バリラのイタリアでの市場占有率は 3 つのブランドで構成されており，32％が伝統的な Barina ブランドで，残りの 3％は，Voiello ブランド (伝統的なナポリタンパスタで，高価格帯であるセモリナパスタ市場で競合) と Braibanti ブランド (卵とセモリナ[*2]を原料とした高品質な伝統的パルメザンパスタ) に分かれる．バリラ製のパスタは，およそ半分がイタリア北部，残り半分が南部で売られているが，市場の大きい南部での市場占有率は北部ほど大きくなかった．他に，バリラはイタリアのパン市場において 29％の市場占有率を占めていた．

1990 年にバリラは 7 つの部門を組織した．すなわち，3 つのパスタ製品部

[*1]　*1990 年の時点で，1,198 リラ = $1.00US ドル．
　　[†]1990 年の数字は推計．
　　出典: バリラ資料, 国際財務統計年表．
[*2]　小麦の粗挽き粉；プディングなどに用いる．

門 (Barina, Voiello, Braibanti), パン製品 (賞味期限の比較的長いパン製品) 部門, 生パン製品 (賞味期限の短いパン製品) 部門, 配膳 (酒場や菓子屋に洋菓子や冷凍クロワッサンを配送) 部門, 国際部門である. バリラの本社は, ペドリガノのパスタ工場に隣接している.

産業の背景

パスタの起源は不明である. 中国が発祥の地で, 13世紀にマルコ・ポーロによってイタリアに持ち込まれたと説く人もいるし, ローマ近郊にある3世紀の墓石に, 麺棒や包丁が浅浮彫りされていることから, パスタの発祥地はイタリアだと主張する人もいる. バリラのマーケティングに関する文献には,「起源にかかわらず, 遠い昔から, イタリア人はパスタをこよなく愛してきた.」とある. イタリア国民1人あたりのパスタ消費量は, 平均で年間ほぼ18キログラム. これは, 他の西欧諸国の数値をはるかに超える水準である (表 4.2 参照). パスタの需要には季節変動がほとんどなく, たとえば, 特殊な種類のパスタが夏にパスタサラダとして食されていたり, 卵パスタやラザニアなどは, 復活祭 (イースター) の定番の献立であったり, といった程度である.

表 4.2 1人あたりのパスタおよびパン製品の消費 (キログラム), 1990年[*1)]

国	パン	朝食用シリアル	パスタ	ビスケット
ベルギー	85.5	1.0	1.7	5.2
デンマーク	29.9	3.7	1.6	5.5
フランス	68.8	0.6	5.9	6.5
(西) ドイツ	61.3	0.7	5.2	3.1
ギリシャ	70.0		6.2	8.0
アイルランド	58.4	7.7		17.9
イタリア	130.9	0.2	17.8	5.9
オランダ	60.5	1.0	1.4	2.8
ポルトガル	70.0		5.7	4.6
スペイン	87.3	0.3	2.8	5.2
イギリス	43.6	7.0	3.6	13.0
平均	70.3	2.5	5.2	7.1

1980年代後半, イタリアのパスタ市場全体は, 相対的に横ばいで, 年率1%に

[*1)] European Marketing Data and Statistics 1992, Euromonitor Plc 1992, pp. 323 より.

満たない成長率であったが，それでも1990年までには，3.5兆リラに達すると予想されていた．この間のイタリアパスタ市場において成長していた分野は，セモリナパスタと生パスタしかなかったが，対照的に輸出市場は記録的な成長を遂げた．1990年代の初頭には，イタリアから他の欧州諸国への輸出が年率20〜25%増えるとの予測があったほどである．バリラの経営陣は，この増加の3分の2は，低価格な主食を求めている東欧諸国の人々がパスタを輸入するという新しい潮流のためだと考えている．バリラの経営陣も，東欧を魅力的な輸出市場ととらえ，将来的には全種類のパスタ供給も視野に入れていた．

工場ネットワーク

バリラはイタリア全土にわたって，大規模な製粉所，パスタ工場，生パン工場，さらに，菓子パン(クリスマス用の洋菓子)やクロワッサンなどの特別な製品を製造する工場などの広大な工場ネットワークを所有，操業していた(表4.3，図4.1参照)．そして，新商品や新しい製造工程を開発，試験する最新の研究開発設備や試作品製造工場がペドリガノにあった．

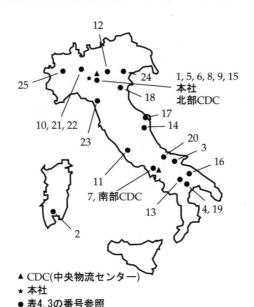

図4.1 バリラの工場の立地と製造品目

表 4.3 バリラの工場の立地と製造品目, 1989 年

番号	工場の立地	製品
1	Bribanti	Pasta
2	Cagliari	Pasta
3	Foggia	Pasta
4	Matera	Pasta
5	Pedrignano	Pasta, noodles, biscuits
6	Viale Barilla	Tortellini, noodles, fresh pasta
7	Caserta	Pasta, rusks, breadsticks
8	Grissin Bon	Breadsticks
9	Rubbiano	Rusks, breadsticks
10	Milano	Panettone, cakes, croissants
11	Pomezia	Croissants
12	Mantova	Biscuits, cakes
13	Melfi	Snacks
14	Ascoli	Snacks, sliced loafs
15	Rodolfi	Sauces
16	Altamura	Flour mill
17	Castelplanio	Flour mill
18	Ferrara	Flour mill
19	Matera	Flour mill
20	Termoli	Flour mill
21	Milano	Fresh bread
22	Milano	Fresh bread
23	Altopascio	Fresh bread
24	Padova	Fresh bread
25	Torino	Fresh bread

パスタの製造

パスタの製造工程は，紙の製造工程に似ている．バリラの工場では，小麦粉と水(商品によっては，卵と，もしくはほうれん草の粉)を混ぜて生地を作り，形状の精度が上がるように対で連続配置された麺棒で徐々に，長く，薄い板状に引き伸ばされた．そして望ましい薄さまで引き伸ばされた後，生地の板を青銅製の成型用金型に通した．そうすることにより，特有の形状のパスタが出来上がった．その後，パスタを一定の長さで切断し，でっぱりに吊り下げ(もしくは，盆の上に載せて)，工場の床をくねっている長いトンネル状のかまの中をゆっくり移動させた．かまの温度と湿度は，高品質を維持するために，パスタの大きさ，形状に応じて逐次正確に設定され，厳密に管理されなければならなかった．さらに，バリラでは，切り替え費用を低く抑え，かつ，高品質を維持するために，パスタの形状によって異なるかまの温度と湿度の差が最も少な

くなるような順序を注意深く選択し，製造していた．4時間の乾燥工程を経た後，パスタの重量を計測し，梱包した．

バリラでは，原材料が梱包済みのパスタになるまでに，完全自動化された120メートルに及ぶ製造ラインを通り抜けていた．バリラの工場の中で最大かつ最先端技術を導入しているペドリガノ工場では，11の製造ラインで，毎日900トンものパスタを製造していた．従業員はこの巨大な製造工場内を自転車で移動していた．

バリラのパスタ工場は，工場で製造されるパスタの種類によってそれぞれ分かれていた．主要な区別は，原料に卵やほうれん草が入っているか否か，乾燥パスタなのか生パスタなのか，などがあった．バリラ製のパスタはすべてグラノ・デュロ (高たんぱくの硬質小麦) と呼ばれる，伝統的なパスタを作るには最高品質の小麦粉を使用していた．たとえば，セモリナはデュラム小麦を細かく粉にした小麦粉である．バリラでは，より繊細な製品である卵パスタやパン製品を作る際には，穀粉などのグラノ・テネロ (軟質の小麦) を使用していた．どちらの小麦もバリラの製粉所でひかれていた．

同じ種類のパスタの中でも，それぞれの製品の大きさや形状によって製造される工場は異なっていた．たとえば，短い麺であるマカロニやフジッリと，長い麺であるスパゲッティやカッペリーニは，製造に必要な装置の大きさが異なるため，別々の設備で製造されていた．

ロジスティクスの流れ

バリラは，製品ラインを2つの大まかな範疇に分けていた．

「生」製品　この範疇には，賞味期限が21日間である生パスタや，賞味期限1日の生パンがあった．

「乾燥」製品　この範疇には，乾燥パスタや，クッキー，ビスケット，小麦粉，棒状のパン，乾燥トーストなどの比較的賞味期限の長いパン製品があった．乾燥製品はバリラの売上の75%を占め，賞味期限が18〜24ヶ月と「長い」製品 (パスタや乾燥トーストなど) と，10〜12週間という「中間的な」製品 (クッキーなど) があった．全体で，乾燥製品は800種類ほどに分けて店頭で売り出されていた．パスタの形状と大きさは200種類程度あり，それは470種類以上に分けられて店頭で売られていた．最も人気のあるパスタ製品は包装の大きさで分けて売り出されていた．たとえば，バリラの#5スパゲッティは北イタ

リアの柄がプリントされた 5kg, 2kg, 1kg のもの, 南イタリアの柄がプリントされた 2kg のもの, 北イタリア柄の 0.5kg のもの, 南イタリア柄の 0.5kg のもの, バリラのパスタソースがただで付いている販売促進活動用の特別なもの, などがあった.

バリラの製品のほとんどは, 製造工場から, ペドリガノにある北部中央物流センター (Central Distribution Center: CDC) もしくは, ナポリ郊外にある南部中央物流センターのどちらかに輸送された (図 4.2 参照). 生パンのような特定の製品は各中央物流センターを経由しないが, その他の生製品はこの物流センターを通り抜けるようになっていた. 実際, 生製品が各中央物流センターに留まる期間は一般に 3 日程度であるが, 乾燥製品は, 約 1ヶ月分の在庫が各中央物流センターに留まっていた.

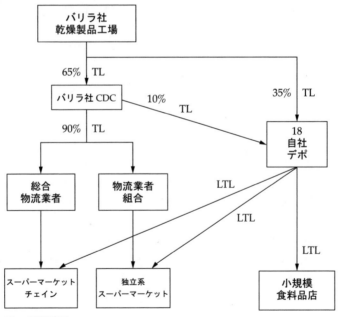

図 4.2 バリラの物流形態

バリラは，生製品と乾燥製品とでは日持ちや小売業者に対するサービスの必要度合いが違うことから，両製品のロジスティクス・システムを別々にしていた．生製品については，独立の業者(特約業者)が2箇所の各中央物流センターから製品を購入し，イタリア全土に70ほどある地域の倉庫に配送した．バリラのおよそ3分の2の乾燥製品はスーパーマーケット向けで，まずバリラの各中央物流センターのどちらかに輸送され，そこで物流業者に購入された後，物流業者によってスーパーマーケットに配送された．Vitali が提唱していたジャストインタイム配送は，物流業者を通す乾燥製品に特化したものであった．他の乾燥製品はバリラが所有している18の小さな倉庫を経由して，ほとんどが小さな店に配送された．

バリラの製品は，小規模な独立系食料品店，スーパーマーケット・チェイン，独立系スーパーマーケットという3つの小売販路を経由して流通していた．バリラの推測では，これらを合わせるとバリラの製品はイタリアだけで10万ほどの小売販売店で販売されていた．

1) 小規模な独立系食料品店．イタリアでは，他の西欧諸国と比較して，小さな食料品店が多かった．それは，1980年代後半に，イタリア政府が大規模なスーパーマーケットの営業許可証の発行数を制限し，小さな食料品店(しばしば「シニョーラ・マリア」と呼ばれる店)を支援したためであった．しかしながら，1990年代前半には，政府の規制が緩和されるにつれ，スーパーマーケットの数が増えだした．

バリラの乾燥製品のおよそ35%(イタリア北部で30%，南部で40%)は，バリラが独自に運営している地域の倉庫から，通常2週間以上分の在庫を(その店で)保有する小規模な独立系食料品店に配送された．小さな食料品店の店主は，バリラの購買・物流部門と取引きしている仲介業者を経由して製品を購入していた．

2) スーパーマーケット．残りの乾燥製品は外部の物流業者を経由してスーパーマーケットに配送された．そのうち，70%がスーパーマーケット・チェイン向けで，30%が独立系のスーパーマーケット向けであった．スーパーマーケットでは，通常10~12日分の乾燥製品の在庫があり，平均で合計4,800単位の乾燥製品を保持していた．バリラでは，さまざまな包装単位で数多くのパスタ製品を供給しているが，実際に小売業者が保有している包装単位は1種類(せいぜい2種類)だけであった．

スーパーマーケット・チェイン向けの乾燥製品は，スーパーマーケット・チェイン独自の物流機構である総合物流業者 (Grand Distributor: GD) を通じて配送され，独立系のスーパーマーケット向けは，複数の物流業者により構成される物流業者組合 (Organized Distributor: OD) を通じて配送された．物流業者組合は，多数の独立系スーパーマーケットにとっての中心的な買い付け組織の役割を担っていた．ほとんどの物流業者組合は地方にも拠点を持っており，物流業者組合から購入している小売業者はたいてい，1 つの物流業者組合からのみ製品を購入していた．

典型的な例を挙げると，物流業者はバリラの 800 種類ある乾燥製品のうち，130 ほどを取り扱い，また通常 200 ぐらいの異なる供給業者から製品を購入していた．それは地域的嗜好や小売業者からの要望に合わせるためであった．バリラは，購入製品の数量の点で最大であった．物流業者は通常，合計 7,000〜10,000 種類の商品を扱っていた．しかし，各社の戦略はそれぞれ異なっていた．たとえば，バリラの製品を扱う物流業者組合の中でも最大手の 1 つであるコルテーゼ (Cortese) は，バリラの乾燥製品をわずか 100 種類しか扱わず，その数量は合計で 5,000 にすぎない．

総合物流業者と物流業者組合は，両方ともバリラの各中央物流センターから製品を購入し，自前の倉庫に保管し，スーパーマーケットからの注文を，倉庫から搬出する．物流業者は通常 2 週間分にあたるバリラの乾燥製品を在庫として倉庫に保管している．

多くのスーパーマーケットでは，物流業者に対して毎日発注をかける．店長が店の棚を順次確認し，補充すべき商品と必要な箱の数を確認する．技術的に進んでいる小売業者では，携帯端末を使い，棚を確認しながら注文量を記録している．その後，その店担当の物流業者に注文が流され，物流センターに注文が届いてから通常 24〜48 時間後に，商品が店に届く．

営業とマーケティング

バリラはイタリアにおいて強いブランドイメージを持っており，マーケティングと営業戦略は，広告と販売促進を組み合わせて行われている．

広 告

バリラのブランドは頻繁に宣伝されており，その宣伝広告により，自社ブランドを，現在供給されているパスタ製品の中で，最高品質，最も洗練されたも

のであると位置づけし，一般的な商品である「普及パスタ」と差別化してきた．広告戦では次のようなものもあった．「バリラは最高イタリアンパスタの宝庫である」．広告において，未調理のパスタの姿を，あたかも宝石であるかのように黒塗りの背景に置き，豪華さと洗練さを喚起させることによって「宝庫」の特徴を示した．バリラは，他のパスタ生産業者とは異なり，伝統的なイタリアの印象を避け，イタリアの有名な都市の，現代的な洗練された印象を使用した．

広告のテーマは運動選手や俳優のような著名人の協力を得た．たとえば，ドイツではテニス界の人気者である Steffi Graf 選手と，スカンジナビア諸国では Stefan Edberg 選手とバリラの製品の広告に関する契約を結んだ．俳優の Paul Newman のような有名人もバリラの製品の広告に起用した．さらに，バリラの広告では，「バリラのあるところに家がある」といったような文句を使うことによって，イタリアの家族と密接な関係を築き，強めることに焦点を当てた．

販売促進

バリラの販売戦略はもっぱら，製品を食料品店に購入してもらえるように販売促進をすることであった．バリラの営業担当重役は，販売促進を基礎とした戦略の論理について以下のような説明をしている．

> 私どもは非常に古いやり方のロジスティクス・システムに対して販売を行っている．購買側は頻繁に販売促進を期待し，その恩恵を自らの顧客に還元する．そのため，食料品店では，他の店がバリラのパスタを値引き価格で買ったかどうかすぐにわかる．イタリアでどれほどパスタが重要であるか知っておくことは非常に大切である．誰もがパスタの値段を知っていて，1軒の店がパスタを値引き価格で1週間販売すれば，顧客はその値引きを即座に嗅ぎつけてくる．

バリラでは，1年を10もしくは12の「勧誘 (canvass)」という期間に分けているが，勧誘期間は通常 4〜5 週間の長さで，販売促進に対応している．この勧誘期間中，バリラの物流業者は現在および将来の需要に合わせて，好きなだけ製品を買うことができた．バリラの販売員は，各勧誘期間に設定された販売目標の達成度に基づいて，報奨金を受け取っていた．期間ごとに異なる製品が対象となり，割引はそれぞれの製品の利ざやによる．一般的な販売促進割引は，セモリナパスタ 1.4%，卵パスタ 4%，ビスケット 4%，ソース 8%，棒状

のパン10%となっていた．

バリラは数量に応じた割引も行っていた．たとえば，トラック1台分の積荷の注文には2〜3%の奨励金を与えており，実質，運送費をバリラが負担するかたちとなっていた．その他にも，購買者がバリラの卵パスタを最低トラック3台分購入する場合，販売員は購買者に容器あたり1,000リラの割引(約4%の割引)を与えることができる．

販売員

物流業者組合を担当しているバリラの販売員はおよそ90%の時間を食料品店で費やしている．店舗において，販売員は，主にバリラ品の取引や，店内での販売促進を行っているが，競合他社の情報，たとえば，価格，在庫切れ，新商品動向などの入手も行っている．さらに，店舗の経営者とバリラの製品や発注に関する戦略について話をしたりする．その他にも，各販売員は毎週設定されている物流業者の購買担当者との会議に半日を費やす．この会議では，物流業者の週単位の発注を手伝ったり，販売促進や割引の説明をしたり，納期遅延に伴う返品や注文の取り消しの問題を解決したりする．販売員は各自コンピュータを携帯しており，物流業者に代わって発注作業をすることもある．週に2, 3時間は中央物流センターで新商品や価格について議論もする．中央物流センターにおいては，先週の出荷状況や，割引の差異や商売のやり方などの問題についても話し合う．対照的に，総合物流業者を担当している販売員はわずかである．総合物流業者の販売担当はめったに総合物流業者の倉庫を訪問せず，たいてい先方がファックスでバリラに注文を送ってくるだけである．

ロジスティクスの改革

物流業者の注文過程

総合物流業者，物流業者組合ともに，ほとんどの物流業者は，週に一度在庫レベルを確認し，バリラに発注をかけ，発注後8〜14日で製品を入手した．リード時間は平均10日程度であった．例を挙げると，毎週火曜日に発注する大規模物流業者は，トラック何台分かの注文を出した場合，翌週の水曜日から翌々週の火曜日に製品を受け取っていた．物流業者の販売量は千差万別で，小規模物流業者は週にトラック1台分ほどしか注文しない一方，最大規模のところになると，たとえば，毎週，トラック5台分の注文を保証してくれたりした．

ほとんどの物流業者は，単純な在庫レベルの確認を定期的に行っていた．た

とえば，バリラの製品の在庫レベルを毎週火曜日に確認し，追加発注点を下回った製品の注文をするといった程度であった．各社，コンピュータを使用した発注システムを持っていたが，注文量を決定するための需要予測システムや先進的な解析のための道具は持っていないのが現状であった．

ジャストインタイム配送計画への動き

1980年も後半になり，バリラでは需要量の変動幅の影響が気になり出した．乾燥製品の注文量は，週ごとに著しく異なることが多かった（図4.3参照）．こういった極端な需要変動によって，バリラの製造やロジスティクスにひずみが生じて来ていた．たとえば，トンネル状のかまで，熱と湿度を非常に厳しく管理する必要のある製品が，予期せぬ需要増加のために売り切れてしまった場合，急に製造するのはむずかしい．一方，これほどの需要変動があり需要予測ができない状況下では，物流業者からの注文にいつでも応えられるように製品在庫を抱えると，費用がかかりすぎてしまう．

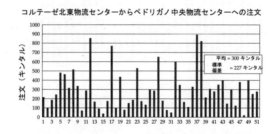

図4.3 1989年，コルテーゼ北東物流センターのペドリガノ中央物流センターに対するバリラ乾燥製品の週間需要

製造や物流の担当者はよく，物流業者の発注の変動を抑える目的で，物流業者や小売業者に余計に製品を受け取るよう，要請した．現状の在庫レベルにかかわらず，物流業者の小売業者に対するサービスレベルは受け入れがたいレベルであるということが判明した（物流業者の在庫レベルと在庫切れ率の例については図4.4参照）．また，物流業者も小売業者も在庫を持ちすぎているという者もいた．1980年代の終わり頃に，バリラのロジスティクス管理者が小売在庫から受ける圧力について次のような議論をしていた．

訳者注：図中の単位のキンタル (quintals) は，米国では100ポンド，英国では112ポンドを表す重量の単位である．

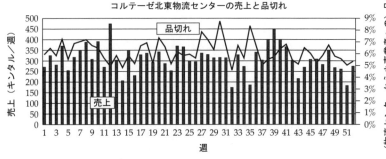
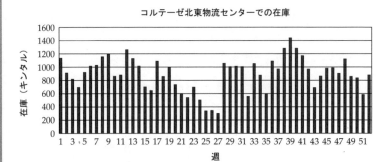

図 4.4 1989 年，コルテーゼ北東物流センターの品切れと在庫レベルの例

最近顧客の様子がおかしいんだ．どうしてだろうか．私が考えるに，彼らは，製造業者側が望んでいるような大量の在庫を抱えるための店舗や倉庫の余地がなくなってきているのではないか．小売業者の棚の広さを考えてみればわかるが，簡単に場所を増やせるわけがない．それにもかかわらず，製造業者側はどんどん新しい製品を作り，小売業者に対して，すべての製品を棚の最前列に並べるよう依頼しているんだ．こんなことは，仮にスーパーマーケットがゴムでできていたってできるものではない．

物流業者も同じように，在庫の積み増しや，新たな製品在庫の追加依頼に関して，むずかしさを感じていた．

1987 年，当時ロジスティクスの責任者であった Vitali は，この問題の解決方法を見つける必要性を強く主張していた．当時彼は，「製造業者も小売業者も

利ざやがじり貧になっているので，サービスレベルを下げることなく，ロジスティクスの費用削減方法を探さなければならない．」などといっていたが，ロジスティクスの仕組みをよくわかっていない非現実的な人間とみられていた．実際彼は，物流部門が今まで行ってきた製品配送管理を根底から覆す方法を描いていたのだった．1988年初めにVitaliは自分の計画を次のように説明していた．

　私が考えているのは非常に単純な方法なんだ．物流業者が別個に立てた計画に合わせて製品を発送するのではなく，我々が物流業者の出荷データをすべて見て，店舗で実際に必要な分だけを寸分違わず発送するという方法なんだよ．現在は，需要変動の予測がほとんど不可能なため，結局大量の在庫を抱え，さらに，物流業者の需要を満たすために製造業務と物流業務が混乱するはめになっている．そこまでしているにもかかわらず，物流業者は小売業者に対してそれほど良いサービスをしているとは思えない．昨年度の物流業者組合の在庫切れ率をみたまえ（図4.4）．物流業者は2～3週間分の在庫を抱えているにもかかわらずこのありさまだ．
　我々が配送スケジュールを管理できれば，自分たちと顧客の業務を改善できる，と私は思うんだよ．すなわち，本当に必要とされている製品だけを出荷すれば，両社で大量の在庫を抱える必要がなくなるわけだ．物流業者の不安定な需要に応える必要がなければ，我々は，物流費用の削減，在庫レベルの減少，そして最終的には，製造費の低減も可能なんだ．
　我々は，（物流業者からの）注文というものは不変の入力情報であると思いがちだ．そして，最も重要なのは，この入力情報に柔軟に対応できる能力であると思いがちだ．でも，実際には，最終顧客の需要が入力情報であり，その入力情報をもとにして，（直接製造業者に来る）注文を生み出すフィルター（すなわち物流業者など）を管理できるようにするべきなんだよ．
　これをどのように実現するのか．毎日，各物流業者は，バリラの店頭在庫単位ごとの在庫レベルと，前日にどの製品を自分たちの倉庫から小売業者に配送したかについてのデータを，我々に伝える．そして，我々は，すべてのデータを見て，独自の予測に基づいて補充の

決定をする．これは，小売業者からの POS(Point-Of-Sale) データを利用することと似ているが，我々は，小売業者の1歩後ろで，物流業者の配送データを利用するだけである．理想では，実際の小売データをつかめればよいが，そのようなデータの入手は困難である．現状のロジスティクスの仕組みの問題と，イタリア食料品店にはコンピュータと連携したバーコードスキャナーがほとんど備え付けられていないという問題のためである．

もちろん，このようなシステムを築くのは一筋縄ではいかず，受け取ったデータをより活かせるように，我々の予測システムを向上させなければならない．同時に，新たな予測をしたときに何を発送すればよいか判断する意思決定のルールを整備しておく必要がある．

Vitali の「ジャストインタイム配送」の提案は社内で猛烈な反発にあった．特に営業部門とマーケティング部門が強く反発した．販売員の多くは，この提案が実行されると自分たちの職責が低減されてしまうのではないかと感じたらしい．不安は，営業部門の現場層だけでなく，経営層にもあり，バリラの営業およびマーケティングの両担当者から，以下のような声が聞かれた．

- こんな仕組みが導入されたら，販売量が横ばいになってしまう．
- 販売の動向の変化や販売促進の増加に応じて，素早く，十分な配送ができなくなる恐れがある．
- ほとんどの物流機構は，そのような洗練された関係を築けるレベルには至っていないと思われる．
- 我々の製品が減り，物流業者の倉庫の場所が空けば，競合他社に場所を与えてしまうことになる恐れがある．そうなれば，物流業者は他社製品の販売を積極的に行ってしまうだろう．
- 我々の供給工程で問題が生じた場合，顧客における在庫切れの可能性が高まる．ストライキや騒動などが起こったらどうなるのか．
- ジャストインタイム配送のもとでは，販売促進ができなくなる．奨励金なしで，どうやって，小売業者に販売協力をしてもらうのか．
- どれだけ費用が低減できるのか明確ではない．バリラは製造の柔軟性がなく，製造スケジュールの変更ができないので，もし物流業者組合が在庫を減らしたら，バリラがその分，在庫を増やさなければならなくなる．

Vitali は，営業部門の不安に次のように応対した．

ジャストインタイム配送を販売に対する脅威というよりも販売手段と考えるべきだ．我々は，顧客に対して，追加費用なしでさらなるサービスを提供しようとしているのだ．さらに，この計画により，バリラは販売状況をよく把握でき，物流業者は我々をもっと頼るようになる，すなわち，バリラと物流業者との関係を向上させるのであって，損なうものではない．もっといえば，物流業者の倉庫から入手する供給状況の情報は客観的なデータであり，それにより，我々は，自社内での計画手続きを改善することができる．

1988年後半に，Vitali がバリラの新設部門の最高責任者に昇格したとき，バリラの生製品の原料管理責任者であった Maggiali は，ロジスティクス責任者に任命された．Maggiali は実務をよく理解している管理者で，指導力，実行力でも定評があった．就任後すぐに，新卒の Battistini を抜擢し，ジャストインタイム配送の開発，導入の支援をさせることにした．

Maggiali はジャストインタイム配送導入の際の欲求不満を次のように語った．

1988年，我々は自分たちが実用化したい方法の基本的な考えをまとめ，物流業者数社に契約をしてもらおうと望んだが，まったく興味を持ってもらえなかった．最大手の物流業者の経営者に至っては，会話を遮って会話をまとめてしまった．「在庫管理は私の仕事で，きみの会社に倉庫や数値をみてもらう必要はない．きみの会社がもっと早く出荷できれば，在庫管理やサービスレベルぐらい自分で改善できる．こちらから逆に提案しよう．注文を出すから，36時間以内に配送してくれ．」と．彼は，我々がそれ以上の情報をもらわなければ，激変する注文に対応できないということを全然理解していなかったのだ．他の物流業者は，バリラと緊密に情報をやりとりすることを懸念し，「この計画では，バリラが自分たちの費用を下げるために製品を倉庫に押し込んでくる権限を与えるだけだ．」といった．他には，「わが社の在庫を，きみの会社がより上手に管理できる？　どうしてそんなことがいえるのかね．」という人もいた．

失敗を重ねた後，ようやくいくつかの物流業者がジャストインタイム配送提案について深い議論をしてくれた．最初の議論は，かなり古い総合物流業者であるマルコニ (Marconi) とであった．最初，

Battistiniと私はマルコニの物流部門を訪ねて計画の説明を行った．その際，我々は優れたサービスを提供することにより，彼らの在庫を減らし，小売業者に対するサービスレベルを向上させる計画であることを強調した．物流部門は素晴らしい考案だといって，試験運用を行うことに興味を示してくれた．しかし，マルコニの購買担当者がその話を聞きつけると，この話はご破算になってしまった．購買担当者は当初自分たちの不安を口にした．そしてバリラの販売員と話をした後で，バリラの販売員の反対意見まで繰り返す始末であった．最終的に，マルコニは，我々が望んでいるデータを売ることに同意したが，補充の量や時期の決定など他の点は変わらなかった．これは我々が捜し求めていた協力関係ではなかったため，他の物流業者にもさらに話をもちかけた．しかしこれ以上の反応は得られなかった．

　我々は，どこにジャストインタイム配送を持っていけばよいのか考え直す必要があった．そもそも，我々が置かれている環境において，この種の計画は実現可能なのか．可能であれば，どのような顧客を対象とすればよいのか．そして，どうやって契約までもっていけばよいのか．

　バリラの事例は2つの重要な問題を提起している．
1) 物流業者からの注文の動きのばらつきにより，バリラの業務効率が落ち，費用は増えている．イタリアにおけるパスタの需要を考えると，バリラが受け取る注文の変動は驚くほどである．実際，パスタの総需要の変動は非常に小さいにもかかわらず，物流業者からの注文の変動はかなり大きくなっている．
2) 提案されているジャストインタイム配送戦略では，バリラは各中央物流センターおよびロジスティクス管理を担当し，物流業者に対する配送の時期や量を決定する．それにより，物流業者が発注し，製造業者ができるだけその注文に応じようとする伝統的なサプライ・チェーンと違い，バリラ独自のロジスティクス機構が適切な配送量を決める．その結果，最終顧客の需要を効率的に満たし，そのうえ，バリラの製造システムとロジスティクス・システムへの作業負荷を公平に分配できることになる．ここ数年，このような戦略は，ベンダー管理在庫 (Vendor Managed Inventory: VMI) と呼ばれている．

本章の最後まで読めば，次の問題を理解できるであろう．
- バリラのサプライ・チェインにおける変動はどうして増加するのか．
- 変動の増加にどうやって対処したらよいのか．
- サプライ・チェイン上で，需要情報を伝達するとどのような影響があるか．
- ベンダー管理在庫は，バリラが直面している業務上の問題を解決できるか．
- 提携企業間あるいは施設間で相争う目標をどうやってサプライ・チェインで解決するのか．

4.1 は じ め に

　我々は，現在「情報時代」に生きている．新聞のビジネス欄には，データベース，電子データ交換 (Electronic Data Interchange: EDI)，意思決定支援システム，インターネット，イントラネットを筆頭にさまざまな情報技術関連記事が毎日載っている．これらの技術については，第 10 章で詳しく述べ，情報技術の導入にまつわる問題についてみていくこととし，この章では，情報技術を利用する価値について考えることとする．今後はサプライ・チェイン上でさらに大量の情報を活用できることは確実であるが，それにより，どのように効率よくサプライ・チェインの統合を設計，管理していけばよいのか述べる．

　情報があふれるということは，非常に大きな意味を持っている．サプライ・チェインの権威やコンサルタントは「現代のサプライ・チェインでは，情報が在庫の肩代わりをする」などとよくいう．この着想について議論はしないが，その意味は曖昧である．結局，どんなときでも，顧客は商品が欲しいのであって，情報そのものが欲しいのではない！　とはいうものの，確かに情報化によりサプライ・チェインの効率的な管理方法が変わり，在庫低減もその結果，達成できる．実際，この章の目的は，情報がいかにサプライ・チェインの設計と運営に影響を及ぼすかを明確にすることである．この点は，現在入手可能である情報を効率的に利用することにより，サプライ・チェインを今までと比べはるかに効率的，効果的に設計し運営できることを示すことにより明らかになる．

　サプライ・チェイン上の在庫レベル，注文，製造，出荷の状況に関して正しい情報を入手できる管理者は，情報を入手できない管理者より非効率というよ

うなことはないはずであると，読者は思われるだろう．つまり，その気になれば，情報は無視できるからである．しかしこれからみていくが，情報はサプライ・チェインの設計と管理方法を改善する機会をとんでもなく多くしてしまう．残念ながら，情報を効果的に使う場合には，さまざまな点について考慮する必要があるので，結果的に，サプライ・チェインの設計と管理はさらに複雑になってしまうのである．

ここで，豊富な情報がどのような効果を持っているか列挙しておく．
- サプライ・チェインにおける変動の低減に役立つ．
- 販売促進や市場の変化に対応し，供給業者側の予測精度を高めるのに役立つ．
- 製造システムとロジスティクス・システムのストラテジックレベルにおける調整を可能にする．
- 顧客が望む品目の配置を決める道具が提供されており，それを利用できるので，小売業者は顧客によりよいサービスを提供できる．
- 小売業者がもっと素早く，供給問題に対応，適応できる．
- リード時間を短縮できる．

この章は，文献[61,62]の萌芽的研究や最近の論文[22,30]に基づいている．次節では，サーベイ論文[23]の内容をわかりやすく説明する．

4.2 鞭効果

近年，多くの供給業者や小売業者は次のようなことを感じている．ある商品に対する顧客の需要はさほど変化がないにもかかわらず，サプライ・チェイン上の在庫や受注残 (back-order; 在庫切れだが受け付けた注文) の変動は激しい．たとえば，P&Gの担当役員がパンパースという使い捨ておむつの需要動向を調査していて，面白い現象に気がついた．小売業者の販売は予想どおりで，需要がそれほど変動することはなかった，すなわち，特定の日または月に，需要が通常より急増したり，急減したりすることはなかった．それにもかかわらず，物流業者から工場への注文量では，小売販売とは比較にならないほどの変動がみられた．さらに，P&Gから自社の納入業者に対する注文では，それ以上に変動があった．このように，サプライ・チェインの上流に行くほど変動幅が広

がることを，鞭効果 (bullwhip effect) と呼ぶ．

図 4.5 は，小売業者，卸売業者，物流業者，工場，という単純な 4 段階のサプライ・チェインを示している．小売業者は顧客の需要をみて，卸売業者に発注する．卸売業者は，工場に発注する物流業者から商品を受け取る．図 4.6 はサプライ・チェインの段階ごとの発注量と時間を軸にとったグラフである．この図は，サプライ・チェインにおける変動の増加をよく示している．

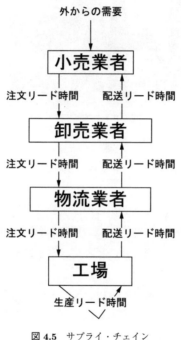

図 4.5 サプライ・チェイン

サプライ・チェイン上の変動増加の影響を理解するために，図中の卸売業者のところをみていただきたい．卸売業者は小売業者から注文を受け，(卸売業者にとっては) 供給業者となる物流業者に発注する．発注量を決定するために，卸売業者は小売業者の需要を予測する必要がある．もし，卸売業者が顧客の需要データを入手できなければ，卸売業者は小売業者からの注文をもとに需要予測しなければならない．

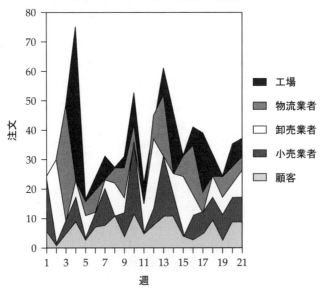

図 4.6　サプライ・チェインにおけるばらつきの増加

　図 4.6 が示すように，小売業者からの注文量の変動は，顧客の需要量の変動よりはるかに大きいため，卸売業者は，小売業者よりも多くの在庫を抱えるか，さもなければ，小売業者と同じサービスレベルを保つために，小売業者よりも取扱量を増やさざるをえない．

　この分析は工場や物流業者にも適用でき，工場と物流業者ではさらに多くの在庫と高い費用を負担することとなる．

　例として，ちょっとした部品のサプライ・チェインを考えてみる．部品製造業者は工場を 1 つだけ所有し，部品販売店という小売業者のみに販売している．販売店でのこの部品の平均年間需要は 5,200 個で，毎週製造業者から配送してもらう．仮に，販売店からの注文量の変動が少なく，毎週約 100 個だとしたら，製造業者の生産量と出荷量は 100 個でよい．もし，製造業者の製造・出荷数が，ある週では 400 個，またあるときは 0 個であるといったように，変動幅が非常に大きい場合，当然のことながら，製造と出荷能力ははるかに大きくなければならず，その結果，時として製造能力があまってしまうことになる．また，製

造業者は需要が少ないときに在庫を増やし，需要が多いときにその在庫を使う方法もあるが，この方法では，在庫の保管費用がかさむことになる．

このことから，鞭効果を管理する技術や手法，すなわち，サプライ・チェインにおける変動の増加を管理する技術や手法を明確にすることが非常に重要になってくる．そのため，最初にサプライ・チェインの変動増加を引き起こしている主な要素を理解する必要がある．

1) **需要予測** サプライ・チェイン上の各段階において行われている伝統的な在庫管理手法は鞭効果を引き起こす（第3章参照）．予測と鞭効果の関連を説明するために，再度サプライ・チェインの在庫管理戦略をみていこう．第3章で説明したように，サプライ・チェイン上の各段階において魅力的な方策は，ミニ–マックス在庫方策である．この方策は，在庫レベルが発注点と呼ばれる数量を下回ったときに，補充目標点と呼ばれるレベルまで在庫を増やすものである．

発注点は通常，以下の式で計算される．

発注点 ＝リード時間中の平均需要

＋リード時間中の需要の標準偏差 × 安全在庫係数

リード時間中の需要の標準偏差 × 安全在庫係数 を安全在庫と呼ぶ．管理者は，平均需要と需要変動を予測するために，よく，標準予測平滑法 (standard forecast smoothing technique) を使う．あらゆる予測技術に共通かつ重要な特徴であるが，データが増えるたびに，顧客需要の平均と標準偏差 (もしくは変動) の予測は修正される．補充目標点と同様，安全在庫はこの予測に大きく依存しているため，利用者はそのたびに注文量を変更させられ，その結果，変動が大きくなる．

2) **リード時間** リード時間が長くなるにつれ変動増加が拡大されることは予想できるだろう．第3章を思い出してほしいのだが，安全在庫レベルと発注点を計算する際，1日あたりの顧客需要の平均と標準偏差にリード時間をかけた．このことから，リード時間が長くなるにつれ，需要変動予測がわずかでも変化すると，安全在庫，発注レベル，ひいては注文量が大きく変化し，さらに変動を増加させることになる．

3) **バッチ発注** バッチ発注の影響は容易に理解できる．ミニ–マックス在庫

方策を適用すると，小売業者がバッチ発注をした場合，卸売業者は多めに注文を受け，その後数週間注文がなく，そしてまた多めに注文を受けるといったことが起こりうる．その結果，卸売業者は，変動幅の大きいゆがめられた注文を受けることになる．

ここで理解してほしいのだが，各社がバッチ発注をするのはいくつかの理由がある．1つ目は，第3章で指摘したが，発注費用が固定の企業は，ミニ–マックス在庫方策を採用する必要があり，その結果，バッチ発注をする．2つ目の理由は輸送費用である．輸送費用が大きくなればなるほど，小売業者は運送費用を割り引きしてもらうために発注量をまとめる．（すなわちトラックにいっぱいの量で注文することになる）．その結果，多めに発注する週と，発注がない週が現れてしまう．最後に，多くの産業で見うけられるが，四半期ごとや年度ごとの販売割当や奨励金によっても，注文量が異常に多くなることがある．

4) **価格変動** 価格変動によっても，鞭効果は起こる．価格が変動する場合，小売業者は価格が低いときに在庫を増やそうとしがちである．この現象は，どの産業でもよくあることだが，特定の時期や量に対して，販売促進や割引を行うことによって増長される．

5) **過剰な注文** 品薄の時期に小売業者が大量に注文すると，鞭効果は大きくなる．製品の供給が厳しくなり，小売業者や物流業者が，注文量の比例分しか供給してもらえなくなると予期した場合，このような発注増が起こりやすい．そして品薄の時期が終われば，小売業者は通常の発注量に戻す．これが需要予測のゆがみや変動につながる．

4.2.1 鞭効果の定量化

これまで，サプライ・チェインにおける変動の増加につながる要素をみてきたが，鞭効果の理解を深め，管理するために，鞭効果を定量的にみてみることにする[*1)]．すなわち，サプライ・チェインの各段階で起こる変動増加を定量化してみてみる．これは変動増加の重要さを表すだけではなく，予測方法，リード時間，変動増加それぞれの関係を示すのに役立つ．

変動の増加を定量化するために，小売業者と製造業者から成る2段階の単純

[*1)] この項は読み飛ばしても差し支えない．

なサプライ・チェインを考える．小売業者は顧客の需要動向を把握でき，製造業者に発注するものとする．仮に小売業者のリード時間が固定でその値を L とすると，期 t の終わりに小売業者が発注した場合，注文した品は期間 $t+L$ に到着する．また，小売業者は単純にミニ–マックス在庫方策をとっており，毎期在庫を補充目標点まで増やすように発注するとする．

第 3 章で説明したように，補充目標点は式，

$$L \times AVG + z \times STD \times \sqrt{L}$$

で計算される．AVG と STD は，1 日あたり (もしくは 1 週間あたり) の顧客需要の平均と標準偏差である．安全在庫係数 z はリード時間の間に在庫切れが起こる確率とあらかじめ決められたサービスレベルが等しくなるように，統計表から選択される．

この在庫方策を実行するために，小売業者は，手に入れた顧客需要に基づき，需要の平均と標準偏差を見積もる必要がある．そのため，実際には，需要の平均と標準偏差に関する最新の見積もりの変化に応じて補充目標点は毎日変化することになる．

具体的にいうと，期 t の補充目標点 Y_t は，次の式に従って，取得した需要から算出する．

$$y_t = \hat{\mu}_t L + z\sqrt{L} S_t$$

$\hat{\mu}_t$ と S_t は期 t において予想される 1 日あたりの顧客需要の平均と標準偏差である．

ここで，小売業者は最も単純な予測技法である移動平均 (moving average) を使うものとする．いいかえると，毎期，小売業者は平均需要を直前の p 期間における需要量を用いて予測する．需要の標準偏差も同様に予測する．すなわち，期 i の顧客需要を D_i とすると，

$$\hat{\mu}_t = \frac{\sum_{i=t-p}^{t-1} D_i}{p}$$

$$S_t^2 = \frac{\sum_{i=t-p}^{t-1}(D_i - \hat{\mu}_t)^2}{p-1}$$

となる.

この式が意味するのは,毎期,小売業者は直前の p 期間の需要量に基づいて,新たな平均と標準偏差を算出しているということである.そのため,平均と標準偏差の予測が毎期変わると,目標とする在庫レベルも毎期変わる.

この場合は,変動の増加を定量化できる.すなわち,製造業者が直面している変動を計算し,それと小売業者が直面している変動とを比較できる.小売業者が把握している顧客需要の分散を $Var(D)$ とする.顧客需要の分散と,小売業者から製造業者に対する注文の分散 $Var(Q)$ の比は次の式を満たす.

$$\frac{Var(Q)}{Var(D)} \geq 1 + \frac{2L}{p} + \frac{2L^2}{p^2}$$

図 4.7 はリード時間 L のさまざまな値に対して,変動の増加の下限を期間 p の関数で表している.とりわけ,p が大きく L が小さいときは,予測の誤りによる鞭効果の影響は無視できるほどである.リード時間が増え p が減少したとき,鞭効果は大きくなる.

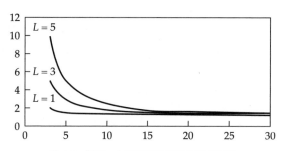

図 4.7 期間 p と変動増加の下限値との関係

たとえば,小売業者が直前 5 期の需要結果をもとに平均需要を予測したとする(すなわち $p=5$ である).そして期 t の終わりに小売業者が注文したら,商品は期 $t+1$ の始まりに到着するとする.この場合,小売業者から製造業者への注文の分散は,小売業者が把握している顧客需要の分散より少なくとも 40%は大きくなる.すなわち,次の式のようになる.

$$\frac{Var(Q)}{Var(D)} \geq 1.4$$

次に，前記と同じ小売業者が，需要平均と標準偏差を予測するために直前10期の需要の観測結果を使ったと仮定する．(すなわち $p=10$ である．これは実際の小売業界により近い)．この場合，小売業者から製造業者への注文の分散は，小売業者が把握している顧客需要の分散より少なくとも20％は大きい．いいかえると，移動平均計算で使われる期の数 (つまり p) を増やすことにより，小売業者は製造業者への発注の変動を大幅に減らせる．

4.2.2 鞭効果における情報集中化の影響

鞭効果を低減するには，サプライ・チェイン内の需要情報を集中化して管理するべきであるとよくいわれる．すなわち，顧客の実需に基づいた正確な情報が，サプライ・チェイン上の各段階に提供されるべきであるということである．ここでいう段階 (stage) は各業者 (製造業者，物流業者，卸売業者，小売業者など) に対応するので以降しばらく業者と呼ぶことにする．需要情報の集中化が鞭効果を低減させる理由はこう考えられる．各業者が需要予測をする際に，サプライ・チェイン上の1つ下流の業者からの注文ではなく，顧客の実需データを使えれば，精度が間違いなく上がるはずである．なぜならば，どの業者の注文も顧客の実需以上に変動するからである．

この項では，サプライ・チェイン内で顧客の需要情報を共有することがいかに重要であるか説明する．そのために，再び図4.5で説明した小売業者，卸売業者，物流業者，工場という4段階のサプライ・チェインを思い出してほしい．需要情報の集中化が，いかに鞭効果に影響を与えるかを示すために，2種類のサプライ・チェインを考える．1つは，需要情報が集中化されており，もう1つの方は，集中化されていない．それぞれの場合について，以下説明する．

需要情報が集中化されたサプライ・チェイン

まず，情報集中 (共有) 型のサプライ・チェインを考える．顧客からみてサプライ・チェイン内の最初の業者である小売業者は，顧客の p 期に渡る実需をもとに移動平均を用いて予想平均需要を算出する．そして，その予測に基づいて目標とする在庫レベルを算出し，卸売業者に注文を出す．1つ上流の業者である卸売業者は，小売業者の注文とともに小売業者が算出した予想平均需要を受け取る．卸売業者は目標とする在庫レベルを決めるために小売業者が算出した

予想平均需要を用い，そして，物流業者に注文を出す．このときも小売業者が算出した予想平均需要を情報として流す．物流業者も同様に，小売業者が算出した予想平均需要と卸売業者からの注文をもとに，在庫レベルを決め工場に注文を出す．

この場合，各業者は小売業者の予想平均需要を入手し，この需要に基づいて，ミニ–マックス在庫方策に従う．すなわち，これは，需要情報，予測技術，そして在庫方策を集中化させたことにほかならない．

上記の分析から，顧客需要の分散 $Var(D)$ と，サプライ・チェイン内の k 番目の業者からの注文の分散 $Var(Q^k)$ との間に，下記のような不等式が成り立つことは，容易に示せる．

$$\frac{Var(Q^k)}{Var(D)} \geq 1 + \frac{2\sum_{i=1}^{k} L_i}{p} + \frac{2(\sum_{i=1}^{k} L_i)^2}{p^2}$$

L_i は段階 i と段階 $i+1$ との間のリード時間である．たとえば，小売業者から卸売業者へのリード時間を2期間とすると，$L_1 = 2$ となる．同様に，卸売業者から物流業者へのリード時間が2期間なら，$L_2 = 2$ であり，物流業者から工場へのリード時間が2期間であれば，$L_3 = 2$ である．このことから，小売業者から工場までの総リード時間は，

$$L_1 + L_2 + L_3 = 6 \text{期}$$

となる．

サプライ・チェインの k 番目の業者からの注文の分散を示した式は，前項に出てきた小売業者からの注文の分散の式に非常に似ている．前項の小売業者のリード時間 L を，k 段階のリード時間 $\sum_{i=1}^{k} L_i$ で置き換えたものになっている．

このように，サプライ・チェインにおける各業者の注文の分散は，その業者と小売業者の間の総リード時間を変数とした増加関数になる．すなわち，注文の分散はサプライ・チェインの上流(供給業者側)になるにつれ大きくなる．すなわち，卸売業者(第2段階)からの注文は，小売業者(第1段階)からの注文よりも変動幅が大きく，物流業者(第3段階)からの注文は，卸売業者(第2段階)からの注文よりも変動幅が大きくなる．

需要情報の非集中化

次に，情報非集中(非共有)型のサプライ・チェインを考える．この場合，小売業者の予想平均需要はサプライ・チェイン内の他の業者(段階)には伝えられない．たとえば，卸売業者は小売業者からの注文に基づいて，独自に平均需要の予想をしなければならない．

ここで再び，卸売業者は p 期にわたる需要(この場合は小売業者からの注文)を用いて移動平均により平均需要を予測するものとする．卸売業者は目標とする在庫レベルを決定するためにこの予測を用い，(卸売業者にとっては供給業者となる)物流業者に発注する．同様に，物流業者は需要の平均と標準偏差を予測するために，卸売業者からの p 期にわたる注文を用いる．そして，目標とする在庫レベルを決めて，サプライ・チェイン内の最後の段階である工場に発注することとなる．

以上により，このシステムでは，顧客需要の分散 $Var(D)$ と，サプライ・チェインにおける k 段目の業者の注文の分散 $Var(Q^k)$ との間には，次の式が成り立つ．

$$\frac{Var(Q^k)}{Var(D)} \geq \prod_{i=1}^{k} \left[1 + \frac{2L_i}{p} + \frac{2L_i^2}{p^2}\right]$$

L_i は前と同様，段階 i と段階 $i+1$ との間のリード時間である．

サプライ・チェインの k 段階からの注文の分散を示す式は，情報集中型の場合における小売業者からの注文の分散を表す式と非常に似ていることに気がつくと思うが，サプライ・チェイン内の各段階で，分散がかけ算で増えている点が大きく違うところである．繰り返しになるが，注文の分散は，サプライ・チェインの上流になるにつれて大きくなる．すなわち，卸売業者からの注文は，小売業者からの注文よりも変動幅が大きくなる．

情報集中化の価値に対する経営的洞察

これまでに説明してきたように，情報の集中化・非集中化にかかわらず，注文量の分散はサプライ・チェインの上流になるにつれて大きくなる．すなわち，卸売業者からの注文の変動幅は，小売業者からの注文の変動幅よりも大きい，といった具合である．今までに説明した2種類のサプライ・チェインは，各業者が上流になるにつれて変動が大きくなるときの，その変動幅の大きさが異なる．

先ほどの結果より，情報集中型のサプライ・チェインでは総リード時間における注文の変動が加算されていくが，非集中型のサプライ・チェインでは積算されていくことがわかった．いいかえると，小売業者だけが顧客の注文を把握している情報非集中型サプライ・チェインでは，サプライ・チェイン内の各段階で顧客の需要情報を把握できる情報集中型サプライ・チェインよりも，はるかに変動幅が大きいということがわかる．特に，リード時間が長い場合にはこの現象が顕著になる．このことから，需要情報を集中化することにより，鞭効果を劇的に低減させることができると結論づけられる．

この低減の様子を，図4.8に示す．この図は，$k=3$や$k=5$で表された段階kにおける注文変動と，$L_i=1$での情報集中型・情報非集中型サプライ・チェインに対する顧客の需要変動との比率を示している．横軸は移動平均法で使われる期の数を示し，縦軸は変動増加の下限値を示す．DecとCenはそれぞれ非集中型と集中型を示す．比較のため，$k=1$として，小売業者からの注文変動と，顧客需要の変動との比率も示す．

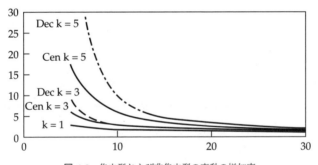

図4.8 集中型および非集中型の変動の増加率

この図からもわかるとおり，サプライ・チェインの各段階において需要情報を共有すれば，鞭効果の大幅な減少が可能である．実際，需要情報を集中化すれば，サプライ・チェイン内の各業者は，平均需要の予測に顧客の実需情報を利用できる．一方，需要情報が共有されなければ，各業者が平均需要を予測する際，1段階下流の業者の注文量に頼らなければならなくなる．すでに述べたように，この種の注文は顧客の実需データよりはるかに変動する．その結果，予

4.2 鞭効果

測はさらに変動を含み，さらなる発注量の変動へとつながっていく．

たとえ需要情報が完全に集中化され，サプライ・チェインの各段階で同じ予測方法と在庫方策を採用していても，鞭効果は完全にはなくならないことを最後に注意しておく．いいかえるならば，各業者が，単純なミニ-マックス在庫方策を採用し，同じ顧客需要データと予測方法を使って需要予測をしても，鞭効果は消えない．しかし，今までの分析からわかるとおり，情報が集中化されていなければ(顧客の需要情報が提供されなければ)，変動幅の増加ははるかに大きなものになる．このことにより，需要情報の集中化により，鞭効果は低減させることが可能だが，消滅させることは不可能であると結論づけられる．

4.2.3 鞭効果の対処法

鞭効果の原因がなんなのか？ そしてそれがどのくらいあるのかわかれば，その影響を減少，消滅させるための多くの提案を導き出すことができる．たとえば，不確定要因，顧客の需要過程の変動，リード時間を減少させ，さらに，戦略的提携を構築することができる．これらについて以下に簡単に説明する．

1) **不確定要因の低減** 鞭効果を減らしたり，なくしたりするためによく提案されるのは，需要情報を集中化することにより，サプライ・チェイン内の不確定要因を減らすことである．すなわち，サプライ・チェインの各段階(各業者)に，顧客の実需情報を提供するということである．先の節での結果からもわかるとおり，需要情報の集中化により，鞭効果を減少できる．

しかし，たとえ各段階で同じ需要データを使っても，異なった予測方法や購買方法が使われる可能性があり，鞭効果につながる恐れがあることは認識しておく必要がある．そのうえ，先の項で説明したように，各段階で，同じ需要データ，同じ予測メソッド，さらに，同じ注文方策をとったとしても，鞭効果はなくならないのである．

2) **変動の縮小** 鞭効果は顧客の需要に内在する変動を減らすことにより軽減できる．たとえば，小売業者からみた顧客の需要変動を減らせれば，たとえ鞭効果があっても，卸売業者からみた需要の変動も減る．

顧客の需要の変動は，たとえば，「毎日低価格」戦略(Every Day Low Pricing: EDLP)を用いることによっても減らせる．「毎日低価格」を用いるということ

は，通常価格と期間限定販売促進価格とを交互に用いるのではなく，常に一定価格で商品を提供することである．価格による販売促進をなくすことにより，小売業者は販売促進活動を行うごとに発生する需要の大幅な増減に直面することがなくなる．「毎日低価格」により，顧客需要の動きが，はるかに安定する(つまり変動が少なくなる)のである．

3) **リード時間の短縮** 前項で明らかになったように，リード時間は需要予測による変動の増加を拡大する．リード時間が長くなることにより，サプライ・チェインの各段階(各業者)における変動は多大な影響を受けることを説明した．したがって，リード時間を短縮すれば，サプライ・チェインの鞭効果を劇的に減少させられる．

リード時間というのは，通常2つの要素を含む．物理的なリード時間(商品を製造して，発送されるまでの時間)と情報のリード時間(注文を処理する時間)である．前者はクロスドッキングにより短縮可能であるのに対して，後者は電子データ交換により短縮可能であるため，両者の区別は重要である．

4) **戦略的提携** 戦略的提携(strategic partnerships)はいくらでもやりようがあるが，そのやり方によっては，鞭効果を減らせる．戦略的提携を結ぶことによって，サプライ・チェイン内の情報の共有方法を変え，在庫管理の方法も変えれば，鞭効果が低下する可能性はある．たとえば，ベンダー管理在庫(第6章参照)では，製造業者自体が小売店舗の商品在庫を管理し，自分の所にどれだけの在庫を保持しておくべきか，また，毎期どれだけの商品を小売業者に出荷するべきかを決定する．そうすることにより，ベンダー管理在庫では，製造業者は小売業者からの注文に依存しないので，鞭効果が発生することはない．

鞭効果を低減させる提携は他にもある．たとえば，先ほどの分析が示すように，需要情報を集中化することによりサプライ・チェイン内の上流段階(比較的供給側の業者)での変動を劇的に減らせる．そのため，上流段階では，次のような戦略的提携を結ぶことにより，恩恵を受けることができる．その戦略とは，小売業者が顧客需要をサプライ・チェイン内の他段階(他の業者)にも公開するように奨励金を与えるものである．詳細については第6章を参照されたい．

バリラの事例に戻り，以下の質問の答えを見つけてみよう．

1) 物流業者にベンダー管理在庫(ジャストインタイム配送)を売り込むため

に，バリラはどうすればよかったのか？
2) バリラはどうやってベンダー管理在庫戦略を実行したか？
3) ベンダー管理在庫はバリラにおける業務上の問題の多くをうまく解決できたのか？

事例: バリラ (B)

Maggiali は，物流業者に対するジャストインタイム配送計画の3度目の売り込みについて，以下のように書き記した．

マルコニに断られた後，我々にとって長年の間大切な顧客であった，ウーディンにあるアルド (Aldo) 組合という物流業者組合を訪問した．Battistini が物流部門で説明を行ったところ，評判はよく，アルド組合の経営トップはジャストインタイム配送の説明を聞いてくれると約束してくれた．しかし，我々は，バリラの営業担当の副社長である Rossini にも出席してもらう必要があるのは明らかであった．私は，彼と話し，総括責任者にはっきりとこういった．「Rossini と私は一緒にアルドに行く，さもなければ，ジャストインタイム配送は完全に終わりだ」と．

総括責任者からジャストインタイム配送計画への関与を強く要請され，Rossini はアルド組合へ同行することとなった．Maggiali は続けた．

Battistini と私は，今回の訪問が，バリラの物流部門と営業部門が，アルド組合の物流部門と購買部門と協業する絶好の機会になると期待していた．しかし，再び，計画への取り込みには至らなかった．アルド組合は検討するといってくれたが，本音は，「電話はかけてこないように．我々の方から連絡する．」ということであった．それから2年が経過したが，電話は結局かかってこなかった．

我々は，アルド組合との打ち合わせが終わって出てくるとき，こうなる予感はあった．自分たちはジャストインタイム配送がうまく

機能すると確信していたが,ジャストインタイム配送のもたらす利益に関して我々はなんの証拠も持ち合わせていなかったこともあり,アルド組合はジャストインタイム配送を信じていなかったのだ.誰も,実験台にはなりたくない.これを機に,このアイディアを顧客に売るためには,まず,効果を証明しなければならないことがわかった.こうして我々は,自社の乾燥製品のデポで実行することにまず力を注いだ.

1990年7月から1990年9月まで,バリラは物流在庫の補充の方法論を開発した.9月には,Battistiniがパソコンを使って必要な情報を入力し計算を行うことによって,フィレンツェのデポにてジャストインタイム配送の実験を行った.計画導入の最初の月には,フィレンツェの倉庫での在庫レベルが10.1日分から3.6日分へと減少したにもかかわらず,小売店へのサービスレベルは98.8%から99.8%へと向上した(図4.9参照).Battistiniはさらに,モデルの定数をいろいろ変えることによって,バリラがどれだけフィレンツェの在庫レベルを減らせるか実験した.サービスレベルは向上したが,フィレンツェのデポの担当者は反抗的であった.デポの責任者はBattistiniにこういった.「この仕組みはもろすぎる.もっと在庫を搬入してこないと,このデポからパレットを出せないぞ」と.それに対し,Battistiniは在庫レベルを5日分まで上げることを許した.彼はこう述べた.「あなたは,今,倉庫が半分空いてしまっていると思っているかもしれないが,実際この地域で,バリラは成長著し

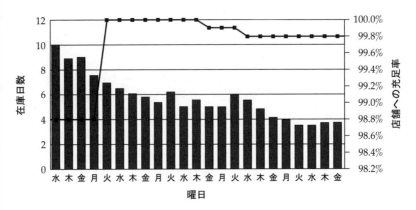

図 4.9 フィレンツェでの社内実験の結果

く，倉庫を拡張することをすでに決定している．しかし，この計画の成果により，既存の倉庫で充分用が足り，多額の投資をする必要がなくなったのだ」と．Battistini は，ジャストインタイム配送の次の実験場として，ミラノのデポを選んだ．効率の改善はフィレンツェと同様であった (図 4.10 参照)．

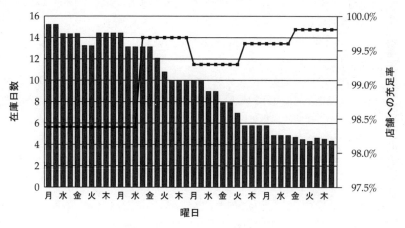

図 4.10　ミラノでの社内実験の結果

Maggiali はこう記した．「我々は，2 つのデポでの結果に非常に満足している．物流業者はこの計画に契約してくれると確信している．しかし，この結果が本当に決定的なものであると認めてもらえるだろうか．次はどうするべきか」．

これらの問いに答えるため，この事例の続きに進むこととする．

事例: バリラ (C)

1990 年の後半，バリラのロジスティクス管理者は，バリラの長年の顧客である大手物流業者組合コルテーゼに対し，ジャストインタイム配送を薦めようと決めた．バリラとコルテーゼ組合の経営陣のあらゆる会合に先立って，ミラノの GEA という会社のコンサルタントである Ferrozzi は，ジャストインタイム配送の効果を議論するためにコルテーゼ組合の経営陣と会っていた．(Ferrozzi は過去 5 年間，コルテーゼ組合とさまざまなロジスティクス・プロジェクトを行っており，また，バリラのジャストインタイム配送計画の開発にも密接にかかわってきた)．まもなく，両社の間で会合が行われた．バリラからは，ロジスティク

ス責任者である Maggiali，営業担当副社長の Rossini，そして，ジャストインタイム配送の開発と導入の責任者であるロジスティクス管理者の Battistini が出席した．コルテーゼ組合からは，本社より専務取締役，新サービス担当者，ロジスティクス管理者，マルケーゼの物流センターより，ロジスティクス，購買，営業・マーケティングの担当者の，総勢9名の管理者が出席した．Ferrozzi も参加した．

1993年の終わりに，Maggiali はこの訪問についてこう書いた．

> 今回，ようやくジャストインタイム配送を理解してもらうことができた．この会合には，専務取締役を含む，コルテーゼ組合の各部門から横断的に集められた責任者たちと，我々の営業とロジスティクスの責任者が勢揃いし，さらに，両社から信頼されている Ferrozzi が中立的な立場で参加してくれた．これでようやく，コルテーゼ組合のマルケーゼにある物流センターにて，ジャストインタイム配送を試験的に運用するに至った．

Battistini は導入に関して詳細に説明した．

> 最初の6ヶ月間は，単に，マルケーゼの物流センターから毎日我々に出荷データを送ってもらった．両社はまだ，電子的に接続されていなかったので，ファックスによって情報を伝達した．我々はこのデータを用い，マルケーゼの過去における需要動向のデータベースを作成し，ジャストインタイム配送が導入された場合の出荷量を試算し始めた．目標としては，ジャストインタイム配送を完全に導入すれば優れた出荷決定ができるということを，コルテーゼ組合の経営層に（そしてある程度は自分たちにも）立証することであった．
>
> 6ヶ月の期間の終わりには，両社の2台のコンピュータが電子データ交換で接続され，ジャストインタイム配送システムが稼働し始めた．結果は驚くべきもので，我々のフィレンツェやミラノの倉庫での実験よりもはるかに顕著であった．ジャストインタイム配送導入前には，マルケーゼの小売業者に対するサービスレベルは，業界の平均程度であり，在庫切れ率が平均2〜5%の範囲で，時に，10〜13%に至ることもあった．ジャストインタイム配送計画導入後の最初の5ヶ月

で，在庫切れ率は無視できる程度まで低下し，たいていは 0.25% 以下で 1% を超えることはなかった．この結果にはコルテーゼ組合も喜び，経営陣は，高いサービスレベルによって小売業者のコルテーゼ組合に対する忠誠心が高まったとも感じた．マルケーゼでは，この期間中，平均在庫レベルも低下した．同社は，顧客に対する販売促進のために在庫の積み増しはしていたが，総在庫レベルは低下した（図 4.11 参照）．

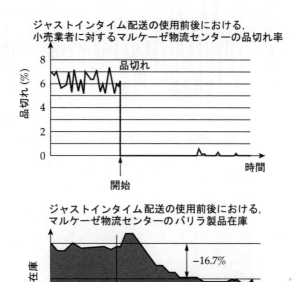

図 4.11 マルケーゼ物流センターでの実験結果

コルテーゼ組合の経営幹部は早速他の物流センターにもジャストインタイム配送計画を導入することに合意した．結果は，再び良好で，コルテーゼ組合の顧客に対するサービスレベルは上昇し，在庫レベルは低下した．驚くべきことに，コルテーゼ組合に優れたサー

ビスを提供するだけでなく，我々は自社の出荷の動向を見事なまでに平準化することができた (図 4.12 参照).

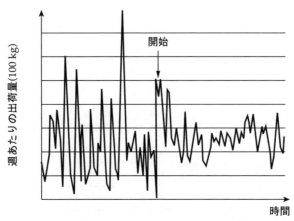

注意：開始はジャストインタイム配送の運用開始を表す．

図 **4.12** ジャストインタイム配送計画開始前後における，バリラからマルケーゼ物流センターへの出荷

それ以降，我々が他の顧客を訪問すると，「自社のシステムは異なっているが，適用できますか？」と訊ねてくるようになった．この時点において，我々はすでに，顧客のさまざまな業務基準を自社内の業務基準に簡単に直す能力を開発していた．ジャストインタイム配送での販売量は，1991 年に 750 億リラ，1992 年に 1,370 億リラとなり，そして，1993 年には 2,000 億リラ以上を予想するまでになり，すべての顧客と通信する際に利用できる通信規約を開発していた．さらに，3 種類の異なる製品略号によって自社の店頭在庫単位を識別するデータベースを完成させた．3 種類の略号とは，製品に対する顧客略号，自社の製品略号，そして，製品の EAN[*1] バーコード番号であった．

これにより，我々は，顧客略号もしくは EAN バーコード番号を使用している顧客からの情報を入手し，すぐさま，その情報を自社の

[*1] EAN (European Article Numbering System) とは，欧州で最もよく使用されているバーコード番号基準である．UPC (Uniform Product Code) バーコードの 12 桁に対し，14 桁から成っている．

内部形式に転換できるようになった．自社の内部略号を維持できることにより，製品の細部の変更をしたり，内部略号体系を部分修正する際に，すべての顧客に対して，それに起因する変更を要求したりする必要性がなくなる．その結果，内部変更が顧客に及ぼす影響は減少した．

顧客との情報交換

1993 年の終わりまでには，ジャストインタイム配送を採用した顧客はすべて，バリラの本社と電子的に接続された．顧客は第 3 業者の電子データ交換を利用して，もしくは，電話回線を使って直接，バリラに情報を送ってきた．ジャストインタイム配送計画に参加している物流センターは，毎日，おのおの以下の情報をバリラの本社に送信した．

1) 顧客 (物流センター) を識別するための顧客略号
2) 物流センターで保存されている，バリラの店頭在庫単位ごとの在庫レベル
3) 前日の「払出量 (sell-through)」(前日に物流センターから顧客へ搬出されたバリラの製品の総量)
4) 物流センターで保存されている各バリラ製品の店頭在庫単位に関する，前日の在庫切れ
5) 近いうちに，顧客 (小売業者) で行われる販促活動目的の前倒し注文 (たとえば，4 週間後に 80 箱のトリポリニを追加注文することなど)
6) 希望する配送容器の大きさ

バリラは顧客略号を識別用に利用することで，顧客ごとに維持管理している履歴データと上記のデータを統合できた．そして，これらのデータをもとに，バリラは出荷決定を行った．

バリラの出荷決定ルール

Battistini は GEA のコンサルタントである Ferrozzi, Fabrizio とともにジャストインタイム配送計画における出荷量を決定する解法を開発した．計画の初めから，Battistini が毎日のジャストインタイム配送運用の大部分に関して責任者となっていた．一般的な方法を次のように説明している．

我々は，顧客の需要を基にトラックへ荷物を積む．自社トラックの

内部の高さは 2.4 メートルで，1.5 メートルある標準パレットの上に，0.9 メートルの小型パレットを置くといっぱいになるため，トラック内に，小型パレット単位で顧客の需要を割り当てるという決定方式にした．その後，各トラックの標準パレットと小型パレットの数が同じになるように調整をする．

最優先するのは，非常事態に対処するための製品で，特に顧客が在庫切れした製品や，トラック到着の前に在庫切れが予想される製品である．このような製品に場所を割り当てた後，顧客において在庫が目標在庫レベルを下回りそうな製品に場所を割り当てる．最初の場合のように，目標とする在庫レベルから最もかけ離れている製品に対して，場所の優先権を与える．たいていの場合，顧客の目標レベルまで在庫を補充しようとすると，トラックはいっぱいになっている．場所に余裕がある場合は，今後予定されている販売促進製品のパレットをいくつか足すか，目標在庫レベルに最も近い製品を補充する．

我々は，解法を部分的に修正した．たとえば，トラックに積み込む製品の種類を最小限に抑えたり，非常に重い製品 (小麦粉など) と軽い製品 (乾燥トーストなど) を組み合わせたりできるようにした．これにより，トラックの体積制限を超える前に，重量制限を超えるようなことはなくなった．とはいえ，これは本当に簡単なやり方であった．

予測に関して説明する．将来の販売量を予測するときには，過去 30 日の単純な加重平均を使った．かつて，指数平滑法を試したが，変化に対して敏感すぎることがわかった．そのため現在では，重みを考慮した分布により平均需要と標準偏差を計算した後，平均需要レベル，需要の不確定性，リード時間の関数として目標とする安全在庫レベルを計算している．

我々は，出荷の前の週に各顧客への仮の出荷計画を立てているので，翌週に必要なトラック台数を決めることができる．しかし，毎日必要な情報をすべて入手しているので，トラック出発の 2 日前まで，実際の出荷内容の精度を上げるために調整を続けることもできる．

今，我々は，この計画を拡張するためさまざまな課題に直面している．ジャストインタイム配送を今後進めていくうえで，どのよう

な物流に焦点を当てるべきか．採算の点からはどうなのか．海外進出を考えるべきなのか．もしそうであれば，どこまで進出すべきか．ドイツとスイスの物流業者がこの計画について問い合わせをしてきた．そんなに遠くの顧客にもジャストインタイム配送は有効なのか．

また，ジャストインタイム配送計画をどのように自社の製造工程と結び付けるかという課題も残っている．1992年2月，我々は翌週の週間予測を生産計画部門に提供し始めた．週間予測は毎日更新される．これらの予測は短期の自動生産計画システムに反映されるが，長期の生産計画の決定は，いまだ製造部門によって行われている．

ここで，サプライ・チェインの効率向上に情報を活かすという，この章の主題に戻る．

4.3 有効な予測

情報は，より有効な予測を可能とする．将来の需要予測に関する要因を取り込めば取り込むほど，予測はさらに正確なものになる．

たとえば，小売業者における予測について考えてみよう．この予測は普通，小売業者における過去の販売の分析に基づいて行われる．しかしながら，将来の顧客の需要は明らかに，価格，販売促進，新製品の発売など，によって影響される．影響要因は小売業者が思いどおりにできるものもあるが，同様に，物流業者，卸売業者，製造業者，競合他社が思いどおりにできるものもある．このような情報が小売業者の予測担当者に伝われば，予測はさらに正確になる．

同様に，物流業者と製造業者の予測は，小売業者が思いどおりにできる要因にも影響される．たとえば，小売業者が販売促進を計画したり，価格を設定したりする場合がそれである．また，小売業者が店舗に新しい製品を置くことで，需要の動向が変わることもある．

さらにいうならば，製造業者や物流業者は小売業者よりも取り扱い製品数が少なく，それゆえにその取り扱い製品に関しては，小売業者よりも多くの情報を持っていることがある．たとえば，ある製品の販売は，販促行為に強く依存している，といったことである．小売業者がこのことを知っていれば，在庫を

増やしたり，価格を上げたりして，この事実を有利に利用できる．

これらのあらゆる理由のため，多くのサプライ・チェインは協力して予測する方式になりつつある．この方式では，最先端の情報システムにより予測の過程を繰り返し利用できる．つまり，サプライ・チェインの参加者すべてが協力して，合意できるまで予測をやり直せるのである．このことは，サプライ・チェインのすべての段階(業者)が，同じ予測を共有し利用することにより，鞭効果が減少することにもつながる(第10章，10.5.1項参照)．

例 4.3.1. 1996年秋，消費財の製造業者であるワーナーランバートと，量販店であるウォルマートが，協力型計画予測補充システム (Collaborative Planning, Forecasting, and Replenishment system: CPFR) と呼ばれる，共同計画，予測，補充方式の試験的な研究を始めた．このソフトウェアシステムは，小売業者と製造業者との共同予測作業を支援するもので，予測の青写真を簡単に変更できるだけでなく，これからの販売促進活動や過去の売上傾向の細かいところまで変更できたりする．また，製造業者と量販店のお互いが関連情報をみて，新たな情報を追加することも容易にする．P&Gなどの企業も，協力型計画予測補充システム採用の意向を持っており，さまざまなソフト会社は，このソフトウェアと競合できる製品の開発に乗り出している．これらのシステムは，一般に協力(collaborative)システムと呼ばれている[111]．

4.4 システム間の調整のための情報

どのようなサプライ・チェインにも，製造，倉庫，輸送，小売といった，多くのシステムが存在する．我々は，こういったシステムのうちの1つを管理するのでさえ，一連の複雑なトレードオフがあることを経験してきた．たとえば，製造業務を効率的に行うためには，段取り替え費用や運転費用と在庫費や原料費とのつりあいがとれていなければならない．同様に，第3章でみたように，在庫レベルは保管費，発注費，要求されるサービスレベルとの微妙なつりあいのもとで決められている．また，輸送は通常，輸送料に応じた割引があるため，在庫費と輸送費との間にもつりあいがとれていなければならない．

しかしながら，これらすべてのシステムはつながっている．特に，サプライ・チェイン内において，1つのシステムからの出力情報は，他のシステムの入力

情報となる．たとえば，製造業務からの出力情報は，輸送システムもしくは倉庫システム，または両方の入力情報となる．そのため，ある1つの段階における最善のトレードオフを見つけても充分ではなく，システム全体を考え，決定事項を調整する必要がある．

このことは，サプライ・チェインにおいて，いくつかのシステムを統括的に所有する者がいてもいなくても，当てはまることである．仮にいたとしても，総費用が下がるようにすることは，所有者にとっても明らかに重要な課題となる．ただ，大幅な費用削減がどこかで起これば，あるシステムで費用が上昇することはありうる．たとえ統括的な所有者がいなくても，いくつかのシステムは，効率的に運用するためにある種の調整が必要である．問題は，もちろん，システム全体の費用を減らしたいのは誰なのか，また，この節約できた分をシステムの所有者間でどのように分け合うかということである．

これを説明するために，システム間で調整をしていない場合を考えてみる．すなわち，サプライ・チェインの各施設が，自分にとって最善の手段をとる場合を考える．すると，結果は局所最適となる．それはサプライ・チェインの各要素が，自分の方策が他に与える影響を考えずに，自分の業務処理のみの最適化を考えるということである．

この逆が大域的最適化である．大域的最適化とはおのおのがシステム全体にとって最善となる方法を考えることである．この場合，考えることは2つある．

1) 誰が最適化するのか．

2) 調整するという戦略によって得られた費用削減を，サプライ・チェイン内の施設間でどう配分するのか．

この問題については，第6章で，戦略的提携の詳しい議論の一部として取り上げる．

サプライ・チェイン内におけるさまざまな側面を調整するためには，情報が入手可能でなければならない．特に，製造状況・費用，輸送能力，量的割引，在庫費用，在庫レベル，そして顧客需要といった情報が，システムを調整するために必要である．特に費用削減の面からは必要である．

4.5 あるべき製品をあるべき場所に

　顧客の需要を満たす方法は1つだけではない．通常の在庫生産方式 (make to stock system：注文生産でない方式) では，顧客の需要は，できるだけ小売店にある在庫で満たすことを想定している．しかし，ほかにも方法がある．

　たとえば，あなたが大型電化製品を買いに小売店に行き，在庫がなかったとする．おそらくあなたは，近くの競合店に行くだろう．しかし，もし，最初の小売店がデータベースで製品を探し，24時間以内に自宅に届けると約束したらどう思うか．多分，あなたは，その店が在庫を切らしていたにもかかわらず，素晴らしい顧客対応を受けたと感じるだろう．そのため，場合によっては，在庫を所有しているのと，製品の場所の探索ができ，配達ができることと，効果の点であまり変わらないかもしれない．とはいうものの，たとえ製品が競合店にあったとしても，この競合店が製品を譲ってくれるかはわからない．この種の問題については，第6章の6.5節「物流統合」で説明する．

4.6 リード時間の短縮

　リード時間の短縮は非常に重要である．短縮することにより，通常次のような効果がある．
1) 在庫から補充できない場合でも，顧客からの注文をすばやく満たす．
2) 鞭効果が低減する．
3) 予測に必要な期間が縮まるため，予測がより正確になる．
4) 完成品の在庫レベルが減る (第3章参照)．原材料や部品 (もしくは組立部品) を在庫することにより，製品在庫の回転時間を短縮できる．

　これらの理由から，多くの製造業者はリード時間の短い供給先を熱心に探し，顧客の側からみればリード時間は製造業者を選択するための非常に重要な尺度となる．

過去20年間の製造革命によってリード時間は短くなった (文献[47] 参照). 同様に, 第5章でリード時間を短縮するロジスティクス・ネットワーク設計について説明するが, この設計は, サプライ・チェイン全体の状況に関する情報があって初めて成立するものである. しかしながら, 前に説明したように, 効果的な情報システム (電子データ交換など) は, 注文処理, 事務処理, 在庫の荷扱い, 輸送の遅れなどに関連するリード時間を減少させ, その結果, 全体のリード時間を削減させる. これらはリード時間の多くの割合を占めることがしばしばある. 特に, もしもサプライ・チェインが多くの段階 (業者) から成り, 情報が1段階ずつしか送られない場合にはその傾向は顕著となる. 小売業者の注文が, サプライ・チェイン内を一気に供給業者まで伝搬すれば, 当然, リード時間は劇的に短くなる.

同様に, POSデータを小売業者から供給業者に送ることができれば, 供給業者はそれを用いていずれ自分にやってくる注文を予期できるため, リード時間を激減させられる. これらについては第6章で触れることとする. 第6章では, 小売業者と供給業者との戦略的提携について説明する.

4.7 サプライ・チェインの統合

先ほど触れたように, 情報はサプライ・チェインのさまざまな段階 (業者) の統合を可能にする. なぜ, それが重要なのだろうか? もしサプライ・チェインにおける各段階 (業者) の目的が, 互いに補いあうことであれば, サプライ・チェインの管理を統合する必要はない. 各段階 (業者) が独自に効率的に管理され, システム全体も効率的に運営されるだろう. しかし, これから詳しく説明するが, サプライ・チェインにおけるそれぞれの段階 (業者) の管理者には相反する目的があり, その相反する目的こそ, サプライ・チェインの各段階 (業者) の統合が必要となる理由である. 入手可能な情報を注意深く利用することにより, 相反する目標や目的はあるものの, システム全体の費用を削減することができるのである. 統合は集中化されたシステムの方が容易ではあるが, 集中化していないシステムにおいても, サプライ・チェインの各施設の統合を進めるような刺激を見つける必要がある.

4.7.1 サプライ・チェインにおける相反する目的[*1]

 まず,原材料の供給業者から始めよう.効率的に運営・計画するために,供給業者は,要求される材料の組み合わせに変動がほとんどなく,数量も安定していることを望む.さらに,複数顧客に効率的に配送できるように,(簡単にいえば,まとめて配送できるように)出荷時期に制限がないことを好む.最後にもう1つ,その活動の範囲と規模が大きいことによる経済効果の恩恵を受けるほうがうれしいので,ほとんどの供給業者は需要量が大きいことを望んでいる.

 製造業者の経営者もたくさんの望みを持っている.製造開始時は品質が落ちるのは仕方ないし,ましてや製造費用が高ければ,製造の切り替え回数は制限せざるをえない.概して,製造業者の管理者は,生産の効率化,ひいては製造費の低減化によって,高い生産性を達成しようとするものである.もし需要動向がかなり先までわかっており需要変動がほとんどないなら,これらの目標を達成することは容易である.

 材料,倉庫,社外向けロジスティクスの管理も評価基準をたくさん持っている.たとえば,量的割引の恩恵を受けて輸送費用を削減する,在庫レベルを最小化する,早急に在庫を補充するなどである.

 最後に,小売業者が顧客を満足させるためには,リード時間が短く,効率的かつ正確に注文を配送してもらうことが必要である.顧客は,逆に,商品在庫,種類の多さ,そして低価格を望んでいる.

4.7.2 相反する目標のためのサプライ・チェイン設計

 かつては,いくつかの目標を達成するために,他の目標が犠牲にならなければならなかった.そのため,サプライ・チェインはトレードオフの集まりだと思われていた.通常,在庫レベルと輸送費用とが高く,商品の種類が少ない場合,製造業者と小売業者の目標を近づけることができた.同時に,顧客の期待は,現在ほど高くなかった.しかし,ご承知のとおり,近年顧客の期待は劇的に高まり,多種で安価な商品を求めている.それにつれ,在庫や輸送費用を管理しなければならないという圧力が急速に強まってきた.幸いなことに,現在入手可能である多量の情報により,明らかに相反している目標をすべて達成す

 [*1] 本項の内容は Lee and Billington[60] による最近の成果に基づいている.

るように，サプライ・チェインを設計することが可能である．実際，数年前にはどんなサプライ・チェインにもつきものであると思われていたトレードオフのいくつかが，現在では，そうではなくなっている．

この後の項では，このようにサプライ・チェインにつきものと思われていたトレードオフについて議論する．現代のサプライ・チェインにおいて，先進的な情報システムと創造的なネットワーク設計を用いることによって，そのようなトレードオフがなくなる理由を説明する．あるいはトレードオフがなくならないまでも，その影響を低減できる理由を説明する．

ロットサイズと在庫とのトレードオフ

これまでみてきたように，製造業者は大きなロットサイズを望んでいる．それにより，単位あたりの段取り費が低減され，個々の製品に対する製造専門知識が増え，さらに，工程の管理が容易になるからである．残念ながら，通常，注文は大きな製品単位では来ないため，大きな製品単位で製造した結果，在庫が増加してしまう．実際，1980年代の「製造革命」で焦点となっていたのは，いかに小さなロットサイズに対応する製造方式に転換していくかであった．

段取り時間の短縮，カンバン方式や総仕掛品一定方式 (constant work in process system: CONWIP system)，そして，他の「新しい製造手法」は，概して在庫削減や製造システムの対応能力の改善を目指していた．これらの手法は，伝統的には製造業者に適用するものと理解されていたが，実際は，サプライ・チェイン全体にかかわってくるものである．小売業者と物流業者は，顧客の需要に対応するために，配送リード時間は短く，商品は多品種であることを望んでいた．製造革命以後の先進的な製造手法により，製造業者側は，顧客の需要に今までよりはるかに早く反応することができるようになり，小売業者と物流業者の要求を満たすことが可能となった．

情報が豊富にあり，製造業者側がサプライ・チェインの下流の段階 (業者) から出てくる需要に対応する時間をできる限り割くようにすれば，これはさらに間違いないことである．同様に，物流業者や小売業者が，工場の状況や製造業者の在庫を把握できれば，顧客に対してもっと正確にリード時間の見積もりができる．さらに，この方式により小売業者と物流業者は，製造業者側の能力を理解し自信を持つことが可能となる．それは結果として，物流業者と小売業者

が製造業者側で何か起こったときのために多めに持っている在庫を，減らすことにつながる．

在庫と輸送費のトレードオフ

在庫と輸送費にも似たようなトレードオフがある．この点を理解するために，第2章で詳細に述べた，輸送費の本質を振り返る必要がある．最初に，自社でトラックを運用している会社を考えてみる．各トラックにはいくつかの固定費 (減価償却費，運転手の人件費など) といくつかの変動費 (燃料費など) がかかる．トラックを運用する費用はトラックに積まれている商品それぞれが分担すると考えることができるので，配送をする際にトラックがいつも満載であれば，分担する商品は増え，商品1つあたりが分担する費用は少なくなる．配送する商品の数をいつも同じにすれば (そうすると顧客需要より多かったり少なかったりするが)，トラックを満載にすることにより，結果的に輸送費を最小化できる．

同様に，配送を外注する場合，輸送会社は通常，量的割引を提供する．また，たいていの場合，トラック満載 (TruckLoad: TL 配送) で運ぶ方が，未満載の場合 (トラック満載に満たない)(Less Than TruckLoad: LTL 配送) よりも安く上がる．すなわちこの場合も，トラックを満載にした方が，輸送費を低減できる．

しかしながら，多くの場合，需要量はトラック1台分よりもはるかに少ない．それゆえ，トラックに満載で輸送された場合，商品がはけるまでより長い期間がかかり，在庫費用がかさむことになる．

残念ながら，このトレードオフは完全に消し去ることはできない．しかし，先進的な情報技術によって，この影響を減らすことはできる．たとえば，最新の製造管理システムにより，トラックが満載になるように，製品の製造をできる限り遅らせることができる．同様に，物流管理システムにより，原材料管理担当者は，トラックを満載にするために，倉庫から店舗へ商品を発送する際に，異なる商品をトラックに混載することができる．これを実現するために，供給業者の配送計画，注文の情報および需要予測が必要となる．本章の初めに説明したクロスドッキングはまた，この在庫と輸送費とのトレードオフを管理する助けとなる．クロスドッキングにより，小売業者は多くの異なる製造業者からの荷物をまとめて，特定の目的地向けのトラックに積み込めるからである．

実際，意思決定支援システムの近年の発達により，サプライ・チェイン上のすべての要素を考慮に入れて，輸送費と在庫費の適切なつりあいを見出すことができるようになった．また，どのような輸送戦略を採用しようとも，輸送産業の競争により，費用は下がってきている．配送ごとに費用の面から最も効率の良い方法を採用しさらに総輸送費を低下させるような最新の輸送モデルと輸送手段選択法を利用することにより，この効果はより強まる．

リード時間と輸送費

全体のリード時間は，サプライ・チェインの各段階(業者)の間で行われる，注文処理時間，製品の調達および製造時間，そして輸送時間を合わせたものである．先ほど説明したように，サプライ・チェインの段階間を大量の商品が輸送されたときに，輸送費は最も安くなる．しかしながら，製品が製造されてすぐ，もしくは供給業者から届けられてすぐに出荷されれば，リード時間はたいてい短くなりうる．このように，輸送費を削減するために十分在庫を蓄積することと，リード時間を短縮するためにすぐに出荷することは，トレードオフになる．

このトレードオフを，完全に削減することはできない．しかし情報を活用することにより，影響を減らすことはできる．前でも説明したように，輸送費は調整でき，出荷を遅らせてトラックの積載量を多くするなどの手段をあまり使わないようにもできる．さらに予測技術や情報システムは改善されているので，リード時間の他の構成要素を削減できる．よって，輸送リード時間の削減は，必ずしも重要なことではないかもしれない．

製品の多種性と在庫のトレードオフ

製品の種類を増やすと，明らかに，サプライ・チェインの管理は複雑になる．小さなロットサイズで多品種を製造している製造業者は，製造費が上昇し，製造効率が低下することに気づくだろう．リード時間を，品種がより少ない場合と同レベルにするには，より少ない量で倉庫に出荷することになり，倉庫はより多くの種類の製品を保持しなくてはならなくなる．このように，製品の種類が増加すると，輸送費と在庫費がかさむことになる．最後に，各製品の需要を正確に予測することはたいていむずかしく，また，各製品は同じ顧客に向けて競合しているため，サービスレベルを確保するためには，高い在庫レベルを維

持しなければならない．

　多品種の製品を供給している会社が解決しなければならない重要な課題は，需要と供給をどうやって効果的に適合させるかである．たとえば，冬スキー用の上着の製造業者を考えてみる．一般に製造業者は，販売時期の12ヶ月前に，冬に販売する商品のデザインを多数紹介する．残念ながら，この時点では，各デザインで何着製造するか明確ではないため，どのような製造計画を立てるかは不明確である．

　求められる多品種生産を効率的に行う1つの方法は，第5章の5.6節と第8章で説明する，商品の遅延差別化 (delayed differentiation) と呼ばれる概念を適用することである．遅延差別化を適用しているサプライ・チェインでは，仕様が分かれる直前の，サプライ・チェインのできるだけ下流まで汎用品が流れる．具体的にいうと，物流センターには単一の商品が届き，そしてそこで，各倉庫で把握した顧客需要に沿って，製品を少し変えたり，注文どおりにあつらえたりするわけである．

　これは，第3章で説明したリスク共同管理の考え方を使用していることになる．実際，倉庫に汎用品を出荷することにより，すべての製品の顧客需要をまとめていることになる．これまでみてきたように，これによって，変動幅のいっそう少ない，より正確な需要予測ができ，安全在庫を減らすことにつながる．製品を集約する過程は，小売業者を集約する過程に似ている (第3章参照)．

　第8章で詳しく説明する遅延差別化は，「ロジスティクス設計」(design for logistics) 概念の1つである．

費用と顧客サービスのトレードオフ

　今までに出てきたトレードオフはすべて，費用と顧客サービスとのトレードオフの例である．通常，在庫費用，製造費用，輸送費用を削減すると，顧客サービスが犠牲をこうむる．先ほどまでの節では，情報の活用と適切なサプライ・チェインの設計とにより，これらの費用を削減しながら，顧客サービスのレベルを維持できると述べてきた．そこでは暗に，小売業者が在庫によって顧客の需要を満たす能力を，顧客サービスと呼んでいた．

　当然，顧客サービスとは，小売業者が顧客の需要をすぐに満たす能力である，ということができるであろう．これまで，輸送方法を変えることにより，在庫

を増加させることなくこれを実現できると説明してきた．加えて，倉庫から顧客の自宅に直送することも，もう1つの方法である．たとえば，シアーズ (訳注: 米国の大手小売業者) は，大型家電製品の大部分を，倉庫から顧客へ直送している．これにより，小売店舗で在庫費用の調整ができ，倉庫がリスク共同管理の効果の恩恵を直接受けることができるのである．このような方式が機能するには，倉庫の在庫情報を各店舗で把握でき，発注情報が倉庫にすぐに伝わらなければならない．シアーズの例は，情報を入手可能にし，適切なサプライ・チェインを設計することにより，費用を削減し，サービスをも向上させることができている1つの例にすぎない．この事例では，店舗で多量の在庫を抱えるよりも，集中化された倉庫に製品を保管する方が，費用が低い．同時に，顧客にとっては，商品在庫が豊富であり，商品はすぐに自宅に届けられるので，顧客サービスが改善されていることになる．

ここまでの説明で，サプライ・チェインの技術・経営により，顧客へのサービスレベル (ある意味で古い定義だが) を向上させ費用も削減できることを最後に指摘し強調しておく．しかしながら，最先端のサプライ・チェイン・マネジメントの技術と情報システムを使えば，今まで実現することができなかったようなサービスを顧客に提供でき，それによって供給業者はさらなる付加価値を付けられる．そのような一例としてマスカスタマイゼイション (mass customization) という概念がある．それは，本当に人それぞれの要求に応じた商品やサービスを，合理的な価格で多量に提供するものである．このようなことは，過去には経済的に実現不可能であったが，改善されたロジスティクス・システムと情報システムにより，今では可能となった．マスカスタマイゼイションの概念については，第8章で詳しく説明する．

まとめ

鞭効果とは，サプライ・チェインを上流にさかのぼるにつれ，需要の変動幅が広がることである．変動幅が広がることにより，業務処理の効率は著しく低下してしまう (たとえば，サプライ・チェイン内の各業者は，在庫レベルをかなり多めにせざるをえない，など)．実際，文献[61]の中で，著者は，製薬産業な

どでは，情報がゆがめられているために，サプライ・チェイン上の総在庫が供給量の 100 日分を超えるまでになっていると推計している．この例が示すように，鞭効果にどう効率的に対処するかという戦略を明確にしておくことは，非常に重要である．この章では，鞭効果を"打ち消す"具体的な技術を明らかにした．そのうちの 1 つは情報共有，すなわち，需要情報の集中化であった．

　本章では，サプライ・チェインのさまざまな段階における相互作用をみてきた．通常，サプライ・チェインを運営するということは，異なる段階内，および，段階間の一連のトレードオフを調整することと思われている．そこで，必要とされるトレードオフの多くを削減するために，どのように情報を使うことができるかを論じた．そして情報こそがサプライ・チェインの異なる段階の統合を可能ならしめる鍵であると結論づけた．

5

ロジスティクス戦略

事例：米国出版販売の場合

　米国出版販売（ベーハン）*1)の最高経営責任者 (Chief Executive Officer: CEO) である文左衛門は，コンサルタントから届いたばかりの報告書である「エグゼクティブサマリー」に目を通していた．その報告書は，最新の専門用語と目新しい概念にあふれていた．たとえば，大口顧客に対する大量納入のためのクロスドッキング設備の導入，安全在庫レベルを下げるための保管作業の集中化，引っ張り型ロジスティクス戦略に向けてのPOS(Point-Of-Sale)データの活用などである．

　文左衛門は，もちろん，ウォールストリートジャーナル紙やビジネスウィーク誌の普通の読者なみに，うわべだけだがこのような流行の言葉や概念にはなじみがあった．しかし，コンサルタントがこのような流行語によって単に顧客を惑わせようとしているのか，報告書が提案するように業務を大胆に変革することがベーハンの将来に役立つのかどうか確信が持てなかった．

　ベーハンは80年前に創業し，国内の主要な書籍卸会社の1つとして長年にわたって書籍卸業を続けてきた．全国の主な書籍チェインや小規模な独立書店に対して，7つの地域拠点から書籍を供給している．同社は，サービスレベルと経営効率の向上を目指して常に努力を続けてきており，業界の中でも最も効率の良い書籍卸業者と考えられてきた．同社は在庫レベルの管理のためには進

---

*1)　出典：米国出版販売は架空の企業であり，この事例は書籍卸業界の複数企業の経験に基づいている．

んだ予測技術を使い，最新技術を取り入れた倉庫を用いることによって運営経費を管理し，業界最大の 50 万冊に近い在庫から，すべての注文を受注後実質 2 日以内に発送している．

しかし，書籍販売業界は大きく変化しつつあり，ベーハンが有力な書籍卸業者として生き残るためには，仕事のやり方を変えていかなければならないことを文左衛門は認識していた．特に，業界では比較的新しい2つのタイプの小売店舗，すなわち，スーパーストアとオンライン書店が業界を支配するようになり，卸売業者はこのような小売店からこれまでに経験したことのない挑戦を受けている．

以前は，ベーハンはスーパーストアと，スーパーストアが各地域に持つ大型物流センターを通して取引を行っていた．ベーハンは，ほとんどの場合，多種多量の書籍を一括注文で受け，それを物流センター向けに出荷していた．それらは最終的には多くの店舗に出荷された．しかし，このようなスーパーストアも他業界における大規模小売販売にならい，卸売業者に新しいサービスを要求するようになった．たとえば，いくつかの小売業者は，自社の物流センターを通さずに販売店に直接配送することを強く要求している．そのうえ，業界の統合が進むにつれて，このような巨大なスーパーストアは，卸売業者に対して圧力をかけ，その強力な力を背景に，卸売業者にさらなる利ざや (すなわち卸値) の引き下げを要求している．

オンライン書店は，ベーハンの経営者に対して今までに経験したことのない挑戦をつきつけている．オンライン書店は在庫をほとんど持たず，受けた注文をベーハンのような卸売業者に取り次ぎ，卸売業者から受け取った書籍を再梱包して出荷するだけである．最近では，さらに新しいビジネスモデル，すなわち，最終顧客に対する書籍の梱包と出荷業務を卸売業者に委託するビジネスモデルに移行しつつある．

業界におけるこのような変化をうまくとらえる方法が見つかれば，ベーハンにとっても良い機会になると文左衛門は考えた．はっきりいえることは，ベーハンが全米における一流書籍卸としての評判を維持するためには，やり方を変える必要があるということだ．さらにコンサルタントからは，新しいロジスティクス・システムの提案と設計を提起する報告書も来ている．コンサルタントのこのような提案を正しく評価するためには，文左衛門自身と経営陣が問題を深く正確に理解する必要があった．翌日の会議のために文左衛門は次のよう

な質問事項をまとめた．
- 地域倉庫をもっと多く増やすべきか？ あるいは倉庫数を減らして集中度を高めるべきか？
- 地域倉庫間で在庫を移動するためのシステムを開発すべきか？
- 直送サービスの利用を顧客に働きかけるべきか？ あるいはその反対か？
- 書籍卸業にとってクロスドッキングは本当に有効な戦略なのか？
- 小売店にPOSデータ提供を要求するべきか？ そのデータの価値は？

本章の最後まで読めば，次の問題を理解できるであろう．
- なぜ大規模小売業者はベーハンに小売店舗への直送を要求するのだろうか？
- ベーハンのビジネスにとって，最適なロジスティクス戦略は何か？ このような戦略を評価する際にベーハンの経営者はどのような問いをするべきか？
- どうすれば書籍物流業界における変化を利用してベーハンは利益を得ることができるか？
- 引っ張り型ロジスティクス戦略とは何か？ ベーハンはこのような戦略をとるべきか？ それには何が必要か？ それにはどれだけの費用がかかるのか？
- 倉庫数を減らして運用の集中度を高めた場合に得られる利益は何か？ あるいは，もっと倉庫数を増やして分散させるべきか？

5.1 はじめに

第2章では，ネットワークの設計と構成に関する基本概念を紹介した．本章では，ロジスティクス・ネットワーク設計の課題についてさらに深く掘り下げる．ここでは次の検討を行う．
- 分散型ロジスティクス・ネットワークと集中型ロジスティクス・ネットワークという一般的な2つの運用手法について
- 倉庫を活用する代替案と，倉庫を完全になくしてしまう方法
- 顧客の需要を満たすためのさまざまな手法

これから説明するように，ここで検討するどの方法が個々の物流問題に関係しているのか，あるいは，どの戦略が成功に導いてくれるのかを正確に判断す

る方法はないが，多くの企業はここで説明する戦略や概念を巧みに取り入れて大きな成果を上げている．事実，成功したサプライ・チェインの多くにも，以下に検討する戦略的な要素がいくつも取り入れられている．それらの手法が成功したシステムの特徴を後で指摘する．しかし，特定の状況，製品，企業に対する最適なサプライ・チェイン設計は，その特性を注意深く検討することによってしか実現しない．

明らかに，情報の有無が，ロジスティクス・ネットワーク設計で重要な役割を果たしている．場合によっては，情報を得るためにネットワークを設計しなければならないこともある．あるいは，既存の情報を活用するためにネットワークを設計しなければならないこともある．そして多くの場合，情報の不足を補うためには，費用が高くつくネットワークを設計することになる．

5.2　集中管理と分散管理

集中管理システムは，ロジスティクス・ネットワーク全体に対する意思決定を1つの中央施設で行う．一般には，要求されるサービスレベルを満たしながら，システムの総費用を最小化することがその目的となる．これは単一の企業によってネットワークが所有されている場合には当然のことであるが，多数の異なる組織によって構成される集中管理システムについてもいえる．この場合には，節減された費用や得られた利益をなんらかの契約的な取り決めによってネットワーク全体に配分することが必要となる．すでにみてきたように，このような集中管理方式は全体としての最適化につながる．分散管理システムにおいては，各施設が最も効果的な戦略をとることとなり，サプライ・チェインの他の施設に対する影響は考慮されない．このように，分散管理システムではシステムの部分最適化が進む．

集中型ロジスティクス・ネットワークの方が，少なくとも分散型ロジスティクス・ネットワークよりも理論的に効果的であることは容易に理解できる．中央の意思決定者が，各分散システムの意思決定者に代わってすべての意思決定を行い，かつ，ロジスティクス・ネットワークのさまざまな位置での意思決定の相互作用を考慮できるからである．

それぞれの施設が，その施設だけの情報にしか利用できないロジスティクス・システムでは，集中戦略は不可能である．しかし，情報技術の進歩によって集中システムのすべての施設が同一のデータを利用できるようになった．実際に第10章では統一窓口方式 (single-point-of-contact) の概念を紹介する．この概念ではサプライ・チェインのどこからでも情報を利用することができ，そして，どのような照会手段によっても，あるいは誰が情報を求めようとも同じ情報を利用することができる．このように集中管理システムでは情報の共有化が可能となる．さらに重要なのは，情報の活用によって鞭効果 (第4章参照) を弱め予測精度を向上できることである．そして最終的にはサプライ・チェイン全体にわたって調整された戦略を適用することによって，システム全体の費用を削減しサービスレベルを向上できる．

　もちろん，システムを「自然な形で」集中することが不可能な場合がある．たとえば，小売業者，製造業者，卸売業者のそれぞれが異なる所有主や異なる目的を持っている場合などである．そのような場合には，集中管理システムの長所を共有できる提携を形成することが役立つ．このような種類の提携については第6章で検討する．

5.3　ロジスティクス戦略

　ここでは，製造業者と供給業者から小売業者 (小売商品の場合には最終顧客) までの部分サプライ・チェインを考える．代表的な形として3種類の外向き (outbound) ロジスティクス戦略を例に検討する．

1) **直接配送**　この戦略を使う場合は，商品は物流センターを通さずに供給業者から小売店に直接配送される．

2) **倉庫保管**　これは従来からの戦略で，商品は倉庫で保管され必要に応じて顧客に出荷される．

3) **クロスドッキング**　この戦略では商品は供給業者から倉庫を通して連続的に (倉庫でとどまることなく) 顧客に配送する．商品が倉庫で10時間から15時間以上保管されることはほとんどない．

　在来型の倉庫戦略については第3章においてある程度説明したので，ここで

は，直接配送とクロスドッキングを説明する．

5.3.1 直 接 配 送

　直接配送とは倉庫や物流センターを通さず，直接ユーザーに配送するロジスティクス戦略である．製造業者や供給業者が商品を直接小売店に配送する．直接配送には次のような長所がある．
- 小売業者は物流センターの運営費用を節減できる．
- 納入に要するリード時間を短縮できる．

　一方，直接配送戦略にはいくつかの重大な欠点がある．
- 中央倉庫を持たないために第3章で説明したリスク共同管理の効果が打ち消される．
- より多くの地点に小型トラックを配送する必要があるために，製造業者と物流業者の輸送費が増加する．

　これらの理由から直接配送は，一般に小売店がトラック満載の商品を要求する場合に行われるが，これはつまり倉庫を経由することによる積み合わせによって，輸送費が節約できないことを意味している．有力な小売業者は直接配送を強く要求することがある．直接配送は，リード時間が重要な場合に行われる．製造業者側が直接配送を望まない場合もあるが，取引関係を維持するためには直接配送の要求に応じざるをえない．また生鮮食品業界では腐りやすい商品を扱っているためにリード時間が重要となり，直接配送が広く使われている．

例 5.3.1. J.C. ペニー[*1)]は直接配送戦略を導入して，あらゆる分野の商品を1,000店に近い店舗と数百万部のカタログを通して販売している．2万社を超える供給業者から納入される20万種もの商品の流れを管理するのはたいへんな仕事となっている．それぞれの店舗は販売，在庫および利益に対する全責任を負うだけでなく，販売予測と発注業務も行っている．注文は仕入れ担当に連絡され，仕入れ担当は注文された商品を短時間のリード時間で出荷できるように物流担当者と出荷を調整している．また，内部管理システムと追跡システムによって商品の流れを監視している．ほとんどの商品が直接配送によってJ.C. ペニーの店舗に送られる．

[*1)] 米国の有名小売業者．

5.3.2 クロスドッキング

クロスドッキングはウォルマートが活用したことによって有名になった戦略である．このシステムにおいて倉庫は在庫保管地点としてではなく在庫調整地点として機能している．代表的なクロスドッキングシステムでは，製造業者から倉庫に到着した商品は，小売店への配送車に積み替えられて即座に小売店に納入される．このため倉庫における商品の滞留時間は非常に短く，通常12時間以内となっている．このシステムでは，在庫費用が抑えられ，しかも保管時間が短くなるために納入リード時間も短縮される．

もちろんクロスドッキングシステムにはかなりの初期投資が必要であり，その管理もきわめてむずかしい．

1) すべての商品の引取りと納入を所定の時間枠内で確実に行えるように，物流センター，小売店，および供給業者の間を高度情報システムで結ぶことが必要となる．

2) クロスドッキング戦略を機能させるには，迅速でしかも即応性の高い輸送システムが必要となる．

3) 予測がきわめて重要となるので，情報の共有化が必要となる．

4) クロスドッキング戦略は，大量のトラックがクロスドックポイントで商品の積み込みと積み下ろしを行っている大型ロジスティクス・システムでのみ効果を発揮する．この場合，商品を満載したトラックが，毎日供給業者からクロスドックポイントに行くだけの十分な量の商品が確保されている必要がある．この戦略には通常多くの小売店が組み込まれているため，取り扱う需要の総量は十分である．そのためクロスドックポイントに到着する商品は，トラック満載便で小売店舗に納入することが可能となる．

例 5.3.2. ここ15年から20年の間に市場で抜群の成長を遂げたウォルマートが採用したことから，この在庫補給と輸送手段を調整する効果的な戦略の重要性が注目されている[106]．ウォルマートはこの期間に世界で最大の利益，しかも最高の利益率を生み出す小売業者に成長した．ウォルマートの競争戦略が成功した最も重要な要因は，クロスドッキングの積極的な活用である．Kマートでは商品のほぼ50%がクロスドッキングによって配送されている．これに対して，ウォルマートでは85%の商品がクロ

スドッキングによって配送されている．クロスドッキングを推進するために，ウォルマートは専用の衛星通信システムを使い POS データをすべての仕入先に送信し，仕入先に全店舗の販売状況を把握させている．ウォルマートはさらに 2,000 台もの専用トラックによって各店舗に平均 1 週間に 2 回の割合で商品補充を行っている．ウォルマートはクロスドッキングによるトラック 1 台分の分量の商品を買い付けることによって規模の経済性の恩恵を得ることができる．さらには，必要な安全在庫レベルを減らし，販売費を業界平均に対して 3% も下げることに成功した．これが同社の大きな利ざやの要因となっている．

このような戦略の 1 つだけを採用する大手小売業者はほとんどない．通常，製品ごとに異なる手法がとられており，個々の製品もしくは製品群ごとにサプライ・チェインの分析を行い，手法を決める必要がある．

このような概念を評価するためにここで簡単な質問から始めてみよう．どのような要因がロジスティクス戦略に影響するのだろうか？　明らかに，顧客の需要と地理的な場所，サービスレベル，輸送および在庫費用などが影響を与える要因である．在庫費用と輸送費用の相互関係にも注目しなければならない (第 3 章参照)．輸送費用と在庫費用はともに輸送量に依存するが，その関係はまったく逆となる．1 回分の輸送量を大きくすれば，輸送頻度は小さくなり，輸送量が大きくなるために輸送単価が下がり，輸送費を減少させることができる．その反面，1 回分の輸送量が大きくなると，消費されるまでの期間が長くなるため，商品ごとの在庫費用は大きくなる．

需要変動もロジスティクス戦略に影響する．第 3 章で検討したように，需要変動は費用に大きく影響する．なぜなら需要の変動が大きいほどより多くの安全在庫が必要となるからである．倉庫に保有する在庫が需要変動と不確実性に対する防壁となる．リスク共同管理 (risk pooling) から考えると，卸売業者の倉庫数が増えれば，より多くの安全在庫が必要となる．これに反して，クロスドッキング戦略のように，倉庫を在庫保管目的に使用しない場合，あるいは直送戦略のように倉庫をまったく持たない場合，より大きな安全在庫がロジスティクス・システム全体で必要となってくる．いずれの場合も個別の店舗が十分な安全在庫を保有する必要が出てくるためである．しかし，以下で説明するよう

に，このような影響は，より正確な需要予測とより少ない安全在庫を可能にする配送戦略や転送戦略によって緩和することができる．さまざまな戦略を評価する場合には，各戦略のリード時間，各戦略を用いる場合に必要となる商品の量（クロスドッキングは扱う商品が大量でないとかえって費用がかかる），そして必要とする資本投資も考慮することが必要である．

表 5.1 にここで説明した 3 種類のロジスティクス戦略の概要と比較を示す．倉庫在庫戦略は在庫を倉庫に保管するという従来の戦略を意味している．表中の「配分決定の時期」の行は製品ごと小売店ごとの商品の配分を決める時期を示している．直接配送の場合は，明らかに他の 2 つの戦略よりも早く配分を決める必要がある（つまり発送元で配分を決める必要がある）．よってより長期にわたる予測が必要となる（つまりより早めに需要を予測する必要がある）．

表 5.1 戦略

戦略 → 特性 ↓	直接配送	クロスドッキング	倉庫在庫
リスク 共同管理			有利
輸送費用		内向き費用の節減	内向き費用の節減
保管費用	倉庫費用 不要	保管費用不要	
配分決定 の時期		遅延可能 (クロスドックポイントで再配分可能なため)	遅延可能 (倉庫で再配分可能なため)

5.4 在庫転送

高速な輸送手段の発達と高度情報システムの急速な進歩によって，在庫転送 (transshipment) はサプライ・チェイン戦略の選択時に検討に値する重要な選択肢となっている．在庫転送という用語は，サプライ・チェインの同レベルの施設間で，緊急の需要に応えるために行われる商品の転送を意味している．

在庫転送は小売レベルで頻繁に行われ，上記のように，小売店は他の小売店の在庫を転送することによって顧客の需要に応える．そのためには小売店が他の小売店の在庫を把握し，顧客が購入しようとした店や顧客の自宅に素早く輸

送する手段があることが前提となる．このような要件を満たすには，小売店が他の小売店の在庫を知ることができ，しかも小売店間の高速輸送を可能にする高度情報システムが不可欠となる．

在庫転送を支援する情報システムがあり，出荷費用が妥当であり，単一の所有者が全小売店を所有している場合，在庫転送が効果を発揮することは明らかである．集中倉庫がなくても，別々の小売店舗に分散している在庫を大きな1つの共同管理在庫の一部と考えることができるため，システムによってリスク共同管理の概念の長所を効果的に活かしていると考えられる．

小売店の所有者がそれぞれ異なる場合は，競争相手を助けることになるために在庫転送を嫌がるかもしれない．この問題は第6章において論じる．そこでは，必要な商品をそれぞれ異なる物流業者が在庫転送するためにいろいろな方法で協力すること，すなわち物流業者の統合と関連して考える．

5.5 集中型施設と分散型施設

サプライ・チェイン設計時に決定しなければならないもう1つの重要な問題は，生産設備や倉庫設備を集中すべきか分散すべきかという問題である．この問題を決定するためのいくつかの要素を第2章で検討した．ここではその他に考慮すべき重要な点を要約する．

安全在庫 倉庫の統合によって供給業者はリスク共同管理できる．一般に，在庫を集中すればするほど安全在庫レベルは低くなる．

倉庫における規模の経済性 規模の経済性を考えれば，少数の大型倉庫を運用する方が，同じ総容量を持つ多数の小型倉庫を運用する場合に比べて費用の総額は少なくなる．

生産における規模の経済性 生産の統合によって規模の経済性の恩恵を享受できる．生産能力が同じ場合，少数の大型設備を運転する場合に比べ，多数の小規模な製造設備を運転する方がより費用がかかる場合が多い．

リード時間 多数の倉庫を市場の近くに配置することによって，市場へのリード時間を短縮できる．

サービス これはサービスをどのように定義するかによって変わってくる．

上に述べたように，集中倉庫を用いればリスク共同管理をすることが可能となる．これは全体の在庫レベルが低くても，より多くの受注に対応できることを意味している．一方，倉庫から小売業者への出荷にはより長い時間を要することとなる．

輸送費　輸送費は使用する倉庫数に直接関係してくる．すなわち，倉庫数が増加するに従って，生産拠点と倉庫間の総輸送距離も延びるために，輸送費もまた増加する．もっと重要なのは数量割引が適用されるケースが減少することである．ただし，倉庫が市場により接近するために，倉庫から小売業者への配送費は減るものと考えられる．

もちろんロジスティクス戦略の効率を上げるために，中央拠点に貯蔵保管する製品と分散倉庫に貯蔵保管する製品とに区分するのも1つの考え方である．たとえば，非常に高価でかつ顧客からの発注量が少ない製品は中央倉庫で保管し，発注量が多くかつ単価の安い製品は多数の分散倉庫で保管する方法が考えられる．さらにいえば，生産・倉庫施設の集中と分散は，必ずしも二者択一の問題ではない．在庫操作に関する集中と分散のレベルはさまざまであり，上記で説明したようにそれに伴う長所と短所もさまざまである．高度な情報システムを用いれば，それぞれのシステムが持つ利点のいくつかを他のシステムでも利用することが可能となる．たとえば，中央倉庫からのリード時間を短縮したり，分散倉庫の安全在庫を減らしたりすることが可能となる．

5.6　押し出し型システムと引っ張り型システム

サプライ・チェイン・ネットワークは，押し出し(push)型と引っ張り(pull)型システムに分類されることが多い．これはおそらく製造システムをこのように分類した1980年代の製造革命に由来すると思われる．押し出し型ロジスティクス・システムや引っ張り型ロジスティクス・システムという用語を使う場合には，その意味を明確に理解しておくことが重要である．

5.6.1 押し出し型サプライ・チェイン

押し出し型サプライ・チェインでは，図 5.1 に示すように，生産は長期予測に基づいて行われる[6]．一般的に，製造業者は小売業者もしくは倉庫から出される注文を顧客需要の予測に使用するために，押し出し型サプライ・チェインでは市場変動への対応が遅れる．その結果，次のような問題が生じる．

- 需要パターンの変化に適応できない．
- サプライ・チェインにおいて，需要がなくなった製品の在庫が陳腐化する．

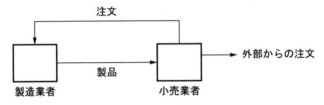

図 5.1　押し出し型システム

そのうえ，第 4 章でみたように小売業者や倉庫から受け取る注文の変動は，顧客需要の変動よりも大きくなる．いわゆる鞭効果が発生する．この変動幅の増大は次のような結果をもたらす．

- より大きな安全在庫が必要となり過剰在庫を生じる (第 3 章参照)．
- 生産ロットが大きくなり変動しやすくなる．
- サービスレベルが許容できない程度まで低下する．
- 製品が陳腐化する．

第 4 章でみたように，鞭効果によって，計画と管理が困難となり資源の利用効率が下がる．たとえば，製造業者が生産能力を決定する際の基準が不明確になる．つまり，生産能力を需要の一番大きいときに合わせれば，その資源を大部分の期間眠らせておくことになり，需要の平均に合わせれば，需要の一番大きいときには，追加のそして割高な能力が必要となる[*1]．同様に，輸送能力を需要の一番大きいときに合わせて計画すべきなのか，あるいは平均需要に合わせて計画すべきなのかも明確でない．このように，押し出し型サプライ・チェインでは，輸送費の増加，高レベルの在庫，製造段取りの急な切換えによる製

[*1] 訳者注：もしくは，作り置き在庫が必要になる．

造費用の増大がしばしばみられる．

5.6.2 引っ張り型サプライ・チェイン

引っ張り型サプライ・チェインでは，図 5.2 に示すように，生産は需要によって決定されるため，予測ではなく実際の顧客需要に対応して生産する[6]．そのためサプライ・チェインにおいて，顧客需要情報 (たとえば POS データ) を製造拠点に迅速に送る情報システムを使う．その結果，次のような効果が生まれる．

- 小売業者からの受注に対する予測がより的確になり，リード時間が短縮される．
- リード時間の短縮によって小売店での在庫も低減する (第 3 章参照)．
- システムにおける変動の減少，特にリード時間の短縮による製造業者の変動幅が縮小する (4.2.2 項参照)．
- 変動幅の縮小により，製造業者の在庫が減る．

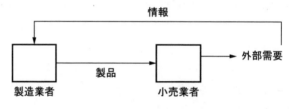

図 5.2 引っ張り型システム

このように引っ張り型サプライ・チェインでは一般に，システムの在庫レベルが著しく減少し，生産資源などの管理が合理化され，同規模の押し出し型システムと比べて，システム全体の費用が下がる．

一方で，長いリード時間を必要とする場合には，需要情報への対応ができなくなり，引っ張り型サプライ・チェインの運用は困難となる．また，引っ張り型システムでは，先を読んだ計画をしないために，製造・輸送における規模の経済性の利点を活かすことがむずかしくなる．

場合によっては，サプライ・チェインに部分的に押し出し型システムを採用し，残りの部分に引っ張り型システムを使った方が適切な場合がある．第 8 章では，サプライ・チェイン・マネジメントにおける重要な概念である遅延差別

化 (postponement / delayed differentiation) といわれる手法について述べる．この手法ではサプライ・チェインの前半 (すなわち上流側) を押し出し型で運用し，後半では引っ張り型の戦略による運用を行うことになる．つまり最初の段階で大量の汎用的な製品 (部品) を生産しておいて，その後に顧客の需要に基づいてこれらの製品を差別化 (分化) することによってこの戦略を実現する．押し出し型戦略と引っ張り型戦略の境目は，「押し出し–引っ張り境界 (push-pull boundary)」，あるいは「遅延化境界 (postponement boundary)」と呼ばれる．

まとめ

本章では，効率的なサプライ・チェイン設計に応用できるさまざまな戦略を検討した．集中管理を前提としたシステムにするか，あるいは分散システムを採用するかという決定はきわめて重要である．集中管理を行うには提携の形成が必要になるが，一般に，集中管理システムの方が分散システムよりも効率よく運用できる．また，対象となるサプライ・チェインにもよるが，直接配送戦略，従来型の倉庫戦略，あるいはクロスドッキング戦略などが，製品物流の効果的な方法である．もちろん，いずれの手法をとるにしてもそれを成功させるためには，それぞれ独自の必要条件がある．在庫転送手法が，サービスレベルの向上と運用経費の低減に役立つこともある．

集中管理か分散管理のどちらを選ぶかという問題のほかに，保管および生産施設を集中させるのかまたは分散させるのかを決めることも必要である．このいずれにも長所と短所があり，いずれを選ぶかによってサプライ・チェインの運営経費と効率に大きく影響する．

最後に，引っ張り型システムと押し出し型システムのいずれを採用すべきか基本的な選択をする必要がある．できれば引っ張り型システムを採用した方が効果は上がる．引っ張り型システムをまだ導入していない先進的な多くの企業でも，引っ張り型の手法を採用しようとしている．場合によっては，サプライ・チェインの最初 (すなわち上流) の段階では押し出し型で運営し，残りの段階を引っ張り型システムで運営する混合型手法が最も適していることもある．

6

戦略的提携

 事例：音複堂

音複堂[*1)]はCDとカセットテープを複写し配送している．主要な顧客は大手レコード会社で，音複堂はCDと音楽テープの複写と配送の注文を受けている．音複堂はマスターテープを保管し，顧客(注文主)の依頼によって注文数量分のCDやテープをマスターテープから複写して注文主の顧客であるレコード店，ウォルマートおよびKマートのようなスーパーマーケット，サーキット・シティー(Circuit City)およびベスト・バイ(Best Buy)のような電器店に納品している．音複堂は音楽複写市場における大手6社のうちの1社であり，音楽複写市場の市場規模は50億ドルである．同社は市場の20％を占有し，他の競合2社が40％を占有している．

現在，音複堂の経営陣は，いくつかのむずかしいサプライ・チェーン関連の問題を理解し解決しようとしている．

- 全国展開する大手小売業者は，ベンダー[*2)]管理在庫(Vendor Managed Inventory: VMI)方式で在庫を管理するように音複堂の顧客であるレコード会社に圧力をかけている．ベンダー管理在庫では，レコード会社が，各店舗に配送するアルバム，CD，カセットテープのタイトル別数量と納品日を決定することを求められる．この決定を行うために，POS(Point-Of-Sale)データが各店舗からレコード会社に連続的に送信される．さらに，在庫の商品が販売さ

[*1)] 出典：音複堂は架空の会社であり，この事例で使われている資料は，複数の会社での著者の経験に基づくものである．

[*2)] 訳者注：ベンダー(vendor)とは製造供給元をはじめとした納入業者を指す．

れその売上げを小売業者がレコード会社に支払うまで，店頭の在庫の所有権はレコード会社が持つ．音複堂がレコード会社に対して複写・配送サービスを提供しているために，音複堂に対してベンダー管理在庫方式に基づく物流を支援するよう要請してきた．

● 以前は音複堂が，全国展開する大手小売業者の物流センターに商品を出荷し，小売業者が個別の店舗への配送を手配していた．今では小売業者が個別の店舗に直送してくれるよう強く働きかけている．もちろん，これは音複堂にとって経費の増加を意味している．

● 音複堂の配送経費は増加傾向にあり，現在，音複堂では配送担当管理者が個々の出荷ごとに異なる輸送業者を手配して納品を行っている．おそらく配送管理業務は改善可能であり，たとえば新たにトラックを購入し，自社内で配送を行うとか，配送機能全体を第三者に外部委託するかなどの方法が考えられる．おそらくこれらを組み合わせた方法が最善であろうと思われる．

音楽をオンラインで配信する技術が普及してきたために，音複堂は音楽複写産業の先行きに深刻な懸念をいだいている．また，レコード会社との契約は定期的な改定を迫られるため，音楽複写企業の経営者は業績を維持するためにこの問題に真剣に取り組まなければならなくなっている．

本章の最後まで読めば，次の問題を理解できるであろう．
● 大手小売業者はなぜ，ベンダー管理在庫方式を目指すのか？
● 企業のロジスティクス的な要求に対して，どのような場合に社内処理し，どのような場合に社外の業者を活用すべきなのか？
● サプライ・チェインの効率を上げるために，どのような類の戦略的提携を活用できるか？
● この事例で説明したような社外からの圧力を，会社の利益に結び付ける方向に転換できないか？

6.1 はじめに

(これまで各章で論じてきたような)複雑な経営手法が企業の生き残りと成長に不可欠になる一方で，これらの手法の導入に必要な資金や経営資源の確保が

むずかしくなっていることは，現代の経営事情の1つである．この事情のため，これらの重要な経営機能のすべてを社内に取り込むことは必ずしも得策でない．企業によっては，機能に必要な特殊な資源や専門技術を持つ他の企業を活用した方が自社の機能を使うよりも効果的であると考えられる．

企業内にサプライ・チェインの特定の業務を実行する資源があったとしても，その業務を行うためには，他の企業の方がサプライ・チェイン内の位置が自社内で行うよりその業務に適しているというだけで，他の企業を起用した方が有利な場合もある．サプライ・チェインにおける位置，資源，そして専門技術の組み合わせによって，サプライ・チェインの具体的な役割を果たすために最適な企業が決まる．もちろん，それだけでは十分ではない．その役割が適切な企業によって実際に実行されるように必要なステップを踏まなければならない．

どの経営機能にも共通したことだが，経営機能としてのロジスティクスを遂行するためには4つの基本的な方法がある[66]．

1) **社内処理：**企業内部に資源と専門技術があれば，それらを駆使してロジスティクスを処理できる．次項でより詳しく論ずるが，ロジスティクスがその企業の得意とする活動の1つであれば，社内処理が最善の方法であるといえる．

2) **企業買収：**社内に必要な専門技術や特殊資源がない場合，それらを持つ企業の買収によって，その資源や技術を調達できる．この場合，具体的な機能を買収側の企業が完全に管理できるが，それと同時に欠点もある．欠点の1つは優良企業を買収するむずかしさと費用である．また，買収される側の企業の企業文化が買収する側の企業文化と衝突し，一緒になる過程で買収された企業の文化が失われかねない．さらに，買収された企業と取引のあった企業が買収企業と競合関係にある場合には，その取引を失うことになる．そうすれば全体の効率が失われかねない．このような理由やその他の多くの理由から，企業買収が適切でない場合もある．

3) **通常の第三者取引：**多くの取引はこれに属する．ある企業が商品の配送，車両の整備，ロジスティクス管理ソフトウェアの設計や導入などの，商品やサービスを必要とし，そのためそれらを購入もしくはリースしようとするときは，ほとんどの場合，通常の第三者取引 (arm's-length transactions) が最も効率的かつ適切な関係であろう．もちろん，それらのサービスの売り主の目標と戦略

は，買い主の目標と戦略には一致しないかもしれない．通常の第三者取引のような短期的な関係は，経営における特定の要求を満足させることはできるが，長期的な戦略の利点にはつながらない．

4) **戦略的提携**：2つの企業間で報酬とリスクを共有するための，多面的で目的指向型の長期的提携を，戦略的提携(strategic alliance)と呼ぶ．多くの場合，企業買収を行うことなしに，通常の第三者取引の場合に比べて，より多くの資源に関して，相互の目的に基づいた委託を実現できる．戦略的提携の場合は，概して提携している両社が長期にわたって利益を享受できる．

本章ではサプライ・チェイン・マネジメントに関連する戦略的提携に焦点を当てる．次節では，戦略的提携の長所と短所を分析するための枠組みを紹介する．6.3節，6.4節および6.5節では，サプライ・チェインに関係する戦略的提携を最も重要な3つの種類に分け，検討する．すなわち，小売・納入提携(Retailer-Supplier Partnership: RSP)，3PL(3rd-Party Logistics)および物流統合(Distributor Integration: DI)を詳細に検討する．

6.2 戦略的提携のための枠組み

戦略的提携のためには，考慮しなければならない多くの戦略的課題がある．Jordan Lewis[66]は，その古典的な著作 "Partnerships for Profit(利益を上げるための提携)" の中で，戦略的提携を分析するための有効で一般的な枠組みを提案している．その概要をここで紹介するが，この枠組みは本章の残りの部分で触れるサプライ・チェインに関連する戦略的提携の各種を検討する際にも非常に役立つ．

特にその戦略的提携が企業にとって恩恵があるかどうかを判断するためには，その提携が次のような問題の解決に役立つかを考えるとよい．

製品に対する付加価値 適切な企業との提携によって既存製品の付加価値を高めることができる．たとえば，市場への時間，配送時間，修理時間を短縮するような提携は，その企業の価値の増大に役立つ．同様に相互補完的な製品を持つ企業同士の提携は，両社の製品の価値を高める．

市場アクセスの拡大 より効果的な宣伝広告や新しい販売経路の利用機会増

加につながる提携はお互いに利益を生む．たとえば，消費者向け製品の製造業者は，大手小売業者の要求に基づいてお互いに補い合い協力することによって，両社の売上げを伸ばすことができる．

運営強化 企業同士の息の合った提携は，システム費用の削減とサイクル時間の短縮によって企業経営を強化し，設備と資源を効率よく効果的に活用することができる．たとえば，季節的に補完関係にある製品を持つ企業同士が提携すれば，年間を通じて倉庫設備や輸送手段を効率的に利用することができる．

技術力の拡大 技術を共有するための企業間の提携は，お互いの技術分野を拡大することになる．さらに，むずかしい新技術の導入も，相手の専門技術によって円滑に行えることがある．たとえば，納入業者がある顧客の特定業務の情報システムを増強する必要がある場合に，そのシステムに関する専門技術をすでに持っている提携先と組むことによって，困難な技術問題にも容易に対処することができる．

新規事業分野への参入 新規事業分野への参入は，一般に高い障壁がある．この場合，提携によって専門技術と資源を共有し，これらの参入障壁を克服して新しい機会を開拓できる．

組織力の強化 提携によって組織を運営するための学習を行う非常によい機会が得られる．企業同士がお互いに学びあうことに加えて，提携をうまく機能させるためには，各企業が融通の利くように変わらなければならないし，自社についてもより深く学ばざるをえなくなる．

財務力の強化 今までに挙げた競争力の強化だけでなく，提携は財務力の強化につながる．収益を向上させ，管理費を分担し，さらには一方もしくは両社の専門技術を活用することによって費用を削減することもできる．もちろん，提携しリスクを共有することによって投資リスクに曝される度合も限られる．

戦略的提携には不利な面もある．前記の項目をみればどのような面が不利なのかも明らかである．各企業には，核（コア）になる強みや資産というもの（いわゆるコア・コンピテンシー），すなわち，競合相手から自らを差別化し顧客の目に留まるような独自の能力というものがある．提携を優先させるために，自らが強みとする資源（たとえば機械や人）を他に転用したり，技術的強みや戦略的強みを妥協したりして，せっかくの強みを弱めるようなことがあってはなら

ない．同じように，競合企業との差別化の鍵となるものを弱めてはいけない．以上に挙げた不利な面は，鍵となる技術を提携先と共有した場合に起こりうる．また，提携相手が提携と別の分野では競合相手である場合には，その分野の参入障壁を引き下げることとなり不利になることもある．

　企業の核になる強みが何であるかを見きわめることは，非常に重要であることは明らかである．しかし残念なことに非常にむずかしい問題でもある．なぜならば，強みといったものは扱う業務の特性そして企業の特性に依存するからである．企業の強みは多額の投資を注いだ資源と一致しているとは限らないし，それはまた経営手法やブランドイメージのような無形のものである場合もある．企業の強みを決めるためには，上記の7つの項目のそれぞれについて，競合相手からの差別化のために企業の内部能力がそれぞれどのように役立っているかを考えるとよい．さて，それぞれの領域で戦略的提携はどのように役立っているのであろうか？　あるいは邪魔になっているのであろうか？

　次の事例は戦略的提携の長所と短所を明らかにしている．この事例においてIBM，インテル，マイクロソフトの3企業は，どのような利益を得たのか，あるいは損失をこうむったのかを考えてみよう．

例 6.2.1. このIBMのパソコン事業の事例は特に物流に関連するわけではないが，鍵となる経営機能を外部に依存した場合の長所と短所を示す典型的な例だと思われる．IBMが1981年の後半にPC市場への参入を決めたとき，パソコンの設計と生産に必要な基盤設備は持っていなかった．そこで，このような技術の開発に時間をかけるよりも，パソコンのほとんどすべての主要な部品の供給を社外に求めた．たとえば，マイクロプロセッサの設計と生産はインテルが担当し，オペレーティングシステムはシアトルにあるマイクロソフトという小さな会社が準備した．IBMは他企業の専門技術と資源を利用することによって，設計開始から15ヶ月たらずでパソコンを発売することができた．そのうえ，発売から3年間でパソコン業界第1位の地位をアップルコンピュータから奪い取った．1985年までIBMの市場占有率は40％を超えていた．しかし，コンパックのような競合企業がIBMと同じ供給業者を利用して市場に参入したために，IBM戦略の不利な面がまもなく明らかになってきた．IBMは，新しい独創的な設計とOS/2と呼ばれるオペレーティングシステムを搭載したPS/2シリーズのコンピュータを発売して市場を奪回しようとしたが，他の企業はIBMに追随せず，

従来と変わらない構造の PC が市場を引き続き支配した．1995 年末には IBM の市場占有率は 8%以下まで下がり，市場の首位にたつコンパックの 10%を追うこととなった[21]．

戦略的提携はすべての事業分野で拡大しているが，サプライ・チェイン・マネジメントでは 3 種類の提携が特に注目されている．そこで次に，3PL，小売・納入提携，物流統合の 3 種類の戦略的提携を詳しく検討する．それぞれを上記の枠組みに当てはめながら検討してほしい．

6.3　3PL

企業の物流業務の一部またはそのすべてを担う 3PL 業者が一般的に広く利用されるようになってきた．実際に 1980 年代に始まった 3PL 産業は，1998 年には 400 億ドル規模であったが，専門家は 2000 年までに 500 億ドル規模に成長すると予測している[59]．

6.3.1　3PL とは何か?

3PL とは，単純に外部の企業を利用し，企業の資材管理と製品物流機能の一部またはそのすべてを行うことである．3PL における企業間の関係は，多くの場合，従来のロジスティクス提供業者を利用するよりも複雑で，本当の意味での戦略的提携であると考えられる．

企業は今までトラック輸送や倉庫業務のような特定のサービスを提供する外部企業を使ってきたが，このような業者との関係には 2 つの主な特徴がある．まず，その利用は取引ベースであること，そして，契約した企業は特定の 1 つの機能に限定されていることである．現代の 3PL との関係には，長期間の提携，たくさんの機能や工程管理が含まれている．たとえばライダー・デディケイテッド・ロジスティクス (Ryder Dedicated Logistics) は，フィールプール・コーポレーション (Whirlpool Corporation) の社内物流のすべてを設計，管理，運営するために 5 年間の長期契約を締結している[59]．

3PL サービスを提供する企業には，売上高が数百ドル程度の小さな会社から

数十億ドルに及ぶ大企業まで，あらゆる規模と形態がある．これらの企業の大部分は，サプライ・チェーンの多くの段階を管理することができる．

意外なことに，3PL の利用は大企業で広く利用されている．3M，イーストマンコダック，ダウケミカル，タイムワーナー，シアーズ・ローバックのような大企業が，物流業務のほとんどを外部の 3PL 業者に委託している．3PL サービスがもっと広範に普及し，3PL 業者が中小企業の市場をもっと熱心に開拓すれば事情は変わるかもしれないが，中小企業に 3PL サービスの起用を説得するのはむずかしいとみられている[13]．

6.3.2　3PL の長所と短所

6.2 節で説明した戦略的提携の一般的な長所と短所のほとんどが，3PL についても当てはまる．

自社の得意とする業務への注力

3PL 業者の起用時に最もよく引き合いに出される利点として，企業がその得意とする業務に資源を集中できることが挙げられている．企業の限られた資源の中で，あらゆるビジネス分野で専門性を維持することはむずかしくなっている．物流に関する専門技術はその専門業者に任せることができれば，各企業の得意とする業務に専念できる．(もちろん，物流が企業の専門分野の1つである場合には，外部委託の意味はない.)

例 6.3.1. ライダー・デディケイテッド・ロジスティクスとゼネラル・モーターズのサターン事業部との提携は，以上の長所を示す良い例である．サターン事業部が自動車の生産に専念し，ライダーが生産以外の物流業務を管理している．ライダーが部品の仕入先と交渉してテネシー州スプリングヒルにあるサターンの工場に部品を搬入し，完成した自動車をディーラーに納入する．サターン事業部は EDI (電子データ交換) によって部品を発注し，同じ情報をライダーにも送信する．ライダーは専用の意思決定支援ソフトウェアによって輸送費が最小となる輸送ルートを効率的に計画し，米国，カナダ，メキシコの 300 社もの供給業者から必要な部品をすべて調達している[27]．

例 6.3.2. ブリティッシュ・ペトローリアム (British Petroleum: BP) とシェブロンは，それぞれが得意とする業務に集中するために，アトラス・サプライ (Atlas Supply)

という約80社の供給会社のパートナーシップを構築した．アトラスを通じてスパークプラグ，タイヤ，ウインドウォッシャー液，ベルト類，不凍液などの商品が6,500ものサービスステーションに配送されている．この提携ではBPやシェブロンのロジスティクス・ネットワークを通して，アトラスはロジスティクス業務を(SPL業者の)GATXに外部委託し，GATXは5箇所の物流センターの運用を任され，各サービスステーションで6,500品目の在庫を管理している．各サービスステーションが必要とする商品の発注は石油会社を通して，アトラスに転送され，最終的にGATXに送られる．各サービスステーションには，ロジスティクス・システムの流れを妨げないように，あらかじめ設定された発注日が割り当てられている．GATXのシステムが適切な配送経路と商品構成を決定し，注文を物流センターに送信する．翌日になると物流センターが注文を選んで梱包し，配送スケジュールに合わせた適切な順序でトラックに積載される．納品を完了した後，返品とアトラスの供給業者からの納品を引き取る．GATXはすべての配送状況をアトラス，シェブロン，BPに電子的に通知する．輸送費用をみただけでも，各企業はこの提携への参加に見合う経費節減を行うことができた．石油会社2社は物流センターの数を5から13に減らすことができ，サービスレベルを大きく向上させることができた[1]．

技術的な柔軟性の提供

技術的柔軟性に対する要求が，3PL業者を利用するもう1つの重要な要因となっている．需要が急速に変化し技術が発達するに伴って，3PL業者もたえず情報技術や設備を更新している．そのような技術を常に更新するための時間，資源，専門技術のゆとりは，個別企業にはない．各業種の小売業者が要求する配送技術と情報技術は小売業者によって異なり，しかも変化しつつある．このような要求を満たすことが，企業の生き残りのために不可欠となっている．3PL業者は，このような要求に対して早く，しかも費用効果がより高い方法で満足させることができる[45]．また，将来企業の顧客になるかもしれない相手の要求にも対応する能力を，提供業者が備えている場合がある．そのような場合，困難で費用的に引き合わない小売業者への配送も，3PL業者を使えば可能となる．

技術以外の柔軟性の実現

3PL業者との提携は，技術以外の分野にも大きな柔軟性を企業にもたらすことができる．その1つの例は地理的な位置がもたらす柔軟性である．納入業者

は迅速で頻繁な在庫の補充要求を受ければ，それに対応するために各地域に倉庫が必要となる．3PL業者の倉庫を利用することによって，たとえば長期リース契約を使えば，新規設備への設備投資を行って柔軟性を失ったりせず，顧客の要求に応じることができる．また，企業自身がサービスするよりも3PL業者を用いる方が，より柔軟性のあるサービス提供を実現できるかもしれない．なぜならば3PL業者は，より広汎なサービス能力を持っているからである．このようなサービスを求める顧客数は1つの企業にとっては少数かもしれないが，3PL業者は異なる業界の複数企業の仕事をしているので，同様なサービスを求める顧客数が多数にのぼる場合もある[109]．さらには，外部委託によって，必要な資源と労働力を柔軟に使用できるようになる．より迅速に変化するビジネス環境に対応するために，管理者は固定費になるはずのものを変動費に変えられるのである．

例 6.3.3. ライダー・デデイケイテッド・ロジスティクスはベッドメーカーのシモンズ (Simmons Company) との業務に新しい技術を導入し，それによってシモンズは仕事のやり方を完全に変えることができた．ライダーと提携を組む前は，シモンズはタイミングよく顧客需要に対応するために，各製造拠点に2万本から5万本のマットレスを常時在庫していた．ところが現在ではシモンズの各製造工場にライダーの現場物流担当マネージャーが配置され，注文を受けると物流担当マネージャーは，専用のソフトウェアによってマットレスを顧客に配送するために最適な順序と経路を計画する．この配送計画は工場の現場に送信され，そこでマットレスが正確な数量，スタイル，必要な順序で製造されて所定の時間に間に合うように出荷される．この物流提携によって，シモンズは実質的にまったく在庫を持つ必要がなくなった[27]．

例 6.3.4. UPSのソニックエア (SonicAir) 事業部はさらに進んだ3PLサービスを提供している．同社の顧客が供給する設備は，故障で1時間でも停止すると大きな損失をまねく．同社はこのような顧客に必要な部品を迅速に納入するサービスを提供している．ソニックエアは67の倉庫を持ち，各倉庫で部品の適正在庫レベルを決定する専用のソフトウェアを使っている．部品を受注するとシステムが最適な部品納入方法を決めて出荷する．通常，部品は最も早い航空便に搭載され，地上宅配便によって配送される．顧客はこのサービスによって各現場サービス事務所の部品在庫を減らし

ながら，かつ，サービスレベルを維持することができる．なかには数十万ドルもする部品もあるため，顧客にとっては大きな経費削減となっている．同時にこのようなレベルのサービスに対して顧客は喜んで支払ってくれるため，ソニックエアにとっても非常に高い利益が得られる事業となっている[27]．

3PL の大きな問題点

　3PL業者起用の明らかな問題点は，特定の機能を外部委託するときには直接管理できないということである．これは特に3PL業者の従業員が依頼企業の顧客と接触する場合においていえることで，多くの3PL業者がこの問題に真剣に取り組んでいる．このような取り組みの中には，トラックのサイドパネルに顧客のロゴマークを付けたり，3PL業者の従業員に依頼企業の制服を着用させて各顧客との接触時の情報を詳しく報告させるなどの努力がなされている．

　また，物流が企業の得意とする業務の1つであれば，この機能を社内よりも優れているかどうかわからない外部業者に依頼するのは意味がない．たとえば，ウォルマートは自社の物流センターを建設・管理しているし，キャタピラーは部品供給事業を自社で行っている．両社の場合，このような業務が自らの得意とするものであり，しかも競争力を有する分野であるため外部委託は不要である．特に，企業の得意とする業務が特定の物流業務としてある場合，それ以外の業務に限って3PL業者を起用するのが賢明である．たとえば，ベンダー管理在庫方式による補充戦略と資材管理が企業の中核的能力であるが，輸送は特に得意としない場合は，3PL業者にドックから顧客までの出荷のみを処理するよう依頼すればよい．同様に，医薬品会社は規制薬物を管理するためには物流センターを建設・所有しているが，安価で管理が容易な医薬品は顧客に近い場所に立地する倉庫業者の施設を使っている．

6.3.3　3PLの課題と要件

　ほとんどの3PL契約の場合，経営に関する複雑で重要な意思決定が必要となる．すでに述べた長所と短所がある中で特定の3PL業者との契約の可否を判断する場合に考慮しておくべきことはたくさんある．

1) **自社の物流費用の把握**：3PL業者選択の際に検討するべき多くの基本的な問題の中でも重要なのは，外部委託した場合の費用と比較できるように自社の費用を把握することである．間接費と直接費を追跡して特定の製品やサービスごとに原価を把握できる活動基準原価計算 (Activity Based Costing:ABC) が必要とされる[45]．

2) **3PL業者の顧客指向性**：もちろん，3PL業者は費用のみで選べばよいというものではない．すでに述べた多くの長所の中には柔軟性のように目に見えてこないものがある．したがって，企業の戦略的ロジスティクス計画と，その中にどのように3PL業者を組み込むかを注意深く検討しなければならない．1995年に行われた3PL業者に対する調査[59]において，3PL契約を成功させる最も重要な要因として挙げられたのは，3PL業者が顧客指向の姿勢を持っていることである．3PL業者がそれを起用する企業の要求を理解し，提供するサービスを顧客固有の要求条件に合わせる能力を持っているということがまず重要である．二番目に重要な要素は信頼性である．その次に，3PL業者の柔軟性，いいかえると起用する側の企業，およびその企業の顧客の要求に対応する能力が三番目のものとして挙げられている．そして費用の節減がリストのはるか下に挙げられていた．

3) **3PL業者の専門性**：3PL業者を選択する際に考慮すべき点として，サービスの提供を求める企業が必要とする物流要求に関連する分野に根ざした業者を選ぶことを，複数の専門家は提案している．たとえば，ロードウェイ・ロジスティクス (Roadway Logistics)，メンロ・ロジスティクス (Menlo Logistics)，イエロー・ロジスティクス (Yellow Logistics) は大手輸送会社から発展した会社であり，エクセル・ロジスティクス (Exel Logistics)，GATX，USCOの出発点は倉庫管理会社であり，また，UPS，フェデックス (Fedex) には小口貨物をタイミングよく処理する専門技術がある．企業によってはさらに専門化した要求事項があると思われるため，3PL業者を選択する際にこのような点を注意深く検討すべきである[5]．すでに企業が信頼できる輸送会社を頻繁に起用している場合には，その会社を3PL業者として使うことも可能である．たとえば，バクスター・ヘルスケア社 (Baxter Healthcare Corp.) と密接な関係にあるシュナイダー・ナショナル (Schneider National) は，最近バクスターのトラック輸

送をそのままの形で引き継ぐことになった[70]．

4) **資産保有型 3PL と資産非保有型 3PL**：資産を保有する 3PL 業者か，あるいは資産を保有しない 3PL 業者のどちらを起用するかについても，それぞれに長所と欠点がある．資産を保有する企業は，経営規模が大きく，人的資源も豊富で，大きな顧客基盤，規模の経済性，そして既存のシステムがあるが，同時に，自社の事業部に優先的に仕事を出したり，官僚的であったり，意思決定サイクルが長かったりする傾向がある．資産を持っていない会社の場合は，より弾力的でサービスにも柔軟性があり，提供業者を一緒にしたり組み合わせたりできる自由がある．また，低い間接費と特殊な業界についての専門技術を合わせ持っているが，資源が限られていて交渉力も弱いという問題がある[5]．

6.3.4 3PL 導入の課題

3PL 業者の選定は，導入プロセスの出発点にすぎない．両社の関係を効率よくスタートさせるには契約の締結と正しい方向に向けた努力が必要である．専門家は 3PL 契約に失敗した事例から特に学ぶべき点として次のようなものを挙げている．すなわち，開始時の検討に十分な時間をかけること，つまり，契約してから最初の 6ヶ月から 1 年の間が 3PL 提携の最も困難でしかも最も重要な時期である．両者の関係をうまく機能させるためには，サービスを購入する側が正確にその要求を明示し，明確な成果基準と要求事項をサービス提供側に示すことができなければならない．サービス提供側はこれとは反対に，その契約がもたらす現実との関連性を含めて，このような要求を完全に検討し率直に論議する必要がある[13]．両当事者もまた両者の関係を成功させるために必要な努力と時間を惜しみなく注ぎ込むことが必要である．両者ともに，危険性と成果を共有することによって，お互いの利益になる第三者提携であることを銘記することが必要である．お互いに長く付き合うことになる仲間であることを考えると，いずれの側も単発的な取引に基づいて考えることは許されない[4]．

一般的に，外部委託業務を成功させるにはちゃんとした意思の疎通が欠かせない．まず，委託する側では管理者たちがお互いに話し合い，従業員には外部委託をする理由とその過程で期待する成果を正確に伝え，関係部門の意思を統一して正しく関与することである．また，企業と 3PL サービスを提供する側と

の意思の疎通も重要である．一般論を話すことは簡単だが，外部委託から双方の企業が利益を得るためには，細部にわたる意思の疎通が不可欠である[13]．技術的なレベルでは，通常は3PL業者のシステムと，これを依頼する側のシステムの間で通信を可能とすることが必要である．同じような意味で，独自の情報システムを使用している3PL業者を起用すると，そのシステムと他のシステムとの統合に困難が伴うので，そういった業者は避けるべきである．以上のほかに提携前に3PL業者と論議すべき問題には，以下のようなものがある．

- 3PL業者は，会社が提供するデータの秘密を保持すること．
- 細かい成果基準についても合意しておくこと．
- 3PL業者が下請けを用いる場合についても明確な基準を設けておくこと．
- 契約条文に仲裁条項を入れること．
- 契約条文に免責条項を入れること．
- 3PL業者からの定期報告を通して実行目標の達成を確認すること[4]．

6.4 小売・納入提携

多くの業界で小売業者と納入業者の間の戦略的提携(小売・納入提携)が形成されている．第4章で，小売業者と納入業者の従来の関係においては，小売業者での需要変動よりも，納入業者での需要変動の方がはるかに大きいことをみてきた．さらに，納入業者はリード時間と生産能力に関して，小売業者よりも正確な知識を持っている．したがって利幅が薄くなり顧客満足がより重要になってくると，小売業者と納入業者が，両方の知識を活用しながら，協力することが必要になる．

6.4.1 小売・納入提携の種類

小売業者と納入業者間の提携は，連続的なものとして考えることができる．一方の端には情報の共有があり，それによって納入業者はより効率的な計画が可能となる．他方の端には委託販売方式がある．小売業者が商品を販売するまで，納入業者がそれを在庫として管理する方式である．

基本的なクイックレスポンス (quick response) 戦略では，納入業者が小売業

者からPOSデータを受信し，その情報を用いて，生産と在庫を小売段階の販売に同期させる．この戦略では小売業者が個別に注文しても，納入業者はPOSデータを予測と計画の改善のために使う．

例 6.4.1. この方式を最初に採用した企業に，繊維と化学品を製造するミリケン (Milliken and Company) がある．ミリケンは数社の衣類納入業者や大手百貨店と取引をしていたが，すべての取引先が，百貨店からのPOSデータで発注と生産計画を同期させることに同意した．その結果，ミリケンの織物工場で注文を受け取ってから最終製品である衣料が百貨店に納入されるまでのリード時間は，18週間から3週間に短縮された[103]．

連続補充 (continuous replenishment) 戦略は，急速 (rapid) 補充とも呼ばれている．この戦略では，納入業者がPOSデータを受信し，これを利用してあらかじめ契約した間隔で一定の在庫レベルを保つよう出荷を行う．連続補充のさらに進んだ方式を用いることにより，納入業者は必要なサービスレベルを保ちながら，小売店や物流センターの在庫レベルをぎりぎりのところまで下げることができる．このような構造を用いることにより，在庫レベルを継続的に削減できる．さらに，在庫レベルを固定する必要はない．季節需要変動，販売促進，顧客需要パターンなど高度なモデルに基づいて在庫レベルを決めることもできる[108]．

ベンダー管理在庫方式は，ベンダー管理補充 (Vendor Managed Replenishment: VMR) とも呼ばれている．この方式では，納入業者が製品ごとに (事前に合意した範囲内で) 適正在庫を決定し，このレベルを維持するための方針も決定する．最初の段階では仕入先の提案に小売業者の承認が必要だが，多くのベンダー管理在庫方式の最終的な目標は，小売業者が特定の注文の見落としをなくすことにある．この種の提携で，最も有名な事例はウォルマートとP&Gが1985年に始めた提携である．この事例ではP&Gは在庫回転率を上げながら，ウォルマートへの納期どおりの出荷を実現した[15]．Kマートを含む他のディスカウントストアがこれに追随し，Kマートは1992年までに200以上のベンダー管理在庫方式に基づく提携を開拓した[103]．このようなベンダー管理在庫

プロジェクトはほとんどが成功をおさめ,ディラード・デパートメントストア (Dillard Department Stores), J.C.ペニー, ウォルマートにおけるプロジェクトでは,売上が20から25%も伸び,在庫回転率は30%以上改善された[15].

例 6.4.2. Glad ブランドのサンドイッチバッグのメーカーであるファースト・ブランズ (First Brands) は,Kマートと提携を結び成功している.同社は1991年にKマートの商品物流提携計画に参加した.この計画では,仕入先が常にKマートの適正な在庫レベルを維持する責任を負っている.Kマートは最初にファースト・ブランズの3年間の販売実績データを提供し,次いで,毎日のPOSデータをファースト・ブランズに送信した.送信されたデータは,それ専用のソフトウェアによって納品計画に変換され,その生産計画はKマートの13箇所の物流センターへ送られた[26].

6.4.2 小売・納入提携に対する要求

小売業者と納入業者の提携,特にベンダー管理在庫,が効果を上げるために最も重要なものは,サプライ・チェーンの納入業者側と小売業者側の間の情報システムである.電子データ交換は,POS情報を納入業者に伝え,納品情報を小売業者に送り,データ転送時間を短縮し入力誤りをなくすために不可欠である.また,バーコード・スキャン・システムは,データの精度を維持するために不可欠である.そして,在庫管理,生産管理,生産計画の各システムがオンラインで統合されればさらに情報を活用できる.

どの企業経営の変革もそうだが,プロジェクトを成功させるためには経営トップによる全面的な支援が必要となる.特に,その時点まで社外秘とされてきた情報を,納入業者および顧客と共有し,費用配分を非常に高いレベルで検討するために特に必要である(この点については以降で詳しく述べる).また,このような提携によって組織内に権限の移動が生じることもあるので,経営トップの統率力が重要となる.たとえば,ベンダー管理在庫方式の提携を行うと,小売業者との日常業務を担当するのは,販売営業担当者ではなくロジスティクス担当者となる.この権限の変更には,経営トップの理解が必要である.

最後に,小売・納入提携を成功させるにはお互いの信頼関係を構築しなければならず,この信頼関係がないと提携は失敗に終わる.ベンダー管理在庫方式を用いる場合には,サプライ・チェーン全体を管理できる必要がある.たとえ

ば納入業者は，自社の在庫のみならず小売業者の在庫をも管理できることを示す必要がある．同様に，クイックレスポンス戦略を用いる場合には，納入業者に社内情報が開示される必要があり，納入業者はいくつかの競合する小売業者に商品を納めているのが普通である．そのうえ，戦略的提携が実施に移されると，多くの場合小売業者の店頭在庫が大幅に削減される．この場合，空いたスペースに競合他社の商品が陳列されないように，納入業者は気をつける必要がある．さらには，小売業者における在庫削減によって引き起こされた販売収益の低下は，一時的なものにすぎないことを，納入業者の経営トップが，理解しておく必要がある．

6.4.3 小売・納入提携における在庫の所有権

小売業者と納入業者がお互いに提携に入る前に考慮すべき重要な問題がいくつかある．その1つは，どちらが商品補充の決定権を持つかという問題である．これは戦略的提携が長続きするか否かを左右する重要な問題である．この問題に対処するためには，まず情報共有から始め，意思決定の共有まで，いくつかの段階を踏みながら進める．

戦略的提携がベンダー管理在庫を含む場合は特に，在庫所有権問題が提携成功の鍵となる．本来，所有権は小売業者が商品を受け取ったところで移転する．ところがベンダー管理在庫提携では，商品が販売されるまで納入業者が所有権を保持する委託販売形式となる．このような関係により小売業者が得る利点は明らかであり，それは在庫費用の低減である．さらに，在庫の所有権が納入業者にあるため，在庫をできるだけ効率的に管理するように納入業者が注意するという利点もある．ベンダー管理在庫方式に問題があるとすれば，それは契約の許す限り多くの在庫を納入業者が小売業者に移そうとすることである．早く輸送される商品に関して納入・小売業者間で2週間分の在庫保有を合意しているような場合には，それはまさに小売業者が期待する在庫となる．しかし，これがより複雑な在庫管理の場合には，事前に合意したサービスレベルを前提として，納入業者が在庫をできるだけ低く抑えようとする刺激策が必要となる．たとえばウォルマートは，大半の生鮮食料品に関しては，仕入段階も含めて在庫として持つことはない．そのため，ウォルマートは商品がレジでPOSスキャ

ナーを通過するわずかな時間だけ所有するにすぎない[24].

一方,委託販売方式では納入業者の在庫保有期間がより長くなるため,納入業者側の利点はそれほど明らかではない.納入業者は,ウォルマートの場合と同様のやりかたを強要されるため,選択の余地がない場合が多い.しかし,そういうやりかたは物流と生産の調整による全体費用の引き下げが可能なので,納入業者にとって利点がある場合は少なくない.この問題をよりよく理解するために,第4章における全体最適化と部分最適化に関する論議を思い出してほしい.在来のサプライ・チェーンにおける各施設は,その施設にとって最適なようにする.つまり小売業者は納入業者に与える影響を考慮することなく,その在庫を最適に保とうとする.同様に,納入業者は小売業者の需要を満たしながら,自分の費用だけを最適化するような方策を決める.一方,生産と物流の調整によってシステム全体を最適化するのがベンダー管理在庫である.そのうえ,納入業者は複数の小売業者に対する生産と物流の調整によって,全体の費用をさらに下げられる.これがまさに,システム全体の費用を全体最適化によって大幅に削減できる理由である.

納入業者と小売業者の相対的な力関係によっては,全体のシステム全体の節約費用を納入業者と小売業者で配分できるように,供給契約を交渉する必要がある.小売業者がいくつかの納入業者の費用を比較する際には,物流の方式が異なればその費用も異なることを考慮しておく必要がある.

例 6.4.3. 建材の小売協同組合であるエース・ハードウェア (Ace Hardware) は,材木と建築資材の委託方式によるベンダー管理在庫をうまく導入している.この方式では,エースは小売業者が管理する商品の法的な所有権を持ち,小売業者は,商品が破損した場合に責任を負う,といった保管上の義務だけを持つ[2].この仕組みはきわめてうまく機能しており,ベンダー管理在庫を適用した商品のサービスレベルは92%から96%に上昇している.エースはこの仕組みを最終的に他の種類の製品にも拡大したいと考えている[3].

高度な戦略的提携で生じる問題は,在庫と所有権の問題だけではなく,他の多くの業務分野に及ぶ.共同予測,計画サイクルの調和,さらには製品の共同開発までもが検討されている[95].

6.4.4 小売・納入提携を実施するうえでの問題点

いかなる契約でもそれを成功させるには，成果の評価基準についての合意が必要である．評価基準には，財務的な基準に加え，非財務的基準も加えるべきである．たとえば，非財務的基準としてはPOSデータの精度，在庫の精度，出荷と納入の精度，リード時間，顧客満足度などが挙げられる．

小売業者と納入業者の間で情報を共有する場合には，その機密保持が問題となる．特に，複数の納入業者から同じ種類の製品を仕入れている小売業者には，納入業者が正確な市場予測と在庫を決定する際に，その種類に関する情報が重要であることがわかる．同じように，複数の納入業者の在庫決定に関連性を見つけてしまう場合もあるであろう．それぞれの納入業者に対して秘密を守りながら，このような潜在的な矛盾に小売業者が対処するにはどうすればよいだろうか．

どのような形で戦略的提携を行うにしても，その最初の段階で発生する問題の多くは，意思の疎通と協力を通じてのみ解決できる．このことを両当事者がよく理解しておくことが重要である．たとえばファースト・ブランズがKマートと提携した際に，2週間分の手持ち在庫を常時保有するという約束を納入業者が守っていない，とKマートが非難したことがあった．ところがその問題を調べてみると，両社の予測方法が異なることが理由であることが判明した．この問題は，両社の需要予測担当者が直接話し合うことによって解決できた．しかし，このような話し合いは，ベンダー管理在庫の提携を結ぶ前に，販売担当を通じて行われるはずのものである[26]．

一般に，提携を結ぶ納入業者は，小売業者の緊急注文や状況変化にすぐに対応することを約束している．したがって，納入業者の側で必要な製造技術や生産能力を持っていない場合には，これらを整備する必要がある．たとえば，ラングラー(Wrangler)ブランドのジーンズのメーカーであり，衣料業界でクイックレスポンス方式のパイオニアでもあるVF Millsは，従業員の再訓練と資本投資も含めて，その生産工程を完全に設計し直さなければならなかった[15]．

6.4.5 小売・納入提携導入の方法

これまで述べた重要なポイントは，ベンダー管理在庫の導入方法として以下の

ように要約できる[50]．

1) 最初に協定書の契約条件を十分に協議する．協議する内容には，在庫の所有権とそれが移転する時点，支払条件，発注責任，サービスや在庫レベルのような適切な評価基準，などに関する規定が含まれる．

2) 次に，以下の3つの作業を実行する．

● 納入業者と小売業者の両者を統合する情報システムがない場合は，それを導入する．これらの情報システムは両者が簡単にアクセスできることが条件となる．

● 納入業者および小売業者が効果的に利用できる予測技術を開発すること．

● 在庫管理と輸送手段を調整するためのタクティカルな意思決定支援ツールを開発する．開発されるシステムは，もちろん，各提携の特性に依存する．

6.4.6 小売・納入提携の利点と欠点

ベンダー管理在庫方式によってもたらされた企業関係の利点の1つが次の事例に的確に示されている．

例 6.4.4. Advilなどの市販医薬品を製造しているWR(Whitehall Robbins)は，Kマートと小売・納入提携を結んでいる．ファースト・ブランズと同様に，最初WRはKマートの需要予測に合意していなかった．WRは自社製品についてKマートよりもはるかに詳しい知識を持っていたために，WRの需要予測がより正確であることが判明した．たとえば，Chap Stickに関するKマートの予測には製品の季節需要変動が考慮されていなかった．さらに，WRの計画担当者は，出荷計画を作成する際に，生産の休止時間さえも考慮に入れることができた．

WRとの提携はその他の面でも利益をもたらした．かつてKマートは，バーゲンセールを行うための季節商品を，各シーズンの初めに大量に注文していた．しかし，このやり方ではKマートが販売量を正確に予測することがむずかしいため，多量の返品が生じることがあった．現在では「毎日低価格」方策に基づいて，WRが週単位の需要量を供給しているため，大量発注はなくなったしシーズン前の販売促進活動もなくなった．その結果返品は大幅に減少し，季節商品の在庫回転は3回転から10回転以上に，非季節商品の在庫回転は12～15回転から17～20回転以上に上昇した[26]．

このように，一般に，小売・納入提携の大きな長所は，納入業者が注文量情報を持っているために鞭効果(第4章参照)が抑えられる点である．もちろん，これは提携の種類によって異なる．たとえば，クイックレスポンス戦略では，納入業者がリード時間を短縮できるように，顧客の需要情報を納入業者に伝える．ベンダー管理在庫方式では，小売業者により提供された需要情報によって納入業者は発注を決定する．これにより注文量の変動を完全に管理できる．もちろん，この情報はシステム全体の費用を減らすためにも使えるし，サービスレベル向上のためにも使える．より高いサービスレベル，管理費用の削減，在庫費用の削減，などが納入業者にとっての利点である．納入業者は予測の不確実性を下げ，生産と物流をよりうまく調整できるようになる．予測の不確実性が減るため，より具体的には，安全在庫レベルの低下，保管・配送費用の低減，サービスレベルの向上，が期待できる[50]．これは第4章の4.2節で論じた鞭効果からもわかる．

表 6.1 小売・納入提携の主な特性

評価基準 → タイプ ↓	意思決定者	在庫所有権	納入業者による新技術
クイックレスポンス戦略	小売業者	小売業者	予測技術
連続的補充計画	契約による	いずれかの当事者	予測技術 & 在庫管理技術
高度な連続的補充戦略	契約による合意に加えて，連続的に改善する	いずれかの当事者	予測技術 & 在庫管理技術
ベンダー管理在庫	納入業者	いずれかの当事者	小売管理

上記の重要な利点以外にも，戦略的提携には無視できない副産物がある．たとえば，小売業者と納入業者の関係を根本的に見直す良い機会となる．具体的には，重複する注文入力作業を廃止したり，手作業を自動化したり，商品のタグ付けや展示構成などをシステム全体の効率を考慮して再検討したり，不要な管理業務を廃止したりできる[15]．このような利点の多くは，最初に提携を導入したときに行った変更と導入した技術から得られる．

小売・納入提携に関して，以上で論じた多くの問題を，以下に要約しておく．

- 高度な情報技術が必要であり，そして，それはしばしば高価である．
- 小売業者と納入業者の利害は相反するが，そこに信頼関係を確立することが不可欠である．
- 戦略的提携では納入業者の責任が以前より大きくなる．このため納入業者側での人員体制の強化が必要である．
- 最終的に，そしておそらく最も重大なのは，納入業者側の管理責任が増すことにより，納入業者が負担する費用が増えることである．委託販売形式をとる場合には，最初に在庫が納入業者側に移されるので，納入業者の在庫費用が増加する．したがって，システム全体の在庫費用のうち，小売業者側で削減できた分を，納入業者と分け合うような契約条件が必要となる．
- 電子データ交換システムを導入する際に支払猶予期間が問題となるため，ベンダー管理在庫の提携を結ぶ前に充分な検討が必要なる．商品受領後30日から90日後に支払を行っていた小売業者は，納入と同時に支払が必要となる．商品が売れた時点で支払うとしても，支払は通常の支払期日よりもはるかに早くなる[40]．

6.4.7 成功と失敗

前項でいくつかの小売・納入提携の事例を引用したが，次にいくつかの成功事例と1つの失敗事例を示す．

例 6.4.5． ウェスタン・パブリシング (Western Publishing) は同社のゴールデンブックスシリーズの児童用書籍を，ウォルマートを含む2,000店以上の小売業者でベンダー管理在庫方式によって販売している．この方式では在庫が再発注点以下になると，POSデータが自動的に発注を行うようになっており，在庫は物流センターから店舗に直送されている．この場合，書籍の所有権は納品の時点で小売業者に移転する．トイザラスの場合はウェスタン以外の納入業者の在庫も含めてウェスタンが小売業者の書籍部門全体を管理している．いずれの場合も，この方式によって費用は大幅に増大したが，売上も大幅に伸びた．費用の増加は，新たな在庫管理業務と小売店舗への直接出荷による輸送費の追加によるものであった．いずれにしても，経営者はベンダー管理在庫方式が会社に純利益をもたらしたと信じている[2]．

6.4 小売・納入提携　　　　　　　　　　　163

例 6.4.6. ウォルマートのベンダー管理在庫方式にミード–ジョンソン (Mead-Johnson) が加入することによってもたらされた成果は劇的であった．ミード–ジョンソンは注文書の代わりに完全な POS 情報に応じて納入を行うことになった．ベンダー管理在庫方式を導入してから，ウォルマートの在庫回転は 10 回以下から 100 回以上に，ミード–ジョンソンの回転は 12 回から 52 回に上昇した．同様にスコット・ペーパーは 25 箇所の物流センターで在庫を管理していたが，この努力により顧客の在庫回転は 19 回から 35〜55 回まで上昇し，在庫はなくなりサービスレベルは向上した．K マートの商品物流計画にパートナーとして参加した SPHP(Schering-Plough Healthcare Products) の経験から 1 つの教訓を引き出すことができる．SPHP がこの計画に参加した初年度は，K マートの在庫は減少したが SPHP の売上や利益に目立った改善はみられなかった．しかし辛抱強くこの計画を続けた結果，SPHP は最終的に売上と利益を大幅に改善できた[110]．

例 6.4.7. VF(VF Corporation) の「マーケットレスポンスシステム」も，ベンダー管理在庫方式のもう 1 つの成功事例である．有名ブランド (たとえば，Wrangler, Lee や Girbaud) を持つ同社は，この方式を 1989 年に導入した．現在では同社の製品の約 40%がこの方式の自動補充計画に基づいて生産されている．この方式には 350 ものさまざまな小売業者が参加し，その貯蔵施設は 40,000 箇所にも及び，各品目ごとに設定された補充レベルは 1,500 万もあることを考えると特筆に値する．各事業部は，ソフトウェアによって大量のデータを自動的に管理し，処理しやくするために VF が開発した特殊技法を使ってデータをクラスターに分けている．これは服飾産業で最も成功したやりかたの 1 つに数えられている[101]．

例 6.4.8. 食品雑貨類チェインを展開するスパルタン・ストアーズ (Spartan Stores) は，ベンダー管理在庫方式を導入してからほぼ 1 年で中止してしまった．計画が失敗した原因を調査するうちに，ベンダー管理在庫方式を成功させるための必要条件のいくつかが欠けていることが明らかになった．その 1 つは，スパルタンの購買担当が，ベンダー管理在庫方式導入前と同じように商品の在庫と納品について念入りに監視し時間をかけて再注文していたことである．これは，購買担当が納入業者を十分信頼していなかったためである．購買担当はトラブルの匂いを少しでも嗅ぎつけると介入してきた．さらに，納入業者の側でも購買担当のこのような懸念をなくす努力が不足していた．納入業者に足りなかったのは，予測ではなく，食品雑貨業において成功の鍵となる製品の販売促進の努力であった．納入業者は売り出し時期に適切に対応できな

かったために，需要が最高点に達した時期の納品率は，受け入れにくいほど低かった．さらに，スパルタンの経営陣はベンダー管理在庫方式により達成された在庫レベルが，従来型の納入方式で達成可能な在庫レベル以上であると感じていた．ただし，スパルタンはベンダー管理在庫方式がうまく機能している納入業者もあると考えていた．これらの納入業者には優れた予測技術があったからである．スパルタンはさらに，納入業者のうちの数社とは連続補充方式をそのまま継続しようと考えている．この方式では，在庫レベルが特定レベルに達すると一定数量の納品を自動的に要求する[76]．

6.5 物流統合

経営の専門家は長年にわたって，産業機械メーカーなどの製造業者に物流業者をパートナーとして扱うようにアドバイスしてきた[84]．これは，物流業者とそのエンドユーザーとの関係が持つ価値を理解し，物流業者が成功するように必要な支援を行うことを意味している．物流業者は顧客の需要と要求に関する豊富な情報を持っており，成功した製造業者は新製品と製品ラインの開発にこの情報を活用している．同様に，物流業者は必要な部品と専門知識を製造業者から得ている．

例 6.5.1. キャタピラーの会長であり最高経営責任者でもある Donald Fites は，同社の最近の好業績はキャタピラーディーラーのおかげだ，とディーラーを称賛している．その中で，ディーラーは顧客と密着しているために顧客の要求により迅速に対応できる，という点を指摘している．ディーラーはエンドユーザーが製品を購入する際の資金調達をお手伝いし，納入後も製品を注意深く見守り，必要な修理やサービスを提供している．Fites は「ディーラーが企業のイメージを作り出している．それは単に製品の背後に控えているという企業イメージではなく，世界中どこでもキャタピラー製品があるところにはキャタピラーもあるというイメージなのだ」と語っている．キャタピラーは，そのディーラーネットワークによって，競合する製造業者，特に日本の小松製作所や日立建機などの大手建設機械製造業者に対して，はるかに有利な位置を占めている[37]．

しかし，物流業者に対するこのような考え方は，顧客サービスは新たに挑戦

をしなければならないような要求に直面しており，また，情報技術がこのような挑戦に応えられるようになってきたために変わりつつある．たとえ強力で効果的な物流業者ネットワークがあっても，顧客の要求に常に対応できるとは限らなくなってきている．それは，緊急注文には手持ちの在庫では対応できなかったり，顧客の需要に応えるためには特殊な技術的専門知識が必要であったりするからである．

　これまでは，このような問題に対して，物流業者か製造業者のどちらかが在庫の増加や要員の配置によって対応していた．現代の情報システム技術は第三の解決法をもたらした．それはすなわち，1つの物流業者が持つ専門知識や在庫を他の物流業者が活用できるように，物流業者を統合することである．

6.5.1　物流統合の種類

　物流統合 (Distributor Integration: DI) は，在庫とサービスの両方の問題を解決するために活用できる．物流統合によって大きな共通在庫をロジスティクス・ネットワーク全体にわたって持てば，サービスレベルを向上させながら全体の在庫費用を引き下げられる．また，顧客から特殊な技術的サービスを要求された場合に，その要求を最適な物流業者に回すことによって顧客の要求を満足できる．このように物流統合を利用することもできる．

　これまでの各章で指摘してきたように，従来，異常な緊急注文や修理に必要な補修部品の迅速な出荷には，在庫の増加で対応してきた．より先進的な企業では，リスク共同管理の考え方から，在庫をサプライ・チェインの初期段階 (すなわち上流段階) に設けて必要に応じて出荷できるようにしている．物流統合をすれば，各物流業者は必要な製品や部品を見つけるために他の物流業者の在庫をチェックできる．ディーラーは，契約によって合意した一定の条件による価格で部品を融通し合う義務を負っている．このような仕組みによって，各物流業者のサービスレベルは向上し，全体の在庫レベルが下げられる．もちろん，このような仕組みは，物流業者が高度情報システムによって相互に在庫をチェックできる場合にのみ成り立つものである．統合されたロジスティクス・システムは，部品の低費用でしかも効率的な納品を可能にする．

例 6.5.2. 工作機械メーカーのオークマ・アメリカは，物流統合システムを導入している．オークマは数多くの高価な工作機械と補修部品を保有している．在庫費用もとてもかかるので，これらの全部をオークマの南北アメリカの 46 社もの物流業者に抱えさせることは不可能であった．代わりに，オークマは同社製品を扱うディーラーに，最低限の工作機械と部品を保有させることとした．そして同社は，統合システム全体を管理し，同社が管理する 2 つの倉庫か 1 社の物流業者のいずれかに，各機械と部品が在庫されるようにしている．この Okumalink と名づけたシステムによって，各物流業者は必要な部品を見つけるために倉庫の在庫をチェックし，他の物流業者に連絡できるようになった．部品が見つかると，同社はその部品を必要としているディーラーに迅速に届けられるようにしている．さらには，他のすべての物流業者が保有する在庫を各物流業者が完全に把握できるように，システムを改善する計画がある．このシステムの導入以来，システム全体の在庫費用は削減され，物流業者の在庫不足により生じる販売機会損失も減少し，顧客の満足度も向上した．

同様に，物流統合を活用して，各物流業者の技術力や特定の顧客の要求に対応する能力を向上できる．物流統合のような提携においては，物流業者はそれぞれが異なる領域に関する専門知識を持ち，顧客の特殊な要求はその分野に精通した物流業者に回されることになる．たとえば，約 70 社の電気卸売業者を傘下に持つオランダの巨大持株会社オトラ (Otra) は，その子会社の数社を倉庫の設計や POS 対応の点から特定分野ごと「優良センター」に指定している．他の子会社の顧客から特別な要求を受けると，「優良センター」に顧客やその子会社を任せて対応するようにしている[85]．

6.5.2 物流統合の問題点

物流統合提携の導入時には 2 つの大きな課題がある．まず，そのようなシステムに参加してもはたして効果があるのだろうか，と物流業者が懸念を抱くことである．特に規模の大きな物流業者で同業他社よりも大きな在庫を保有する場合，その在庫管理に関する専門知識を未熟なパートナーに提供することになるのではないかと懸念する場合がある．そのうえ，参加する物流業者は，より良い顧客サービスを提供するために，よく知らない他の物流業者に頼らざるをえなくなるという問題がある．

また，この種の関係は新しいので，いくつかの物流業者から信頼性や専門分野を奪って，少数の物流業者に集中させてしまう傾向がある．物流業者が自社の技術や能力が失われるのではないかと神経質になるのは珍しいことではない．

この点からも物流統合を確立するためには，製造業者側に大きな資源の投入と努力が求められる．そうすれば物流業者はそれが長期にわたる提携であると確信するに違いない．参加者の間に信頼関係を築き上げるためには，この提携を組織する者が懸命な努力をしなければならない．最後に，物流業者の参画を得るためには，製造業者が約束と保証を用意する必要がある．

例 6.5.3. ダンロップ・エネルカ (Dunlop-Enerka) は，世界中の鉱山会社や製造業者にコンベア・ベルトを供給しているオランダの企業である．同社は従来，ヨーロッパ中の物流業者に大量の在庫を持たせて保守サービスと修理に対応してきた．同社はこの在庫を減らすために，各物流業者の倉庫にある在庫を監視する目的で Dunlocomm と名づけたコンピュータ情報システムを導入した．部品が必要になると，物流業者はこのシステムを利用して部品を発注して納品を手配している．ダンロップ・エネルカは物流業者のシステムへの参加を促すために，24時間以内に部品を納品することを保証し，部品在庫がない場合はダンロップ・エネルカがそれを個別生産してあらかじめ用意した時間枠内に出荷することとした．この保証によって物流業者は安心してシステムへ参加し，その結果，システム全体の在庫を20%削減できた[85]．

まとめ

本章では，さまざまな種類の提携をみてきた．これはサプライ・チェインのより効果的な管理に活用できるものである．まず，企業がとりうるいくつかの方針を議論することから始めた．それには具体的なサプライ・チェインが抱える問題に対して，社内の機能を活用することはもちろん，外部委託も含まれていた．明らかに，最適戦略の選択には，ストラテジックレベルのあるいはタクティカルレベルのさまざまな問題がからみあっている．具体的なロジスティクスの問題に取り組むために最適な方法を選択するための枠組みも検討した．

3PL業者が，企業のロジスティクス業務の一部を担うことが多くなってきて

いる．ロジスティクス機能の外部委託には長所と短所がある．また，いったん導入を決定し 3PL 業者との契約を締結してもさらに検討すべき多くの課題がある．

　小売業者と納入業者間の関係においては，小売業者の業務の一部である小売レベルの在庫管理などを納入業者が管理することも一般的になってきている．小売業者と納入業者の間における提携には，単なる情報の共有から納入業者が小売業者の在庫を完全に管理する契約に至るまで，広い範囲にわたる可能性が考えられる．このような種類の仕組みの導入に関連するいろいろな問題と課題も検討した．

　最後に，製造業者が (本来は競合する) 物流業者の間を調整する物流統合という提携方式を検討した．この統合はさまざまな物流業者の間でリスクを共同管理する機会を作る．また，この統合によりそれぞれの物流業者が異なる専門領域を開発できる．

7

国際的なサプライ・チェイン・マネジメントの課題

 事例：各国の状況に適応するためのウォルマートの戦略転換

　サンベルナルド，ブラジル発：ウォルマートは米国ペオリアでとった販売戦略がここブラジルサンパウロ近郊では通用しないことを認識し始めた[*1)]．

　ここブラジルの地では，店頭の生きた鱒が泳ぐ水槽のディスプレイは人気がなく，寿司バーが流行の最先端である．アメリカンフットボールはサッカーに代わり，デリカテッセンのカウンターには黒豆シチューの牛肉と豚肉のブラジル料理フェジョウアーダの惣菜が並んでいる．19.99ドルで販売されるアメリカスタイルのジーンズに代わって9.99ドルのそっくり品が並んでいる．

　しかし，このような地元の消費嗜好に適合するのは，まだ簡単な仕事である．ウォルマートはブラジルとアルゼンチンの新興市場に「毎日低価格」戦略を展開して3年が経つが，予想以上に苦戦を強いられている．

　競争は激しく，規模の経済性によって効率を追求するウォルマート流の戦略はこの市場では通用しない．さらに自ら招いた失敗もあって事業は赤字におちいり，すべてをウォルマート方式に固執するあまり，現地の納入業者と従業員の気持ちは離れつつある．

[*1)]　出典：1997年10月8日付ウォールストリートジャーナル紙の Jonathan Friedland と Louise Lee の記事より (転載許可済).

豊富な資金力

もちろん，ウォルマートは，ノックアウトを宣告されたわけではない．昨年度，1,050億ドル近くの売上を計上し31億ドルの利益を生み出すアーカンソー州ベントンヴィルのこの巨大企業には十分な資金がある．同社はブラジルとアルゼンチンの事業計画の見直しを行った．同社の最も新しい4店舗は，サンパウロとブエノスアイレスに出店した．最初の店舗は規模が小さく，しかもあまり競争の激しくない中規模都市に開店した．

ウォルマートの国際事業部門の責任者であるBob L.Martinは，同社が結局は南アメリカ最強の小売業者になるであろうという自信を抱いていた．彼は「いたるところで美味しい果実がもぎ取ってくれといわんばかりだ．市場は熟しており，しかも我々に広く開かれている」と述べている．さらに，ウォルマートはアルゼンチンとブラジルに来年8店舗を出店し，各国の店舗数を倍増すると意気込んでいる．

ウォルマートは，南アメリカに加えて，中国，インドネシアという魅力と危険に満ちた2つの市場を狙っている．その世界市場への展開には，同社の命運がかかっている．米国内での成長の機会が次第に縮小していく中で，1990年代初頭には年間150店もあった同社の国内における新規出店は，100店以下に減少し，現在の出店率では同社が必要とする利益の伸びを期待することができない．これが海外に希望を託している理由である．

同社トップのDavid D. Glassは6月にインタビューに答えて「国際的な事業戦略に成功すれば，各国にウォルマートのコピーを作ることができる．我々は非常に大きな成果を狙っている．」と語っている．

今までの小規模事業展開

しかし，6年目をむかえた同社の国際部門は今のところ相対的に小規模で，ウォルマートの1996年の売上に占める割合はわずかに4.8%にすぎない．国際部門の売上の大半は，1994年にウールウォース(Woolworth Corp.)から120店を買収したカナダと，約390の店舗を有するパートナーであり年初に買収によって支配下におさめたシフラSA(Cifra SA)があるメキシコからのものである．同社の国際部門は，1995年には1,600万ドルの損失を計上したのに対して，昨年初めて2,400万ドルの営業利益を計上した．Martinは，来年はさらに良くなるものと期待しているといっている．

7. 国際的なサプライ・チェイン・マネジメントの課題　　　171

　Glass は，国際部門の伸びが，ここ3年から5年のうちにウォルマートの売上と利益の年間成長の 1/3 を占めるようになると期待している．

　南アメリカにおけるウォルマートの16店の業績をみると将来の見通しが読めるかもしれない．カナダとメキシコの場合，多くの顧客は国境越えの買出し旅行を通じて同社をよく知っていたということと，現地の小売業者を買収することにより，ウォルマートは費用をまかなうだけの売上を短時間のうちに達成することができた．これとは対照的に，南アメリカとアジアの場合，ウォルマートはブラジルのグルポ・パオ・デ・アクカール SA(Grupo Pao de Acucar SA) やフランスのカルフール SA などの，現地または外国の有名な業者がすでに支配している市場で，何もない状態から出発することになった．

予測される損失

　ウォルマートは南アメリカにおける事業の財務データを公開していない．しかし，小売業の専門家はウォルマートの南アメリカにおけるパートナーであるロハス・アメリカナス SA(Lojas Americanas SA) の業績から類推して，同社が1995年に南アメリカで営業を開始して以来の累積赤字 4,800 万ドルの上に今年の事業によってさらに 2,000 万ドルから 3,000 万ドルの損失が加わるものとみている．パートナーがいないアルゼンチンでは，ウォルマートの経営者は現状が赤字経営であることを認めている．しかしいずれも予想された範囲であり，いずれの国の事業も1999年までには黒字に転換すると期待している．

　Martin は「重要なのは，当社が顧客に歓迎されていることだ」といっている．ウォルマートによると，同社全体の中で昨年，ブラジルのオサスコにある大ショッピングセンターが最高の売上高を記録したそうである．また，ブラジルの中都市リベイランプレトに最近開店した同社の大ショッピングセンターの開店セールでは，買物客が特売品の電子レンジとテレビを買おうと文字どおりドアを叩いていたという．

　しかし，このように熱狂的な騒ぎを維持することはむずかしい．ブエノスアイレス近郊のアベヤネダにある古い大ショッピングセンターでは，日曜日の最も忙しい時間帯でも，わずかな買物客しか入っていなかった．Hugo と Mariana Faojo は，靴売場で品定めをしていた若いカップルが，ウォルマートの商品と近くのカルフールの商品にほとんど差がないといっていたことを，その理由として挙げている．また，生鮮食料品に関しても，チリ人が経営するスペルメル

カドス・ユンボ SA(Supermercados Jumbo SA) の店の方が，品質も良く新鮮だといっている．政府の検査官をしている Faojo も，ウォルマートの主力商品である衣料と家庭用品の品質と価格についてはカルフールと大差ないといっている．

カルフールは早くから南米に進出しただけでなく，ブラジルとアルゼンチンに全部で 60 もの店舗を展開し，低価格と宣伝によってウォルマートの体制が整う前に攻勢をかけている．ウォルマートの新規店舗の責任者である Thomas Gallegos が，特売セールのチラシを印刷し終わってみると，近くのカルフールでは，それから数時間のうちに同じ製品を数セント安くし，そのチラシを，ウォルマートの駐車場の入り口で配っていた．テキサス州のハーリンゲンのウォルマート店を管理していた Gallegos は「競争相手は本当に汚いよ」と愚痴をこぼしている．

カルフールは，米国におけるウォルマートと同じように，しかし現地のウォルマートにはない量販力を武器に，納入業者と有利な取引をして目玉商品を出すことができる．そのうえ，たとえば，アルゼンチンのラプラタにあるカルフールでは，その隣のウォルマートが 58,000 種類もの商品を在庫として保管しているのに対して 22,000 種類しか在庫として保管していない．すなわち，取扱品目の種類数をウォルマートよりもはるかに少なくすることによって間接費を抑えている．

カルフールの優位は長続きするものではなく，顧客はウォルマートが提供する幅広い選択肢に価値を認めていると Martin は主張し，「我々との競争は彼らにとっても高いものについている」と付け加えている．一方，カルフールに対してもインタビューを申し込んだが回答は得られなかった．

物流の問題

しかし，現在のところ，ウォルマートのこのような広範囲な品揃えは負担になっている．サプライ・チェインの費用を絞り出すのは，同社の「毎日低価格」戦略にとって非常に重大な問題である．米国では，同社は手入れの行き届いた機械のように機能する精巧な在庫管理システムと自前の物流センターのネットワークを持っている．

しかし，取扱商品の大半を各店舗に直接配送させるために納入業者や契約輸送業者に依存するウォルマートにとって，日常的に深刻な交通渋滞が起きるサ

ンパウロでは，タイミングのよい配送は望むべくもない．なぜならば，同社はロジスティクス・システムを持っていないために，米国におけるような納品管理をすることはできないと仕入先からも指摘されているからである．米国の店が1日あたり7件の納品を処理しているのに対して，現地の店舗では毎日300件もの納品を処理しなければならないし，不可思議なことに港から店に到着するまでの間のどこかで消えてしまう貨物もある．

ベントンヴィルにあるコルゲート・パルモリベ (Colgate-Palmolive) の現地会計主任の Jim Russel は「ウォルマートが抱える最大の問題は製品を時間どおり出荷して店の棚に並べることだ」という．最近，ウォルマートはアルゼンチンとブラジルに倉庫を確保したので物流問題はいずれ解決するといわれている．

しかし，ロジスティクスだけが問題なのではない．ウォルマートは扱いやすい包装と高い品質を要求するが，現地にはその要求に合わせることがむずかしい納入業者もいる．そのような業者は，輸入商品に依存しているが，このようなやり方は，ブラジルの経済安定化政策が失敗した場合に問題となるであろう．ウォルマートの強圧的な価格政策に腹を立てた南アメリカの納入業者11社は，しばらくの間，ウォルマート系列に対する商品販売を拒絶したこともある．

ウォルマートはまた，米国本土における主な納入業者の事業部に対して強力な値切り作戦を展開したことがあるが，このような努力のすべてが成功するとは限らない．ただ米国で大きな客であるという理由だけで特別価格を引き出せるようなことはない，という大手納入業者もいる．

いくつかの誤算

南米におけるウォルマートのトラブルの一端は，同社の戦略の誤算に起因している．同社が現地に進出する前に十分な調査をしなかったことに原因があるとアナリストは指摘している．生きた鱒やアメリカンフットボール以外にも，同社は当初，南米ではほとんど使われていないコードレス用品や，サンパウロのようなコンクリートジャングルでは使いようのない枯葉焼却器といった商品を輸入していた．

ウォルマートの誤算は商品の品揃えだけでなく，現地の標準パレットに合わない荷役機器を持ち込んだことや，複雑なブラジルの税制度が反映されていない会計コンピュータシステムを導入した点にも現れている．しかし，ブラジル

ウォルマートの責任者であるVincente Triusは，税金の計算を間違えたから損失を出しているわけではないという．

　ウォルマートは，またたく間に変化するブラジルのクレジット事情への対応でも後れをとった．ブラジルで1995年に通貨が安定してから，最も広く使われているクレジット形式である事後日付小切手の受け取りを同社はこの2月まで拒否してきた．ハイパーマーケットでウォルマートと競っているパオ・デ・アクカールは，事後日付小切手が最初に普及し始めた時点からこれを支払手段として受け入れており，同社のレジには非常に複雑な信用調査システムが組み込まれている．ウォルマートも同じようなシステムの導入を急いでいる．

　ウォルマートがブラジルで展開するサムクラブは，大口消費者に商品を大量販売する会員制の倉庫型店舗を展開している．当初6つの店舗は，買物客が会費制に慣れていないことと，購入した大量の商品を保管する場所が自宅にないことにより，その売上は芳しいものではなかった．このクラブはアルゼンチンでは，別の壁にぶつかっている．すなわち，ウォルマートから自分の購買情報が税務当局に漏れるのではないかという心配のあまり，零細企業の商店主がクラブの会員になることに躊躇しているというのである．

　ウォルマートは南米におけるサムクラブの会員データを開示していない．そして，特定の商品を購入した場合に1日限りの無料会員券を発行している．アルゼンチンにおける同クラブの成績にはウォルマートも「失望」しているが，ブラジルでは改善しつつあるとMartinはいっている．同社は南米にサムクラブの新規出店を計画中だが，その詳細はまだ明らかにされていない．

一時的だとされる問題

　ウォルマートのGlassは，方針の誤りは一時的なもので，新しい市場に進出する際には避けられない問題であるとしている．「ウォルマートの南米進出に際しては，まず仕事ができる経営者を雇い，ウォルマートに彼らを連れてきて教育し，経営方針を理解させ教えこむ．それは長いプロセスだ」といい，「最初の動きは遅くて多額の費用を要し授業料をたくさん支払わなければならない」と語っている．

　ウォルマートは若くて優秀な管理職グループを育成し，その定着率も高いといっている．しかし，アルゼンチンのスーパーマーケット・チェイン・カーサ・ティアSA(Casa Tia SA)のオーナーであるFrancisco de Narvaezは，ウォ

ルマートが「シニアレベルの現地従業員の意見を聴いてくれない」ために何人もの経営者が辞めていると話している．サンパウロにある2つの店の経営を任せるために，ウォルマートはここ6ヶ月以内にメキシコの同社から2人の経営者を連れてきた．

スペイン生まれの経営者であり，以前にデイリー・ファーム(Dairy Farm)がスペインで経営するスーパーマーケット・チェインの業績を好転させたことがある Trius は，ウォルマートの南米事業に対する批判は度を過ぎているように思うと話している．「Joe Blow が同じ考えでブラジルにおいて事業を展開し2年以内にすべてがうまくいったら，人は"なんと素晴らしい仕事だ"といってくれるだろう」といい，「どうやら，魔法の杖で一晩のうちに米国と同様のウォルマートを作り出せると期待されているみたいだ．私は，そういった期待を実現できないために批判されているようだが，現実を見てほしい」といっている．

本章の最後まで読めば，次の問題を理解できるであろう．
- ウォルマートが世界中に店舗を展開する理由として，事業拡大という必要性のほかにどのような理由が考えられるか？
- いろいろな国に納入業者があることがなぜウォルマートにとって利益になるのか？
- ウォルマートが各店舗を強力に集中管理する理由は何か？
- ウォルマートが各店舗を強力に現地管理する理由は何か？
- ウォールストリートジャーナル紙の記事にあったウォルマートの危機とチャンス以外に，同社がこれから数年の間に直面する問題はどのようなものが考えられるか？

7.1 はじめに

国際的事業展開とサプライ・チェインは，ますます重要になっている．Dornierはその著作[29]の中で，この傾向を示す次の統計データを取り上げている．
- 米国企業の生産高の約1/5は海外で生産されている．
- 米国の輸入の1/4は米国企業とその外国子会社との取引である．

- 1980年代末以来，半分以上の米国企業が事業を展開する国の数を増やしている．

国際的サプライ・チェイン・マネジメントは，国内のサプライ・チェイン・マネジメントを地理的に拡大した要素を多くの点で持っている．ただし，本章の後半でも検討するが，国際的サプライ・チェイン・ネットワークは効果的な運用によって，さらに大きなビジネスチャンスを生み出すことができる．同時に，そこには注意すべき多くの隠れた問題や危険もある．

国際的サプライ・チェインには，単なる国外の供給業者との取引という単純なものから，真に統合された国際的サプライ・チェインまで幅広い範囲がある．すべてのシステムに当てはまる長所・短所を以下に挙げ，議論する．高度に複雑な統合システムには，以下に挙げる以外の長所・短所がある場合もある．

国際的ロジスティクス・システム　この種のシステムでは，生産は国内で行われるが，ロジスティクス業務と販売は国家間で行われる．

海外の供給業者からの供給　このシステムでは，原材料や部品が海外の納入業者から供給され，最終組立ては消費国の国内で行われる．時として，最終製品が外国市場に出荷される場合もある．

海外生産　この種のシステムでは，製品は一般に外国の特定の場所で生産されるか調達されて，国内にある倉庫に輸送されて，そこから販売されたり配送されたりする．

完全に統合された国際的サプライ・チェイン　このようなサプライ・チェインでは世界中で製品が製造され，供給され，販売されている．真に国際的に設計されたサプライ・チェインは，国境を意識せずに作られているように見えるかもしれないが，もちろんそれは真実にはほど遠い．逆に，国と国との間に違いがあり国境があることを最大限に利用することにより，国際的サプライ・チェインは真の価値を生み出している．これについては以降で説明する．

当然だが，具体的なサプライ・チェインと，以上の分類は1対1に対応するものではない．以下の議論を通じて，国際的サプライ・チェインにおける各企業の立場に応じて，それぞれの問題がどのように各企業に当てはまるか考えてみる．

7.1 はじめに

いずれにせよ，国際的サプライ・チェインに関する問題は，多くの企業にとって避けて通れない問題である．Dornierら[29]は，企業を世界的拡大に駆り立てる包括的な力として以下のものを明らかにしている．

- 世界的市場が及ぼす影響力
- 技術力
- 世界規模で考えた費用の影響力
- 政治的経済的な力

7.1.1 世界的市場が及ぼす影響力

世界的市場が及ぼす影響力として，外国の競合企業による圧力と外国の顧客がもたらすビジネスチャンスがある．海外事業を展開していない企業も，国内市場における外国の競合企業の存在によって大きな影響を受けることがある．国内市場を守るために，外国市場へ進出することが必要となる場合もある．たとえば，米国市場ではケロッグが支配し，ヨーロッパ市場ではネッスルが支配している (コーンフレークのような) 朝食用シリアル食品事業のように，それが存在するだけで相手企業に対する充分な脅威となる場合もある．相手方の市場に進出するという過去の試みは失敗に終わったものの，その後，報復に対するおそれがお互いの市場に手出しをしないという十分な理由となっている．

また，企業にとって需要の拡大の大部分は外国市場・新興市場によるものである．最近では，各企業は中国本土で (特に自社技術に関して) 大きな犠牲を払い，事業リスクを冒しながら事業を展開している．実際に世界における商品の消費量全体に占める米国の割合は次第に低くなっている．

世界中あらゆる場所での製品に対する需要増大の1つの原因は，情報の世界的拡大にある．製品はテレビによってヨーロッパに紹介され，日本人は海外で休暇を過ごし，大陸を越えた郵便も翌日には配送される．最近では，インターネットのお陰で商品情報は瞬時にして地球を駆けめぐり，自宅や職場に居ながらにして外国から商品を購入できるようになった．

例 7.1.1. ブラジルでは，何千人もの住民が産業革命以前の状態の村から急成長中の都市に移住している．彼らが都会に住んで最初に目標とすることは，たとえ「ろうそ

くを点して，土地の聖霊に果物や鶏をいけにえとしてささげるような生活を送っていても」テレビを買うことである[65]．

　経営コンサルタント会社マッキンゼーの日本支社長である大前研一は「すべての人々は地球市民であり，その地球市民にものを売ろうとする会社も地球規模で行動しなければならない」と指摘する[87]．製品に対する需要が世界中に広がり多くの企業は積極的に地球規模で販売している．企業が地球規模で行動するにつれて，競合する企業も勝ち残るために地球規模で活動せざるをえなくなり，この傾向は増幅される．このように，多くの企業が，その世界に向けた製品と優秀な従業員を世界中で雇用することによって地球市民になっている．

　同じような意味で，ある分野の技術的進歩の促進に，特定の市場が貢献することがある．競争の激しい市場に参入するには，企業は最先端技術や製品の開発・改良を迫られるからである．こうして開発・改良された製品は，競争があまり激しくない他の分野や地域においても，企業の市場における地位を強化または維持するために利用できる．たとえば，ソフトウェア市場で主導的地位を確保するためには，米国市場で競争に勝たなければならない．ドイツの工作機械と日本の電子機器でも，同じように熾烈な競争が展開されている．

7.1.2　技　術　力

　技術力は製品自体に直接関係する．製品の部品や技術は世界中のさまざまな地域と場所で手に入るが，成功するためにはこれらの資源を迅速にしかも効果的に利用する能力が必要である．そのためには，企業は研究，開発，生産設備をそういう資源に近い場所に設けなければならない．これは，第8章でも検討するが，製品設計の工程に供給業者が参画する場合に，特に有効である．同じ理屈は，複数企業による共同研究や開発プロジェクトにも当てはまる．市場や技術を共有するために，異なる地域の企業同士が共同で一方の市場に研究施設や生産設備を設けることはよくある．

　同じような意味で，研究開発施設を国際的観点から配置することが一般的になってきた．それは，基本的に次の2つの理由による．第一の理由は，製品のライフサイクルが短くなるとともに時間的要素が重要になり，企業は研究施設を

生産拠点の近くに設置する有利さに気づいてきたことである．これによって研究施設から生産施設への技術移転が容易になり，移転に伴って必ず発生する問題を早く解決できる．第二の理由は，特定の領域あるいは特定の地域には，そこでしか手に入れることのできない技術的専門知識があることである．たとえば，マイクロソフトは最近，ヨーロッパでしか手に入らない専門知識を活用するために，英国のケンブリッジに研究所を開設した．

7.1.3 世界規模で考えた費用の影響力

費用の影響力は，しばしば国際的な拠点配置を決定する．以前は，低賃金の未熟練労働が，生産拠点配置の決定的要因であった．しかし最近の研究結果により，安価な未熟練労働を使って費用を削減しても，多くの場合，遠隔地の生産活動に伴う他の費用の増加を補いきれないことがわかってきた．もちろん，安い労働力が海外生産を正当化するのに充分な場合もある．しかしさらに最近では，低賃金よりも地球規模で考えた費用の影響力の方がより重要になっている．

たとえば，安価な熟練労働を求めて海外展開する企業の数は次第に増えつつある．米国のコンサルタント会社が請け負った，Y2K(2000年)問題に関する分析やプログラミング作業は，プログラマーの単価がはるかに安いインドで行われた．

これまで，製品を効果的に市場に供給するためには，納入業者と顧客のサプライ・チェインがいかに緊密に統合されていなければならないかを論じてきた．サプライ・チェインに加わっているさまざまな業者が地理的に近くにまとまっている場合には，費用の面からみても効率的であることは多い．このような理由から，(地理的には近いが)分野の異なる市場を統合したサプライ・チェインを確立する必要があるかもしれない．

最後に，新規設備の建設に要する資本支出が，そこで支出される人件費に優先することも多い．多くの政府が，新規設備費用を下げるために，税制優遇措置や助成金などの制度を提供している．さらに，原料の値崩れや費用分担によるベンチャー事業も新規施設建設の意思決定の要因になっている．

7.1.4 政治的経済的な力

政治的経済的な力は世界的拡大に向けた動きに大きく影響する．7.2.1 項では為替変動とそれに対処するための経営面からのアプローチについて検討する．これ以外にもいくつかの政治的経済的な要因がある．たとえば，ある地域に通商協定が存在するならば，企業はその地域内のいずれかの国に進出を図ろうとするであろう．ヨーロッパ，環太平洋地域，北米など通商区域内で原材料を調達し生産することは，企業に利益をもたらす．場合によっては，関税を避けるために生産工程を設計し直すこともある．たとえば，半製品を通商区域内の国に出荷して「完成品」に課せられる関税を避けるなどの方策をとることがある．

同じように，さまざまな貿易保護も，国際的なサプライ・チェインの意思決定に影響を与える．また，関税制度と輸入割当制度によって，輸入可能な品目が決められるため，企業によっては市場国やその地域での生産に踏み切らざるをえなくなることもある．国内部品調達率規制などのより微妙な規制も，サプライ・チェインに影響を及ぼす．国内部品調達率規制に対処する例として，テキサスインスツルメントとインテルが両方とも米国企業であるにもかかわらず，ヨーロッパでマイクロプロセッサーを生産していることが挙げられる．また，日本の自動車製造業者がヨーロッパで自動車を生産しているのも良い例である．輸出自主規制もサプライ・チェインに影響を与えている．たとえば，自動車の対米輸出の自主規制に同意した日本の自動車製造業者は，より高級な車種に生産を移していった．インフィニティやレクサスのようなブランドが生まれた理由からもそれが理解できる．また，さまざまな国の政府の調達方針も，国際企業の成功に影響する．たとえば，アメリカ国防省は，米国企業に対して契約入札時に 50% も有利な条件を与えている．

7.2 国際的なサプライ・チェインのリスクと利点

ここまで，国家間にまたがるサプライ・チェインの展開に企業を駆り立てるいろいろな力をみてきた．本節では少し違った視点から国際的なサプライ・チェインのさまざまなタイプに内在するリスクと利点を調べてみる．世界規模で調達・製造・販売することの利点を以下で明らかにする．

多くの事例が示すように，世界は標準化された製品に収斂しつつある．これは過去の経営者が想像していたものよりもはるかに巨大な市場が開けてきたことを意味する．この傾向の利点をうまく利用すれば，企業は生産，管理，物流，販売で非常に大きな規模の経済性を享受できる[65]．

前節で論じたように，より大きな原材料・労働力を手に入れる可能性は増え，外部委託の受け入れ先も増え，製造拠点候補地もより多くなり，実際に費用を下げることができるようになった．同時に，潜在的な市場の拡大によって売上げと利益も増やすことができる．このような利点は，サプライ・チェインの規模と範囲の拡大によってもたらされたものであり，国際的サプライ・チェインの個々の特性とは関係のないものである．

以上のような利点を活かすには，企業経営者がさまざまな地域の需要特性と費用的利点を理解することが不可欠となる．次節ではこの問題をさらに深く掘り下げる．なお，この議論はKogutに負うところが大きい[56]．

企業が国際市場の不確実性に対処する際に，国際的サプライ・チェインが柔軟な事業展開を可能にする点が最も重要である．その柔軟な事業展開を国際的企業に関連する多様な要因に固有なリスクへの対応策として活用できる．

7.2.1 リスク

国際市場におけるリスクとは何か？　まず，為替レートの変動によって生産の価値が変わること，そして製品をそれぞれの国で販売して得られる利益が相対的に増減することが挙げられる．また，関連費用が変動することによって，特定の地域において一定の価格で製造，保管，物流，販売した結果が，高収益から完全な損失に変わってしまうというリスクもある．

これは国内においても，地域格差によって起こりうる問題である．しかし，国内の地域の違いによる費用の差は，国の違いによる費用の差ほど大きくはなく，それほど頻繁に発生しない．

為替レートが影響するのは資産のドル建て表示と債務の外貨建て表示であると，多くの企業経営者は考えがちである．だが，年間営業利益に最も大きく影響するのは，前段落でも説明した事業リスクであることを強調しておく．インフレなどの事業リスクは短期的な経済情勢によって急激な影響を受けるが，為

替レートは必ずしも二国間の相対的なインフレ率の変化を反映するものではない．このように，海外の特定地域の事業を自国通貨で表示した場合，短期間で相対的に大きく変動する．この事業リスクは，自社のサプライ・チェインのリスクだけなく，競合企業のサプライ・チェインのリスクであることにも注意する必要がある．競合企業の相対的な費用がより低くなれば，それと比べられて市場で低い評価を受ける可能性がある[64]．

Dornier ら[29] は，企業の事業リスクに影響する要因を次のようにまとめている．**顧客**：さまざまな市場で企業が営業利益をにらみながら価格調整を行う際に，顧客の反応がそれを左右する．**競合相手の企業**：これまでに述べたように，事業コストの変動に対応して競合企業がどのような行動に出るかも影響を与える．競合企業が，価格の上昇に対して同じように価格を上げて利幅の増大を狙うか，価格を据え置いて市場シェアの拡大を図るか，といった行動によって影響を受ける．**納入業者**：次節で検討するが，変化する需要に柔軟に対応できる力をもった納入業者は，事業のリスク回避戦略にとって大きな助けとなる．**現地政府**：最後に，現地政府がとる政策は国際的事業戦略形成に大きな役割を果たす．現地政府は通貨安定のために為替市場に介入し，補助金や関税によって自国企業を直接保護しようとする．さらに，行政以外の政治的な不安定要因も多国籍企業の事業展開に影響する．税制がめまぐるしく変化し，企業間の駆け引きが政治的な道具となって外国企業がその餌食になる地域も多いからである．米国企業が海外に進出するのと同様に，外国企業も米国内市場に参入することができる．進出企業は，自国市場で得た利益を使って自社の商品を安く売ることすら可能となる．このため国際的競争を考えていない企業も巻き込まれることになる．

7.2.2 国際的リスクの問題

Bruce Kogut[56] は，国際的サプライ・チェインが，リスクに対処する戦略として，投機的戦略，ヘッジ戦略，柔軟戦略という3つの戦略を挙げている．

投機的戦略

投機的戦略では，企業は単一のシナリオに命運をかける．そのシナリオどおりとなった場合ははなばなしい成果を得ることができるが，実現しなかった場

合はみじめな結果に終わる．1970年代後半から1980年初頭にかけて，日本の自動車製造業者は，有利な為替レート，高い生産性，既存の設備投資のレベルなどを考え合わせた結果，上昇を続ける人件費を相殺してなお国内生産を続けた方が有利だと判断した．当初はこのシナリオどおりいくと思われたが，その後の人件費の上昇と円高によって，国内生産は重い負担となり，海外の工場建設が必要となってきた．海外新工場の建設には時間も費用も要するため，国内生産が有利な条件が持続していれば，日本の製造業者は「賭けに勝っていた」に違いない．

ヘッジ戦略

ヘッジ戦略の場合，サプライ・チェインのある部分で生じた損失を他の部分の利益で補うようにサプライ・チェインを設計する．たとえば，フォルクスワーゲンは，米国，ブラジル，メキシコ，ドイツに生産拠点を持ち，そのどれもが同社の製品の重要な市場である．マクロ経済的状況の変化によって，特定の生産拠点が他の拠点より高い利益を生むこともある．ヘッジ戦略によって設計されたサプライ・チェインでは，好調な部分と不調な部分が同時に発生する．

柔軟戦略

柔軟戦略は，正しく運用すれば複数のシナリオの有利な点だけを取り入れることができる．一般に，この戦略に基づくサプライ・チェインを設計するには，複数の納入業者と余裕を持った生産能力をいくつかの国に配置する．さらに，経済状況に応じて各生産工場を他の地域に最小限の費用で移転できるように設計する．

柔軟戦略の導入にあたって，企業経営者は次の点を考慮しておかなくてはならない．

1) 柔軟戦略の導入によって効果が得られるほど，自社システムは柔軟性を持っているか？　一般に，国際的な変動が大きくなるほど，柔軟戦略から得られる企業の利益は大きくなる．

2) 生産を各地の多数の施設に分散させて得られる利益は，その費用に見合ったものか？　費用を考えるときに，製造と供給における規模の経済性を犠牲にしていることも考慮しておかなくてはならない．

3) 柔軟戦略の利点を活かすために必要な調整・管理の仕組みを持っているか？

サプライ・チェインを適切に設計していれば，柔軟戦略を効率的に導入するために次のようなアプローチをとることができる．

生産の移転 余裕のある生産能力，柔軟性を持った工場設備，納入業者がそろっていれば，その時々の状況を最大限に利用しながら，生産拠点をある地域から他の地域に移転できる．為替レートや人件費などの変動に従って，生産拠点を最適地に移転する．

情報の入手 多くの地域・市場に製品出荷先を拡大していれば，情報の利用価値が上がることがある．情報によって市場変化を予測したり，新しいビジネスチャンスを発見したりできる．

国際的な協調 世界中に多数の拠点を持つことは，他の手段では得られないような，市場での駆け引きの材料となる．たとえば，外国の競合企業が自社の主要市場に攻勢をかけてきた場合，他の市場でそれに対して反撃できる．もちろん，国際法と政治的圧力によって，この種の報復は制限される．

例 7.2.1. ミシェランタイヤが北米市場に積極的な攻勢をかけてきたときに，グッドイヤータイヤはヨーロッパで販売するタイヤの価格を下げた．その結果，ミシェランは海外投資計画の減速を余儀なくされた．

政治的な取引 事業拠点をすばやく移転できると，海外事業展開で政治的な取引手段を持つことになる．たとえば，現地政府が契約の履行や国際法の遵守を軽視したり不当に高い税率を課したりするような場合，企業はその国から撤退することもできる．多くの場合，撤退の可能性を示唆するだけでも，現地の政治家や行政府の不当な行動を牽制できる．

7.2.3 国際的戦略を実現するために必要なもの

巨大な世界的企業でも，世界的に統合されたサプライ・チェイン・マネジメントの準備ができている企業はない．Michael McGrath と Richard Hoole[77]は，世界的に統合されたサプライ・チェインを形づくるために必要なものを検討している．これを企業の5つの基本的機能 (製品開発，購買，生産，需要管理，販売) の観点から以下に述べる．

1) **製品開発**：主要な市場の需要に応じて製品を簡単に変更でき，その製品をさまざまな拠点で生産できることは重要である．次節で検討するように，これはいつも可能であるとは限らないが，可能であれば確実に有利に働く．いくつもの市場の需要に適合するように製品を「平均的に」設計することはリスクが大きいが，製品を基本製品として設計し製品を簡単な変更によって複数の異なる市場に適合させることは可能である．このために，組織内に国際的設計チームを設けると効果を発揮する．

2) **購買**：世界中のベンダーから主要な資材を調達する調達管理チームを設けておくと役に立つ．それによってさまざまな供給業者から同等の品質と納入条件で調達することが可能となり，その価格を比較することもできる．また，このような国際調達チームは異なる地域の供給業者を確保し，国際的サプライ・チェインの長所を全面的に活かす柔軟性をもたらす．

3) **生産**：すでに述べたように，生産を移転することによって，企業が国際的サプライ・チェインの利点を全面的に活かそうとするならば，いくつかの地域に生産能力に余裕のある工場を持つことが不可欠となる．しかも，この種の戦略を活用するには，国際的なサプライ・チェイン管理を可能とする効果的なコミュニケーション・システムも必要である．このシステムには情報を中央で管理する集中管理が不可欠となる．実際の問題として，以上に述べたような意思決定には，工場・供給状態・在庫に関する正確な状況把握が必要となる．そのうえ，複雑なサプライ・チェインでは生産拠点間で互いに資材を供給しているので，拠点間のコミュニケーションを密にすること，そして集中管理によって各工場のシステム状況が把握されていることが重要である．

4) **需要管理**：需要管理は地域ごとに行われている場合が多い．ここで需要管理は，需要予測と販売可能な製品に基づいて市場を設定したり販売を計画したりすることを含む．一方，サプライ・チェインの統合的管理のためには，集中化されたシステムによる需要管理が必要となる．しかし，各地域の詳細な市場情報は，各地域にいる市場分析担当者からのものが最も信頼がおける．したがって，需要管理においても，コミュニケーションが国際的なサプライ・チェイン管理を成功に導く重要な鍵となる．

5) **納品**：ほんとうに柔軟性を持ったサプライ・チェイン管理システムをうまく導入するには，集中化システムが適切でなければならない．適切であれば，各地域の顧客は，地域的に展開するサプライ・チェインと同じ効率・サービスレベルで，国際的サプライ・チェインから商品の配送を受けることができるはずである．いくら国際的な柔軟性を持っていても，そのために扱いにくくなってしまって結果として顧客に逃げられてしまえば意味がない．集中化によって生じるこういった要求を満たすために必要な高度情報システムについては，第10章の中で論ずる．

柔軟戦略を導入する場合，企業は十分な準備を行うことによってのみ，国際的なサプライ・チェインが提供する利点のすべてを享受できる．

7.3 国際的サプライ・チェイン管理の諸問題

本節では，これまでの各節では触れられなかった国際的サプライ・チェイン管理の問題について議論する．

7.3.1 国際製品と地域製品

ここまでの議論では，理想的な企業が，多くの市場で販売できる「普遍的な製品」を作ることを示してきた．しかし多くの場合，問題はそれほど単純ではない．大前[87]は，製品カテゴリーに応じた個別の「国際的な要求」があることを指摘している．

特定地域向け製品　製品によっては，地域ごとの要求に合わせて設計・製造しなければならないものがある．たとえば，自動車は販売地域に合わせて設計されるのが普通である．1998年型のホンダアコードには，ヨーロッパ・日本向けの小型ボディタイプと，アメリカ向け大型ボディタイプの2種類の基本的なボディスタイルがある．もちろん，地域ごとの設計の違いはあっても，サプライ・チェインの効果的な管理によって共通部品(あるいは部分組立品)の利点を活かすことができる．これについては，第8章で詳しく検討する．

例 7.3.1. 日産は各モデルの「最適国」を決めている．たとえば，マキシマとパス

ファインダーは，アメリカのデザインスタジオでアメリカ人の嗜好に合うように設計される．同じように日本とヨーロッパ市場向けのデザインも開発される．各地域担当の製品開発責任者は，まず開発されたモデルが各最適国の市場の条件を満たすことに主眼を置く．他の地域の製品開発責任者は，担当する地域で販売するために若干の変更を提案する．ただし，開発の焦点は，あくまでも「最適国」市場に合った車の開発である．さもないと，日産が恐れるように「全員を半分だけ満足させようとして，結局誰も満足できないという罠」に陥ってしまう．車の大きさ，色，美的感覚，および諸々の特徴を多くの意見に従って平均化すると，対象地域のどの顧客もそっぽを向くようなモデルに仕上がってしまう．もちろん，他の地域での売上げを伸ばすためにその車種に若干の修正を加えることができれば，役立つだろうが，それは本来の目的ではない[87]．

真に世界的な製品　世界のどこで販売しても製品に変更を加える必要がないという意味で，以下に紹介する製品はほんとうに世界的であるといえる．たとえば，コカコーラは，リーバイスのジーンズや，マクドナルドのハンバーガーのように，世界中のどこにおいても本質的に同じである．同様に，コーチやグッチのような高級ブランド製品も，世界中のどこでも本質的に同じである．ただし，コカコーラやマクドナルドなどが，地域固有の生産・ボトリング設備，ロジスティクス・ネットワークに依存しているのに対して，高級ブランド品は世界のどこにおいても同じ方法で配送・販売が行われている[65]．

地域固有の製品と世界的製品との間には差があるものの，それは一方が他方より優れているという意味ではない．しかし，特定の状況下では2つのタイプのいずれがより適しているかを慎重に検討することが重要になる．世界市場向け製品戦略の地域向け製品に対する適用，あるいはその逆は惨憺たる結果につながるからである．

7.3.2　分散的自律管理と中央集中管理

これまで議論してきた戦略の利点を引き出すためには，中央集中管理が適している．しかし，サプライ・チェインには分散的自律管理が必要な場合もある．時には自立的な地域事業が成功した後に，本社が干渉してシステムを変更し業績を悪化させてしまうこともある．

さらに，それぞれの地域の事業成果には，その地域の特性があることを認識しておかなくてはならない．たとえば，短期的にみた場合，企業は一般に，日本における事業では比較的低い収益を，ドイツでは中程度の収益を，そして米国では高収益をおさめている．実際，日本で成功した企業は，当初は低収益でよいとすることが多い．

その一方で，企業管理者が地域の慣習や常識にとらわれて，国際的なサプライ・チェインから得た知識によるチャンスを逃してしまうことがある．

例 7.3.2． スミスクライン (SmithKline Corporation) が充血防止剤であるコンタック 600 を最初に日本市場で発売したとき，同社はほとんど取引のなかった 1,000 社以上もの卸売業者を通じて販売するという伝統的な販売方法を採用するようにアドバイスを受けた．しかし，スミスクラインはこのアドバイスに従わず，それまで密接な関係にあった 35 社の卸売業者を起用した．スミスクラインは他の国でもこの方法で通した．反対する者もあったが，同社はこの製品の販売に成功した[65]．

7.3.3 その他のさまざまなリスク

国際的なサプライ・チェインの展開に伴って，企業が直面する多くのリスクがある．前にも述べた為替変動は，チャンスにもなるが，的確に管理しなければ容易にリスクとなる．また，海外拠点の管理運営は発展途上国では特に困難が伴う．同様に，安い人件費は，低い労働生産性の裏返しでもある[74]．多額の費用がかかる訓練が必要となり，それでも生産性が米国の国内レベルに達しないこともある．

国際的なサプライ・チェインでは，地元企業との共同事業となる場合が多い．しかし，パートナーであるはずの地元企業が競合企業となる可能性がある．

例 7.3.3．競合企業となったパートナー企業
- モトローラのライセンス生産をしていた日立製作所は，今では，自らマイクロプロセッサーを生産している．
- 3M に複写機を生産供給していた東芝は，今では，東芝ブランドで複写機を供給する大手メーカーとなった．
- 台湾のサンライズ・ポリウッド・アンド・ファーニチャ(Sunrise Plywood and

Furniture) は,永年にわたりカリフォルニアのミッション・ファーニチャ(Mission Furniture) のパートナーであったが,今ではミッションの主要競合メーカーの1社になっている[74].

現地政府についても同じようなリスクがある.中国との取引によって,その巨大な市場へ参入しようとする多くの企業が,重要な製造知識や技術知識を中国政府や中国のパートナー企業に提供している.しかし,提供を受けた中国企業や(中国の企業ではないものの)中国政府が選んだ企業が,当初よりも有利な条件で競争を仕掛けてくるのは時間の問題だといえる.唯一の生き残る道は,技術を提供した外国企業が,それでもなお,中国市場で有利に競争を展開できるかという点にある.さもなければ,中国企業は世界を舞台に競争を仕掛け,技術を提供した企業はそれに敗れることになる.

これは国際的なサプライ・チェインに対して現地政府がもたらすリスクを明確に示唆するものにほかならない.世界市場は次第に開かれつつあるが,それでもまだ巨大な自由通商区域というにはほど遠い.保護主義という脅威は常につきまとうので,この脅威に対する備えが国際的なサプライ・チェインになければ,企業はこの脅威に立ち向かう対抗手段を持ちえない.また,この脅威が外国政府からでなく,時として,地方の中小企業を保護しようとする自国政府からもたらされることもある.

例 7.3.4. 台湾の対米貿易収支の黒字額が1986年には157億ドルにも上り,台湾製品に対して輸入制限を課するようにとの圧力が,米国内から米国政府にかけられたことがある.台湾からの輸入のほとんどが,実際には低費用を求めて海外に生産を移したGE, IBM, ヒューレット・パッカード,マーテルなどの米国企業の部品供給であったにもかかわらずこのような問題が発生したのであった.このような圧力によって台湾は米ドルに対する自国通貨の為替レートを引き上げ,その結果,米国企業が台湾で生産する費用的利点が失われてしまった[74].

7.4 ロジスティクスにおける地域的な違い

前節では,国際的なサプライ・チェインを効果的に活用するにあたって一般的な,利点,欠点,戦略について論じた.国際的なサプライ・チェインの中で特定の国との関係を決定するときには,地域間の文化の違い,基盤設備や経済的な格差を認識しておくことも重要である.Woodら[112]は,企業経営者が国際的なサプライ・チェインを設計する際に考慮すべき差異を,いくつかのカテゴリーにまとめている.それは,3つのカテゴリーに分類されている.すなわち,日本,米国,西欧諸国などの先進工業国のカテゴリー,タイ,台湾,中国,ブラジル,アルゼンチン,東欧などの新興諸国のカテゴリー,第三世界と呼ばれる開発途上国のカテゴリーである.これらの違いを表7.1にまとめ,以下に分析する.

表 7.1 地域間の主要な差異

	先進諸国	新興諸国	第三世界諸国
基盤設備	完備されている	整備中	高度な物流を行うには不十分
供給業者の信頼性	高い	ばらつきがある	一般に信頼性は低い
情報システム	一般に完備されている	支援体制は整っていない	整備されていない
人的資源	豊富	探せばある	見つけるのは困難

7.4.1 文化の違い

文化の違いは,海外にある子会社の経営目標および経営管理の方法に大きな影響を与える.Woodら[112]は,国際的な経営に重要な役割を果たし交渉とコミュニケーションに強く影響する要素として,宗教,価値観,習慣,言語を挙げている.

言語には,言葉だけではなく,表情,身振り,文化的背景なども含まれる.言葉は正しく翻訳されても意味は正しく解釈されていない,という場合は多い.アメリカのビジネスマンがアジアで間違った身振りを使った結果,みじめな結

果を招いてしまったという逸話はよく耳にする．コミュニケーションを効果的に行うには，適正な情報源を活用することが重要である．

宗教や価値観は，文化による差異が大きい．たとえば，効果的なコミュニケーションが重要という信念さえ，文化的背景によって左右される．同じように，価値観やより一般的概念も文化によって異なった受け取られ方をする．たとえば，アメリカのメーカーが重きを置く「効率」という価値観は，文化によっては同じように受け取られないことがある[112]．また，ある文化圏では他の文化よりも時間の観念が重要であり，納期遅れが重大な問題となることがあるが，他の文化圏ではあまり重要でないこともある．

国が変われば習慣も変わるので，ビジネスマンが他人に不快感を与えないためにも，現地の習慣に従うことは重要である．たとえば，贈答という習慣も国によっては受け取られ方が大きく変わる．

7.4.2　基 盤 設 備

先進国では，生産・物流の基盤設備は完備されている．高速道路網，港湾施設，通信・情報システム，発達した生産技術によって高度なサプライ・チェインの開発ができる．基盤設備の地域的な違いもあるがそれは主として地理的，政治的，歴史的理由によるものである．たとえば，道路幅，橋の高さ，通信プロトコルなどは，地域により異なるが，このような違いを克服するための技術が開発されている．

先進諸国でも，基盤設備とは別に地理的条件によってサプライ・チェインの意思決定は左右される．たとえば，米国では大都市間の距離が長いため，ベルギーのように都市間の距離が短い国と比較すると，より大きな在庫が必要となる．

同様に，多くの先進諸国において，物流とサプライ・チェインの構成要素の組み合わせについても相対的な経済条件が影響している．たとえば，フランスのように相対的に土地が安く人件費も安い国では大きな (いわゆるローテクノロジーの) 倉庫が一般的であり，スカンジナビア諸国のように人件費が非常に高い国では，倉庫の自動化が普及している[33]．

新興諸国では，通常，サプライ・チェインの基盤設備は十分には整備されていない．これら発展途上国における国内企業は一般にロジスティクスを必要経

費と見なし，ストラテジックに活用しようとはしていない．したがって，物流の基盤設備への投資も限定されている．多くの場合，新興諸国における国民総所得は，高度なロジスティクス基盤設備を完全に整備するにはまだ不十分である．そのうえ，基盤設備開発は，輸出入に適したシステムの構築ではなく，輸出用に重点が置かれている．このことは中国についてあてはまる[112]．これらの諸国は，この問題にようやく取り組み始めたという意味で「新興」である．たとえば，多くの国にはその国独自の運輸政策があり，ちょうどそれを導入し始めたばかりか，導入している途中である．

第三世界では，一般に，高度なロジスティクス業務を行うための基盤設備は整っていない．道路の状態は劣悪で，倉庫設備も不足し，ロジスティクス・システムはないに等しい．したがって，サプライ・チェインに関する個別の意思決定は慎重に行う必要がある．なぜならば，先進国や発展途上国では当然とされるものの多くがここでは存在しないかもしれないからである．

7.4.3 効率性の期待と評価

先進諸国の中にも地域格差はあるが，業務上の基準は一般に均質でありそのレベルも高い．たとえば，翌日渡しの運送便を使えば，翌日には納品を予定できる．契約書は法律的な拘束力を持つ．環境規制と制限は一般的であり，企業はそれに従うことが期待されている．

しかし，企業間の関係を発展させ強化するためのアプローチは地域によって異なる．たとえば，ヨーロッパやアメリカの企業では，正式な提携契約が一般的だが，日本では長い時間をかけて自然に築き上げた非公式な提携を好む傾向がある[16]．

新興国では，一般に業務上の基準に大きなばらつきがある．企業によっては高い期待に応えることができ，しかも契約を尊重するところもあるが，あまり良心的でない企業もある．新興国で取引を成功させるには，綿密な調査と交渉が不可欠である．さらに，多くの場合，政府が取引に重要な役割を果たすために，取引を行おうとする企業は政府の変わりやすい方針に対応できるように準備しておかねばならない．

第三世界では，先進国型の業務基準はまったく意味をなさない．すべての物

資が不足しており，西側の顧客サービス尺度(たとえば，在庫レベル，サービスのスピード，サービスの一貫性など)はまったく関係のない話となるため，企業が入出庫や在庫レベルを管理するのはほとんど不可能である[112]．

7.4.4 情報システムの利用可能性

先進国間では，コンピュータ技術の導入は，多少の差はあっても同じような速度で進んでいる．多くの場合，POS(Point-Of-Sale)データ，自動化ツール，パソコン，その他の情報システムツールは，スペインでもカリフォルニアでも同じように簡単に手に入れることができる．

もちろん，いろいろなシステムの中には互換性のないものもある．たとえば，ヨーロッパの電子データ交換標準は，国別，産業別に異なっている．さらには，データ保護と文書の認証に関する法的基準も国ごとに異なっている．しかし，このような障害物を乗り越える努力がなされており，技術的な非互換性を克服するための技術もすでに存在する[81]．

新興国では，効率的な情報システム導入に必要な支援体制がないこともある．コミュニケーションネットワークは不完全で，通信の信頼性に問題がある国もある．また，設備の稼動・保守に必要な技術的サポートの専門知識が乏しい場合もある．しかし，このような国々の政府は，このような問題に対処するための教育計画や訓練プログラムを用意している．

高度な情報技術は，第三世界の諸国では使うことができない．このような環境では，電子データ交換やバーコードのようなシステムの導入は不可能である．通信システムの効率が悪いために，パソコンの能力を充分に発揮できない．そのうえ，多くの場合，経済や人口に関する統計データもそろっていない．

7.4.5 人 的 資 源

先進諸国では，技術能力や管理能力を持った労働者を雇用できる．Woodら[112]は，文化的な違いは別として，「日本から来たロジスティクス責任者はアメリカでもロジスティクス責任者として，日本にいたときと同様に働ける」と指摘している．しかし先進諸国では，未熟練労働も相対的に高価である．

新興国では，一般に，熟練した企業管理者や技術者を雇うことはむずかしい

が，不可能ではない．採用に時間がかかるかもしれないが，適切な熟練度を有する従業員を見つけることは可能である．特に，東欧諸国では一般に教育レベルは高い[43]．そのうえ，新興国の熟練労働者給与は，世界市場でも競争力がある．その反面，中国では，技術者や管理者としての能力ではなく政治的理由によって選ばれた経営者が多い．そういった理由は，その人の能力を表す適切な指標として使えない[43]．

第三世界の諸国で，利用可能な技術レベルに適した従業員を見つけることは可能かもしれないが，よく教育されたロジスティクス専門家および現代的経営技術を身につけた経営者を見つけるのはむずかしい．したがって，このような環境では，教育が特に重要となってくる．

まとめ

本章では，特に国際的なサプライ・チェイン・マネジメントにかかわる問題を検討した．まず，国家間で製品の物流を行っているだけの国内サプライ・チェインから，完全に統合された国際的なサプライ・チェインまでのさまざまなサプライ・チェインについて検討した．次に，企業を国際間のサプライ・チェインの展開に駆り立てるさまざまな力について調べた．国際的なサプライ・チェインには利点もリスクも内在している．費用からみた利点だけでなく，国際的な企業経営に内在するリスクにも注意を向けるために，本当に柔軟で国際的なサプライ・チェインが持つ利点を論じた．しかし，たとえサプライ・チェインが柔軟であったとしても，そこに適切な基盤設備がなければ，このようなリスクに対処するための戦略・アプローチは機能しない．

次に，世界的製品と地域的製品の概念を含む，国際的なサプライ・チェイン・マネジメントについての多くの問題と，国際的な状況下での集中管理と分散管理の問題について検討した．最後に，世界各地における効率的なサプライ・チェイン設計に影響するような，地域ごとのロジスティクスの差異に触れた．

8

製品設計とサプライ・チェイン設計の統合

事例: ヒューレット・パッカード——デスクジェットプリンタのサプライ・チェイン

　Brent Cartier は、ヒューレット・パッカードのバンクーバー事業所、資材管理部の特別プロジェクト担当責任者である[*1]。どんなに忙しくても25マイルの道のりをオートバイで通勤している。今週、彼のオートバイの距離計はまた新たに10万マイルを記録した。デスクジェットプリンタ製品種目の世界中の在庫状況を検討する会議が月曜日に予定されていた。その会議の準備とグループの調整のために、その週は長く感じられ、嵐の前の静けさがあった。その中でオートバイは、彼にとってストレスの解消にはなくてはならないものだった。

　デスクジェットプリンタは、1988年に発売され、ヒューレット・パッカードの最も成功した製品の1つとなった。売上は着実に伸び、1990年には60万台を超えるレベル（4億ドル）に達した。しかし、売上の拡大とともに在庫も増加を続け、ヒューレット・パッカードの物流センターは、すでに、デスクジェットプリンタのパレットで満杯の状態となった。さらに悪いことには、ヨーロッパの販売組織は、顧客の需要に迅速に応えられるよう現地在庫をさらに増やすよう要求してきた。

　四半期ごとに、生産部門、資材部門、ヨーロッパ、アジア太平洋、北米の各地物流組織の代表が、「Iワード」と呼ばれる会議に集まったが、お互いの目標

[*1] 出典：著作権者 Leland Stanford Junior University の評議員会（1993）。本事例はスタンフォード大学のインダストリアルエンジニアリング&エンジニアリングマネージメント学部の Laura Kopczak および Hau Lee 教授が作成。

が相容れないために，問題に関して意見の一致はみられなかった．それは各組織が問題に対して異なるアプローチをとっていたからだった．生産責任者は単なる資材管理の問題であるとして，協力しようともせず，製品のモデルとオプションが増え続けることに関して長い時間をただわめきたてていた．物流部門は，予測の精度について延々と不平をまくしたてていた．物流部門は自分たちが在庫の推移を監視しながら製品保管をすべきだとは感じておらず，ただ単にバンクーバー事業所が必要な製品を必要な数量作ることができないためだと主張していた．ヨーロッパの物流部門にいたっては，余計な倉庫スペースにかかった費用を，彼らが出荷するすべての製品に割り当てる代わりに，バンクーバー事業所に直接請求するとまで言い出す始末であった．最後に，Brent の上司であり，バンクーバー事業所の資材管理部長でもある David Arkadia は，会議の終わりに集団経営の将来の見通しを要約する形で，「みんなの意見からわかることは以下のとおりだ．我々はこのような低レベルの非生産的な資産をかかえて経営を続けることはできない．より低い在庫レベルで顧客の要求に対応するようにつとめるだけだ」と締めくくった．

Brent の考えでは，大きな問題は 2 つあった．一番目の問題は，在庫を最小限に留めながら顧客の要求する製品需要を満たす最適な方法は何かということであり，二番目のもっとむずかしい問題は，立場が異なる出席者の，それぞれの在庫レベルが適正だとする主張に対して，どのようにして合意を得るかということだった．ここで必要なのは，在庫目標を設定し，それを実現する統一した方法を見つけだし，全員が結束してその方法を採用することだった．それは容易なことではなかった．特に，ヨーロッパの状況は急を告げていた．彼の頭から，前日に受け取ったファックスのことが離れなかった．それは，ヨーロッパ物流センターが製品で埋まってしまっている写真であった．しかも，彼の記憶によれば，この数ヶ月の間に大量のデスクジェットプリンタをヨーロッパに出荷してしまっていた．彼が受け取るボイスメールは，各営業所からの怒りのメッセージで一杯でありながら，ヨーロッパ物流センターはバンクーバーに対して，バンクーバーからの製品を保管するスペースがなくなったといっていた．

Brent はバイクから降り社内のシャワーに向かった．彼の朝のシャワーはもう 1 つの儀式でもあった．それは 1 日の計画を見直し，別のシナリオを考える時間でもあった．たぶん，良い解決法を思いつくかも⋯

背　景

　ヒューレット・パッカードは，William Hewlett と David Packard の 2 人がカリフォルニア州のパロアルトで 1939 年に創設した企業で，50 年にわたり着実な成長を遂げてきた．最初は電子測定機器の生産から始め，今や売上げの大半をコンピュータとその周辺機器が占めるまでに至っている．1990 年にはヒューレット・パッカードは世界に 50 以上の拠点を持ち，売上高は 132 億ドル，純利益は 7 億 39 百万ドルを計上している．

　ヒューレット・パッカードは，製品グループ事業部門と管理部門から構成され，周辺機器グループはヒューレット・パッカードにある 6 つの製品グループ事業部門の中でも 2 番目の規模を持つグループで，1990 年の売上高は 41 億ドルであった．周辺機器グループ内の各事業部は，特定の製品に関するストラテジックレベルの事業単位として機能している．周辺機器製品として，プリンタ，プロッター，磁気ディスク，テープドライブ，端末，ネットワーク製品などがある．

　周辺機器グループは，インクジェットプリンタ用の使い捨てヘッドや，用紙移動式プロッターのような多くの画期的な製品で技術標準を築いてきた．このような新技術が成功を支えている一方で，周辺機器グループは販売チャンスを的確にとらえて利益を上げながら事業展開する力も認められている．そのような方法で最大の成功をおさめた製品としてレーザージェットプリンタがある．

プリンタの小売市場

　小型の事務用・個人用プリンタの世界における 1990 年の販売台数は，約 1,700 万台で売上高は 100 億ドルであった．その市場はパソコンの売上げと密接に連動しており，米国と西欧諸国では市場は成熟しているが，東欧諸国やアジア太平洋地域ではまだ市場開拓の段階にあった．小型の事務用・個人用プリンタはもっぱら再販業者を通して販売されていた．特に米国では，この再販経路が急速に変化していた．プリンタは，従来はコンピュータディーラーを通じて販売されていたが，パソコンが大量消費製品となるにつれて，K マートやプライス・クラブ (Price Club) のようなスーパーストアや量販店を通じての販売が次第に増えていった．

　プリンタの小売市場は，インパクトドットマトリックス (40%)，インクジェット (20%) およびレーザー (40%) の 3 つの技術分野に分かれていた．ドットマ

トリックスプリンタに使われている技術は古く,他の2つの技術と比較して,印字音が大きく印字品質も低いと見なされていた.ドットマトリックスプリンタの市場シェアは,その技術がインクジェットかレーザープリンタのいずれかに換わっていくにつれて,多重複写式とキャリッジ幅の大きい印刷用を除いてすべての用途で,数年以内に10%まで落ちるものと予想されていた.1989年以前には,ほとんどの顧客はインクジェット技術を知らなかった.しかしその後,顧客は,インクジェットの印字品質がレーザープリンタの印字品質とほとんど変わらず,しかも価格がはるかに安いことに着目し,インクジェットプリンタの売上げは飛躍的に伸びた.モノクロ印刷市場においては,どちらの技術が低価格プリンタ市場を最終的に支配するかまだはっきりとしない.しかしその結論は,両分野における技術開発のペースと相対的な費用によって決まるものと考えられる.

インクジェット技術は,ヒューレット・パッカードとキヤノンが1980年代の初めにそれぞれの研究所で別々に開発した.その技術的成功の鍵は,インクの成分とカートリッジタイプのプリンタヘッドにあった.ヒューレット・パッカードはカートリッジタイプのプリンタヘッドを使用した最初のモデルであるThinkJetプリンタを1980年代末に発売し,キヤノンは同じものを1990年に発売した.

米国におけるインクジェット市場はヒューレット・パッカードがリードしたが,日本の市場はキヤノンがリードした.ヨーロッパの競合メーカーとしては,エプソン,マンネスマン・タリィ,シーメンス,オリベッティがあり,オリベッティだけがカートリッジタイプのプリンタヘッドを使用したプリンタを1991年から発売している.また,ドットマトリックスタイプのプリンタのメーカーも,インクジェットプリンタの発売を始めた.

その後,インクジェットプリンタは急速に大量消費製品となり,最終消費者にとって印刷速度や印字品質はほとんど差がなくなった.価格,信頼性,品質,在庫の有無などが一般的な購入決定要因となり,ブランドに対するローヤリティは次第に希薄になっている.

バンクーバー事業所とゼロ在庫の追求

バンクーバー事業所は,「我々の使命は,職場と家庭でビジネスパソコンユーザーが印刷によるコミュニケーションのために使う低価格高品質プリンタの分

野で，自他ともに認める世界のリーダーになることだ」という事業目標を1990年に掲げた．

ワシントン州のバンクーバーにあるバンクーバー事業所は，1979年に設立された．比較的新しくそして急速に成長するパソコン市場に対する個人用プリンタの供給に，ヒューレット・パッカードはビジネスチャンスを見出した．このためにヒューレット・パッカードは4事業部(コロラド州フォートコリンズ，アイダホ州ボイシ，カリフォルニア州サニーベール，オレゴン州コーバリス)の個人用プリンタ事業を，バンクーバーの事業所に統合した．この新しい事業所は，ヒューレット・パッカードの周辺機器グループの一部として，インクジェットプリンタの設計と製造を担当することになった．

バンクーバーで最初に採用された従業員であり，生産責任者でもあるBob Foucoultは「ヒューレット・パッカードのすべての拠点から引き抜かれた経営者が，バンクーバーに一挙に集められた．しかしバンクーバーではスタッフもそろっていなければ，ビジネス手法もなかった．たぶんそのために我々は新しいアイディアを何の抵抗もなく受け入れられた」と語った．

プリンタ市場で成功するポイントは量産体制の迅速な立ち上げであることを製造組織は早くから認識していた．その時点(1979年)でバンクーバー事業所の製造サイクルタイムは8週間から12週間であり，バンクーバー事業所は3.5ヶ月分の在庫を持っていた．バンクーバー事業所が生き残る道はないように思えた．そこでヒューレット・パッカード内で大量生産に詳しい人材を見つけようとしたが，そのような人材は見つからなかった．ヒューレット・パッカードは計測器を主力とする企業であったために，バッチ処理による小ロット生産方式による製造，そして高度にカスタマイズされた製品の製造の経験しか持っていなかった．

1981年半ばのある日，バンクーバー事業所の管理者2人が飛行機に乗ったときに，ネブラスカ大学のRichard Schoenberger教授とインディアナ大学のRobert Hall教授の隣にたまたま座り合わせた．Schoenberger教授は，日本のカンバン方式と呼ばれる生産方式に関する「生産性機構の運用(Driving the Productivity Machine)」という論文の原稿を書き上げたところだった．バンクーバーの経営者たちは，この新しい製造概念の可能性を理解し，Robert Hall教授は，そのアイディアを米国でテストする絶好のチャンスだと考えた．両者は一緒にやってみようと意気投合した．

バンクーバー事業所は，それから1年以内に工場の生産システムを，在庫を持たないジャストインタイム (Just In Time) 方式に転換し，サイクルタイムを思い切って短縮し，在庫をそれまでの3.5ヶ月から0.9ヶ月へと削減した．バンクーバー事業所は，カンバン方式のモデル工場となり，1982年から1985年にかけてヒューレット・パッカード内と社外から2,000人以上もの重役・役員が工場見学に押しかけた．バンクーバー事業所では，見学者にライン投入前のプリント回路基板にサインさせ，それから1時間半後には，サインしたプリント回路基板を標準工程で組み込んだプリンタの完成品を見せて感銘を与えた．

しかし，そこには重要な要素が1つ欠けていた．ちょうどBob Foucoultが「皆な着飾って待っていたけれど，誰もダンスに誘ってくれなかった」と歌ったように，バンクーバー事業所では，高度な生産ラインをフル操業するだけの量産モデルの売り出しに成功していなかった．バンクーバー事業所は，ヒューレット・パッカードの最新インクジェット技術製品を発売していたが，新技術の常で，バグ潰しに追われていた．初期モデルの解像度は低く，印刷には特殊な紙が必要だったために，市場での成功はささやかなものであった．しかし1988年になって状況は一変した．バンクーバー事業所は，普通紙で活字印刷に近い解像度が得られる新モデルのデスクジェットプリンタを発売した．その発売は熱狂的な成功をおさめた．生産ラインはいつでも使用可能な状態にあり，充分にテストされていたので，後は「スイッチを入れるだけ」の状態であった．ヒューレット・パッカードのインクジェット技術の知識とその導入は，合理化された製造ラインと合わせて，インクジェットプリンタ市場のマーケットリーダーとなるための強みをヒューレット・パッカードにもたらした．

デスクジェットプリンタのサプライ・チェイン

デスクジェットプリンタのサプライ・チェインネットワークは，デスクジェットプリンタの部品納入業者，製造拠点，物流センター，販売店，顧客から構成されており (図 8.1)，製造はバンクーバーのヒューレット・パッカードで行われていた．製造工程は主に2つの段階に分かれていた．第1段階はプリント回路基板製造工程とそのテスト工程 (PCAT) であり，第2段階は最終組立工程 (FAT) であった．PCATでは，プリンタ用の特定用途IC，ROM，加工前の論理基板用プリント回路基板，プリンタヘッド基板のような電子部品の製造とテストが行われた．FATでは，モーター，ケーブル，キーパッド，プラス

8. 製品設計とサプライ・チェイン設計の統合

チックシャーシー，筐体，ギヤ，PCATで作られたプリント回路基板から最終製品であるプリンタが組み立てられ，さらにプリンタの最終検査が行われた．PCATとFATに必要な部品は，ヒューレット・パッカードの他事業部と世界中の外部納入業者から購入した．

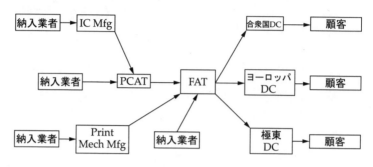

Key: IC Mfg = ICの製造
PCAT = プリント基板の組立てとテスト
FAT = 最終組立てとテスト
Print Mech Mfg = 印刷機構の製造

図 8.1 バンクーバー事業所のサプライ・チェイン

デスクジェットプリンタをヨーロッパで販売するためには，いわゆる「ローカリゼーション」をする必要があった．すなわち，各国の言語と電源に合わせて製品をカスタマイズする必要があった．特に，デスクジェットプリンタを各国の仕様に合わせるには，使用する地域の電圧 (110 か 220) や電源コードプラグの形状に合った電源モジュールを組み立ててプリンタに組み込み，その国の言語の取扱説明書を同梱する必要があった．デスクジェットプリンタは電源モジュールの組立てを最終組立工程とテスト工程の一部として行うように設計されていたので，プリンタのローカリゼーションも工場で行われた．したがって，すべての各国向けのプリンタが工場で完成された．これらの製品は，3箇所の物流センター，すなわち北米，ヨーロッパ，アジア太平洋で保管された．図 8.2 は，部品展開表とさまざまなオプションを示している．

製品は船積みされて3箇所の物流センターに出荷された．バンクーバーでは，生産に必要な量の部品と原材料が在庫として確保されていたが，PCATとFATの間の緩衝在庫はけっして大きくなかった．経営者は，前項で説明したように1985年に始まった伝統として，工場に完成品在庫を持たないように努

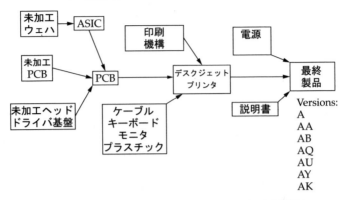

図 8.2 バンクーバーサプライ・チェインにおける部品展開表

力をしていた．

　PCAT と FAT を通じた工場サイクル時間の合計は約 1 週間であった．バンクーバーからカリフォルニア州サンノゼの米国国内物流センターまでの輸送所要時間は，約 1 日であったが，ヨーロッパとアジアへのプリンタの出荷には 4 週間から 5 週間を要した．ヨーロッパとアジアの物流センターへの出荷に長い期間を必要とするのは，海上輸送と荷揚港における税関通過によるものであった．

　プリンタ業界は非常に競争の激しい業界であった．ヒューレット・パッカードのコンピュータ製品の顧客 (販売業者) は，可能な限り在庫を少なくしようとしたが，同時に最終ユーザー (消費者) に対する製品即納率を高く維持することも重要であった．その結果，メーカーであるヒューレット・パッカードに対しては，その物流センターにおいて高レベルの出荷可能在庫を持つよう圧力が高まっていた．これに対して，受注に対する製品即応率を高めるために，経営者は物流センターを見込み生産モードで運用することを決定し，3 箇所の物流センターの目標在庫レベルを，販売予測数量プラス若干の安全在庫レベルに設定した．

　バンクーバー事業所は，ほとんど「在庫を持たない」工場であることを誇りとしていた．デスクジェットプリンタの製造は，物流センターとは対照的に引っ張り型で行われていた．各物流センターの目標在庫レベルを維持するために「ジャストインタイム」で補充するように，生産計画は毎週設定されていた．生産するときに資材が足りなくならないように，工場では受入資材についても

安全在庫が設定されていた．

サプライ・チェインに影響する不確実性の要因として，次の3点があった．第1点は入荷資材の搬入(入荷遅延や部品違いなど)であり，第2点は社内工程(工程歩留まりと機械停止時間)であり，第3点は需要であった．最初の2つは物流センター在庫を補充する際に，製造リード時間の遅れを引き起こす原因となった．需要の不確実性は，物流センターにおいて在庫を増大させるかあるいはバックオーダーを引き起こした．完成したプリンタは，バンクーバーから海上輸送された．ヨーロッパとアジアの物流センターまでの輸送リード時間は長いので，各物流センターが各国版製品の需要変動へ対応するには限界があった．顧客に対する高い製品即納率を維持するために，ヨーロッパとアジアの物流センターは高レベルの安全在庫を持つことが必要だった．北米の物流センターの場合，状況は単純であった．なぜならば，需要の圧倒的大部分が米国版のデスクジェットプリンタであったために，ローカリゼーションによる変動はほとんどなかったからである．

物流プロセス

ヒューレット・パッカードでは，どの物流センターも数百種に及ぶコンピュータおよび周辺機器を出荷しているが，わずかな種類の製品がその数量の大半を占めていた．デスクジェットプリンタはこのように数量の多い製品の1つだった．

各地域の物流センターのマネージャーは，全世界流通マネージャーの配下にあり，そのマネージャーはマーケティング担当の副社長に直属しており，同時に(物流センターが処理する製品の大部分が周辺機器であるために)周辺機器グループのマネージャーにも報告することになっていた．各マネージャーの下には，財務，NGS，品質，マーケティング，物流，流通サービスをそれぞれ担当する6人の機能別のマネージャーがいた．最初の3つの機能は，製造組織のそれぞれの機能に類似していた．マーケティングは，顧客との対応に責任を持ち，物流は「物理的プロセス」すなわち，入庫から出庫までをカバーしていた．最後の流通サービスは，計画と調達を担当していた．

典型的な物流センターに対する主な業務測定尺度には，ライン品目充足率(LIFR: Line Item Fill Rate)と受注充足率(OFR: Order Fill Rate)があった．LIFRは，納期内に出荷された受注ライン品目数合計を，出荷しようとし

た受注ライン品目数合計で除して算出された．(ヒューレット・パッカードが社内で受注に対して材料を払出しするたびに，1回の試みとしてカウントされた．) 受注充足率も似たような尺度であったが，こちらの方は1件の受注につき複数のライン品目を含む受注の納品数に基づいて計算された．二次的な業務測定尺度としては，在庫レベルと出荷金額あたりの物流費用があった．費用の主要な項目は，配送運賃と給与であって，運賃は出荷製品の実重量ベースで製品ラインに配分された．物流センターは，さらに，特定の製品ラインをサポートするのに必要な「工数率」を見積もって，運賃以外の費用のある割合を製品ラインに配分していた．このシステムは部門間の取り決めで，予算設定の過程で，物流センターと主要製品ラインの間の話し合いによって各製品ラインに配分する比率を決定していた．

物流センターは，この工程を従来どおりの簡単で，一直線で，標準化された工程であると考えていた．それには以下の4つの処理ステップがあった．つまり，

1) 各納入業者から(完成した)製品を受け入れて在庫とする．
2) 顧客注文に応じて製品を準備する．
3) 注文全体をまとめて包装してラベルを貼る．
4) 輸送業者が出荷する．

デスクジェットプリンタは，標準工程にぴったりだった．その反対にパソコンやモニターのような製品には，仕向け国に応じたキーボードと取扱説明書を追加する特別な「インテギュレイション(統合)」と呼ばれる工程が必要だった．この余分な工程には追加作業の必要はあまりなかったが，標準プロセスの中に組み込むのがむずかしく，しかも物流を混乱させた．さらに，物流センターの資材管理システムは，物流(個別モデルやオプションごとに「最終製品」を通過させる処理)をサポートしていたが，製造(部品を最終製品へ組み立てる作業)はサポートしていなかった．また，資材所要量計画(Material Resource Planning: MRP)や，部品展開表(Bill Of Materials: BOM)システムもなく，物流センターには部品調達に関して訓練された充分な人材がいなかった．

物流組織内では，組立工程のサポートに対する不満がたまっていた．経営陣は，概して物流センターの役割を倉庫としかみておらず，「本来の責務である物流に最善を尽くす」ことだけを求めていた．米国の物流センターの管理部長であるTom Bealは，一般的な関心事として「会社の強みが何なのか，それに

どのような価値を加えるのかを決めねばならない．我々は倉庫業務を目指すのか，あるいは全体の統合を考えているのかを決めたうえで事業支援戦略を採用すべきで，製造工程を重視するならそれをサポートする工程を設けるべきだ」と語った．

在庫とサービスの危機

デスクジェットに関するサプライ・チェイン全体の在庫レベルを限定すると同時に，求められる高レベルのサービスを提供することは，バンクーバーの経営陣にとってむずかしい問題であった．バンクーバーの製造部門は，入庫資材の納入変動によって生じる不確実性をなるべく少なくするため納入業者を管理し，工程歩留まりを上げ，工場の作業停止時間の削減につとめていた．それによってかなりの成果を上げることができたが，予測精度の向上は，手に負えそうもない課題のまま残されていた．

特にヨーロッパにおける予測誤差がもたらす影響は大きかった．いくつかの国々で要求された製品モデルの不足は日常茶飯事になり，その反面，他のモデルの在庫は増える一方であった．物流センターの目標在庫レベルは，以前は経験則による判断から設定された安全在庫に基づいて決められていた．正確な予測がむずかしくなるにつれ，経験則に基づく安全在庫方式を見直す機運が生まれた．

David Arkadia はヒューレット・パッカード本社に若い在庫の専門家の援助を要請し，Dr. Billy Corrington がその要請に応えて派遣され，予測誤差と補充リード時間に対応し科学的根拠に基づく安全在庫システムの導入を図ることになった．Billy は，バンクーバー事業所のインダストリアルエンジニア Laura Rock，計画担当管理者 Jim Bailey，購買担当管理者 Jose Fernandez をメンバーとするチームを編成し，安全在庫管理システムを詳しく調査した．結成されたチームの任務は，3箇所の物流センターの各モデル・オプションごとの適正な安全在庫レベルの計算方法を提言することであった．適切なデータを集めることは，このチームにとって大変な時間を要する仕事であったが，その結果，チームは需要データ（表 8.1 参照）について良いサンプルが得られたと信じていた．安全在庫に関する手法を開発した Brent は，この新しい手法が在庫とサービスの問題を解決することを期待していた．すべての在庫とサービスの混乱の原因は，安全在庫を見積もる正しい手法が確立されていなかった

ことによるものであったと経営陣に報告できれば，Billy の専門知識が救世主となるはずであり，そうなればよいと考えていた．

表 8.1　ヨーロッパにおけるデスクジェット需要データの例

選択肢	11月	12月	1月	2月	3月	4月	5月	6月	7月	8月	9月	10月
A	80	0	60	90	21	48	0	9	20	54	84	42
AA	400	255	408	645	210	87	432	816	430	630	456	273
AB	20,572	20,895	19,252	11,052	19,864	20,316	13,336	10,578	6,096	14,496	23,712	9,792
AQ	4,008	2,196	4,761	1,953	1,008	2,358	1,676	540	2,310	2,046	1,797	2,961
AU	4,564	3,207	7,485	4,908	5,295	90	0	5,004	4,385	5,103	4,302	6,153
AY	248	450	378	306	219	204	248	484	164	384	384	234
合計	29,872	27,003	32,344	18,954	26,617	23,103	15,692	17,431	13,405	22,692	30,735	19,455

　常に持ち上がってくる課題は，安全在庫の解析の基準となる在庫運営費用として何を用いるかということであった．社内見積では，12%(ヒューレット・パッカードの社内債務と倉庫費用をたしたもの) から 60%(新製品開発プロジェクトで期待される投資収益率 (Return On Investment：ROI) に基づくもの) までの幅があった．もう 1 つの課題は，使用する目標ライン品目充足率として何を用いるかであった．社内の目標は，マーケティング部門が「設定」した 98%という数値であった．

　悪化し続けるヨーロッパの状況を伝えるファックスと電話が続々と入ってくる中で，Brent は同僚から根本的でより積極的な提案を受け始めていた．そして，ヨーロッパにバンクーバーの姉妹工場を建設する案が浮上してきた．ヨーロッパの市場規模は，そのような拠点の展開を正当化するだけの大きさがあるか？　あるとすれば，どこに拠点を置くべきか．ヨーロッパの営業と販売担当者が，このようなアイディアを歓迎することは，Brent にはわかっていた．彼は，また，ヨーロッパの在庫とサービスの問題は，ヨーロッパ工場が扱うというアイディアも気に入っていた．これで眠れない夜も終わるかもしれないと思った．

　社内には在庫の増加を支持するグループもあった．その論理は単純で，「金額だけからみれば，在庫費用は損益計算書に現れないが，販売の機会損失は収益の低下につながる．在庫とサービスのトレードオフの関係などは聞きたくもない」というものであった．

　輸送部の管理者である Kay Johnson は，長い間，プリンタのヨーロッパ向け出荷に航空貨物便を利用することを提案していた．「輸送リード時間を短縮すれば，製品構成に予定外の変化があっても迅速に対応できるし，その結果在庫は減り製品の販売可能性は大きくなる．航空運賃はたしかに高いが，利用する値打ちがある」といった．

Brent は，スタンフォード大学の夏季実務研修生と昼食時に交わした会話を思い出した．その熱心な学生は，Brent に対して，「問題の本質」に取り組むべきだと説教した．その研修生によると，問題の本質とは，大学の教室で教える理論であり，品質管理の専門家の理論でもあった．彼は続けた．「問題の本質は，会社の予測システムがずさんなことにある．簡単な解決法はない．ちゃんとしたシステムを導入するためには投資が必要だ．私の知っているスタンフォード大学のマーケティングの教授なら助けられるかもしれない．ところで，Box-Jenkins 法を知っていますか．」Brent は，その学生の熱心なアドバイスに，次第に食欲をなくしてしまった．

次はなに？

Brent はその日の予定をチェックした．11 時に Billy, Laura, Jim, Jose の4人と会って安全在庫モデルを使って計算した推奨在庫レベルを検討する予定であった．彼はそのモデルがどの程度の変更を推奨するのか懸念していた．提案された変更がわずかであれば，経営陣はそのモデルを使用する価値がないと考えるかもしれないし，大幅な変更だと，受け入れられないだろうと考えた．

昼食後，彼は資材担当と製造担当責任者と簡単な打合せを行って，その場で結果を検討し，推奨原案を作成する予定だった．午後 2 時には米国物流センターの資材責任者に電話をし，その夜はシンガポールに，そして土曜の朝はドイツに到着しているはずだった．うまくいけば皆から称賛されているかもしれなかった．

彼はさらに，他に考慮すべきアプローチはなかったのだろうかとも考えた．いずれにしろ，彼の提案した数字が高すぎることは知っていた．

本章の最後まで読めば，次の問題を理解できるであろう．

1) ロジスティクス費用をコントロールしサプライ・チェインを効率化するには，どのようにロジスティクスを設計すればよいか．

2) 遅延差別化 (delayed differentiation) とはなにか？ また，ヒューレット・パッカードは，上記の事例で扱われた問題に対処するために，どのように遅延差別化を活用できるか？ 遅延差別化の利点はどのように定量化できるか？

3) 新製品開発プロセスにおいて，いつ納入業者に参加してもらうべきか？

4) マスカスタマイゼイションとはなにか？ 効果的なマスカスタマイゼイション戦略の開発において，サプライ・チェイン・マネジメントが果たす役割はあるのか？

長い間，製造工程設計は，製品設計が終わってから開始されていた．研究者と設計技術者は，可能な限り安い材料で所定の機能を発揮する製品の開発につとめてきた．製造技術者には，こういった製品をどうすれば効率的に設計できるかが求められてきた．ところが 1980 年代になって，このパラダイムが変化した．製品と製造工程設計が製品原価を決定する主な要因であり，製品設計の初期段階から製造工程を考えることが，製造工程を効率化する唯一の方法であることが理解され始めた．このようにして，製造のための設計 (Design For Manufacturing: DFM) という概念が登場した．

最近，同じような変化が，サプライ・チェイン・マネジメントの分野でも起きた．これまで，サプライ・チェインを設計する時点では，製品設計は完了していることを前提として，サプライ・チェインの設計・運用の戦略を論じてきた．サプライ・チェイン設計では，既存の製造工程で生産された既存の製品を供給する最善の方法を決定することが想定されていた．しかし，ここ数年間に，製品と工程の設計段階で，ロジスティクス・マネジメントやサプライ・チェイン・マネジメントを考慮することで，はるかに効率的に運用できるサプライ・チェインが可能になると企業経営者が認識し始めた．このことは明らかに，製品設計の段階から製造を考慮するという製造のための設計という手法に似ている．以下の各節では，サプライ・チェインをより効率的に運用するために製品を設計するというさまざまな手法を論じる．

次節では，Hau Lee 教授[63]が導入し，包括的にはロジスティクスのための設計 (Design For Logistics: DFL) として知られている一連の概念を検討することにする．これらの概念は，ロジスティクス費用を管理し顧客に対するサービスレベルの向上に役立つ製品・製造工程を設計する際の考え方を提案している．

その次に，納入業者を製品設計プロセスに組み込む利点を検討する．この議論は，ミシガン州立大学の The Global Procurement and Supply Chain Benchmarking Initiative が発行した「エグゼクティブサマリー：新製品開発段階における納入業者の統合：競争に勝つための戦略」と題した詳しいレポートに基

づいている．

　最後に，Joseph Pine II と何人かの共著者が開発したマスカスタマイゼイションの概念を論じる．特に，この刺激的で新しいビジネスモデルを可能にする(高度なロジスティクスやサプライ・チェインで実際に活用されている)手法に焦点を当てる．

8.1　は じ め に

8.1.1　ロジスティクスのための製品設計：概観

　これまでみてきたように，高いサービスレベルを維持するために高いレベルの在庫を持たなくてはならない場合，輸送と在庫の費用が，サプライ・チェインの費用を決定する重要な要素となる．これらがまさに，「ロジスティクスのための設計」の課題であり，ここでは3つの主要な手法を提起する[63]．

- 経済的な包装と輸送
- 同時処理と並行処理
- 遅延差別化

これらの手法のそれぞれが，在庫・輸送費用およびサービスレベルの問題で互いに補完する形で使われている．これらについては，以下の項で詳しく説明する．

8.1.2　経済的な包装と輸送

　最も理解しやすい「ロジスティクスのための設計」概念は，製品を効率的に包装し保管できるように設計することである．より小さく包装できる製品は，重量ではなく容積をもとにして運賃計算されるトラック輸送の場合に利益を生む．いいかえれば，トラックに積載可能な製品数量が重量ではなく容積で制約されている場合，より積載スペースをとらない製品の運賃は少なくてすむ．

　例 8.1.1．売上高58億ドルのスウェーデンの家具メーカーのイケアは，世界最大の家具小売業者である．Ingvar Kamprad がスウェーデンで創業したイケアは，現在27の国に131の店舗を所有している[54]．同社は「家具ビジネスを再発明」することに

よって，劇的な成長を遂げた[71]．伝統的に家具の販売は，デパートと地方の個人経営の家具店に限られていて，ほとんどの場合，顧客の注文から納品まで，2ヶ月もの期間を必要とした．

イケアは，その10,000点にのぼる商品を郊外にある大きな倉庫のようなスペースに展示し，これらの商品のすべてを倉庫に在庫することによって商売のやり方を一変させた．すなわち，製品をコンパクトで効率的な組立キットとして梱包できるようにし，顧客が店から持ち帰ってから自宅で組み立てられるように設計した．これらのキットは，輸送も簡単で費用もかからないため，少数の工場で効率的に生産することができ，全世界の店に比較的低費用で出荷することができる．イケアは多くの店舗を持ち，各店の規模が大きいために，規模の経済性を発揮できる．これにより同社は，高品質の家具を競合他社よりも低い価格で販売できるようになった[71]．

イケアは，さらに急成長を続けるために，デザインと包装の改良に継続して取り組み，最近では，「本棚の後部パネルを別々の部品で組み立てるようにすれば，パッケージの幅を1/3薄くすることができることを発見した」と徹底している[90]．

製品を小さく包装するように設計する理由はほかにもある．たとえば，大手小売業者は，保管スペースが小さくてすみ，しかも段積みしやすい製品を選ぶ傾向がある．保管効率を上げることができれば，製品の取扱費用が少なくてすみ，製品単位あたりの保管スペースが(したがって製品単位あたりの売り場賃料も)小さくなり，床面積あたりの売上高が上昇するために，在庫費用の低減につながる．たとえば，ゴミ箱のようにディスカウントストアで販売される数多くの大型プラスチック製品は，それが店内で占める棚(床)面積が少なくてすむように，積み重ねられるようにデザインされている．このように，製品設計後に包装を効率の良いものにするだけでは充分といえず，製品自体を再設計することも充分に価値がある．

例 8.1.2. 最近，ラバーメイド(Rubbermaid)は，いくつものデザイン賞をビジネスウィーク誌から受賞した．同社のClear Classics食品保存容器が受賞した理由は「製品が14インチ平方の棚に合わせてデザインされているために，この製品はウォルマートでの評価が高い」と記者が説明しているが，これこそ，この製品が成功した理由の1つなのである．さらに，ラバーメイドがデザインした子供用のIcy Riderそり(この商品も受賞している)について，記者たちは「もちろん，ウォルマートで販売され

る商品のすべてが14インチ平方の棚に合う訳ではないが，省スペースを考えて商品が積み重ねられるようにデザインされていれば，ウォルマートに売り込むチャンスがあるわけで，ラバーメイドは，ウォルマートで要求されているものを調査したうえでIcy Riderを薄くして積み重ねられるようにした」と解説している[86]．

同様に，商品をバルク状態(大量のものがひとかたまりになっている状態)で出荷して，倉庫か小売店で小売用包装にすることもできる．バルク商品は効率良く出荷できるために，輸送費用の節約ができる．

例 8.1.3. ハワイの精糖産業では，第二次世界大戦後，出荷費用の増大に対応して出荷をバルク出荷に切り替えた．同産業の見積もりでは，現在のバルク出荷の場合はトンあたり輸送費用が約0.77ドルであるのに対して，砂糖を袋詰め出荷した場合は約20ドルにもなるとしている[25]．

場合によっては，商品の最終パッケージを商品販売の時点まで遅らせることもできる．たとえば，食料雑貨店では，小麦粉，穀物，その他の商品をバルク状で販売し，消費者は自分が必要とする分量だけを包装して購入する．

クロスドッキング(第3章参照)で，商品を1台のトラック(たとえば納入業者)から数台の(別々の小売店に配送する)トラックに積み替える作業を考える．入荷のトラックから箱やパレットを降ろして，それを出荷するトラックに直接積み込んでいる場合もある．しかし，商品によっては再包装する必要が生じる．多くの場合，納入業者は同一商品をバルクパレットの形で納入するが，個々の小売店へはたくさんの種類の品を載せた混載パレットの形で出荷することが必要である．この場合，商品をクロスドックポイントで再包装する必要があるため，表示の変更やラベルの張り替えが必要となる[104]．このようなクロスドックポイントにおける再包装作業を軽減できるように製品とパッケージをデザインすると，ロジスティクス費用の低減にもつながる．

8.1.3 同時処理と並行処理

前項において，製品とパッケージのデザインの見直しが，ロジスティクス費用を抑えるうえで有効であり，しかも簡単な方法であると述べた．ここでは，製

造工程の変更，そして場合によっては製品設計の修正も必要となる工程の変更について考えてみよう．

サプライ・チェイン運営の問題の多くは，製造リード時間が長いことに起因している．ほとんどの製造工程は，順番に実行される製造ステップから構成されている．製品ライフサイクルが短くなり，短時間で製造を立ち上げる必要性から，既存設備や特殊技術を使う製品はその製造ステップの特定部分を別の場所で行うことが必要となる場合がある．製造の同時・並行処理では，製造工程を変更することによって，以前は順番に実行していた製造工程を同時に完了させる．これにより，多くの利点が生まれるが，特に，製造リード時間は明らかに短縮され，在庫費用も予測精度の向上とともに低減し，必要安全在庫レベルが削減される．

製造工程を並行して実施するために重要なのは，モジュール化もしくはデカップリングの概念である．製品の構成部品を，製造工程の中で分離したり物理的に分割できれば，部品の並行生産が可能となる．製造ステップを並行して行う場合，個別部品の製造に要する時間が同じであれば，リード時間は短縮される．このようなモジュール部品の製造に多少余分な時間がかかるとしても，多くの部品の並行的な生産が可能となるために，リード時間全体は短縮することができる．このデカップリング生産方式のもう1つの利点は，分離された各部品に対して異なる在庫方針を立てられることである．特定部品の原材料の供給や歩留まりが不確かな場合，最終製品ではなく，その部品についてだけ，高レベルの在庫を持てばよい．

例 8.1.4. ヨーロッパのメーカーが，極東のメーカーと提携してヨーロッパ市場向けにプリンタを生産している．メインとなるプリンタ用の回路基板は，ヨーロッパで設計と組立てを行ってからアジアに出荷し，そこでモーター，プリンタヘッド，筐体などを基板周りに組み込む工程を経て，プリンタを完成させている．そして，完成した製品がヨーロッパに船積みされる．メーカーは，ヨーロッパに大量の安全在庫を持つ必要があるために，生産と輸送に要する長いリード時間を懸念している．しかし，長い製造リード時間を必要とする原因の多くは，順番に実行される製造工程にある．

製造の最終工程で基盤とその他の部分を組み合わせるように製造工程と製品を再設計すれば，ヨーロッパと極東でプリンタを並行生産できるので，リード時間を短縮で

きる.さらには,最終組立工程をヨーロッパに移せば,顧客に対して迅速に対応でき,リード時間も短縮できる.この2つの製造工程を図 8.3 に示す[63].

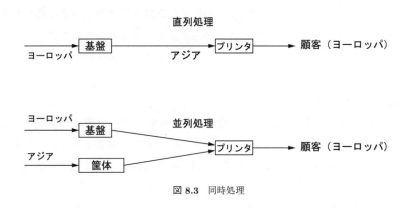

図 8.3　同時処理

8.1.4　遅延差別化

以上で述べたように,予測精度を上げたり在庫レベルを減らしたりするためにリード時間を短縮することは(たとえば並列処理を活用するなどして)場合によっては可能である.しかし,リード時間の短縮には限界がある.その場合,遅延差別化の活用によって,リード時間短縮を図ることができる.

第3章で説明した在庫管理の二番目の法則,すなわち,集約されたデータは集約前のばらばらのデータよりも常に正確であるという法則を思い出してほしい.すなわち,一国の需要よりも大陸全体の需要,あるいは特定ブランドの製品の予測よりも製品群(たとえばスキー用ジャケット)の方がより正確に予測できる.残念なことに,従来の生産環境では,集約後の予測はあまり役に立たなかった.なぜならば,製造担当責任者は製造を始める前にどの製品が必要とされているのか正確に(すなわち製品種別ごとにではなく製品ごとに)知らなければならなかったからである.

しかし,遅延差別化を用いれば,集約された予測情報の効果的な活用が可能となる.これは具体的には,製造すべき製品の特定化(すなわち製品差別化)を後回しするように製品と製造工程を設計する手法である.つまり,まず差別化

前の製品または製品群を製造し，後からこれらの製品を特定の最終製品に差別化する．このため，この手法は遅延差別化と呼ばれる[63]．この手法を活用するためには，通常，この手法に合うように製品の再設計が必要となる．遅延差別化は，第3章で論じた集約後の予測 (ここでいう集約にはさまざまな種類がある) を活用できる．このようにして，製品差別化を遅らせるための設計は，予測精度を上げることができない場合でも，最終需要の不確実性に効果的に対処できる．

遅延差別化の実施

Hau Lee は，遅延差別化を行うために重要ないくつかの概念を明らかにした[63]．取り組むべき問題ごとに，いずれかの概念が当てはまるものと考えられる．そのような概念としては，工程順序の再編成，共通性，モジュール方式，標準化などがある．それぞれの概念を以下に詳しく説明する．

1) **工程順序の再編成** 工程順序の再編成とは，固有の作業項目や製品の個別化につながる作業をできるだけ後にもってくるように製品製造工程の順序を変更することを意味している．サプライ・チェインを改善するために，工程順序の再編成した企業の例として最も有名なのがベネトンである．

例 8.1.5. ベネトンは，数百ものショップに製品を供給するニットウエアの主要納入業者であり，1982年の時点では，世界最大の毛糸の消費者でもあった．消費者の嗜好がどんどん変化することが，ファッション業界の特徴である．ところが，多くの場合，セーターの製造には長いリード時間が必要なために，小売店の経営者は，ウールセーターが店に到着する7ヶ月も前に商品を発注する必要があった．ウールセーターの製造工程は，編糸の買付けから始まって，染色，仕上げ，衣料部品の製造，そしてこれらの部品を縫製してセーターを完成させる工程から成り立っている．このため，消費者の変化する嗜好に柔軟に対応する余地はほとんどなかった．

この問題に対処するために，ベネトンは，セーターの縫製が終わった後で染色するように製造工程を変更した．これによって，より精度の高い販売情報を得た後で色を決定することができるようになった．このような染色工程の後回しによって，編糸の買付けと製造計画は，特定の形と色とを組み合わせたセーターの予測ではなく，製品群全体の予測に基づいて行えるようになった．このような工程の変更によって，セーターの製造原価は10%も上昇し，新しい設備の購入と従業員の再訓練も必要となった．

しかしながら，ベネトンが，予測精度の向上，余剰在庫の削減，売上高の伸びによって得たものは，このような問題を補って余りあるものであった[9]．

米国のディスクドライブメーカーが，もう1つの注目すべき事例を提供している．この例では，特定のサービスレベルを維持するためには在庫レベルを低く抑える必要があるが，単位あたりの在庫コストがより高くなる例を示している．

例 8.1.6. 米国における大容量記憶装置の主要メーカーでは，多様な顧客のそれぞれに対して異なるハードディスクドライブを製造している．発注時点で納期が定められるが，リード時間が非常に長く，契約納期を守るために工程の中でさまざまな製品を保管する必要があった．需要変動がきわめて高く，それぞれの製品が独特な仕様であるために，メーカーとしては，注文納期を確実に守るために高レベルの工程間在庫を持つ必要があった．

製造工程は，全顧客共通の工程と，個別の顧客に対応したカスタマイゼーション部分の工程から構成されている．在庫を保管するのに最適なポイントは，明らかに，カスタマイゼーション工程の直前である．しかし，製造時間の大部分を占め，特に時間がかかるテストは，個別の製品に加工された後に行われる．このテストを行うには，特定の回路基板を追加しなければならないが，問題はこの回路基板が顧客ごとに違うことにある．

製品個別化を後に遅らせるためには，共通に使える回路基板を組み込んでテストを行い，テストを完了してから共通回路基板をはずし，その後から各顧客に固有の回路基板を組み込めばよい．このようにすれば，より詳しい受注情報が得られてから，ディスクドライブの製品個別化を行うことができる．そして，必要な工程内在庫レベルを引き下げることは明らかに可能である．しかし，そのためには余計な製造ステップの追加も必要である．特に，テスト用共通回路基板の組み込みと取り外しが必要となる．よって，このような余分な工程の追加による生産効率の低下を，在庫低減の利益と比較する必要がある．このような製造工程を図 8.4 に示す[63]．

2) **共通化** 次の事例 8.1.7 は，共通化が，遅延差別化を実施する際に重要な概念となることを示している．ディスクドライブ製品に (回路基板の挿入によって製品を差別化する) 共通部品がなければ，以上に述べた方法を実施すること

図 8.4 差別化の遅延

はできない．場合によっては，遅延化手法を可能にするための共通性を実現するために，製品ラインや製品群の再設計が必要となってくる．

例 8.1.7． ある大手プリンタメーカーが，新しいカラープリンタを発売しようとしていた．新製品のプリンタもすでに発売中のプリンタも，その需要は両方とも変動しやすく，しかも負の相関関係にあった．これらの2つの製品は，異なる回路基板とプリンタヘッドが採用されている点を除けば，それぞれの製造工程は類似していた．しかしながら，プリンタヘッドと回路基板の違いによって，製造工程はまったく違うものになっていた．遅延差別化を導入するには，製造工程を最終工程に至るまで共通化することが必要だった．このため，回路基板とプリンタヘッドを両方の製品で共通して使えるようにプリンタは再設計された．これによって，製品差別化は，可能な限り遅らせられるようになった．これが，共通化によって遅延差別化が可能となった事例である[63]．

工程順序の再編成および共通化の概念を導入することによって，製造の最終工程を工場の代わりに物流センターや倉庫で行う場合もある．この利点は，物流センターが工場よりも需要地により近い場所にあるため，需要に応じた製品に差別化することが可能となり，急速に変化する市場動向に対応することができる点にある．このアプローチが次節においてより詳しく論ずるアプローチの1つである．

3) **モジュール化** 共通化をさらに進めて，製品差別化のステップを製造段階や物流センターではまったく行わず，小売店の店頭で販売時に行う場合があ

る．この方法は，設計段階で共通化に重点を置くことにより，つまり，製品に簡単に追加できる機能をモジュール化することによって実現できる．たとえば，MacintoshとWindowsで共通に使えるプリンタが販売されていることがある．この場合，小売店ではプリンタと一緒に製品をマッキントッシュ用かウィンドウズ用に差別化するためのパッケージされたモジュールを在庫として持っている．プリンタ全体ではなく，マッキントッシュ用とパソコン用モジュールだけを在庫すればよいのだから，明らかに，大幅な必要在庫レベルの削減が可能となる．同様に，カラーインクジェットプリンタの多くは，モノクロプリンタにカラーキットを追加したものとすればよい．

4) **標準化**　最後に，ある製品群を標準製品に置き換えることも可能である．標準化を達成する方法として，特定の顧客だけが必要とするオプションを用意する方法がある．たとえば，これまでにみてきたように，電源だけが違う類似製品の場合，メーカーは1つの製品について2つのバージョンを生産する代わりに，切換式の電源を持つ標準製品を生産すればよい．ヒューレット・パッカードは，レーザープリンタにこのような標準化戦略を応用している．当初，プリンタには110ボルトか220ボルトのいずれかの内部電源を組み込んでいたために，生産開始前にいずれの電源を組み込むかを選択しなければならなかった．この電源をユニバーサルタイプに切り替えることによって，ヒューレット・パッカードは顧客に最終製品を納入するまでに要する総費用を，年間で5%も削減できた[32]．

これらの多くの「ロジスティクスのための設計」アプローチには，さらなる利点がある．上の例では，顧客は製品を外国でも使用できるようになった．また，最初の例では，顧客はモノクロのプリンタを購入し，これを自分で後からカラープリンタに変更することもできる．

8.1.5　考慮すべき重要なポイント

前節ではロジスティクス戦略を設計する際の多くの利点と，それに関連して考慮しておくべき問題点を論じてきた．特定の製品やサプライ・チェインの状況によっては，このような戦略を実施するができないか，あるいは費用対効果が良くない場合が時々みられる．さらに，たとえそのような戦略をとることが

理論的に費用対効果が良いとしても，このようなアプローチを設計し実施する際に考慮しておくべき課題と懸念は多い．

たとえば，製造プロセスによっては工程順序の再編成やモジュール化をできないものも多い．製品によってはこのような種類の製造方法に簡単には馴染まないものもある．技術的には可能であったとしても製品とパッケージングの再設計による費用を新しいシステムによってカバーしきれない場合も多い．そのうえ，組立ラインの設備を更新するには新しい資本支出も必要になるだろう．前にも述べたように，場合によっては物流センターに新たな製造設備を設ける必要すらある．多くの場合，このような変更に伴う設備投資支出を製品のライフ全体にわたって回収できるときには製品ライフサイクルの初期段階で変更を行う価値がある．このように，製品ライフサイクルの最初の段階で実施すれば大きな効果をもたらすような「ロジスティクスのための設計」手法であってもそれを後で実施したのでは投入資本が回収できないことが充分考えられる[63]．

また，新しく設計した工程やモジュール化設計によって製造する場合，費用がより高くなることもある．これまでに挙げてきた多くの事例をみても，製品価格と製造コストは上昇している．したがって，効率的に設計された製品や工程による節減金額を見積もって，これを製造原価の上昇分と比較することが必要となってくる．このようなシステムの導入がもたらす利点の多くを定量化することは非常にむずかしく，柔軟性の向上，顧客サービス効率の改善，そして市場対応時間の短縮のいずれをとってもその価値を決めるのは困難であり，問題の解析をさらにむずかしくするだけである．さらに問題をむずかしくするものとして，このような意思決定時には，技術者は今まで受けた訓練よりもさらに広い視野に立っての判断を求められることがある．

このように複雑な問題をさらに複雑にするものとして，多くの場合，工程順序の再編成によって在庫レベルが引き下げられるが，品目ごとの保管在庫価値が上昇するという問題がある．たとえば，セーターの例でこれを考えてみると，毛糸をセーターに仕立てる前に染色する必要がないために毛糸の在庫レベルを引き下げることができるが，しかし，この毛糸の大部分を染色済みの毛糸よりも価値の高いセーターの形での在庫が必要となるのである．

他方，カスタマイズ化のステップを遅らせることができれば，カスタマイズ

前の製品の価値はカスタマイズした製品の価値よりも低くなり，そうでない場合に比して，サプライ・チェーンの後ろの部分で付加価値を付けることができるようになる．

最後に，国によっては，最終製品に対する場合よりも半製品や非構成製品に対する関税率が低いことがある[63]．したがって，製品を完成させる製造工程を，輸入国の物流センターで行えば，関税を抑えることができる．

ロジスティクスに関する意思決定の全体像を考える場合，このような問題のすべてを考慮することが必要である．しかし，それでもなお，多くの場合，顧客サービスの改善と，サプライ・チェーンの運営費用の大幅な低減に「ロジスティクスのための設計」が役立つことは明らかである．

8.1.6 押し出し型と引っ張り型の境界

第5章における押し出し型ロジスティクス・システムと引っ張り型ロジスティクス・システムに関する議論を思い出してほしい．押し出し型のシステムでは，生産の意思決定は長期予測に基づいて行われ，引っ張り型のサプライ・チェーンでは，生産は需要によって決定される．これまで，引っ張り型システムの利点の多くを列挙して，押し出し型システムと比較した場合に，引っ張り型システムの方が，サプライ・チェーンのリード時間短縮，そして在庫レベルとシステム費用の低減につながる，同時に，システムの資源の管理が容易になると結論づけた．

しかし，引っ張り型のシステムをサプライ・チェーン全体にわたって実施するのが常に現実的とは限らない．生産や輸送のリード時間が長くなり，規模の経済性を追求しなければならない場合もある．本章で論じてきた遅延差別化は，押し出し型システムと引っ張り型システムを，1つのサプライ・チェーンの中で結合するための1つの方法と見なすことができる．実際に，サプライ・チェーンの中で製品が差別化される前までの部分は，典型的な押し出し型サプライ・チェーンである．すなわち，差別化されていない製品は，長期予測に基づいて製造され輸送されるが，これに対して，製品の差別化は市場需要に対応して行われる．このように，サプライ・チェーンの中で差別化が始まる部分から，引っ張り型のサプライ・チェーンとなる．

たとえば，ベネトンの例，すなわち事例 8.1.5 では，染色前のセーターは予測に基づいて生産されるが，染色は顧客需要に応じて行われる．この製品差別化のポイントは，そこでシステムが押し出し型システムから引っ張り型システムに変わるポイントであることから，押し出し型と引っ張り型の境界となる．

押し出し型と引っ張り型の境界という概念を考える1つの方法は，第3章で論じた在庫管理の第2の法則を通してみることである．集約された需要情報は，ばらばらのデータよりも精度が高いので，サプライ・チェインの押し出し部分には，製品を差別化する前の活動および意思決定だけが含まれることになる．これらの活動および意思決定は集約された需要データに基づいて行われている．

したがって，遅延差別化がもたらす利点は，それによって企業が，押し出し型システムの持つ規模の経済性の利益を享受しながら，同時に引っ張り型のシステムが持つ利点も享受できるところにある．この遅延手法を考えるうえで，差別化のポイントが複数ある場合，押し出し型システムと引っ張り型システムの利点のバランスを保つために，押し出し型と引っ張り型の境をどこに置くべきかを考えることが必要である．

8.1.7 事例分析

本章冒頭のヒューレット・パッカードの事例を考えてみよう．この事例ではいくつかの問題と課題が示されたが，ここではヨーロッパ物流センターにおける在庫問題の分析に焦点を当てて考えてみる．特に，ヒューレット・パッカードはワシントン州バンクーバーにある工場からヨーロッパに製品を納入するのに4週間から5週間という長いリード時間を必要としていた．バンクーバー工場は，高速大量生産工場であり製造には約1週間を要していた．

ヒューレット・パッカードでは，ヨーロッパにおける在庫レベルが高いことと，在庫バランスの悪さを特に懸念していた．デスクジェット製品ラインの特徴の1つは，ローカリゼーションと呼ばれる工程によって，ローカル市場に合わせてカスタマイズされていることにある．この工程には，各国語によるラベリングと取扱説明書の追加と，電源を各国の電圧に設定してそれに各国別のプラグを取り付ける作業があった．この工程は，製品がヨーロッパに到着する何週間も前にバンクーバーで行われていた．さらに，プリンタがヨーロッパに到

8.1 はじめに

着すると，在庫不均衡が生じた．つまり，ヨーロッパ物流センターにおいては特定市場向けにカスタマイズされたプリンタの在庫が多すぎて，他の市場向けにカスタマイズされたプリンタの在庫が少なすぎるという状態がしばしば生じたのである．

このような問題が発生する原因は何か？ 前の章において論じた事例とデータに基づいて問題を考えてみると，明らかに以下のような問題がある．

- 正しい在庫レベルを設定する方法には不確実性が伴う．
- ローカリゼーションオプションの種類が多すぎて，そのために在庫管理がむずかしくなっている．
- リード時間が長いために予測がむずかしく，このため安全在庫レベルが高くなっている．
- 多くのローカル市場においては，不確実性のために予測がむずかしくなっている．
- ヒューレット・パッカード内各事業部間における協力関係を持つことがむずかしい．

短期的な対策として，最初の課題は第3章で説明した方法によって安全在庫を合理化することによって対処できる．長期的対策として，次のような解決策が提案された．

- バンクーバーからのプリンタの出荷を航空貨物便に切り替える．
- ヨーロッパに工場を建設する．
- ヨーロッパ物流センターの在庫を増やす．
- 予測技術を改善する．

残念ながら，これらの解決案にはかなりの問題がある．競争が激しくしかもマージンが低い商売にとって，航空貨物便の運賃負担は耐えがたいし，ヨーロッパにおける需要は，新工場の建設に見あうほど大きくない．在庫はすでに問題となっており，これ以上の在庫負担は問題を大きくするだけである．さらに予測精度を上げる方法も見当たらない．

よって，ヒューレット・パッカードの経営陣はもう1つの選択肢である遅延化手法を検討することにした．この手法では，ヨーロッパの物流センターにローカライズする前のプリンタを出荷し，各消費国の需要動向を見きわめたうえで

ローカライズする.問題はこのような戦略によってどれだけ在庫を節減できるかであった.この問題を考えるために,第3章で詳しく述べた在庫管理方針を使ってみた.ここで,ヨーロッパにおけるカスタマイゼーションのオプションに関して,第3章で論じたアプローチと表8.1を使い,毎月と毎週の平均需要とその標準偏差値を計算してみよう.

カスタマイズされた各製品に必要な安全在庫レベルを計算する場合,安全在庫レベルは $z \times STD \times \sqrt{L}$(ただし z は必要なサービスレベル(表8.2参照)を維持するための係数)に等しくなることを思い出してほしい.以下の分析では,5週間のリード時間と98%のサービスレベルを要するものと想定する.この数量を平均需要で割ることによって,必要な安全在庫レベルが何週間分であるかを決めることとする.表8.2の初めの6列には,表8.1で特定したカスタマイゼーションのそれぞれのオプションに関する計算結果が含まれている.2列目から最後の列には,必要な安全在庫のすべての合計が示されている.これからヒューレット・パッカードがサービスレベルを維持するために必要な量の98%をカバーするためには,効果的な在庫管理戦略と現在あるシステムを活用しても,3.5週間分以上の安全在庫を必要とすることがわかる.

表 8.2 在庫分析

パラメータ	平均月間需要	月間需要 標準偏差	平均週間需要	週間需要 標準偏差	安全在庫	安全在庫 週数
A	42.3	32.4	9.8	15.6	71.5	7.4
AA	420.2	203.9	97.7	98.3	450.6	4.6
AB	15,830.1	5,624.6	3,681.4	2,712.4	12,433.5	3.4
AQ	2,301.2	1,168.5	535.1	563.5	2,583.0	4.8
AU	4,208.0	2,204.6	978.6	1,063.2	4,873.6	5.0
AY	306.8	103.1	71.3	49.7	227.8	3.2
合計	23,108.6		5,373.9		20,640.0	3.8
汎用	23,108.6	6,244	5,373.9	3,011.1	13,802.6	2.6

この表はまた,需要がはっきりとするまでローカリゼーションを遅延させた場合の効果を示している.この場合,物流センターはカスタマイズする前のプリンタを安全在庫として保管し,需要が確定してからプリンタをカスタマイズする.これによって,物流センターは総需要レベルの管理に専念できる.第3章のリスク共同管理の項でみたように,総需要に対する標準偏差は,カスタマイ

ズ後の製品に対する需要の標準偏差よりもより小さくなる．総需要に対する標準偏差の計算は，表の最後の列に示されており，この新しい標準偏差が，カスタマイズ前のモデルに対する安全在庫の決定に用いられる．ローカリゼーションを遅らせる新しいシステムでは，現在あるシステムよりも安全在庫が少ないことに注目すべきである．

在庫保管費用について節約できる金額は，明らかに支出した保管費用の割合によって決まってくる．たとえば，在庫保管費用が30%で製品の価値が400ドルであるとすれば，年間で節約できる金額は80万ドルとなる．さらに，遅延手法をとる利点として，以下が挙げられる．
- 輸送中の在庫価値が低くなるので保険料が低減する．
- 貨物取扱費用を減らすことができる．
- ローカリゼーションに必要な資材を現地調達することにより，費用の低減とローカルコンテンツ規制への対応が可能となる．

一方で，この戦略をとることによって発生する費用もある．まず，ローカリゼーションを遅延できるように，製品とパッケージのデザイン変更が必要となる．しかし，これには費用もかかり，すでに順調に販売が進んでいる製品に対して追加の研究開発も必要となる．また，ヨーロッパの物流センターには，ローカリゼーション作業のための設備投資も必要である．資本投資のほかにも，物流部門にある――「製造ではなく物流が我々の強みである」――という考え方も変えなければならない．

ヒューレット・パッカードは，このような戦略を実際に実行し大きな成功をおさめた．現実にサービスレベルは上昇し在庫は削減され，その結果，大幅に費用は削減し，収益性は向上した．これを実現するために，ローカリゼーションのためのプリンタの再設計が行われ，物流センターはさらなる仕事と責任を引き受けることとなった．

8.2 納入業者を巻き込んだ新製品開発

サプライ・チェインに関するもう1つの重要な課題に，新製品に組み込む部品の納入業者の適正な選択という課題がある．従来は設計技術者と生産技術者

が製品の最終設計を決定した後から納入業者の選択を行っていた．ところが最近になって，ミシガン州立大学が行った「グローバル調達とサプライ・チェインのためのベンチマーキングイニシアティブ」と題した研究[82]によって，企業が納入業者を設計段階から巻き込むことによって，大きな利益を受けていることが明らかになった．購入資材費の低減，購入資材の品質向上，開発期間の短縮と開発費用および製造原価の低減，そして最終製品の技術レベルの向上などがその利点として挙げられる．

どのタイプのサプライ・チェインの管理者にも，競争に勝ち残るために効率化しなければならないという圧力がかけられている．さらに，製品設計の段階では，よい納入業者と協力しなければならないという圧力が働いている．企業の得意とする業務へ力を注ぎ，それ以外の企業活動を外部委託しようとする動き，そして製品のライフサイクルがたえず短縮されていることなどからその圧力が生まれている．これらの圧力が，企業における設計プロセスの効率を上げるためにプロセスを改善しようという風潮を生み出している．たしかに，納入業者の持つ強みを活かすことは，そのための1つのやり方である．

8.2.1　納入業者統合の範囲

納入業者統合 (supplier integration) に関する研究[82]では，納入業者の統合の「正しいレベル」は，単一とは限らないということが指摘されている．そして「納入業者統合の範囲」という概念が紹介されている．特に，納入業者が関与する範囲について，最小のものから最大のものまで以下のように紹介されている．

関与しないレベル　このレベルでは納入業者は設計に関与せず，顧客の仕様と設計に合わせて材料と部組品を供給する．

ホワイトボックス　このレベルでは統合は非公式なものであって正規なものではない．製品設計と仕様決定時に非公式に購買側と納入業者が協議する．

グレイボックス　このレベルでは公式に納入業者を統合する．購買側と納入業者側のそれぞれの技術者が共同研究チームを結成し，共同開発を進める．

ブラックボックス　このレベルでは，購買側が納入業者にインターフェイスの要件を提供し，納入業者は独自に必要な部品を設計し開発する．

ブラックボックスで示されたアプローチは最も統合の度合いが大きいものである．しかしもちろん，それがあらゆる場合における最善のアプローチであるというわけではない．むしろ，企業はさまざま場合に応じて適切な納入業者統合レベルを決めるのに役立つ戦略を開発しなければならない．

「グローバル調達とサプライ・チェーンのためのベンチマーキングイニシアティブ」では，企業におけるこのような意思決定を支援するためのストラテジックレベルの計画プロセスを開発している[82]．そのプロセスの最初のステップを要約すると，次のようになる．

- 企業としての得意業務を確認すること．
- 現在および将来の新製品開発を決定すること．
- 社外の開発・製造に対して要求するものを明らかにすること．

この3つのステップを通じて，納入業者から調達すべきものと，納入業者に求める専門技術レベルを定められる．将来の製品に社内にない専門技術を必要とする部品があり，このような部品の開発を製品開発の他の段階から分離することが可能な場合，ブラックボックス手法が最適なアプローチである．このような分離が不可能な場合には，グレイボックス開発を採用する方がより適切である．また，必要部品の設計に関して専門技術を購買側が持っていて，納入業者がその部品を間違いなく製造できるようにしたい場合は，おそらくホワイトボックスのアプローチが適切だと思われる．

8.2.2 効果的な納入業者統合の鍵

ただ単に，適切な納入業者統合レベルを選択するだけでは充分とはいえず，納入業者との関係を確実に成功させるにはまだ多くの努力が必要である．このような関係を確実に成功させるために採用するべきストラテジックレベルの計画プロセスの次のステップとしては，次のようなものがある．

- 特定の納入業者との強い信頼関係の確立
- 選択した納入業者との到達目標の調整

一般的に，納入業者の選択には，製造能力とレスポンスタイムのように考慮すべき要素がある．多くの場合，パートナーとして統合される納入業者は(設計協力以外に)部品供給をすることになるが，通常の企業間の関係と同様に考慮

しておかなければならない事項はすべてここでも該当する．さらに，納入業者統合に特殊な事情もあるので，納入業者に対して要求されるものはもっとある．

- 設計プロセスに参画する能力．
- 知的所有権と機密保持問題に関する契約を締結し設計プロセスへの参加する意思．
- そのプロセスに十分な人員と時間を確保できること，これには，必要な人材の派遣も含まれる．
- 納入業者統合プロセスを引き受けるための十分な資源．

もちろん，これらの要件が持つ重要性は，具体的プロジェクトおよび統合のタイプによっても変わってくる．いったん納入業者が決まると，その納入業者との関係構築が重要となる．たとえば，設計段階から納入業者を参画させることが有効であることが認識されており，そうしている企業は，設計コンセプトを確立してから納入業者を参画させている企業と比較して，より大きな利益を上げていることが報告されている．

共同で継続的改善目標を設定する場合と同じように，将来の計画と技術を納入業者と共有することが，両者間の関係を構築するのに重要である．また，両者間の関係を維持するためには，独立した専門グループの組織も有効である．これらの場合のいずれにおいても，購買側企業の目標は，信頼できる納入業者との長期的で有益な関係の構築を目標として構築される．このような過程の中で，購買側と納入業者の目的が整合され，より効率的な統合へと発展するのである．

8.2.3　技術と納入業者の「ブックシェルフ」

ミシガン州立大学のグループは，納入業者の統合に関連して技術と納入業者の「ブックシェルフ」という考え方を提案している．この考え方は，新しい技術開発をたえず監視し，これらの技術分野で専門技術を持った納入業者と提携するやり方である．そして，購買側の企業は，納入業者の設計チームを自社のチームに統合することによって，必要な場合は，このような技術を新製品に迅速に導入することができ，最先端技術に関する利点と欠点のバランスをとることが可能となる．新技術をすぐに使う必要はなく，しばらくの間は経験を蓄積

するだけでよい場合，納入業者はこの知識を他の顧客と開発すればよいという側面もある．また，最先端技術・概念の導入に遅れをとるというリスクは軽減されることとなる．このブックシェルフの概念は，納入業者統合が持つ力を劇的に示す好例である．

8.3 マスカスタマイゼイション

8.3.1 マスカスタマイゼイションとは何か

Joseph Pine II は，彼の著作『マスカスタマイゼイション』[93] の中で，多くの企業にとって重要になっているマスカスタマイゼイションという概念を紹介している．本節では，まずマスカスタマイゼイションという考え方を説明し，ロジスティクス・ネットワークやサプライ・チェイン・ネットワークがこういう概念においていかに重要な役割を果たしているか論じることとする．

マスカスタマイゼイションは，20 世紀の 2 つの主要な生産様式である手工業生産と大量生産から生まれてきた．大量生産は，少品種を大量に効率良く生産する生産方式で，産業革命以降急速に発達した．経営者は自動化と管理を優先させ，厳密かつ機能的に分化した階層的な組織構造，厳格な従業員管理，官僚的な経営構造という共通した特色を持つ．このような組織では，管理と予測が可能となり，効率的な生産を行うことができる．限られた種類の製品の品質を保ちながら，価格を相対的に低く抑えることができる．企業は価格で競争し，最近では品質で競争するようになっている．

一方，手工業生産は，高度な熟練された技術を持つ技術者 (職人) が製造業の中で主要な役割を果たす．このような技術者は個人的基準あるいは専門的基準によって管理され，個性的で興味深い製品やサービスを創造しようという意欲によって働いている．いわゆる有機的な組織での作業者は，徒弟制度と経験によって訓練されており，その組織は柔軟でたえず変化し続けている．このような組織にあっては，高度に差別化された特殊な商品の生産は可能であるが，これを統制し管理するのは非常にむずかしい．その結果，このような商品の品質と生産率の測定や再現は困難で，製造される商品は高価なものが多い[94]．

過去，このような相反する 2 タイプの組織のいずれを選択すべきか，企業管

理者は二者択一を迫られた．製品によっては，低費用少品種戦略が適切な場合もあるし，高費用多品種でより適応性のある戦略の方が効果的となる場合もある．しかしながら，マスカスタマイゼイションの導入によって，このようなトレードオフは必ずしも必要ないことが示された．

マスカスタマイゼイションでは，カスタマイズされた商品やサービスを，迅速かつ効率的に，しかも低費用で納入することが求められる．マスカスタマイゼイションでは上で説明した大量生産システムと手工業生産システムの両方の利点が活かされている．これはすべての製品に適している訳ではない(たとえば，大量消費製品を差別化する利点はない)が，企業にとってマスカスタマイゼイションは，重要な競争上の利益をもたらすものであり，新しいビジネスモデル創造の原動力になっている．

8.3.2 マスカスタマイゼイションを機能させるには

Pineによれば，マスカスタマイゼイションを機能させる鍵は，高度な技能を持った自律的な作業者，製造工程，モジュール化されたユニット(作業単位)にある．企業管理者はそれらのモジュールを調整し再構成することによって個々の顧客の要求と需要を満たすことができる[94]．各ユニットは技能を向上させるために常に努力し，モジュールが機能するかどうかは，いかに効果的に，迅速に，そして効率良くタスクを完了し，いかにその能力をうまく拡張するかにかかっている．企業管理者はこのようなユニットの努力や能力がいかに効率的にうまく噛み合っているかを判断しなければならない．さまざまな顧客の要求を満たすために，いろいろなやり方でモジュール間の効果的な連携を作り出して維持し，創造的に組み合わせ，そして，多様なモジュール開発を促す環境を構築することによって企業管理者の成功はもたらされる．

各ユニットは高度に専門化した熟練度を有しているので，作業者は大量生産の方式で専門技術と効率を発展させることができる．これらのユニットやモジュールを，さまざまな方法で組み合わせることによって手工業的生産の差別化を達成できる．Pineはこのタイプの組織をダイナミックネットワークと呼んでいる．

マスカスタマイゼイションを機能させるためには，達成されるべきいくつかの重要な性質がある[94]．これは，企業間および企業内のモジュールを連携させ

るシステムにとりわけ必要である．以下にその特性を示す．

即時性 モジュールとプロセスは直結していなければならない．それにより多様な顧客要求に迅速に対応できるようになる．

費用を要しないこと 連携による追加費用がプロセスに発生してはならない．これによって，マスカスタマイゼイションは，低費用の選択肢となりうる．

シームレス 顧客サービスを損なうことなく，個別のモジュールの連携は顧客からみえないようにすること．

摩擦のないこと ネットワークやモジュールの集合体を形成するために，間接費を必要としてはいけない．そして他の多くの環境下でもいえることだが，チームの結成を迅速にして，コミュニケーションは瞬時にできるようにしなければならない．

このような特性が備わって初めて，多様な顧客需要に素早くしかも効率的に対応できるダイナミックで柔軟な企業を，設計し実現することができる．

例 8.3.1. ナショナル自転車は松下電器産業の子会社であり，日本でパナソニックブランドおよびナショナルブランドの自転車を販売している．数年前，顧客需要の多様性を予測しこれに対応することができなかったために，売上高は経営者にとって許容できない水準まで落ち込んでいた．マスカスタマイゼイションの努力を開始する以前は，前年からの自転車の20%が在庫として売れ残っていた．ナショナル自転車は，特定市場向けに販売したり予測精度の向上に労力を費やすよりも，マスカスタマイザーとなる道を選んだ．

同社は高度な柔軟性を持つ自転車フレームの製造設備を開発し，塗装，組立て，部品の調整などの工程は，同社の製造設備内にある個別モジュールで行うことができるようにした．次に，パナソニックオーダーシステムと名づけた先進的なカスタムオーダーシステムを小売店に準備した．このシステムは，顧客の体重と身長，フレームのおおまかな大きさ，シートの位置，およびハンドルの高さを計測する特殊な装置を備え，顧客が車種，カラーパターン，そしてオプション部品を選べるようにした．販売店からの情報は，瞬時に工場に送られ，工場ではCADシステムが，わずか3分間で詳細設計を行い，その情報は各モジュールに自動的に送信されて製造され，自転車は発注から2週間後に消費者に引き渡される．

このように，ナショナル自転車は，生産工程をシームレスでしかも費用のかからな

いやり方で独立した生産モジュールに分割し，高度な情報システムを活用することによって，製造コストを大きく上げることなく，売上高と顧客満足度を高めることができた[34]．

8.3.3 マスカスタマイゼイションとサプライ・チェイン・マネジメント

マスカスタマイゼイション導入を成功させるには，本章で説明した多くの高度なサプライ・チェイン・マネジメントの手法とテクニックが，重要となる．このことは，ネットワーク内の構成要素が複数の企業にまたがる場合に，特にいえる．

情報技術は効果的なサプライ・チェイン・マネジメントにとって重要であるが，ダイナミックネットワーク内の異なるモジュールを調整し，それと一緒に顧客要求を確実に満足させるためにも情報技術は重要である．先に示した(マスカスタマイゼイションを機能させるために必要な)特性は効果的な情報システムを欠くことのできないものにしている．

ダイナミックネットワークを構成するモジュールは，企業間にまたがって存在している．このため戦略的提携や納入業者統合のような概念が，マスカスタマイゼイションを成功させるために不可欠となっている．最後に，プリンタに関する多くの事例が示すように，マスカスタマイゼイションを行う際には遅延差別化が重要な役割を果たす．たとえば，製品が地域の物流センターに到着するまで，地域的な差別化を遅延させることによって，地域的なカスタマイゼイションが可能となる．以下の事例が示すように，注文を受け取る時点まで差別化を遅延することによって，顧客別にカスタマイゼイションを行うことができる．

例 8.3.2. デルは，マスカスタマイゼイションに基づくユニークな戦略を採用することによって，1998年には2番目に大きな企業用パソコンメーカーとなり，パソコン業界における有力企業の1つになった．デルでは顧客からの注文を受け取る時点までパソコンを組み立てないため，顧客は必要な仕様を指定することができ，デルは要求された仕様に基づいてコンピュータを組み立てている．注文の大部分は，インターネット経由で入り，受注システムは，デル自身のサプライ・チェイン管理システムと連結され，顧客の要求に応じて素早く製品を組み立てられるように在庫が管理されている．そのうえ，デルはわずかの在庫しか保管しておらず，その代わりに納入業者がデルの

8.3 マスカスタマイゼイション

拠点の近くに倉庫を建設し，デルはジャストインタイム方式で納入業者に部品を発注している．デルは，このような戦略をとることによって，顧客が要求する製品を迅速に提供することができる．さらに，在庫費用も圧縮され，早いスピードで変化するコンピュータ業界の中で部品の陳腐化のリスクを最小限に抑えられる．このように，デルはデスクトップパソコン市場における大手企業の1社に数えられるようになり，同じことをノートパソコン市場やサーバー市場でも進めている．

デルは，その目標を達成するために，これまで説明してきた重要な概念の多くを活用している．同社では，注文の多くを(インターネットを通じて)受注することから，サプライ・チェーンの在庫管理に至るすべてを高度な情報システムを使って動かしている．同社の多くの納入業者と戦略的提携を確立するだけでなく，新しいコンピュータとネットワーク機器の互換性を保つために，重要な一部の納入業者(たとえばネットワーク機器の納入業者である3Com)と納入業者統合提携を確立しようとしている．最後に，デルは，マスカスタマイゼイションを達成するために，コンピュータの最終組立てを受注時点まで引き延ばすことによって，遅延化差別化の概念を活用している[79]．

まとめ

本章では，製品設計とサプライ・チェイン・マネジメントの相互作用に焦点を当てた．まず，ロジスティクス費用を引き下げるための製品設計という概念で，さまざまな設計手法を紹介した．効率の良い包装と保管を考慮して設計された製品が，その輸送・保管費用を減らすことは明らかである．また，製品の設計段階で一部の製造工程を並行して進められるように製品を設計することによって，製造リード時間を短縮でき，安全在庫レベルを減らし市場変化への対応力が向上する．最後に，製品の差別化を遅延させることによって，製品全体のリスクを共同管理することができ，ひいては在庫の削減に結び付き，総需要予測(集約された需要予測)の情報がもっと効果的に使えるようになる．

もう1つの重要な設計とサプライ・チェインの相互作用は，製品設計と開発のプロセスへの納入業者の統合である．本章では，納入業者を開発プロセスに統合するさまざまな手法を検討し，この統合を効果的に管理するポイントを考えた．

最後に，進化したサプライ・チェイン・マネジメントは，マスカスタマイゼイションを促す点もみてきた．マスカスタマイゼイションによって，広汎で多様なカスタマイズされた商品やサービスを，迅速にそして効率的に低費用で提供することができる．企業はマスカスタマイゼイションによって競争上優位な立場に立つ．マスカスタマイゼイションを成功に導くには，効果的なサプライ・チェイン・マネジメントが重要なのはいうまでもない．

9

顧客価値とサプライ・チェイン・マネジメント

事例：デルの直販ビジネスモデル

　Michael Dell は，1984 年に学生寮の一室で簡単なアイデアに基づいてコンピュータ事業を創業した．そのアイデアとは，当時，パソコン販売では一般的だった小売チャンネル経由の販売ではなく，顧客からパソコンの注文を受けて，その注文に基づいてパソコンを組み立てて顧客に直接販売するという方法だった．この方法は，今では直販ビジネスモデルと呼ばれ，在庫費用と小売経費をなくすことができる．このモデルには，Dell が自身の会社であるデル (Dell Computer Corporation) を創立した時点では，まだ知られていなかった利点もあった．Michael Dell は「顧客と直接関係を持つことが重要なのだ．この顧客との関係から価値ある情報が得られ，その情報を納入業者と顧客の両方の関係の中で活用し，技術と結合することによって，主要なグローバル企業の基本的なビジネスモデルを大きく変える基盤を作ることができる」と説明している．

　デルのモデルでは，コンピュータは市場から調達した部品で組み立てられる．コンピュータ部品を製造しないため，デルは，資産所有にかかわる負担，研究開発のリスク，労務管理の負担から免れることができる．また，開発と製造のリスクを何社かの納入業者に分散させて，社内で行う場合よりも開発や製造の速度を早めることができた．

　納入業者，製造業者，そしてエンドユーザーのそれぞれの間にある従来の

＊ 本事例は文献[69]をもととしている．

サプライ・チェインの境界を超えて技術と情報を使うデルの手法は，仮想統合(virtual integration)と呼ばれた．デジタルイクイプメントのような在来のコンピュータ企業では，研究，開発，製造，物流のプロセスは，すべて社内で行われていた．つまりこれらのプロセスは，縦断的に統合されていた．そして，顧客との相互的な情報交換に基づいた高レベルのコミュニケーションと製品開発能力を可能にした．この手法が持つ不利な点は，変化の激しいコンピュータ業界において，製品開発に伴う高いリスクや費用，そして資産を社内に保有しなければならないことにある．仮想統合を活用するために，デルは納入業者とサービス業者を自社組織のように扱った．納入業者やサービス業者のシステムは，デルのシステムとリアルタイムにリンクされ，サービス業者の従業員も設計チームと製品開発に参画した．新技術によって，設計データベースや設計手法を共有し，市場への対応速度を早め，協業は経済的な利益を生んだ．

デルは，1つの製品が在庫として滞留する平均時間の逆数，すなわち在庫回転率を計測した．計測は，各部品に日付を刻印することによって行った．猛烈なスピードで変化するパソコン業界で在庫を蓄積することは部品が急速に陳腐化することを意味し，高いリスクを負うことになる．場合によっては，ソニー製のモニターのように，デルとしては在庫をまったく持たない場合もある．この場合，ソニーのメキシコ工場からUPSサービスやエアボーンエクスプレス(Airborne Express)を使って輸送し，コンピュータは同社のテキサス州オースチンにある工場から輸送し，これらを組み合わせて顧客に納品している．デルの納入業者にとっては，需要に関するリアルタイムな情報が得られ，一定レベルの購入が約束されるという利点がある．このような同社の業績には素晴らしいものがある．コンパック，IBM，ヒューレット・パッカードのいずれもが，1998年の終わりにデルのビジネスモデルの一部を模倣した受注生産計画を発表したが，いずれの企業もその転換には苦労した．ほとんどの企業は，目標在庫レベルを4週間に設定したが，デルでは，たった8日分の在庫で，年間に在庫を46回も回転させている．

顧客に関しては，さまざまな種類の顧客にそれぞれ価値付加サービスを提供できるように，デルは顧客をセグメントに分割している．大口顧客に対しては，顧客が要求する仕様に合わせたパソコンを組み立てて，その運用もサポートしている．また，顧客の要求に応じて，標準ソフトウェアをインストールして，パソコンにその企業の資産であることを示すラベルすら貼っている．顧客

によっては，パソコンの購買とサービスを支援するオンサイトチームを用意している．「仮想統合の背後にある全体としての考え方は，顧客ニーズに対して，他のどのビジネスモデルよりも，より早くしかもより効率的に対応することにある．」それと同時に，デルも，市場変化に対して効率良く敏感に対応できるようになっている．デルは，顧客に対して時間を費やし，技術動向を追いながら，変化を先取りし，さらには変化を作り出そうとさえしている．

本章の最後まで読めば，次の問題を理解できるであろう．
- 顧客価値とは何か．
- 顧客価値はどのように測定するのか．
- サプライ・チェインにおいて顧客価値を上げるために，情報技術はどのように活用されているか．
- サプライ・チェイン・マネジメントは，どのように顧客価値に貢献しているか．

9.1 は じ め に

　少し前であれば，本章の表題は「顧客サービスとロジスティクス」としたところだが，今日の顧客主導型の市場では，製品やサービスそのものではなく，企業との総合的な関係の中で顧客によって認められる価値が問題となる．企業の製品やサービスの品質の評価尺度は，社内の品質保証基準から，社外の顧客満足度に発展し，さらにそこから顧客価値へと進化している．供給主導型の生産時代には，不良数のような社内の品質基準が企業目標だった．顧客満足は，既存の顧客に集中し，彼らの企業の製品とサービスに対する印象を良くすることに全力が注がれていた．これによって，顧客に関する貴重な情報が得られ，また改善すべき点についてのヒントと成果を向上させる方法が得られた．今，強調されている顧客価値の考え方は，これをさらに一歩進め，顧客が競合製品の中で特定企業の製品を選択した理由を把握し，製品，サービス，製品と企業イメージを構成するその他の目に見えない要素のすべてを解明しようという目的がある．

顧客価値の視点から見ると，提供するサービスと顧客について広い視野を持つことができる．すなわち，なぜ顧客が買うのか，買い続けるのか，あるいは企業を見放すのかを学習することが求められる．顧客の選好と要求は，どうすれば満足させられるのか．どの顧客から利益が得られるのか，売上げを伸ばせる可能性があるのはどの顧客か，どの顧客が損失をもたらすのか．顧客価値を推定する場合は，多様な条件の選択に誤りがないように，注意深く検証する必要がある．このような条件としては，以下のようなものがある．

顧客は，優れた顧客サポートサービスよりも低価格を重視しているのか．
顧客は，翌日配達や低価格を希望しているのか．
顧客は，専門店で買うのか，あるいは，1箇所でなんでもそろう大型店で買うのか．

このような疑問は，あらゆる事業で重要であり，事業戦略構築の推進力にもなっている．

それまでバックオフィス機能ととらえられていた物流が，このような視点の変化によって脚光を浴びるサプライ・チェイン・マネジメントに進化した．サプライ・チェイン・マネジメントは，当然のことながら，顧客の要求を満たし価値を生み出す重要な構成要素である．これと同様に重要なのは，製品が手に入るかどうかということと，どれだけ早くそしてどれだけの費用で製品を市場に届けられるかをサプライ・チェイン・マネジメントが決定していることにある．本書のサプライ・チェイン・マネジメントの定義(第1章参照)によれば，顧客の需要に対応することがサプライ・チェインの最も基本的な機能である．この機能には，製品物流における物理的な特性のみならず，それに関連する情報およびその情報へのアクセスも含まれている．

また，サプライ・チェイン・マネジメントで，費用を大きく下げることによって，顧客にとってなによりも重要な価値である価格に影響を与えることができる．デルは，製品の最終組立てを購買(すなわち，注文に合わせた生産)時点まで遅延させることによって，サプライ・チェインの費用を下げる手法を取り入れ，パソコン業界で競合メーカーよりも安く売ることができた(第8章参照)．

9.1 はじめに

ウォルマートはクロスドッキング戦略を導入し (第5章参照)，納入業者とストラテジックに提携する (第6章参照) ことによって，費用を引き下げることができた．ウォルマートと他の小売業者が使っている「毎日低価格」という営業政策もまた，第4章でみたように，サプライ・チェインの優れた効率が背景にある．

顧客価値は，サプライ・チェインの変化と改善を促す．それは顧客からの厳しい要求や競争によって，あるいは，競争上の優位を維持しようとする企業努力によって，さらに，大規模製造業者，卸売業者，あるいは小売業者の，各納入業者に対する要求によって実現される．納入業者はこの要求を可能にするサプライ・チェインの採用をせまられている．とりわけ，ウォルマートは，その多くの納入業者に対してベンダー管理在庫 (第6章参照) を実施するよう要求し，ヒューレット・パッカードやルーセント・テクノロジーズ (Lucent Technologies) のような大手製造業者は，部品メーカーに対して使用部品を常時100%利用可能とするよう在庫として保管することを要求している．その代わりに，このような大手製造業者は，必要な製品とサービスを提供する納入業者を自発的に1社に絞るか，あるいは少なくとも一定量の購入を約束している．

最後に，顧客を逃さないために必要なサービスの種類と，顧客に役立つサプライ・チェインの種類を決定するためにも顧客価値は重要である．企業のサプライ・チェイン戦略は，提供する製品やサービスの種類と，顧客に提供する多様な要素が持つ価値によって決まる．たとえば，顧客が1箇所での買い物によってすべてそろえたいと望むのであれば，たとえ在庫管理の面から費用がかかっても，多くの製品とオプションをそろえる必要がある．顧客がその企業に対して製品の先進性を求めているならば，企業は，そのサプライ・チェインを通じて常に先進的な製品を需要がある限り供給する必要がある．企業が個々に応じてカスタマイズされた製品を提供するのであれば，それを可能する十分な柔軟性をそのサプライ・チェインに持たせる必要がある．このように，サプライ・チェインは，あらゆる製品と戦略を考慮しておかなければならない．それによってサプライ・チェインそれ自体が顧客価値の増大につながる競争力優位をもたらす．

9.2 顧客価値の切り口

顧客価値は，企業が提供する製品，サービス，その他の無形のもの全体に対する顧客側の認知の仕方であるとして定義されてきた．顧客の認知はいくつかの切り口に分類することができる．すなわち，
- 顧客の需要に対する適合
- 製品の選択
- 価格とブランド
- 付加価値サービス
- 関係と経験

である．上記の項目のうち3番目までは必須のものであり，4番目以降は重要性は低いがより高度な「切り口」である．しかし，企業が提供するものに付加価値を加え差別化するための独創的なアイディアは，重要度の低い「切り口」から引き出すことができる．本節では，それぞれの「切り口」がサプライ・チェイン・マネジメントによってどのような影響を受けるのか，そして，サプライ・チェイン・マネジメントにおいて，それぞれの「切り口」に内在する顧客価値をどのように考慮する必要があるのかを示すこととする．

9.2.1 要求との適合

顧客が求め必要としているものを提供することがサプライ・チェイン・マネジメントの基本的な要件である．サプライ・チェイン・マネジメントは，商品と商品の選択可能性を顧客に提供することでこの要件を実現している．Marshall Fisher はこれを，サプライ・チェインの市場仲介機能と呼んでいる[36]．この機能は，原材料から商品を製造し顧客に出荷するというサプライ・チェインの物理的機能とは異質の機能である．需要と供給に差異があるとき，市場仲介機能に関連する費用が発生する．すなわち，供給が需要を上回るとサプライ・チェイン全体に在庫費用が発生し，需要が供給を上回ると販売の機会を失い，市場シェアの低下につながる．

製品需要が，おむつや石鹸，あるいはミルクなどの大量消費製品のように予

測できるものであれば，市場仲介機能は大きな問題とはならないが，ファッション関連商品や他の需要変動の大きな商品の場合は，商品に対する需要の性質によって，販売の機会損失や過剰在庫による大きな費用が発生する．大量消費製品にとって効率の良いサプライ・チェインにするためには，在庫，運送，その他の費用を削減してサプライ・チェイン全体の費用を低減させることが目的となる．これがキャンベル・スープ (Campbell Soup) や P&G がそれぞれのサプライ・チェインで採用している戦略である．

これに反して，需要変動の激しい商品のサプライ・チェインでは，需要に対する高い感応性，短いリード時間，柔軟性，そしてスピードが重視され，それらは費用よりも優先される．サプライ・チェイン戦略が製品の特性に適合していない場合，それは企業の市場に対する適応能力への重大な警鐘であるといえる．以下の事例はそれを示している．

例 9.2.1. 電子リレーを製造している韓国の企業を考えてみよう．電子部品業界の競争はきわめて激しく，顧客は納入業者を自由に選ぶことができる．したがって，必要な製品を必要なときに製造業者が供給できないと，競合メーカーに顧客を奪われてしまう．さらに悪いことに，毎月の顧客の需要変動が非常に大きいために顧客の需要を予測することがむずかしい．輸送費用を引き下げるために，製造業者は極東地域の製造拠点から，船便を使って製品を出荷している．不幸なことに，製品が米国の倉庫に到着する時点までに需要が変化してしまい，部品によっては不足し，一方で，売れない在庫が生じることもある．そのため，輸送リード時間を短縮することによって，在庫レベルと費用を抑制し，顧客への売上を伸ばし顧客を確保するために，製造業者は製品出荷に航空貨物便を使うことを検討している (第 3 章参照)．

9.2.2 製品の選択

多くの製品には，スタイル，色，形状など広範囲なオプションがある．たとえば，自動車には，5 種類の車種，10 色の塗装，10 種類の内装カラー，それにオートマチックとマニュアルの変速機があるとすると，それらの組み合わせは全部で 1,000 種類にものぼる．卸売業者と小売店にとってむずかしいのは，このような多様な製品構成と製品に関して主要な組み合わせの在庫を保管しなければならないことである．第 3 章でも説明したように，製品ラインナップが増

大したために，特定のモデルに対する顧客需要を予測することがむずかしくなり，小売業者と卸売業者は在庫を抱えざるをえなくなる．

　この製品種類の増殖がどのように顧客価値を拡大させるのか分析し把握するのはむずかしい．次のような3タイプの成功した事業形態がある．

　●1種類の製品のみを専門に提供するタイプの企業．このタイプにはスターバックスやサブウェイのような企業がある．

　●1箇所で多様な製品を買うことができる巨大店舗．このような店舗の例としては，ウォルマートと，特に最近店舗を拡大しているKマートなどがある．

　●1つの製品領域のみに特化した巨大店舗．このような店舗の例としては，ホーム・デポ (Home Depot)，オフィス・マックス (Office Max)，スポーツマート (Sportmart) などがある．

　このような傾向は，インターネット上でもみられ，WWWサイトの中には変化に富んだ多様な製品を提供することで成功しているショップや，単一製品に特化しているサイトがある．たとえば，新しく成功したWWWサイトのwww.justballs.comは，いろいろなスポーツで使用するボールだけを販売している．

　パソコン業界では，製品販売方法に大きな変化があった．80年代半ばには，パソコンはエッグヘッド (Egghead) のような専門店で販売されていた．90年代初期にはシアーズのような百貨店で販売されるようになった．しかし，最近では直販ビジネスモデルが一般的になっている．最後になったが，直販ビジネスモデルのリーダーの1社であるゲートウェイは，小売店舗を開設した．これは，企業が数多くの消費者に製品を販売するには，さまざまな小売店舗を通して販売する必要があることを示唆するものである．

　前にもみてきたように，製品の増殖と特定モデルに対する需要予測のむずかしさから，小売業者や卸売業者は，巨大な在庫を抱えざるをえなくなっている．次に，非常に多様な製品構成や製品についての在庫問題の解決方法を論じることとする．

　1）デルが開発した手法は受注生産モデルであり，このモデルでの製品構成は，受注時点で初めて決定される．これは第8章で紹介し分析した遅延差別化を実施するためには効果的な方法である．この手法を実施するための興味ある

方法を，以下の例において説明しよう．

例 9.2.2. アマゾン・コムはきわめて多くの種類の書籍と音楽 CD を販売している．顧客から注文を受けると，アマゾン・コムは 10 数社もの書籍卸と 20,000 もの出版社に書籍を発注する．注文された書籍はアマゾン・コムの倉庫にある出荷ドックに納品される．ほとんどの場合，納品された書籍は，数時間以内に包装され顧客に配送される．同社は数百種のベストセラー以外の在庫は保管していない．

2) 自動車のように製造リード時間の長い製品に適した戦略は，大きな在庫を主要な物流センターで保管することである．このような物流センターによって，メーカーはリスク共同管理 (第 3 章参照) を活用して在庫レベルを削減し，顧客には迅速に自動車を引き渡すことができる．ゼネラル・モーターズは，この方法をフロリダ州にあるキャディラック工場で始めた．ディーラーが自社に在庫していない車種を，地域倉庫に注文すると 1 日以内に配送される．この戦略を考える際に 2 つの大きな問題を提起しなければならない．

a) 地域倉庫での自動車の在庫費用．メーカー (すなわち，ゼネラル・モーターズ) は地域倉庫の在庫費用を負担するのか？ 負担する場合，メーカーの在庫費用は増えるが，ディーラーの在庫は減り在庫費用を節減できる．

b) 小規模ディーラーと大規模ディーラーの格差がなくなる．すべてのディーラーが同じ地域倉庫にアクセスできるようになれば，ディーラー間の格差がなくなる．地域倉庫から在庫費用負担を求められる場合には，特に大型ディーラーがこのような仕組みへ積極的に加わる理由はなくなる．

3) もう 1 つの可能性は，ほとんどの顧客の要求に対して定番オプションの組み合わせで提供することである．たとえば，ホンダはオプションの種類を限定している．また，デルでは，パソコンに搭載できるモデムやソフトウェアの可能な組み合わせは実にさまざまであっても，顧客に提供するオプションは，わずかな種類しか用意していない．実際，このような製品の種類の多さは，すべての場合に必要というわけではない．たとえば，M.L.Fisher は，多くの雑貨商品の多様性が，実は何の役にも立っていないことを 28 種類もの歯みがきを例に指摘している[36]．つまり，製品の多様性が顧客価値を上げられるとは限らな

いのである．

9.2.3 価格とブランド

　製品価格とサービス費用は，顧客価値の主要な部分を占める．価格は顧客が考慮する唯一の要素でないが，製品によっては受け入れられる価格帯は狭いものとなる．商品が大量消費製品の場合(パソコンのような精密機械でも大量消費製品である)その価格弾力性はほとんどない．したがって，企業はそのサプライ・チェインの変革によって費用優位性を実現している．デルの直販ビジネスモデルでみたように，顧客自身に製品のシステム構成を任せて，それを実現するサプライ・チェインは，顧客価値を増大させるのみならず，費用を削減することにもなる

　ウォルマートは，サプライ・チェインによって低価格商品を提供し，競合企業より安く販売することができるようにした革新者である．また，P&Gが採用した「毎日低価格」という販売方針が，鞭効果を減らすための重要な手法であることも指摘した（第4章参照）．この販売方針は，顧客に対しては不利なタイミングで購入するのではないかと心配せずにすむとアピールし，小売業者や製造業者に対しては特売の結果もたらされる需要変動を考えなくてすむという利点をアピールした．

　価格のもう1つの要素に，製品のブランドがある．今日の市場では，店員数が減り，顧客はスーパーマーケットスタイルの買い物を求めている[98]．これは無人店舗販売や，インターネット上のショッピングについても同じである．顧客行動のこのような傾向のため，ブランドは買い手の気持ちの中で品質保証となり，そのためにブランドはその重要性を増している．自動車のベンツ，時計のローレックス，財布のコーチのようなブランドは，高品質と信頼性の象徴として販売でき，このような雰囲気を持っていない製品よりもはるかに高い価格で売れる．さらにいうならば，価格の大部分を占めているのは信頼と品質かもしれない．このような製品の利幅は大きいので，販売機会の損失は大きな損失となる．よって，敏感な反応がサプライ・チェインにも求められており，サプライ・チェインに要する費用も，その高い利益に見合うものとなっている．

例 **9.2.3.** 最も成功した小口貨物運送業者としてフェデックス (Fedex) が成長した重要な原因は，同社が最初に翌日配達便に的を絞り込んだことである．これによって市場では翌日配達便という言葉が同社のサービスを意味するようになった．たとえもっと安い代替手段があったとしても，同社のブランドとそれが象徴する信頼性のために，顧客はフェデックスで製品を配送するという価値に対して喜んで代替手段との差額を支払うのである[98]．

最後に，多くの産業において「製品」とは，「物理的な製品」およびそれに関連する「サービス」を意味している．ほとんどの場合，物理的な製品に価格をつけることよりも，サービスに価格をつける方がむずかしい．同時に，異なるサービスを比較することは非常にむずかしく，その結果，価格の多様性も増大する．このことは，大量消費製品に代えることがむずかしいような新たな商品・サービスを開発する機会を企業に提案するものである．次に検討するように，このような機会を，顧客が実際にすすんで金を支払おうとするような商品に変える挑戦が行われている．

9.2.4　付加価値サービス

多くの企業にとって，供給過剰の状態にある経済の中で，製品価格だけで競争することはできない．したがって，ほかに収益源を見つけることが必要になってきている．このため，各企業は，競合他社と差別化し，より高い利益を生み出す付加価値を商品にする方向を目指している．

サポートやメンテナンスのような付加価値サービスは，ある種の製品，特に技術的な製品の購買を決定する重要な要因となる．多くの企業が，実際に製品の周囲により多くのサービスを付加しつつある[55]．このような動きの背後にあるものとして，次のような傾向が挙げられる．

1) 製品の大量消費製品化．価格のみが問題となり，価格以外の特徴に差がなくなると収益性は悪化し，製品販売による競争上の優位性がなくなる．
2) 顧客とより密接になる必要性．
3) 顧客との密接な関係を可能にする情報技術能力の拡大．

高度なサービスを売り物とした事例を，以下の事例で説明する．

例 9.2.4. グッドイヤータイヤは,トラックメーカーであるナビスター・インターナショナル・トランスポーティション (Navistar International Transportation) の全自動組立ラインに対しジャストインタイム (Just In Time) 方式でマウントされたタイヤを納入する完全な自動化サプライ・チェイン・サービスを提供している.グッドイヤーには,13人のタイヤ物流専門家から成る情報技術チームがあり,このチームはケンタッキー州ヘンダーソンにあるホイールメーカーであるアキュライド (Accuride) とのサプライ・チェイン・プロジェクトのシステムインテグレーターとして機能している.AOTと名づけられた合弁事業のもとで,グッドイヤーとアキュライドは塗装済みで直接トラックに装着できる完成品のホイールアセンブリーを,フォード,三菱,ナビスターに供給している.このアセンブリーの中には,顧客の指定によりグッドイヤーの競合メーカーのタイヤも組み込まれている[55].

　IBMのような企業は,「IBMはサービスを意味する」といいながら,長年にわたってサービスを無償で提供してきた.ところが今日では,IBMはその収入の大半をサービスから得ている.マイクロソフトのように,顧客サポートに重点を置いていなかった企業もサービスを強化するようになってきた.多くの場合,ワンタイムコール料金やサービス契約のように,サポートには料金が必要である.デルの事例でみたように,サービスとサポートは,追加収入をもたらすだけではない.より重要なことは,企業を顧客に近づけることによって,企業の商品を改善するヒントを得られること,サポート内容を改善できること,製品・サービスの価値を高めるための次のアイディアを得られることである.

　付加価値を生む重要なサービスは情報提供である.たとえば処理中の注文,支払履歴,個別注文などのデータに顧客がアクセスできれば,その企業を身近に感じる.顧客は自分の出した注文の処理がいつ終わるかということよりも,むしろ注文がどの処理段階にあるかを知りたがるものである.このような情報の提供によって,(顧客が) 計画を立てやすくなり,企業に対する信頼性は高まる.今日では小口貨物取扱業において当たり前になっている小口貨物追跡システムを開拓したのはフェデックスである.以下でみてゆくように,これはただ単にサービスの強化にとどまらず,自社の従業員が行うデータ入力と照会機能の一部を顧客に委ねることになるので,情報を提供する側にとっても大きな節約につながる.

多くの顧客が目に見える情報を次第に期待するようになってくるにつれて，顧客が情報にアクセスできるようにすることは，サプライ・チェイン・マネジメントにおける不可欠の要件となりつつある．このような要求はインターネットによって満たせるようになり，それをサポートする情報システムに対する投資が企業に求められている．これらの問題については，第10章で詳しく述べることとする．

9.2.5 関係と経験

顧客価値の最終的なレベルは，企業とその顧客との間の関係を発展させてつながりを強化することにある．それは双方とって長い時間を必要とするために，顧客は他の業者に切り替えることがよりむずかしくなる．たとえば，デルは，大口顧客のコンピュータシステムを構築しサポートしている．デルが，特殊なカスタム仕様を含めて大口顧客のパソコン購買の全体を管理している場合，顧客が購入先を変更することはむずかしくなる．

別タイプの関係として学習関係がある．これは，企業が特定のユーザープロファイルを作成し，その情報を使って売上げを伸ばしたり顧客をつなぎとめたりするものである[92]．カスタマイズされた情報サービスを構築するインディビデュアル (Individual) や，他のサービスと製品を顧客に提供するために自社のデータベースを活用している USAA のような企業は，このような種類の関係を用いている例である．

例 9.2.5. ピーポッド (Peapod) は米国においてインターネット上で食料雑貨販売を行っている．同社は現在，米国内の7大都市圏で103,000名を超える会員に対して広汎な商品と地域配送サービスを提供している．買い物客はパソコンを使ってピーポッドの商品を閲覧することができる．ピーポッドのコンピュータは，食料品や雑貨を買い付けるスーパーマーケットのデータベースに直接リンクしている．買い物客は，カテゴリーに応じて情報にアクセスし，後から繰り返し利用するために保存できるカスタマイズされたショッピングリストを作成して，自分自身の仮想スーパーマーケットを作成することができる．それぞれの買い物が終わると，ピーポッドは「前回いただいたご注文はいかがでしたか？」とたずねる．これによって提供しているサービスに対する顧客の評価を知ることができる．顧客からの回答率(35%)は比較的高く，顧客

の要求に応じてそのサービスを変えている[92]．

　ピーポッドが使っているアプローチは，文献[89]において提案されたone to oneコンセプトの一例である．企業は1人1人の顧客をデータベースとインタラクティブなコミュニケーションを通じて熟知し，1人の顧客に対してその顧客との取引期間を通じて，可能な限り多くの商品とサービスを販売する，というのがそのコンセプトである．ピーポッドの場合は，実際にデータベースを利用して新しい商品を顧客に提案し，顧客の好みと需要を追跡し，さらには同社が提供する商品やサービスを顧客に合わせている．

　この学習プロセスには時間がかかるが，競合企業がその戦略をまねることがむずかしくなる．そのうえ，顧客が取引先を変えようとしても，ほとんどの場合，その過程に時間と金がかかることを考慮して二の足を踏む．

　実際に，www.amazon.com のようなインターネットサイトでは，過去の顧客自身の購入行動や類似した購買パターンから学習し，顧客に提案や「お奨め」を行う学習機能を備えている．デルは，特定のソフトウェアをインストールし，タグを貼り，その他の要求に合わせたカスタム仕様のパソコンを製作するという大企業向けのプログラムでこの手法を実践している．デルは，さらに，違ったタイプのユーザーがそれぞれの要求に応じてアクセスできるように，インターネットサイトを構築している．このアプローチは，8章で論じたマスカスタマイゼイションのより広範囲な応用でもある．

　顧客との関係をさらに超えて，「体験」というものをデザインし売り込もうとしている企業もある．これは文献[91]によれば新しい経済の傾向でもある．文献の著者たちは，これを顧客サービスとはまったく違う商品であると定義している．

　　「体験」とは，サービスを舞台として商品を小道具として企業が意図
　　的に使うことによって，個々の顧客にとって忘れられないイベントを
　　演出することによって起こる．これにより企業は顧客を引き込む[91]．

　現在，このような例として，航空会社のマイレージプログラム，テーマパーク，サターン愛用者の集い，レクサスが催す日曜日の朝食・洗車会などがある．

また，インターネットは「体験」を生みだすための機会を多く提供しており，そのすべての機会が開発済みというわけではない．インタラクティブなコミュニティサイト，先物オークション，競売などが例としてあるし，ほかにもまだまだあるに違いない．

例 **9.2.6.** シリコングラフィクスは，ビジョナリー・リアリティ・センター (Visionarium Reality Center) を 1996 年 6 月にオープンした．同センターは，販売とマーケティングを目的として作られたバーチャルリアリティセンターである．それは，シリコングラフィクスの映像技術を使って製品を開発する設計者たちが，新技術による体験をシミュレーションできるというものである．センターは，自動車，航空機，建築物の設計に利用されている．これによって，開発担当者や潜在顧客は，さまざまな試作品の外形や配置を見たり，聞いたり，触ったり，さらには運転したり，歩いたり，また，飛行したりできる．顧客はこれによって，その新技術を使った場合に製品がどのように見えるのか，感じられるのか，あるいは聞こえるのかを，実際に製造する前に知ることができる[91]．

サービスの概念が最初に生まれたときと同じように，企業は「体験」に対してまだ料金を請求していない．料金を請求する前に，顧客が「体験」に対し金を支払う価値を認めることが必要である．「体験」自体に価値があるようにするには，大きな投資が必要である．多くの人が喜んでお金を出すディズニーのテーマパークは，成功をおさめたすばらしい実例である．ディズニーのテーマパークは，ディズニーの製品，すなわち映画と多様なキャラクター商品を販売するための手段とも考えることができる．

顧客との洗練されたインタラクティブな関係を提供する能力 (たとえば，夢や感動) は，製品を製造し流通させる能力とは明らかに異質だが，これを売り物とする専門企業が出現している．こういった現象により，たとえばステーキ市場は「ジュージューという美味しそうな音」と食べ物としての「ステーキ」に分化するかもしれない．「ステーキ」企業は製品を生産してこれを市場に出し，「美味しそうなジュージューという音を作る」企業は最終顧客を受け持つ．デルは，明らかに「ジュージュー」企業であり，ソニーのような部品の納入業者は，「ステーキ」企業である．顧客の感性に訴える「ジュージュー」企業には，ディ

ズニー，ナイキ，サラ・リー (Sara Lee) などがある．

9.3 顧客価値の評価尺度

　顧客価値は顧客の評価に基づくため，顧客の側からの評価尺度が必要とされる．代表的な評価尺度として，サービスレベルや顧客満足度などがある．本節の目的は，顧客価値とサプライ・チェイン効率性を測定する評価尺度を紹介することにある．特にサプライ・チェインの効率は，顧客価値に対する重要な貢献要素であるため，その評価尺度は重要である．

　1) **サービスレベル**　サービスレベルは，企業の市場に対する適合性を定量化する代表的な評価尺度である．実際には，サービスレベルの定義は企業ごとに異なる．通常，サービスレベルは，全受注に対する約定納期内に出荷可能な受注の比率によって表され，それは顧客の納期に対する要求を満足させる能力を表す．多くの企業は，この評価尺度を市場で成功する能力の1つとして重視している．そして意思決定支援システムに大きな投資を行って，サプライ・チェイン全体からの情報を分析して正確な納期回答が出せるよう努力している．

　一定のサービスレベルを達成する能力とサプライ・チェインの費用や効率には直接的な関係がある．たとえば，需要変動，製造リード時間，情報伝達リード時間によってサプライ・チェインに保管すべき在庫量が決まる（第3章参照）．特定の商品のサービスレベルを設定するときには，顧客にとってそれが持つ価値を理解しておくことが重要である．たとえば顧客は，即日納品よりも，低費用，納入日に関する情報，製品をカスタマイズする能力などに大きな価値を重視するかもしれない．このことは，パソコン購入の場合にみてとることができる．すなわち，店頭在庫販売よりもパソコンを組み立てて納品するのに余計な時間がかかるデルの直販ビジネスモデルの方が，選択されていることからも確実にいえる．

　2) **顧客満足度**　顧客満足度調査は，製品やサービスをフィードバックによって改善するためだけでなく，販売部門やセールスマンの成績評価のためにも使われている．ピーポッドの例が示すように，顧客満足度の情報を得るにはほかに革新的な手法もある．顧客調査は顧客価値を知る最善の方法ではないかもし

れない．Reichheld[97]が指摘しているように，顧客満足度調査に依存することは，誤解を生むこともある．調査は簡単に操作でき，多くの場合，販売時点の調査は，顧客が引き続き商品を購入する可能性について何も触れていない．

　実際には，顧客の満足よりも，顧客のロイヤリティの方がはるかに重要であり，顧客満足度よりも評価しやすい．顧客のロイヤリティは，顧客の再購入パターンを社内のデータベースを用いて分析することによって，評価することができる．

例 9.3.1. トヨタのレクサスは，毎年顧客満足度 No.1 賞を受賞しているが，これが消費者の満足度を測定する最善の方法であるとは見なされていない．レクサスにとって唯一の意味ある満足度は，顧客が再購入することによって示されるロイヤリティである．レクサスは，自動車・サービスを顧客が繰り返し購入することこそ販売店の成功を示す唯一の評価尺度と考えている．各レクサス販売店は，常に本部と情報交換するために衛星アンテナを設置し，このような評価尺度の変化をたえず追跡している[97]．

　もう1つの調査手段は，顧客離れから学ぶことである．残念ながら，製品やサービスに不満をいだく顧客が一度決めた取引関係を完全に解消することはめったにない．そのために，離れそうな顧客を明らかにすることは容易な作業ではない．顧客はその購買を減らしながら次第に離れて行くのである．しかし，このような顧客離れは追跡することができ，そこに顧客価値を増すための鍵が隠されている．

　3) **サプライ・チェインの評価尺度**　これまでみてきたように，サプライ・チェインの効率は，特に製品が手に入るかどうかという最も基本的な次元で，顧客価値の産出に影響する．したがって，サプライ・チェインの効率を測定する独自の基準を開発する必要がある．サプライ・チェインのプロセスには多くの要素が介在し，その評価には共通した言葉が必要なので，明確に定義された評価尺度が必要となってくる．これがまさにサプライ・チェイン運用参照 (Supply Chain Operation Reference: SCOR) モデル (第10章参照) のような標準化の原因となっている．

　サプライ・チェイン運用参照モデルは，企業の最新の状態と目標を分析し，運

用成績を定量化し，それをベンチマークデータと対比するモデルである．このためにサプライ・チェイン運用参照グループは，サプライ・チェインの運用成績の測定基準を開発し，そのメンバーは，業界グループを形成しサプライ・チェインの運用成績評価の基準となる各業界のベストプラクティスを収集している．文献[78]に基づき，サプライ・チェイン運用参照モデルによってサプライ・チェインの運用成績を評価する測定基準の例を一覧表にしたものを表 9.1 に示す．

表 9.1 サプライ・チェイン運用参照測定基準レベル 1

評価項目	測定基準	単位
サプライ・チェインの信頼性	納期遵守率	パーセント
	受注充足リード時間	日数
	充足率	パーセント
	受注納期達成度	パーセント
柔軟性と反応度	サプライ・チェインの応答時間	日数
	上位生産の柔軟性	日数
費用	サプライ・チェイン管理費用	パーセント
	売上げに対する製品保証費用の比率	パーセント
	従業員 1 人あたり付加価値	金額
資産/利用度	在庫日数	日数
	現金化サイクルタイム	日数
	純資産回転	回転

評価したい企業の測定基準を計算すれば，それを該当する業界平均や業界最高クラスのベンチマークと比較できる．それにより，その企業の優位性が明らかになるし，サプライ・チェインを改善する余地を見出すこともできる．

サプライ・チェイン運用参照モデルは，サプライ・チェインの測定基準の 1 つであり，業界標準となる可能性がある．しかし，デルの事例でみたように，各企業は自社が置かれている環境の独自性から基準を設定する必要もある．たとえば，デルは，在庫のスピードを評価尺度として用いているが，通常の在庫運用成績の評価尺度である在庫回転率は用いていない (第 3 章参照)．

9.4 情報技術と顧客価値

情報技術は，数多くの価値ある恩恵を顧客にもたらしてきた．以下でこの点に関して 3 つのポイントから簡単に再検討してみる．第 1 のポイントは，顧客と企

業間の情報交換である．第2のポイントは企業がサービスを顧客需要により良く適合させるための情報の活用であり，これによって企業は顧客についてより多くを学ぶことができる．第3のポイントは企業間取引(business-to-business)の拡大の可能性である．この点について詳しくは，第10章を参照してほしい．

1) 顧客が受ける利益 顧客に対するサービスは，多くの理由から変化しつつある．その中でも最も劇的なのは，顧客に対して企業，政府，教育機関がそのデータベースを公開したことである．最初はキオスクとボイスメールによって始められ，インターネットの統一的なデータアクセスツールで大幅に加速された．このような技術革新が顧客価値の増大をもたらし，情報供給源の費用は低減された．まず自動現金支払機(ATM)を設置すれば，行員の数を減らせることに銀行が着目した．ボイスメールは，最初は生きた人間との接触を妨げ，人間性を奪うものとばかりにされていたが，実際には，人手を煩わせることなく，いつでもそしてどこででもユーザーが口座にアクセスすることが可能になった．インターネットは，このような特性をさらに拡大し，ユーザーは，いつでもどの場所からでも，自分の口座にアクセスして銀行と取引できるようになった．顧客と企業間にあった情報の境界がなくなることは，新しい顧客価値の拡大につながる．そこでは情報が製品の一部となっている．

また，インターネットはいくつかの目に見えない影響をもたらした[11]．

- 増大した無形の価値：顧客は，電話やインターネットによって会ったことのない売り手から高額の製品を買うことに慣れてきた．このような動向は，購買の意思決定に，ブランドおよびサービスや地域社会での経験のような無形の価値の重要性が増してきていることを意味する．

- 簡単な接続と断絶：インターネットは，取引先を見つけることも簡単だが，その関係を絶って新たな取引先を見つけるのも簡単にした．評価尺度や信用データなどの情報が容易に手に入るようになったため，長期的な信頼関係を確立する必要がなくなった．企業は，公開された実績を利用して，サービスの質を判断する．このような能力は，主として協力関係の締結に大きな投資を必要としない場合に重要である．これは，取引先を頻繁に変更することによって，経費や入手可能な資源に大きな影響がある場合に特にいえることである．

- 顧客の期待の強まり：電話やインターネットによって多様な取引と条件の

比較が容易になったため，あらゆる種類の事業および企業間取引において，同質のサービスが期待されるようになっている．

2) 企業にとっての利益 顧客価値を高める方法の1つは，サプライ・チェインで得た情報を，顧客に対する新たな商品を創るために活用することである．企業は入手可能な情報を活用することによって，ただ単に製品とサービスを生産して販売するだけでなく，顧客の要望を感知し，それに対応できるようになる．実際には，顧客について学ぶには時間がかかり，顧客にとってもある程度の時間が必要となり，その結果，仕入先の変更がよりむずかしくなる．このような学習のプロセスには，購買パターンの相関性を発見する高度なデータマイニング手法から，個々の顧客の選好と詳細購買データを蓄積しそれから学ぶというやり方まで多くの形態がある．使用する方法は，その業界とビジネスモデルによって決まってくる．小売業界では最初の方法（データマイニング）が使われるだろうし，サービス業では，以下に示す例のように，個別の顧客の好みと要求事項を追跡することになる．

例 9.4.1. 1930年代には，軍人が妥当な値段で保険を購入することが困難であった．将校たちが保険に加入できるように，ある将校グループが合同サービス自動車協会 (United Services Automobile Association: USAA) を組織した．USAAはいまでも現役・退役将校，およびその家族のみを対象としたサービスを提供しており，すべての処理を郵便と電話で行っている．USAAは，会員に対するサービスを投資情報サービスや買い物サービスに拡大するために，その膨大なデータベースを活用している．顧客がUSAAに電話すると，自分自身の情報にアクセスでき，その情報は更新され，顧客の要求に合致した多様なサービスが提供される．たとえば，顧客がUSAAを通じて購入した（あるいはローンを組んだ）ボートを所有していれば，保険の援助を受けられる[92]．

3) 企業間取引の利益 本章の冒頭で紹介したデルの事例では，企業が情報技術によって，いかに仕入先とサービス提供業者の業務を改善することができるかを示している．企業は情報技術の活用によって，ビジネスの重要な部分を外部委託しながら，生産または提供するサービスを厳密に管理できる．たとえば，戦略的提携は情報の共有に大きく依存しながら，サプライ・チェインの効率化

を達成できる(第6章参照).

他の企業間における情報共有の例は,文献[85]においてもみることができる.そこでは,製造業者と卸売業者間において原価低減につながる在庫情報の共有の取り組みが説明されている.第3章で紹介したリスク共同管理の概念から導き出されたこのような取り組みによって,製造業者や卸売業者は,あらゆる場所の在庫情報の共有によって全体の在庫を削減することが可能となり,そのチャンネルに属するメンバーなら誰でも在庫を共有できるようになる.

まとめ

顧客価値の創造は企業をその目標に向かって走らせる原動力であり,サプライ・チェイン・マネジメントは顧客価値を実現する手段の1つである.これまでみてきたように,デルの事例は,一般的な顧客価値の創造に関して,そして特にサプライ・チェイン・マネジメントの活用に関して,現在のそして将来の傾向を明示している.以下に本章で論じた主な問題と,それをデルの事例でどのように説明したかを要約する.

サプライ・チェイン・マネジメント戦略は,顧客価値に大きな影響を与える.そういった戦略は顧客価値のあらゆる面に影響を与えるので,それは後から作られるものではなく顧客価値に関する戦略・計画に組み込まれていなければならない.顧客価値をその企業の市場に合わせるためには,正しいサプライ・チェイン戦略を選択することが重要である.サプライ・チェイン・マネジメントの優秀性は,顧客価値のさまざまな切り口で現れる.それは顧客が商品を手に入れるよう供給すること,欲しい商品を選択できること,商品の価格など多岐にわたる.デルの事例で使われたサプライ・チェイン戦略は,そういったビジネスモデルであり,低価格品で顧客価値を創造した.

顧客が情報にアクセスして,製品の入手可能性,注文の処理状況,納品などの情報を得られることは,必須の条件になっている.それによって顧客とその選好を知り,まったく新しい相互関係を作る機会が得られる.このような情報を,デルはサービスの強化に活用している.

企業が,サービス,関係,「体験」を付加することは,市場での差別化を図り,

顧客をよく知るための手段であり，それによって顧客が他社に移ることをむずかしくできる．デルは，優れた顧客サポートをその能力の一部としている．大企業に対して同社は，カスタム仕様のパソコン納入から，社内サービス，サポートまでの広汎なオプションを提供している．

顧客価値を測定することは，企業の目標達成にとってきわめて重要であるが，そのための明確な評価尺度を持つことはむずかしい．企業によっては，そのような評価尺度を従来の概念である顧客満足度から，顧客のロイヤリティに移しつつあるところがある．たとえば，デルは，従来使用されていた在庫回転数ではなく在庫回転率を評価尺度としている．

たとえば「夢」や「感動」のように高度な顧客との相互的な体験を提供する専門的能力は，製品を製造し流通させる能力とは明らかに異質のものである．それには他社にない専門技術を必要とするからである．仮想統合を通じて感性に訴えるタイプの企業であるデルは，その製品の部品を生産する納入業者である多くの従来型の企業と関係を持って，この概念をうまく活用している．

仮想統合企業は，納入業者との関係に特に注意を払わないと，新技術を取り入れて協力する能力を失うことになる．このことは，企業に対してサービスを提供している側にも当てはまる．また，このような関係をうまく機能させるためには，通信システム，情報と資源の共有，そして適切な刺激が不可欠である．外部調達の上に成り立っているデルは，このような協力を長期間にわたって進めてきている．よって，取引先が達成した業務の品質基準を，自社の基準に確実に適合させるために必要な経験を持っている．

顧客との緊密な関係なくして本当の顧客価値などありえない．今日，これは顧客と直接的な相互関係によって実現するだけでなく，情報と通信技術によっても実現できる．顧客の側から選好を語らせてそれから学ぶ，つまり，本当の意味の双方向関係によって，企業はより大きな顧客価値と，その結果であるロイヤリティを実現する手段を持つ．デルは，その直販サプライ・チェイン・モデルによって，これを意図することなく達成することができた．同社は顧客との密接な関係がもたらす利点を全面的に活用している．

10

サプライ・チェイン・マネジメントのための情報技術

事例：エスプレッソコーヒーの供給ライン

　スターバックスの従業員の熱意には誰もが敬意を表さざるをえないだろう．たとえば，こんな逸話がある．ある店でジャワコーヒー豆の在庫が切れそうになったときには，スターバックスでは他店の店長が，自分の車のトランクに豆の袋を詰め込んで補充に駆けつけるというのだ．別格の顧客サービス．しかし同社のように急成長を遂げている企業では，これはきちんとしたビジネスの方法論にのっとったやり方ではない[*1]．

　「2,000もの店で，2,000人の店長がコーヒー豆を車のトランクに積み込んで走り回るわけにはいかない．」シアトルにあるスターバックスのサプライ・チェイン・システムを担当している役員，Tim Duffyはそう語っている．スターバックスは，現在の1,400から20世紀末までには2,000店で特製コーヒーを販売することを計画している．どの店でも従業員がコーヒー豆を自分の車で運ぶようなことをさせないために，スターバックスはサプライ・チェイン・マネジメント・システムの再構築の真っ最中である．

　残念ながら3年で完了するとみられたプロジェクトは，今や5年目に入ろうとしている．その主な原因は，スターバックスが企業体資源計画(Enterprise Resource Planning: ERP)システムではなくソフトウェアの「いいとこどり」(best-of-breed)導入手法をとったことにある．マニュジスティクス(Manugistics)などのサプライ・チェイン関連のソフトウェアベンダーが1年以内で完

[*1] 出典：Lawrence Aragon, PC Week 誌, 1997年11月10日号.

全導入できると主張しているのに対して,スターバックスはなぜこんなに長くかかるのだと疑問を抱いても不思議ではない．

この質問に対する答えは,自社サプライ・チェインの運用を「いいとこどり」システムによって再構築しようとしている情報技術担当役員にとって良い教訓となるだろう．この導入手法は,サプライ・チェイン・プロセス各分野の最良のソフトウェア製品の「いいものを集める」というものなので,問題も「集まる」ことになる．これらの問題として,ベンダーを評価するために時間がかかること,複雑なソフトウェアを統合すること,バージョンを管理するむずかしさなどがある．これらの問題は,サプライ・チェインに関心が集まるようになってから,ますます切実になっている．ボストンのアドバンスド・マニュファクチャリング・リサーチ (Advanced Manufacturing Research: AMR) の報告書によれば,サプライ・チェイン関連のソフトウェアの売上げは,現在の4億1,900万ドルから2001年には27億ドルまで年45%の勢いで伸びると予想されている．

「急激に成長している企業でさえ,企業体資源計画システム導入の平均的な期間は3年間である」とAMRのサプライ・チェイン調査担当グループディレクターであるJohn Bermudezは語っている．さらに,「しかし,スターバックスがその期間で,システム導入を完成させたかどうか疑問だ」といっている．

成長のレシピ

スターバックスの全体像を把握するためには,その課題を理解しておかなくてはならない．同社は設立26年目の会社だが,過去5年間たらずの間に急カーブを描いて成長した．1992年の株式公開以来,1,235箇所の小売店舗を開設した．これらの店舗からの売上げが,会社の収益の86%を占めている．

しかし,スターバックスの拡大する小売事業は,そのサプライ・チェインの一部にすぎない．確固としたブランドとしての地歩を築くため,スターバックスは,ドレイヤ (Dreyer) グループのグランド・アイスクリーム (Grand Ice Cream) やペプシコーラ,そしてレッドフック・エール・ブリュワリ (Redhook Ale Brewery) との間にコーヒーを主製品とするジョイントベンチャーを作り上げた．また,キャピタルレコードとのジャズCD製造事業を苦労のすえ立ち上げ,それを食料雑貨店で売り始めた．さらに,アラマークフードアンドサービス (Aramark Food & Service Inc.) とのコーヒーの取引も開始し,書籍販

売チェーンのバーンズ&ノーブルや航空会社ユナイテッドエアラインとのコーヒー飲料の販売に関する提携を締結した.

驚くべきことに，スターバックスは株式公開時の年間売上げが1億3百万ドルであったのに対して，1996年には旧式のサプライ・チェイン・マネジメント・システムを使いながらも7億ドルの売上げを上げた．スターバックスが正規のサプライ・チェイン・プロセスを持たないにもかかわらず成長を続けられたのは，その「意欲的で情熱あふれる」従業員のおかげだといえる．

それは誇張ではなく，それまでスターバックスが使っていた唯一の情報技術はAS/400上で稼動するJDAソフトウェアと呼ばれる商品管理システムだけだった．それ以外のサプライ・チェイン・プロセスは人手で管理されていた．「これまでの間，在庫保管単位レベルでの生産計画を立てることはなかった」とDuffyは語る．そして代わりに，30数種類のコーヒーの銘柄別に計画していた．現在，スターバックスはマニュジスティクスのソフトウェアによって3,000品目の管理を行っている.

需要予測も，人手によってできることは限られていた．全面的にシステムが革新される前は，各事業部門責任者と生産担当責任者が電話や電子メールで情報を交換しながら予測するほかなかった．現在では事業部門はレテク・インフォメーション・システム (Retek Information Systems Inc.) のSkuPlan予測ソフトウェアを使用して翌月の売上予測と向こう24ヶ月間の在庫保管単位全般の予測を行っている．これらの予測データはマニュジスティクスに送られ全社サプライ・チェイン計画が立案される.

スターバックスの基本的な部品展開表 (Bill Of Materials: BOM) にも問題があった．「会社には部品展開表を必要とする人の数だけ部品展開表があった」とDuffyは語っている．これは，冗長で重複し，かつ拡散した予測によって高い費用負担が生じていることを意味していた．現在では，部品展開表 (の生成・管理) は複数のアプリケーションによって動かす統合的なプロセスとなっている．このアプリケーションの1つは，ニューメトリックス・ラボラトリーズ (Numetrix Laboratories Ltd.) のSchedule Xソフトウェアでスターバックスの生産資源を効果的にスケジューリングするツールとなっている.

旧いシステムでもなんとかやっていけていたが，旧いシステムはサプライ・チェインをサポートするために必要以上の費用がかかっているとスターバックスの経営陣は認識していた．「わが社は，大きく拡大し売上高も大きく伸びたた

めに，従業員が築いてきたシステムは役に立たなくなった」と Duffy は説明している．

1995年の初めに，スターバックスはサプライ・チェインの運用技術を革新しようと決断した．そのときに発表された目標は，最新技術を統合したサプライ・チェインによる費用削減(削減額については公表されていない)，顧客サービスの向上，システム全体で統一された品質の実現だった．

当初，スターバックスは企業体資源計画システムが最善のソリューションではないかと考えていた．スターバックスのサプライ・チェイン運用グループと情報技術部門が要件をまとめ，その一部にはエキスパート・バイング・システムズ (Expert Buying Systems) の Choose Smart ソフトウェアが社内外約50名以上からの聞き取り調査のために使われた．次にその要件を主要企業体資源計画システムベンダーとガートナーグループ，AMR や米国生産在庫管理協会 (American Production Inventory Control Society) のような業務コンサルタントに送った．そして主要企業体資源計画システム5社のデモやユーザー訪問によって，採用する企業体資源計画システムを決定するつもりだった．候補として挙がった企業体資源計画システムは，SAP，バーン (Baan)，データロジックス (Datalogix)(現在オラクルの一部門となっている)，オラクル (Oracle)，QAD，システム・ソフトウェア・アソシエーション (System Software Associates) だった．

しかし，プロジェクト開始後6ヶ月間で，スターバックスはどの企業体資源計画システムパッケージも要件を満たしていないと判断した．その代わり，複数のソフトウェアで構成される「いいとこどり」導入手法をとることにした．それは，9個の個別コンポーネントをまとめるというやり方だった(表10.1参照)．「この方法によるシステム構築を選択したのは，サプライ・チェインを構成するコンポーネントを更新する必要が生じた場合，いつでも取り替えることができるからだ．企業体資源計画ではこんなことはできない．」そう Duffy は語っている．「もっと大きな理由は，ダイナミックに変化する事業環境の要求に対応できる柔軟な機能が必要だったことだ．」

プロジェクトは予想よりも長期にわたったが，Duffy は「我々プロジェクトチームは，6ヶ月から9ヶ月ごとに少しずつ完成させていった．全体の構想をフェーズに分けて実現していったのだ」と強調している．

現在まで，スターバックスは計画した9個のアプリケーションのうち5個を

表 10.1 スターバックスのサプライ・チェイン・マネジメント・システムの構成

ベンダー	製品	機能
レテク・インフォメーション・システム (HNC Software Inc. の子会社)	SkuPlan	需要予測
マニュジスティクス	Materials planning, deployment, constrained production planning, Distribution planning, Manufacturing planning	サプライ・チェイン計画
ニューメトリックス・ラボラトリーズ	Schedule X	有限能力計画
オラクル	GEMMS	生産管理
IMI	System ESS	受注処理
保留	保留	販売事業計画用データウェアハウス
保留	保留	購買管理
保留	保留	倉庫・ロジスティクス管理
保留	保留	輸送計画

調達した．マニュジスティクスとニューメトリックスから購入したソフトウェアは導入されてから1年が経っている．レテクのSkuPlanは9月に稼動し，オラクルのGEMMS(Global Enterprise Manufacturing Management System)は10月に稼動した．IMIの受注処理ソフトウェアは，来春には導入が完了する予定である．輸送計画，購買，倉庫/物流の各アプリケーションは1998年と1999年に調達と導入が予定されている．最後のアプリケーションである販売用のデータウェアハウスと事業計画はスターバックスが自社開発する予定である．

「いいとこどり」システム構築

スターバックスとは対照的に，「今の大部分のユーザーはサプライ・チェイン・システム構築には，中間的な手法をとっている．」とマサチューセッツ州ケンブリッジにあるベンチマーキングパートナーズでサプライ・チェイン業務を担当している．Ann Grackinは語っている．「つまり，ユーザーは，企業体資源計画システムを『ぶどうの樹』のように考えており，サプライ・チェイン・ソフトウェアは，そこにぶら下がった『おいしい果実』だと思っている．」

顧客は，企業体資源計画システムとサプライ・チェイン・マネジメント・シ

ステムの両方を必要としているため，企業体資源計画システムベンダーは，サプライ・チェイン・マネジメントのシステムパッケージの買収や提携，あるいは，パッケージの独自開発を行ってきた．たとえば，オラクルは昨年，データロジックスを買収し，データロジックスのクライアント/サーバーベースのプロセス製造ソフトウェアである GEMMS を手中におさめた．オラクルは，2月にサプライ・チェイン・ソフトウェアベンダーであるマニュジスティクスおよび IMI と提携を結んだ．その目的は，オラクルのソリューションである CPG(消費者用パッケージ製品産業向け) の開発である．

　スターバックスは，企業体資源計画システムパッケージの採用を選択肢からはずしてしまったが，Duffy が認めるように「いいとこどり」導入手法はサプライ・チェイン拡大の主要な障害となった．「主要な機能を持つアプリケーションは早い時期に導入できたが，全体のプロジェクトは長期化した．」

　対照的に，バーモント州ウォーターバリーにある売上高 4700 万ドルの業務用コーヒー焙煎専門業者グリーンマウンテンコーヒーロースターは，ピープルソフト (PeopleSoft) の企業体資源計画システムパッケージを使ってサプライ・チェイン・マネジメント・システムの再構築を行った．その結果，全プロジェクトは 2 年以内で完了するとみられている (「企業体資源計画システムによる早期導入の成功事例」(p.262) 参照)．

　「いいとこどり」導入手法に長期間を要する理由の 1 つは，パッケージソフトウェアの選定と統合に時間がかかることだ．「パッケージソフトウェアを提供するベンダーの管理もたいへんな仕事だった．ベンダーとパートナーシップを組むには，良好で強固な関係を仕事の中で築かなくてはならない」と Duffy は指摘している．しかし，それは一朝一夕にできるものではない．

　スターバックスが導入フェーズに進むにつれて，プロジェクトは数名のコンサルタントが協力して進めていたが，「いいとこどり」プロジェクト特有の問題に突き当たることになった．その 1 つは，必要な技能の確保だった．プロジェクトが 5 年にも及ぶと，「メンバーの意気を失わせてしまうことがある」と AMR の Bermudez は指摘する．そして，「スターバックスのような有名企業で IMI のような最新のアプリケーションソフトの仕事をしていると，どうしてもヘッドハンティングの標的にされてしまう」とも付け加えている．

　Duffy は，引き抜きはそんなに心配はいらないという．スターバックスには最高経営責任者の Howard Shultz によって培われた独自の企業文化があるか

らである.「スターバックスの社員は献身的で会社の歴史の中でいい仕事をしたいと考えている. それだけでも高い定着率の要因となっている.」と語った.

ヘッドハンティングは頭痛の種にはならなかったが,「いいとこどり」導入に伴う各パッケージソフトウェアのバージョン管理は頭痛の種になった. それは, 部門間の政治的な駆け引きの悪夢でもあった. ある部門はアプリケーションの新しいバージョンを必要とし, 必要としない部門からは新バージョンへの移行への不満をぶつけられたからだとスターバックスの Grackin は語っている.

「いいとこどり」導入手法は, また余分な仕事も生じさせた. 常にアプリケーション間を連携させなくてはならないからである. グリーンマウンテンの最高情報責任者 (CIO) の Jim Prevo はこう述べている.「アプリケーションの連携は一度やればそれで終りというものではない. システムを構成するアプリケーションがバージョンアップするたびに連携がうまくいっていることを確認しなければならない. たとえば, A ベンダーから提供されている受注管理アプリケーションと B ベンダーから提供されている倉庫管理アプリケーションがあるとすると, A ベンダーのアプリケーションに修正があったときは必ず B ベンダーとのインターフェイスを確認する必要がある.」

「いいとこどり」導入手法は, スターバックスに問題を提起した.「会社の各部署単位では, たとえばマニュジスティクスのシステムはすばらしい成果を発揮するだろう. だが, 問題が起こりがちなのは, 異種の業務機能を継ぎ目なく結合するという点だ」と Graekin は指摘している.

この点は, Duffy も認めており,「アプリケーションの統合を管理し, それぞれのバージョンを調整するのは大変な仕事だ. しかし, 我々のスタッフは優秀で, うまくやることができるだろう」と語っている.

上層部の見解

「いいとこどり」導入手法にも確かに長所はある. Grackin によれば, それは柔軟性である. スターバックスでは, オラクルをフレームワークとして使い他のアプリケーションをそれに接続することを検討した. これはオラクルの CPG コンポーネントの一部を実際に採用していたためである.「それは, 本当にプロジェクトの進捗と製品の開発との競争だった. 製品の完成がもっと早ければ, 電話に飛びついてオラクルに発注していたかもしれない」と Grackin は語っている. 今でもスターバックスは CPG に関心を持っており, オラクルの

開発状況に注目している．

現在では，Duffyは「いいとこどり」導入手法をとったことに満足している．企業全体の在庫削減，陳腐化商品在庫の削減，残業時間短縮，緊急発注の改善などの点で効果が上がっている．Duffyは具体的な数値は挙げなかったが，彼の部門は40％近い投資効果を上げることを確約している．「財務担当役員に向かって，『金を稼いでいるのは俺たちのシステムだ』といえるようになると思う」と彼は話している．

「いいとこどり」導入手法でうまくいっている証拠としてDuffyが挙げたのは，上位経営陣がプロジェクトを身近にみており，プロジェクト期間が予想よりも延びたにもかかわらず，彼が重役室に呼び出されることはなかった点である．「新しいシステムによる改善の効果が上がらなければ，次善の策を講じたかもしれない．しかし，当社は2年前に比べて2倍の大きさになり，一方で我々はシステムを完成しつつある．我々は十分期待に応え，あるいは期待以上の成果をおさめた」とDuffyは誇らしげに主張している．

事例：企業体資源計画システムによる早期導入の成功事例

グリーンマウンテンコーヒーロースターは，スターバックスに今すぐにでも追いつこうとしているわけではない．しかし，この中堅のコーヒー焙煎業者も，巨大な競合相手と同じほどではないが，そのサプライ・チェーンに問題を抱えていた[1]．

両社の違いは，4,700万ドルの売上規模のグリーンマウンテンが企業体資源計画システムを採用して2年足らずの間に導入プロジェクトを完了させた一方で，売上高7億ドルのスターバックスはソフトウェア導入に「いいとこどり」手法を選択し，その完成に2年以上を要している点である．スターバックスの導入手法が必ずしも間違いだとはいえないが，中堅企業にとって企業体資源計画システムによるソリューションは，時間も金もかかる「いいとこどり」型のシステム導入に巻き込まれなれないでサプライ・チェーンの問題を解決する近道かもしれない．

---

[1] 出典：Lawrence aragon，PCウィーク誌，1997年11月10日号（転載許可済み）．

自社開発の断念

グリーンマウンテンでは，財務会計，生産管理，ロジスティクスを統合した自社開発システムを使用してきた．そのシステムは 10 年間にわたって順調に稼動していたが，「会社が成長を始めると拡張性という壁にぶつかった」とグリーンマウンテンの CIO (Chief Information Office：情報部最高責任者) Jim Prevo は語る．「たとえば，4 つの地域オペレーションセンターを作ろうとしたとき，ウォータベリー地区以外で処理をするときにはデータベースにロックをかけなければならなかった．」

グリーンマウンテンはぐずぐずしているわけにはいかなかった．小売店に加えて 5,000 店の卸売店にコーヒー豆を供給しているからである．また，メールオーダーやカタログ注文による販売やデルタ・シャトル (Delta Shuttle) やアムトラック (Amtrak) などのパートナーを通じての販売もある．

Prevo は，新しいシステムのアプリケーションを自社で開発することも検討したが，3 層クライアント/サーバーシステムを構築する適当なツールが見当たらなかった．プロジェクト開始後 4ヶ月で自社開発の計画は中止となった．

次に行った決断は比較的簡単なものだった．それは適切な企業体資源計画システムを選ぶことだった．Prevo は，さまざまなアプリケーションから良いものを選びそれを統合する「いいとこどり」導入手法はとらなかった．自社開発システムにかかる多額の保守費用を経験していたからだった．「重複した多くのテーブルのメンテナンスやシステム間の変更の調整や連携などが起こりうる」と彼は語った．

企業体資源計画システムベンダーを選択するために，Prevo と彼のチームは必要とされる機能の概要を示したソフトウェア選定資料とデモシナリオを準備した．次に上位の企業体資源計画システムベンダーを招き，各ベンダーと内容のすり合わせに 1 日かけ，デモに 2 日をかけた．候補として残ったのは SAP，バーン，QAD だった．Prevo が 1996 年 10 月に米国生産在庫管理協会 (American Production Inventory Control Society) の会議に出席するまでは，ピープルソフトは真剣に検討されていなかった．

しかし，3ヶ月足らずの検討の後，グリーンマウンテンは穴馬ともいえるピープルソフトを選択した．Prevo はその製品の品質，柔軟性，開発ツールに感銘を受けた．

グリーンマウンテンは昨年 1 月にエンタープライズソリューションの 17 個のモジュールを購入し，そのうちの 7 モジュールを 6 月には動かし始めた．そ

れは，総勘定元帳，買掛金，購買，生産管理，部品展開表と経路計画，費用管理，在庫管理の各モジュールであった．Prevo は，プロジェクト全体を2年で完了すると予定しており，おそらく予定よりも6ヶ月早く終わるのではないかと期待している．

グリーンマウンテンは，2百万ドルの投資をまだ回収していない．しかし，Prevo は，システムが完全に稼動を始めればすぐに回収できると自信を持っている．

導入が短期間で行われた理由の1つは，グリーンマウンテンがピープルソフトの導入業者とカリフォルニア州サンホセのシステムインテグレータであるストラテジック・インフォメーション・グループ (Strategic Information Group) を起用したことだった．「当社のシステム構築スケジュールは厳しく，知識の引継ぎを早急に行う必要があった．そのためには社員をトレーニングクラスに送り社内で開発を行う体制では時間がかかりすぎた」と Prevo は語った．

グリーンマウンテンは，Windows NT サーバー上でオラクルのデータベースを使ってエンタープライズソリューションを稼動させている．サーバー機は，コンパックの ProLiant5000 で，CPU は Pentium Pro 200MHz，RAM は 640MB，ハードディスクは RAID5 でその容量は 28GB である．「全般的性能は充分だ」と Prevo はいっているが，近々リリースされるピープルソフトのバージョン7とそれに続くバージョン7.5によってさらに向上することを期待している．

また，Prevo は，ピープルソフトが昨年買収したレッドペッパーの計画ソフトを統合することによってさらに改良されていくことも期待している．すべて計画どおりにいけば，ピープルソフトがグリーンマウンテンの基幹システムとなり，同社を動かすことになる．

本章の最後まで読めば，次の問題を理解できるであろう．

- スターバックスやグリーンマウンテンの事例で説明したソフトウェアを導入する目的は何か？
- なぜスターバックスとグリーンマウンテンは同じ問題に対して異なるシステム導入方法をとったのだろうか？
- 企業体資源計画システムソフトウェアと意思決定支援システムとはどのような関係にあるだろうか？

●情報技術の現在の動向は企業の企業体資源計画システム導入にどのような影響を及ぼしているか？

10.1 はじめに

　情報技術は，有効なサプライ・チェイン・マネジメントを実現する重要な道具である．サプライ・チェイン・マネジメントに対する現在の関心の多くの背景には，多量のデータの活用によるビジネス拡大の可能性やそのデータ分析の成果に対する期待がある．インターネットによる電子商取引（eコマース）の前面に広がるまったく新しいビジネスチャンスもサプライ・チェインに関心を寄せる要因となっている．

　サプライ・チェイン・マネジメントは，1つの企業全体の枠を超えて，供給業者から消費者まで拡大している．そのため，情報技術についての論議も個別企業の社内システムと社外のシステムの両方について考えなければならない．ここで，社外システムとはさまざまな企業や個人の間の情報伝達を楽にする役割を果たす．

　さらにサプライ・チェイン・マネジメントは一般に，企業内の多くの業務分野に関連し，さまざまな部門間のコミュニケーションや相互作用に影響される．したがって，本章では企業の情報技術基盤設備，サプライ・チェイン用のアプリケーション，企業間のコミュニケーションに関する話題について議論する．

　多くの企業で，情報技術が競争において優位に立つために重要な役割を果たしている．かつてそれは銀行などの特定のサービス産業に当てはまるものだったが，大規模小売業，航空会社，製造業において同じことがいえるようになってきた．

　顕著な実例として挙げられるのは，ウォルマートの通信衛星情報システム，アメリカンエアラインの革新的な Sabre 座席予約システム，そしてフィデラルエキスプレス（フェデックス）のよくできた貨物追跡システムなどである．

　実際，第3章と第4章でみたように，費用削減とリード時間短縮を行い，サービスレベルを向上させるサプライ・チェイン戦略を実現するためには，必要な情報が必要なときに入手できることが鍵となる．さらに，市場での差別化を図

るために顧客に情報技術に基づいた付加価値サービスを提供し，顧客との長期的な関係を構築しようとする企業が増加している．一社がこのようなサービスの提供を始めれば，瞬く間にその業界での標準的なサービスとなってしまう．

多くの場合，サプライ・チェイン・プロセスのさまざまな構成要素をサポートしている現状の情報技術は，多様であり連携されていない．こういった情報技術は会社ごと，あるいは部門ごとの要求に基づいて長い年月をかけて生まれてきたもので，ほとんど統合されていない．これはサプライ・チェインを効果的に管理しようとするときに真剣に取り組まなければならない課題となる．

この課題に対処するためにさまざまな方法がとられ，多量のデータを処理できるシステムが構築されている．本章では，このようなシステムのサプライ・チェイン・マネジメント・プロセスへの導入方法，異なるシステムの連携方法，そしてシステムの連携方法がどのように進歩してきたかを説明したい．

次章でもっと詳しく検討するが，供給業者，製造業者，顧客の間の情報の流れはサプライ・チェイン・マネジメントの鍵となる．この情報の流れには，当然異なる企業間の情報の流れも含まれている．企業間の情報の流れは比較的新しい概念だが，すでに(電子メールや電子データ交換，エキストラネットなどの形で)程度の差はあるが広く活用されている．また，通信やユーザーインターフェイスの標準化は以前であればそれに莫大な投資と時間が必要だったが，今ではインターネットを利用することによって低費用かつ簡単に実現できる．

高度な情報技術を用いたソリューションの導入には，組織の変革や従業員の職務内容や行動の変更も必要となる．このような問題は本章では取り上げないが，検討のために念頭に置く必要がある (文献[102] 参照).

特に本章では以下の問題について議論する．

- サプライ・チェイン・マネジメントの観点からみた情報技術の目標とは何か?
- サプライ・チェイン・マネジメントの目標を実現するために必要な情報技術の要素とは何か?
- サプライ・チェイン・コンポーネント・システムとは何か? そして，どのように導入すべきか?
- 情報技術の傾向とは? そしてそれはどのようにサプライ・チェイン・マネジメントに影響を及ぼしているか?

● 企業の情報技術は，そのような段階を経て発展するか？

10.2　サプライ・チェイン情報技術の目標

　本節では，情報技術の究極的目標をサプライ・チェインとの関連から検討する．この目標からほど遠い企業や業界もあれば，その目標の多くを達成しつつある企業や業界もある．

　情報を使いこなすには，情報の収集，情報へのアクセス，情報の分析が必要となる．サプライ・チェイン・マネジメント・システムは，情報の収集，アクセス，分析において以下を目標としている．

● 各製品について製造から出荷や販売までの情報を収集し，それを関係者に目に見える形で提供する．

● システム内のどの情報に対して，どこからでも直接アクセスできる．

● サプライ・チェイン全体からの情報を分析し，情報に基づいて活動を計画し，調整を行う．

　情報技術の主な目標は，生産から出荷や販売までを切れ目なしに情報で結び付けることである．これは，製品の物理的な軌跡を情報によってたどるというアイディアに基づく．これと実際のデータを組み合わせることによって，計画，追跡，リード時間見積もりを行うことができる．そして，製品がどこにあるか知りたい場合，この情報にアクセスできるようになる．図10.1に示すように，製造業者から供給業者へと流れる情報と製品は，まず，製造業者の社内ロジスティクス・システムを通り，次に小売業者のロジスティクス・システムに引き継がれる．

　最終的に小売業者はその注文の処理状況を知る必要があり，供給業者は製造業者からの注文を予測できる必要がある．

　これには，他社の情報システム上のデータや社内の他部門や地理的に離れた場所のデータへのアクセスも必要となる．さらに，サプライ・チェインの各関係者がそれぞれの条件でデータを読む必要がある．たとえば，綿花の供給業者が綿棒の需要量をみたい場合，データを綿花の消費重量に換算する必要がある．そのために，部品展開表のような換算テーブルがシステムに必要となる．

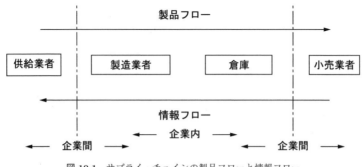

図 10.1 サプライ・チェインの製品フローと情報フロー

　サプライ・チェインの知的な意思決定においては，製品や原材料の状態の情報が基本となる．そのためには，サプライ・チェイン上で製品を追跡するだけでは不充分であり，関係する各種システムが製品の移動に敏感に感応するようになっていなければならない．原材料納入の遅延は，生産スケジュールに影響を与える．そのときには関連するシステムに即座に遅延が通知され，スケジュールを遅らせたり別の原材料を探すなどの適切な調整が行えるようになっていなくてはならない．この目的のために，企業間および業界全体で製品識別の標準化 (バーコードシステムなど) が必要となる．たとえば，フィデラルエキスプレスは，同社が扱っているすべての貨物の現在位置に関する位置情報を提供できる追跡システムを導入した．そして，このシステムを社内のみならず，顧客にも利用できるようにした

　これに関連する情報システムの重要な目標は，すべての利用可能な情報に単一のポイントを中継としてアクセスできることである．これを実現することによって，顧客であれ社内であれ，手段を問わず (電話，ファックス，インターネットなど) また，誰からも同じ情報に直接アクセスすることができるようになる．しかし，これを実現するには複雑なシステムが必要である．顧客の問い合わせに答えるための情報は，社内のさまざまな場所にあったり，他社のシステムにあったりするからである．

　多くの企業では，情報システムはその社内の機能に依存し，それぞれ孤立している傾向がある．顧客サービスが1つのシステムで運用され，会計システムは別のシステムで運用され，製造システムとロジスティクス・システムとはまっ

10.2 サプライ・チェイン情報技術の目標

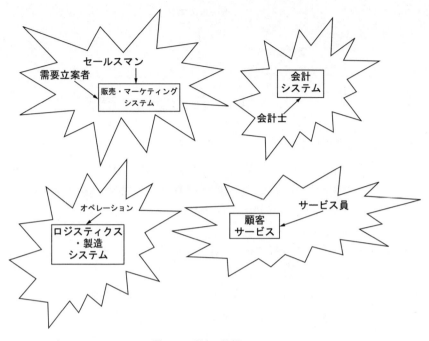

図 10.2 現在の情報システム

たく切り離されているという具合である (図 10.2 参照). システム間で共通して必要とする重要な情報が転送されることがあるかもしれないが, リアルタイムに転送されないと, 完全に同一のデータをシステム間で共有できなくなる. 顧客サービス責任者が受け取った注文情報には, 出荷状態の情報が入っていないかもしれない. あるいは, 製造工場で未出荷の注文の検索ができない場合も生じる. データを必要とするすべての人が, どんなインターフェイスを持つ機器を通じても同一のリアルタイムデータにアクセスできることが理想的である (図 10.3 参照).

　銀行用アプリケーションは, この点で進んでいる. すなわち, 顧客は銀行の出納係と同じ口座情報にどこからでも電話, コンピュータ, 現金自動支払機などを通じてアクセスすることができる. しかし, このシステムにも弱点がある. つまり, 顧客の全情報に同じ窓口からアクセスできるわけではない. たとえば, 銀行口座情報と同じように顧客のローン情報にアクセスすることはできない.

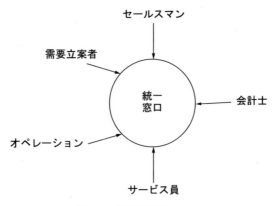

図 10.3 新世代情報システム

　第3の目標は，データ分析である．特に，サプライ・チェイン全体の姿を考慮した分析方法でなければならない．さらに，情報システムは，製造，組立て，在庫，ロジスティクスの最も効率的な方法，いうなればサプライ・チェインの最適運用方法，を見つけ出すことである．すでに検討してきたように，サプライ・チェインにはさまざまなレベルの意思決定がある．たとえば，顧客からの注文に応えるためのオペレーショナル・レベルの意思決定，どの製品をどこの倉庫に在庫するか決定したり向こう3ヶ月間の生産計画を決定したりするタクティカル・レベルの意思決定，倉庫の立地場所を決めたり製品の開発や製造を決めたりするストラテジック・レベルの意思決定がある．これらの意思決定を支援するために，システムにはサプライ・チェイン戦略の変更を吸収できる柔軟性が必要となる．このような柔軟性を実現するために，システムがどのような形態でも柔軟に構成可能であり，新規の標準に対応できなくてはならない．この問題に関しては以下で詳細に検討する．

　ここで説明したサプライ・チェイン・マネジメントの3つの目標をすべて同時に実現する必要はない．また，3つの目標は必ずしも相互に依存している訳でもない．3つの目標は，業界，企業規模，社内の優先順位，投資効果をにらみながら重要度に従って並行して追求することができる．たとえば，銀行の場合，情報へ統一窓口でアクセスできるシステムを持たなければ生き残れない．同様に，ロジスティクスでは高度な貨物追跡システムが必要であり，ハイテク製造

業では生産計画システムが必須となる.

これらの目標を実現し,目標に取り組むときに生じる問題や意思決定に対処するためには,情報技術開発に伴う主な問題について理解しておくと役に立つ.特に,サプライ・チェイン・マネジメントに関連する情報技術開発の課題を理解しておくことは必要である.図10.4に示すように,3つの目標を達成するには次の方法がある.

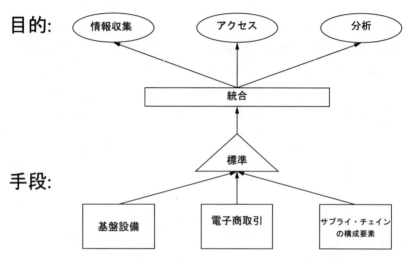

図 10.4 サプライ・チェイン・マネジメントの目標と実現方法

標準化 情報技術標準によってさまざまなシステムを協働させることができる.情報技術標準は費用を左右し,時にはシステム導入の実現性にも影響する.

情報技術基盤 情報技術基盤は,社内的システムであるか社外的システムであるかを問わず,システムの能力の基礎となる.通信機能とデータベース機能がなくては,前記の3つの目標を実現することはできない.

電子商取引 急速に拡大しつつある電子商取引は大きな注目を集めている.しかし,それは何を意味するのか? どのレベルで実現しようとしているのか? そして,それは費用に見合う効果を得られるものだろうか?

サプライ・チェイン・システム・コンポーネント サプライ・チェイン計画に直接関係する各種システムを指す.その中には,長期と短期の意思決定を結

合するシステムなどがある．

システム統合に関連する問題　上記で検討した目標をどのような優先順位で実現すればよいのだろうか？　長期的に，また短期的にどのような種類の投資を行う必要があるのだろか？

10.3 標　準　化

　情報技術 (Information Technology: IT) のように常に変化する分野では予測はむずかしいが明らかな傾向は指摘することができる．その1つは情報技術の標準化の傾向である．一部はロジスティクスやサプライ・チェイン特有の問題かもしれないが，業界やアプリケーション分野を超えて標準化の動きが進んでいる．情報技術分野で高度な標準化が進められているのは次の理由による．

　ユーザーの圧力　企業ユーザーは，システム保守の費用を下げるために標準化を必要としている．

　接続性　異なるシステムを接続しネットワーク上で稼動させる必要性が，標準化を推し進めた．

　費用削減　ソフトウェア価格，開発費用，導入費用を減らすために情報技術標準が必要とされた．．

　規模の経済性　標準の採用によってシステムコンポーネントの価格，開発費用，統合費用，保守費用を下げることができる．

　標準化によって，パソコンのハードウェアやソフトウェアの価格が低下し使い勝手も良くなってきた．インターネットによって誰もが地球規模のコンピュータ・ネットワークを個人用にも業務用にも使用できるようになった．この過程で，すべてのネットワーク上で使用可能なデータ通信とデータ形式の標準が広く行きわたった．さらに重要なのは，標準化によって，それまでは企業内だけで使用されていた通信形式が企業間の通信手段となり電話と同じように一般的な形で普及するようになった．

　最も顕著な例は，電子メール (e-mail) だが，それは単なる通信の形式というだけではない．個人や企業間のファイル転送や情報の送受信は，インターネットによって大幅に簡素化された．インターネットの利用範囲はオンラインによ

10.3 標準化

る受発注から電子決済まで多岐にわたっている．また，インターネットは既存の情報技術の動向を加速させ，新たな傾向を生み出した．

電子データ交換は，標準化の利点を示す良い例である．電子データ交換の基礎となった共通の取引形式によって，企業は電子的にデータを送受信することができるようになった．それまでは，企業間取引のデータは文書による書式とデータの手入力によって処理されていた．この電子データ交換に関する話題は 10.5 節の「電子商取引」でさらに掘り下げることにする．

サプライ・チェイン情報技術の標準化を妨げる主要な要因は，共通の用語がないことである．RosettaNet という情報技術業界の協会が，この課題に取り組んでいる (www.rosettanet.org 参照)．RosettaNet は，サプライ・チェイン・プロセスに関する共通技術用語の電子辞書を開発している．

ソフトウェア開発の費用のかかるプロセスが，標準化を進めるうえでの最後の課題となっているが，標準化されれば見返りは大きい．

オープンインターフェイスによってシステムの機能へ外部からアクセスすることが可能となった．たとえば，Windows API(Application Programming Interface) によってマイクロソフトの Windows のアプリケーション開発が可能となった．同様に，ODBC(Open Data Base Communication) のようなデータベースアプリケーションのオープンインターフェイスによって，さまざまなデータベース管理システムに格納されているデータへアクセスできるアプリケーションを簡単に開発することが可能となった．dBase, Excel, Lotus, Word, Word-perfect のような標準ファイル形式や SQL(Structured Query Language) のようなレポート形式の標準もオープンな標準化の傾向の 1 つであると考えられる．最近まで企業は社内で独自のファイル形式を使用し，社外のシステムでは使用されなかった (最近までの地理情報システムも同様である)．

オープンインターフェイスも企業の社内システムごとに定義されている．OAG(Open Application Group) は，業務用ソフトウェアモジュール間でデータ共有できるアプリケーションインターフェイス定義を開発している．これらのモジュールは，異なるソフトウェアベンダーが販売している製造管理モジュール，人事管理モジュール，会計管理モジュールなどである．その最終的な目標は，異なったモジュールやシステム間でファイル交換以上のより高度な連携を

実現しようとすることにある．これが，高度なプロセス共有を実現するために不可欠となっている (10.5 節参照)．

多くの企業では企業体資源計画システムの導入が行われている．企業体資源計画システムは，企業全体の基幹システムとして，製造管理システム，会計管理システム，およびその他のシステムを統合するものである．全企業体資源計画システムに共通する標準はないが，いずれかの企業体資源計画システムを導入すると，その企業体資源計画システムは導入した企業が適合しなければならない標準となる．主要企業体資源計画システムベンダーは，他社のアプリケーションから企業体資源計画システムに格納されているデータにアクセスできるインターフェイスを開発している．

このテーマについて興味のある読者は，James Martin 著『サイバーコープ』[75]を参照されたい．

これが開発されれば，各企業体資源計画システムは他社製品とより簡単に連携することができ，互換性を持つソフトウェアの開発も促進される．もちろん，主要企業体資源計画システムベンダーはどれも標準のプラットフォームとなることを目指している．それを実現する方法は，多くの他社製品のアプリケーションが複雑な統合過程を必要としないで利用可能な企業体資源計画システムプラットフォームを開発することである．

標準化の明白な利点に対して，いくつかの問題点も指摘しておかざるをえない．それは，標準化にかかる費用や標準を所有する企業が持つ力である．特に標準が独占的な場合には問題は大きく複雑になる．独占的標準は，必ずしも「最良な」標準ではなく，単に最強の企業の標準であるという点に問題がある．これは，ビデオ標準をめぐって起きたベータマックスと VHS の間の対立，あるいは，パソコンのオペレーティングシステムをめぐって起きた IBM，アップル，そしてマイクロソフト間の対立においてもみられた．独占的な標準は競争に制限を加え，標準を持つ企業が提供する製品以外の選択や技術的な進歩がむずかしくなる．電子データ交換のような公開グループの標準でさえ，その進歩が制約される．それは，標準を制定する委員会が変更を認めたがらないこと，そして，タイムリーな改良がむずかしいことがその理由である．セキュリティに関する問題もある．だれもが同じソフトウェアを使用している状態で，誰かがそ

のソフトウェアのセキュリティ上の欠陥を見つけて悪用した場合，同じタイプの全システムが攻撃の対象となる可能性がある．

10.4 情報技術基盤

情報技術基盤は，すべてのシステム導入において成否の鍵となる．基盤設備は，データ収集，トランザクション，システムアクセス，通信の基礎となる．情報技術基盤は一般に以下の要素で構成される．

- インターフェイス機器
- 通信
- データベース
- システムアーキテクチャー

10.4.1 インターフェイス機器

パソコン，ボイスメール，端末機器，インターネット機器，バーコードスキャナー，携帯端末などが，一般に使用されているインターフェイス機器である．いつでもどこでも同じアクセスができるインターフェイス機器の登場が情報技術の鍵となる傾向がある．つまりインターフェイス機器は情報技術分野で大きな役割を果たしている．これらに加えて，データや情報のグラフィカルな表示も普及している．競合し，また補完しあいながらこの傾向を方向づけた2つの標準がある．1つは，いわゆるWintelと呼ばれる標準であり，インテルプロセッサ内蔵のコンピュータ上のウィンドウズインターフェイスを指す．

もう1つは，WWWブラウザとJavaの標準である．現在のところこの2つの標準は共存しているが，長期的にどちらが残るか，あるいは他の新しい機器(PalmPilotのような)が新しい標準となるのかは定かではない．

グラフィック機能の強化という傾向はさらに進み，地理情報技術と3次元グラフィックが融合してスプレッドシートや分析処理システムの標準的機能として組み込まれるだろう．バーコードリーダーやRF(Radio Frequency)タグのような自動データ収集インターフェイスも標準化され一般に使用されるようになった．サプライ・チェイン・マネジメントの中で重要なのは，製品追跡だが，

いくつかの方法が標準となっている．その1つは，製品にバーコード情報を付けて取引を記録する方法である．POS(Point-Of-Sale) 情報を記録する機器はきわめて重要であり，ベンダー管理システムのように，その情報に供給業者がアクセスできるときにはいっそう重要になる．さらに，商品に付けられたRFタグが，商品の位置確認に使われている．特に大規模な倉庫で使用されている．配送中の貨物を追跡するためには，無線通信機器と地理情報システムが取り入れられている．

10.4.2　通　　信

インターフェイス機器は社内システム (LAN，メインフレーム，イントラネットなど) に接続されている場合や，企業専用ネットワーク (IBM の Advantis) やインターネットなどの外部ネットワークに接続されている場合がある．効率やセキュリティの面から他社システムとの専用線接続が使用されることもある．通信は大きく2つの傾向に分けられる．1つは無線通信である．現在使われている有線の電話線による通信は無線通信に替わりつつある．もう1つは，通信の統一窓口である．これは，どこにいても電話や電子メールなどの通信手段によってアクセスできるというものである．

　通信手段の発達によって多くのアプリケーションが実現できるようになった．たとえば，電子メール (e-mail) は，今や企業の内外を問わず一般的な通信手段となっている．インターネットにより，最近まで社内システムの違いのためにできなかった企業間の協業も可能となり，インターネットメールによって時間を気にせず通信やデータ交換ができるようになった．

　電子データ交換，あるいは出荷などに関するパートナー間の電子的取引は，業者間の通信手段および標準プロトコルによって可能となった．現在のアプリケーションはほとんどが専用回線を使っている．しかし，電子データ交換はインターネットに移行し，それには小規模な投資は必要になるが，企業間あるいは顧客との通信はより容易になる傾向にある．

　グループウェアは部門での情報アクセスの共有を可能とし，社内全体で知識を共有するための専用ソフトウェア (ナレッジウェア) は協同作業を可能にした．電子的な黒板を共有し，共同で書類を作成できるアプリケーションもある．

10.4 情報技術基盤 277

位置追跡システムは，配送中のトラックや貨物の位置を常時追尾する．そのためには GPS(Global Positioning System) と無線通信技術を組み合わせる必要がある．

10.4.3 データベース

データはデータベースとして編成する必要がある．データベースには取引情報，状態の情報，一般情報(価格など)，書式，グループ作業などのデータが格納される．これらのデータを編成することは，きわめて困難な作業であり，データの種類によっては専用データベースが必要となる．データベースの種類のいくつかを以下に説明する．

レガシーデータベース　レガシーデータベースは一般に階層型あるいはネットワーク型で構築されている．レガシータイプは，通常は多量の取引データを格納し大規模処理を行う．処理方法はバッチ方式やオンライン方式が一般的である．プログラムは COBOL(COmmon Business Oriented Language) で書かれており，レポートツールはいくぶん使いづらい．

リレーショナルデータベース　リレーショナルデータベースは，標準化されたレポーティングやクエリーが簡単になるようにデータを関連づけして保存する．たとえば SQL(Structured Query Language) は，リレーショナルデータベースのためだけに設計されている．通常はメインフレームやサーバー上で集中管理されているが，ネットワーク上でパソコンやミニコンで分散管理される場合もある．

オブジェクトデータベース　オブジェクトデータベースは，数値や文字データだけではなく画像や動画データ構造を格納することができる．オブジェクトデータベースでは，さまざまな種類のデータがデータベース操作で連携するよう格納されている．この種類のデータベースを支援するアプリケーションはすでに登場しているが，まだ標準とはなっていないためデータベース保守には費用がかかる．また，テキストデータや数値データに比べてより大きな保存容量を必要とし，その操作も複雑である．

データウェアハウス　データウェアハウスは異なるシステムのデータベースを結合し，高度な分析ツールによるデータ解析を可能とする．主に企業全体に

またがるので非常に多量のデータを格納する．

データマート　データマートは小規模なデータウェアハウスであり，主に小規模なデータや部門単位のデータを格納する．

グループウェアデータベース　グループウェアデータベースはグループで使用する機能を組み込み設計されたデータベースである．たとえば，データの更新履歴を残す機能や，複数ユーザーの同時アクセスが可能となるような機能を備えている．通信が発達しバーチャルカンパニーが浸透してきた現在，データベース利用者全員の必要データを常に更新するためには，このような共有データベースが不可欠となっている．

10.4.4　システムアーキテクチャー

システムアーキテクチャーは，システムのさまざまな要素(データベース，インターフェイス機器，通信)を構成する仕組みである．情報技術基盤として本項でこの話題を取り上げるのは，通信ネットワークの設計とシステムの選定は，アーキテクチャーに依存するからである．

レガシーシステムは，企業で部門ごとに使うシステムとして発達してきた．当初このシステムには，いわゆる「無能な」端末からアクセスしていた(図10.5参照)．当初，パソコンはワードプロセッサーや表計算などの特定のアプリケーション用として使用され，企業の基幹システムには使用されていなかった．やがて，オフィス内のパソコンがLANによって接続されると，ユーザーはファイルの共有や電子メールの送受信，その他のアプリケーションにパソコンを使

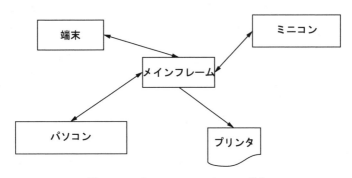

図10.5　レガシーシステムのシステム構成

10.4 情報技術基盤

用するようになった．LAN は WAN (Wide Area Network：広域ネットワーク) によって遠隔地の LAN に接続され，パソコンの持つ便利さやユーザーフレンドリーなインターフェイスを利用した新しいシステムが開発されるようになった．新しいシステムでは，パソコンは「クライアント」と呼ばれ，主要な処理を行うコンピュータを「サーバー」と呼んだ．このクライアント/サーバー方式は，分散処理の形式の1つで，ユーザーのための処理の多くは中央で行われ，その他の処理はユーザーのパソコン上で行われた．

現在のほとんどのシステムは，クライアント/サーバー方式に基づいて設計されている (図 10.6)．しかし，クライアントのパソコンの機種や値段，サーバーの種類や数，設計仕様はシステムによって大きく異なっている．サーバーの種類としては，ユーザーの SQL によるクエリーに対応できるデータベースサーバー，トランザクション処理監視用サーバー，ディレクトリー/セキュリティ用サーバー，通信用サーバーがある．クライアント/サーバーの概念を学ぶには，文献[42]を参照していただきたい．

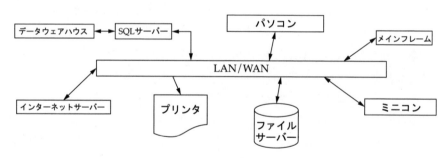

図 10.6　クライアント/サーバーシステム構成

インターネットも，クライアント/サーバー方式の1つであり，パソコン(すなわちクライアント)上のブラウザで(この場合世界中の)サーバーから送られた HTML(Hyper Text Markup Language) ページや Java Applet を処理する．クライアント/サーバー方式は WWW を中心とする形に進化しようとしている．クライアントは WWW サーバーに接続された WWW ブラウザとなる．このようなネットワークパソコン(つまりシンクライアント)は必要なアプリケーションをすべてブラウザを通してサーバーからダウンロードする．当然，

ブラウザなどをサポートするのはパソコンそのものをサポートするよりも安い費用でできる．コンピュータ産業は一周してまた「無能な」端末の概念に舞い戻って来たのである．これは，より多量のコンピュータ処理の負荷をサーバーにかけ，ネットワークのトラフィックを増加させるという問題を起こす．また，実際にこの考え方をどう実装するかという点は明確になっていない．

クライアント/サーバー方式の力は，機能を異なる役割を持つサーバーに効率良く分散することによって発揮される．また，新しい機能やモジュールを簡単に追加することができる．しかし，一方でシステムが複雑になり，ネットワークの中でデータが正しく処理され更新されたことを常に確認しなければならない．クライアント/サーバーシステムの拡大も，標準化の傾向に拍車をかけている．サーバーが，ネットワークを通じてタスクやプロセスを交換する必要があるからである．これは相互運用性と呼ばれ，サーバーに設計時に組み込まれた高度な機能によってシステム間相互の連携が可能となる．システムは異なる種類のファイル形式や通信方法を使用しているため，ファイル転送やその時々の仕組みによってシステム間でいろいろなインターフェイスが必要となる．これについては第11章のエアロストラクチャーズ(Aerostructures)の事例で説明する．システム間の標準化が普及すると，システム間をつなぎ，インターフェイスを共有してデータやプロセスにアクセスするツールが生み出される．

サーバーとクライアントの間にあるアプリケーションは，ミドルウェアと総称される．これは，まさしく「クライアント/サーバー」という用語の「クライアント」と「サーバー」の間にある「/」(スラッシュ)のような役割を果たす．ミドルウェアは，異なるシステムアーキテクチャー，通信プロトコル，ハードウェア構成などの間で交信を可能にする道具となる．

サーバー，クライアント，あるいはミドルウェア上にあるアプリケーションのかなりの部分は，現在多くのクライアント/サーバー設計者が支持する3層アーキテクチャー構成に基づいて設計されている．

サプライ・チェインの中心的な機能である計画ツールに必要な情報は，サプライ・チェインや会社組織のさまざまな箇所に分散しているため，ミドルウェアはサプライ・チェイン構築のためにきわめて重要となる．これはミドルウェアが，データを吸い上げ計画ツールで使用できる形式に変換する役割を果たす

ためである．多くのサプライ・チェイン用アプリケーションはこのような形で構築されている．たとえば，電話通信会社は，長距離電話や携帯電話などの多様なサービスに対する請求の情報をさまざまなシステムの中に分散して持っている．顧客が複数のサービスを利用している場合，顧客担当者は請求のために多くのシステムを検索して請求情報を探し出さなければならなくなる．このようなとき，ミドルウェアが，関連するデータベースを検索し必要な情報を吸い上げる．

将来，システムアーキテクチャーは，高度な柔軟性を持ちサプライ・チェインや業務プロセスの頻繁な変更に即応する必要がある．そのためには，業務プロセスや業務要件に合わせて簡単に変更できるようなシステム構成でなくてはならない．さらに，社内および社外システムとの通信によって緊密な連携を行える相互運用性も必要とされる．

10.5 電子商取引

電子商取引(eコマース)は，電子取引が現実の商取引に替わるものとして，顧客と取引業者の間の新しい取引モデルを提供するといわれている．電子商取引は，企業間の取引だけでなく企業と個人の間の取引にも使われている．インターネット，電子データ交換，電子メールによる売買がすでに広く普及している．

電子商取引は実はすでに長年にわたって，VAN (Value Added Network：付加価値通信ネットワーク) などの企業用の専用回線によって，あるいは政府機関や大学などの公共機関の専用線を通じて行われていた．インターネット標準の普及によって，企業間だけでなく企業と個々の消費者との間にも電子商取引が拡大した．初期のインターネットは，販売においてショーケースの役割しか果たさなかったが，今では商品を購入するだけでなく注文した商品の配送状況の確認をできるまでになった．企業は，ユーザーに対してそのデータベースを公開して製品トラブルの解決を図り，消費者窓口への直接問い合せを減らすことができた．インターネット標準を企業の社内で使用したシステムがイントラネットであり，社外に拡大したのがエキストラネットである．インターネット，イントラネット，エキストラネットの違いは，誰にシステムへのアクセスを許す

かという点にある．イントラネットを導入すれば，社内でアプリケーションを使う場合に特別なインターフェイスを開発する必要はない．そしてハードウェアに互換性がなくても問題ないし社内でダイヤル・インする必要もない．

インターネットで提供されているアプリケーションには，ほとんどの場合アクセスに制限はない．しかし，エキストラネットの場合には，特定のアプリケーションやデータに対して，社外の限られた取引先や顧客のみがアクセスできる．

電子商取引には次のように多くの利点がある．

- 企業や情報発信者は地球規模でその存在を示すことができ，顧客は世界中の製品から選択が可能となり，情報に簡単にアクセスできるようになる．
- 企業が提供するサービスに顧客は24時間どこからでもアクセスすることができるようになり，企業の競争力やサービスレベルは格段に改善される．企業は，消費者の選好や傾向を把握することができる．
- 企業はWWWサイトのアクセス数やヒット数をもとに，製品に対する消費者の関心を分析することができる．
- 顧客に関する詳細な情報を集め，製品のマスカスタマイゼイションや差別化に役立たせることができる．消費者は自分の欲しい製品構成をWWWで購入することができる．デルのWWWサイトから買い手の欲しい構成のパソコンを注文できる直販システムがその典型的な例である．
- サプライ・チェインの応答時間が短縮される．最も影響が出るのは，WWWを通じて製品が直接配送される点である．ソフトウェア販売や電子出版などがその典型例である．
- 従来型の(すなわち電子商取引を使えば必要がなくなるような)仲介業者や小売業者，サービス業者は淘汰される．これが電子取引による「中抜き」現象である．「中抜き」は，費用削減や消費者側の選択範囲の拡大をもたらす．…
- 取引に要する費用の削減によって，費用削減や価格の低下を実現することができる．WWWによる購買や顧客サポートは人件費の大幅な節減を生む．
- 電子商取引は，アマゾン・コムのようにWWWを通じて商品を販売するバーチャル企業を作ることができ，それによって費用を減らすことができる．アマゾン・コムなどのインターネット販売の多くは店舗や倉庫を持たないため通常の小売よりも安く販売することができる．

10.5 電子商取引

● 電子商取引は，基盤設備やマーケティングに投資できない中小企業に対しても，大企業と同じようにビジネスチャンスをもたらす．…

例 10.5.1. デルは，インターネットで直販システムを最初に導入した企業である．デルの WWW サイトから消費者は，自分の欲しい部品構成のパソコンを注文でき，その注文の処理状況を追跡できる．特に，デルの注文追跡機能によって，購入から配送までの過程を顧客がリアルタイムで追跡することができる．さらに，出荷と同時に電子メールで出荷通知を受け取ることができる．また，デルは，企業の顧客や公共機関の顧客向けに専用サイトを開設している．顧客は，そのサイトに直接アクセスし，顧客が購入した製品別のサポート情報やサポートサービスの提供を受けることができる．また，注文したシステムの製造の進捗状況や注文内容の詳細を確認することができる．この WWW サイトのもう1つの特徴は，デルの電話によるサポートサービスで，サポートスタッフが使っているのとまったく同じ技術資料に顧客がアクセスできる点である．デルは，このサービスが個人のパソコンユーザーにとってはより便利なサポートを提供し，企業ユーザーにとっては，より低費用のサービスを提供できるとしている．デルがインターネット上で提供する最新の自己診断ツールによって，ユーザーは対話的に操作し，100種類以上のトラブル解決に対処できる．

電子商取引に関する問題は 公衆回線を通じて送受信される個人情報や財務情報のセキュリティや不正アクセスである．また，もっと使いやすい電子商取引用の機器の開発や必要な基盤の整備などの課題もある．

10.5.1 電子商取引の各段階

電子商取引には，取引形態の複雑さとデータ交換のレベルによっていくつかの段階がある．表 10.2 に示すようにデータ交換とプロセス共有の種類によって4段階に分けることができる．

表 10.2 電子商取引の各段階の概要

段階	内容	例
第 1 段階	一方通行のコミュニケーション	電子メール (e-mail), FTP, ブラウジング
第 2 段階	データベースアクセス	問合せ，フォーム，購入，追跡
第 3 段階	データ交換	電子データ交換 (Electric Data Interchange: EDI), 電子決済
第 4 段階	プロセス共有	CPFR, ビジネスコミュニティ, VCI

各段階をより詳細に事例を踏まえて説明する．

第1段階: 片側通行のコミュニケーション このレベルのコミュニケーションは，双方向ではなく送信した相手方からの応答を必要としない．リアルタイムの応答が求められない電子メールやファイル転送 (FTP) などがそれにあたる．ブラウザでみることのできるデータや FTP によって提供されるデータは汎用的な情報であり，ユーザーの入力に依存するようなデータにはアクセスできない．この形態の電子商取引は WWW 標準 (スイス ジュネーブにあるヨーロッパ原子力研究所で開発された) ができる前から 10 年以上にわたって，Gopher やその類似システムによって提供されてきた．

第2段階: データベースアクセス この段階の電子商取引において，ユーザーは，データ入力フォームからデータを入力するとともに，データベースにアクセスして各ユーザー固有の情報や個人情報の検索や入力ができる．さらに，ユーザーはインターネットを通じて個人の注文やその処理状況を確認し，ユーザー自身の必要に応じた情報にアクセスすることができる．この段階では，企業内では，知識ベースを検索して不明点や過去のトラブルレポートを調べたり，ベンダーのカタログを参照したりできる．個人の買い物は，クレジットカードを用いてインターネット上でできるようになる．セキュリティの問題もあるが，それが普通の商店での買い物に比べて危険性が高いとはいえない．インターネットによる企業の調達活動は，調達権限 (企業の誰が発注するのか) と発注仕様の確認 (どういった注文ならば受け入れ可能なのか) という問題を生じさせる．そのために，前で取り上げたデルでは，企業ユーザー向けのサイトを作っている．

この段階のさらに高度な応用として，インターネット上で売り手と買い手を仲介するサイトがある．これには E*TRADE (www.etrade.com) のような電子株式市場や National Transportation Exchange (www.nte.net) のような輸送貨物取引，あるいはイーベイ (ebay; www.ebay.com) のようなオークションや商取引のサイトなどがある．

このようなサイトの特徴は，企業にとっても個人にとっても中間業者の仲立ちが不要となる点 (株式オンライントレード)，空車トラックの利用可能な輸送能力を効率的に使用するシステム (求車求貨システム) のように仲介を行う点，小規模市場では割に合わない商品に大きな市場を提供するなどの特徴がある．

10.5 電子商取引

第3段階: データ交換 このレベルの電子商取引は主として企業間(Business-to-Business: B2B)取引で利用される．代表的な例は，電子データ交換である．電子データ交換は，商取引の当事者間で行われるさまざまな業務を標準化したもので，ANSI(American National Standards Institute)標準やEDIFACT(Electronic Data Interchange for Administration, Commerce and Transport)で規定されたISO標準がある．データ交換によって，商取引の当事者が購入や出荷などの際に書類ではなく電子的に通知を送ることができる．標準の定着により，電子データ交換の導入に必要な期間が短縮され経費が下がり，電子データ交換は経済的商取引の手段として定着した．最近ではインターネット電子データ交換の採用によって通信費がさらに安くなり電子データ交換はより費用対効果の高い通信手段となっている (文献[48])．

もう1つのデータ交換の形態は，自動情報交換システムである．このシステムは，業界ごとにデータを統合することによって，その業界のみんなが問い合わせできるものである．たとえば，銀行業界では奨学金返済処理や健康保険の請求処理にこのシステムが使用されている．

近い将来，この段階のデータ交換が，個人の取引にも拡大すると思われる．たとえば，国税庁への税務申告，修正申告，納税確認などは，すでにコンピュータから電子的に行われている．電子署名や認証方法などデータ交換を拡大するために決定しなければならない多くのセキュリティ上の課題もある．この段階で個人が参加する電子商取引の形態は，電子通貨である．電子通貨によって少額の電子商取引の決済が可能となり，ネットワークを通じて情報提供やソフトウェアのアプリケーション提供サービスが，低費用でしかも簡単にできる．インターネットが地球上のすみずみまで行きわたっているために，地球規模でこれらのサービスが全面的に普及する前に税金，関税，交換レートなどの問題を解決しておく必要がある．

第4段階: プロセス共有 これは電子商取引における最終段階であり，やっと始まったばかりである．これは異なる企業がデータだけでなく業務プロセスを共有するものである．そのためには，プロセスを共有する企業間で標準を取り決める必要がある．

まだ少ないが，電子商取引プロセスを共有するための標準を組合が作ってい

る業界はある．マイクロソフトは，VCI(Value Chain Initiative) によって，サプライ・チェインや電子商取引市場に影響力を持とうとしている．その目的は，大企業から小企業まで世界中のあらゆる取引関係をリアルタイムなデータによって結び付けるような動的なデータパイプラインを提供することにある．VCI の背後にある思想は，インターネットによる単一ポイントへのアクセスを実現し将来の企業システムを発展させることである (文献[80] 参照)．VCI を実現するアプリケーションには，他のアプリケーションと相互に連携できる標準ソフトウェアが埋め込まれ，他の同様なアプリケーションと通信によって連携する．たとえば，受注を受けると，倉庫管理システムに通知され，それを契機として輸送システムが起動され，輸送システムは必要な輸送手段を予約し，さらにそれを契機として製造システムが起動され，製造システムは原材料や資源などの割当てを行う，といった具合である．

　サプライ・チェイン協議会 (Supply Chain Council) によって開発された電子商取引の標準化 SCOR (Supply Chain Operations Reference) モデルもその一例である．SCOR は複数のソフトウェアベンダーが サプライ・チェイン・マネジメントのために定めた標準的なプロセスであり[107]，その目的はサプライ・チェインの運用を記述する言語や定量化法や比較基準を提供することである．

　さらに，SCOR は，企業間のサプライ・チェイン機能やパートナー間の通信のための共通の基準を提示することを目的としている．

　もっと具体的な事例として，CPFR(Collaborative Planning, Forecasting and Replenishment) がある．これは，WWW を利用した強力なベンダー管理在庫および連続的補充の仕組みで，協調して需要予測を行う．CPFR によって，商取引の当事者は電子的情報交換を行う．交換される情報には過去の消費動向や販売促進予定などがあり商取引を支援する．諸取引の当事者はこれによって予測の差異をお互いに調整し，さらに，差異の要因を究明することによってより精度の高い予測数値を出せる．第 4 章で強調したようにサプライ・チェイン上で複数業者が別々に予測することは非常に高くつく．実際に，物流業者間で需要予測を共有することによって，在庫レベルを下げ鞭効果 (第 4 章参照) を軽減できることが知られている．そのためには，システムがデータ検証と調整機能を備えていなければならない．

CPFRを使ったアプリケーションを最初に作ったのは，アメリカン・ソフトウェアである．このアトランタに本社を持つソフトウェア会社はCPFRをもとにしたソフトウェアを最初にハイネッケンUSAに導入した．このシステムは，納入リード時間を8週間から4週間に短縮した．詳細については文献[18]を参照していただきたい．ウォルマートとワーナーランバートは，口腔清浄剤の「リステリン」を使ってCPFRとそのコンセプトに基づくソフトウェアのテストを行っている．これは，ベンチマーキングコンサルティング，主要なサプライ・チェイン・ソフトウェア開発会社，主要な企業体資源計画システムソフトウェア開発会社とともに開発された．CPFRの重要な要素は，協業できる態勢とプロセス内にパートナーがリスク分担できることである．この場合，ウォルマートが発注周期を9日間から6週間に延ばすことに合意し，その期間に「リステリン」を製造することができた[57]．

　電子商取引がこのレベルに到達することは次の課題といえる．電子データ交換が15年かけて発達し，それでも簡単なやりとりしかできないことを考えると，大変な努力を要することが見込まれる．企業間のやりとりはさまざまな先進的プロセスやデータ構造を含むので，普遍的標準形に変換することは容易ではない．さらに，リアルタイムデータを提供するためには，膨大な情報量を扱うため強力な通信能力が必要とされる．現在のインターネットの基盤ではそういった膨大な情報を扱うのに充分とはいえない．

10.6　サプライ・チェイン・マネジメントを構成する要素

　前節では，情報技術の発達について述べてきたが，サプライ・チェイン・マネジメントについて焦点を当てていなかった．企業の機能を統合し企業を効率化するという企業の基盤に関する課題を解決することが，企業体資源計画システムの目的である．

　しかし，企業体資源計画システムは，何を，どこで，いつ，誰のために生産すべきかという根本的な問題の回答には役に立たない．これは，第11章で触れるように意思決定支援システム (Decision Support System: DSS) などのさまざまな分析ツールの助けを借りて計画担当者の行う仕事である．

10.2節で情報技術の目的を分析したときにわかったように，最初の2つの目標，つまりデータの収集とアクセスのためには，企業システムだけでなく企業間システムが必要とされているが，それはまだ多くの産業分野では実現していない．第3の目的であるデータ分析は，サプライ・チェイン・マネジメントでは最も実現度が高く，投資回収が早くて投資効果の高い分野である．このようなシステムは短期間で導入でき，専用の意思決定支援システムを使いこなすには少数の要員を訓練するだけで充分なので企業内で問題を起こすこともない．

さまざまな企業が使っている意思決定支援システムは，製造特性，需要変動，輸送費用，在庫費用を基本としている．たとえば，企業の主要な経費が輸送費用であれば，まず輸送経路計画システムや配送ネットワーク計画に関する意思決定支援システムを導入すべきであろう．また，需要変動が大きく製品の品種切り替えに段取りが必要な複雑な製造プロセスの場合には，需要計画システムが緊急に必要とされるであろう．

第11章で詳細に議論するが，意思決定支援システムはストラテジックレベル，タクティカルレベル，オペレーショナルレベルのすべてを支援するのが一般的である．サプライ・チェインの構成要素の中には複数レベルにまたがるものもあるが，ほとんど1つのレベルにしか関与しないものもある．それはどう定義するかあるいは何に使うかによる．第11章の冒頭の事例はサプライ・チェイン最適化の代表的な例である．

第11章の中では，以下の応用におけるサプライ・チェイン意思決定支援システムを検討する．

- ロジスティクス・ネットワーク設計
- 在庫配置
- 販売地域割当て
- 配送管理
- 在庫管理
- 配送計画
- 製造拠点配置と施設展開
- リード時間見積もり
- 製造スケジューリング

● 作業スケジューリング

ここではさらに3つの例を加える．

1) **需要計画**　すでに検討したように，サプライ・チェインの意思決定では，需要予測が大きな役割を果たす．一般に需要予測は，統計的手法を使って商品販売履歴，需要の安定度，販売促進活動情報，その他の製品固有データを考慮して作成する．需要計画プロセスが特にむずかしいのは，予測の決定や販売実績の算出にサプライ・チェインの多くの部門が関係するからである．たとえば，販売部門は地域別販売割当てに的を絞った事業計画を策定するが，マーケティング部門は個別商品ごとの市場シェアに基づいた事業計画となる．また，製造部門では製品の生産とロジスティクスの調整に主眼が置かれる．各部門で使用される細かい情報のレベルは異なっており，意思決定のためにはそれぞれ独自な情報が必要となる．

これらの意思決定はすべて最終製品の売上げに影響する．しかしそれらは別々に決められてしまうことが多い．明らかなことだが，信頼性のある需要計画を立てるためには，各部門の意思決定のもとになる情報と他の部門が行った実際の意思決定をリアルタイムに把握できなくてはならない．

実際，サプライ・チェイン全体の意思決定を行うには，各部門が全社需要計画に情報を提供する共同のプロセスが必要である．このような形で個別の運営機能が需要計画のために協調すれば，その需要計画には利用可能な情報がすべて反映され，各運営機能で要求されているものも満たされる．

さらに，需要計画は単独の企業を超えて共同的な複数企業に拡大することができる．CPFR や情報共有のための電子商取引の展開は，このようなシステムの発達の方向を示すものといえる．

2) **容量計画と供給計画**　工場の生産量および立地を決めることも同様に重要である．容量計画も供給計画も入り組んだものであり，ストラテジック・レベル，タクティカル・レベル，オペレーショナル・レベルの計画が必要となる．

これらの計画レベルはそれぞれ日単位，週単位，年単位などの異なる計画期間に焦点を当てているが，それらは互いに影響を与えあうため，効果的な計画の作成はむずかしいものとなっている．加えて，需要計画の場合は，サプライ・チェインの多くの異なる箇所からの情報が必要となり，そしてその需要計画が

今度はサプライ・チェインのさまざまな箇所に影響を及ぼす.

　容量計画や供給計画には多くの種類のシステムがあり，特定の計画レベルを支援するものもあるし複数レベルにまたがって支援するものもある．最上位のシステムであるストラテジック・レベルの意思決定支援システムは，長期予測によって企業の各種容量の拡張計画の意思決定を行う．下位のシステムとしてはオンラインのオペレーショナルな意思決定支援システムがあり，セールスマンが納期を見積もり，見込顧客の注文を製造する工場を判断するために使われる．

　3）**購買**　購買は多くの企業にとって重要な活動となっている．出荷金額の半分以上を材料や機器の購入に費やす企業はめずらしくない．効果的な購買管理には納入業者データベースの管理，見積依頼書の送付，注文・出荷状況の追跡が含まれる．また，多くの場合(たとえば自動車産業では)購買活動の効率化のためには購買する企業の側で内向きロジスティクス・ネットワーク (inbound logistics network) の再設計が必要となる．たとえば，クロスドックポイントの設置によって複数納入業者からの納入をまとめることが可能となる．

10.7　サプライ・チェイン情報技術の統合

　情報技術のすべての要素を統合するにはどうすればよいであろうか？　サプライ・チェイン・マネジメントはきわめて複雑であり，この問題に対する簡単で手軽な解決法はない．多くの企業で，情報技術革新を行うことは費用に見合う効果が得られないと考えられている．投資回収が不確かだからである．トラック輸送会社は高度な追跡システムを購入しない．詳しい積荷の位置情報を欲しがるお客はほとんどいないと考えているからである．倉庫管理者は RF (radio frequency) 技術になかなか投資しようとしない．それは高すぎるからである．

　大切なことは，どの技術的要素が企業に利益をもたらすか分析し，そのうえで企業固有の要望と業界の要望に基づく投資を計画することである．しかし，サプライ・チェイン全体を考えた解決法の方が，部分的な解決法を単純に足し合わせたものよりも効果は大きい．たとえば，倉庫管理システムは，運送管理システムと組み合わせると顧客サービスに目をみはるような効果を発揮する．

　企業が主要な企業体資源計画システム製品 (SAP，ピープルソフト，オラク

ル，バーン) を導入しようとするときに，その社内業務プロセスを自動化すべきか，あるいは，業界の標準に合わせるべきかという問題に直面する．多くの企業が，受注入力，請求書，部品展開表などの情報を共有するようになり，共同して計画を立てるようになるにつれ，このような共有情報の標準化はビジネスに関係するすべての企業の経費を低減すると期待されている．サプライ・チェイン・マネジメントでは，まだ標準は確立していないので，各企業体資源計画システムベンダーはそれぞれの製品を「事実上の」標準にしようと努力している．

標準がないために，近い将来，メッセージブローカーのような形のミドルウェアが開発されることになるだろう．その目的は，異なるシステムや異なる標準をつなぐことである．

最終的に，サプライ・チェイン標準は，基盤設備を構成する基本的なシステムとなるであろう．

次にサプライ・チェイン・マネジメントのシステム統合の重要な側面について検討する．まず，マニュジスティクスのサプライ・チェイン・コンパスモデルについて説明する．このモデルの目的は企業のサプライ・チェインがどの程度情報化されているか評価することである．サプライ・チェイン・システムの主要ベンダーと同様，マニュジスティクスのこのモデルは現在どの程度情報化されているのか顧客が自ら正確に認識し，将来どういう方向に向かうべきか自ら決めるための助けとなるものである．次項では企業体資源計画システムと意思決定支援システムの導入について論議する．導入する際にどちらを優先すべきか？ 企業が最初に投資すべきはどちらか？ 最後に複数ベンダー製品の「いいとこどり」型導入手法と単一ベンダー製品による導入を比較し，同じ業種で異なるシステム導入方法をとった2つの企業のジレンマについて説明する．

10.7.1 開発の各段階

マニュジスティクスは，サプライ・チェイン・コンパスモデルという5段階のビジネスモデルを開発し，企業のサプライ・チェイン・マネジメントの情報化を段階に分けて評価している[73]．同じ企業でも事業部門によって段階が違っている場合があることに注意しておく必要がある．このモデルは，各段階の組織の目標，構成，情報技術を定義しているので，現在の企業の情報化を段階的に

評価することができ，より優れている会社はどこか，そして，将来競争で優位に立つためにはどこに力を入れればよいかを知ることができる．

レベル I: 基礎的段階——品質重視の段階 この段階では，可能な限り低い費用で信頼性のある高品質な製品を生産することが企業の目標となる．この目標を実現するために，企業はそれまでの機能や業務を自動化することに力を注ぐ．企業のサプライ・チェインの各部門は，独立した組織単位として機能し，システムもそれが反映されたものとなる．主要な計画ツールは，スプレッドシートである．

レベル II: 部門間機能チームの誕生——顧客サービスの段階 レベル II に移行した企業は顧客サービス，特に顧客からの注文への対応，に重点を置く．企業は，部分的にサプライ・チェインの統合を始め，配送部門と輸送部門を合わせて物流部門とし，製造部門と購買部門がオペレーション部門として統合される．この段階での目的は，顧客の需要に応えることである．この段階での情報技術は，特定分野の機能を提供するパッケージソフトウェアにすぎない．計画はポイントツールを使用して行われる．

レベル III: 企業レベルでの統合——効率追求の段階 この段階の企業は，効率の追求に重点を移す．目標は，顧客の要求にきめ細かく対応し，安い配送費用で迅速に高品質の製品やサービスを提供することである．企業は，原材料の調達から製品納入までを含む社内サプライ・チェインを統合し柔軟な生産へ投資することによって需要に対してすぐに反応できるようになる．この段階で，情報技術は企業サプライ・チェイン計画システムに統合されることになる．

レベル IV: 拡大サプライ・チェイン——市場価値創造の段階 レベル IV に移行するにつれて，市場価値が重要になる．企業は，重要な顧客と「お得意様」としての関係を結ぶことによって，市場シェアを拡大する戦略をとる．企業の成長と利益拡大がこの段階での目標であり，そのために，特定顧客の仕様に合わせた製品やサービスの提供や付加価値をつけた情報の提供によって競合相手との差別化を図る．情報技術は社内で共同利用可能となり，一部の顧客とも可能となり，POS (Point-Of-Sale) 情報がデータウェアハウスから意思決定支援システムまで活用される．

レベル V: サプライ・チェイン共同体——市場リーダーの段階 このレベル

では，市場のリーダーシップに焦点が移る．企業は真の意味のサプライ・チェイン共同体に統合され，共同体のメンバーは，インターネットや先進技術によって企業の境界を超えて共通の目標と役割を持つ．レベル V の企業は，パートナーとのビジネス取引を合理化して事業の成長と利益の最大化を図ることができる．情報技術は社外のパートナーと完全にネットワーク化され，サプライ・チェイン計画を同期することができる．

表 10.3 は異なる段階における情報技術の発達を比較し要約したものである．

表 10.3 マニュジスティクス・サプライ・チェイン・コンパス

段階	名称	目標	組織	情報技術	計画ツール
I	基礎的段階	品質と経費	個別部門	自動 MRP とその他のアプリケーション	スプレッドシート
II	横断的機能チーム	顧客サービス	統合オペレーション	MRP–II パッケージ	ポイントツール
III	企業統合	顧客へのよりきめ細かい対応	社内サプライ・チェインの統合	統合企業体資源計画システム	企業体サプライ・チェイン計画
IV	拡大サプライ・チェイン	市場シェアの拡大	社外サプライ・チェインの統合	顧客管理システム	POS 管理
V	サプライ・チェイン共同体	市場でのリーダーシップ	迅速に再構築可能	ネットワーク化された商取引システム	同期されたサプライ・チェイン計画

すでに説明したように，究極の目的は，業界全体の業務プロセスを標準化することによって，企業が協業し経費を削減することである．可能な限り多くのビジネスパートナーが電子商取引の中で取引するこの姿はたいへん素晴らしいものにみえる．しかし，電子データ交換 (Electric Data Interchange: EDI) のようなアプリケーションは，非常に多くの納入業者と顧客企業がそのシステムを使わなければ成功しない．つまり，使う企業がある一定の数を超えなければ，期待されるほど費用は削減できず，システムの費用対効果も高くない．

10.7.2　企業体資源計画システムと意思決定支援システムの導入

サプライ・チェインの統合を支援するシステムの導入には，基盤設備と意思決定支援システムが含まれる．企業体資源計画システムは，基盤設備の一部分

であり，サプライ・チェイン意思決定支援システムとは異なる．表 10.4 は，さまざまな導入課題に基づいて企業体資源計画システムと意思決定支援システムを比較したものである．

表 10.4 サプライ・チェインの企業体資源計画システムと 意思決定支援システム

システム導入の課題	企業体資源計画	意思決定支援システム
導入期間	18〜48ヶ月	6〜12ヶ月
目的	オペレーショナル	ストラテジック，タクティカル，オペレーショナル
投資回収期間	2〜5 年	1 年
対象ユーザー	基本的に全従業員	専門グループ
教育訓練	簡単	複雑

どのようなシステムをいつ導入するか決めるには，まず企業の戦略を決めなければならない．情報技術の目標 (10.2 節) からわかることは，まず企業体資源計画システムを導入して必要なデータを整備しアクセス可能とすることである．その後で初めてサプライ・チェイン・プロセス全体の分析を意思決定支援システムで始めることができる．これは，理想的な方法である．しかし，現実にはサプライ・チェイン効率化を実現するために必要なデータは，すでに社内のどこかのデータベースにあり，簡単にアクセスできないだけかもしれない．企業体資源計画システム導入にかかる時間と費用を比較すれば，このようなデータベースを集めて分析するだけの価値はある．

これについて表 10.5 に示す．企業体資源計画システム導入期間は，平均的な意思決定支援システム導入期間よりもはるかに長い．企業にとって企業体資源計画システムが価値を持つのは，最初の 2 つの目的，すなわちプロセスの可視化と統一窓口化である．そして，それによって生産活動を改善することができる．意思決定支援システムが企業戦略計画および運営計画に及ぼす影響も同様である．つまり，意思決定支援システムは ROI(投資効率) を向上させる．また，意思決定支援システムは企業体資源計画システムと比較すると，導入費用は安く導入も簡単で，高度の訓練を積んだ人員が少しいれば動かすことができる．企業体資源計画システムの場合は，訓練はそれほど積まなくてもよいが，多数の人員を必要とする．

実際，本章冒頭のスターバックスの事例でみたように，企業体資源計画シス

表 10.5 意思決定支援システム導入時の業界別優先順位

業種	意思決定支援システム
飲料	ネットワーク，ロジスティクス
コンピュータ製造	需要，製造
消費者製品	需要，ロジスティクス
衣料	需要，生産能力，ロジスティクス

テム導入を待たずに意思決定支援システム導入プロジェクトを推進する場合もある．その方が，より直接的で目に見える形での投資効果が上がる．もちろん，企業は自社の財務的な，あるいは人的な資源を調べてどちらにするかを決めることが大切である．

導入する意思決定支援システムのタイプは，業界や対象となる分野によって異なる．表 10.5 は，その例を示したものである．飲料業界では，ロジスティクスにかかる費用が主であるため，ロジスティクス・ネットワークが優先される．コンピュータ製造業は複雑な製造工程と製品の種類の多さに特徴があり，ロジスティクス費用は製造費用に比べるとたいしたことはない．したがって，コンピュータ製造業の場合は，費用のかかる配送手段でもかまわない．

10.7.3 「いいとこどり」システム導入と単一ベンダーによる企業体資源計画システム導入の対比

サプライ・チェインに対する情報技術的ソリューションは，複数のソフトウェアによって構成されており，競争力のあるものにするためには，組み合わせる必要がある．これらのソフトウェアには，基盤設備としての企業体資源計画システムと意思決定を支援するための意思決定支援システムがあり，2つの両極端な導入手法がある．1つは，企業体資源計画システムとサプライ・チェイン用意思決定支援システムを単一ベンダーから総合的なソリューションとして購入する方法である．もう1つは，サプライ・チェインの各カテゴリーに最も適合するソリューションを複数のベンダーから購入する「いいとこどり」導入手法である．この手法だと，企業の各機能に最適なシステムを作ることができる．「いいとこどり」型導入は，複雑で導入期間も長くなるが，一方で，各企業固有の問題に合ったソリューションを構成でき，長期にわたる変化に対応できるような柔軟性のあるシステムに対する投資であるともいえる．もちろん，導入期

間が長くなると，導入完了時にソリューションの有用性が薄れるし，また，システムの保守も困難になる．また．情報技術スタッフの意欲が続かないという問題もある．多くの企業では，中間的な手法をとり，まず中心的な企業体資源計画システムを導入し，企業体資源計画システムでは提供されない機能やその企業に適合しない機能を「いいとこどり」手法で導入するか自社開発する．今でも，自社開発に固執する企業 (ウォルマートなど) がある[17]．これは自社に専門の情報技術部門を抱える巨大企業で，すでにその事業にシステムを使いこなしている場合には賢明な選択である．表 10.6 は，これらの導入手法の長所短所をまとめたものである．

表 10.6 「いいとこどり」導入手法・単一ベンダー導入手法・自社開発の長所短所

導入の課題	「いいとこどり」	単一ベンダー	自社開発
導入期間	2〜4 年	12〜24ヶ月	不明
経費	高い	低い	技術力により差がある
柔軟性	高い	低い	最も高い
複雑さ	高い	低い	最も高い
ソリューションの品質	高い	低い	不明
企業への適合性	高い	低い	最も高い
教育訓練	長期	短期	最短

本章の冒頭の事例で，まったく異なるシステム導入手法をとった 2 社のコーヒー焙煎業者を紹介した．スターバックスは，「いいとこどり」手法による企業体資源計画システム導入を行い，グリーンマウンテンコーヒーは単独ベンダーの企業体資源計画システムソリューションを導入した．表 10.6 に挙げたどの点に 2 社の導入事例の中に違いがあるのか注意してほしい．

まとめ

サプライ・チェインの情報技術の目標は，次の 3 点である．ロジスティクス責任者にとってこれらは何を意味するのだろうか．最初の目標はどのように識別すればよいのか．そして，これら 3 つの目標をどのように達成するのか．
- 各製品の製造から納入までの情報を利用可能とする
- 単一ポイントへのアクセス

10.7 サプライ・チェイン情報技術の統合

● 全サプライ・チェイン情報に基づく意思決定

情報技術の主要な傾向として，すでにこの章でみてきたように，最初の2つの目標は実現可能になってきている．

業務プロセス，通信，インターフェイスの標準化は基盤設備を安く簡単な方法で導入できるようにした．情報技術基盤は企業の大きさにかかわらず導入可能になり，企業間の壁を超えて働くことになる．

これにより，情報へのアクセスが可能となり，サプライ・チェインの全レベルのシステムが統合される．したがってサプライ・チェインの各レベルでは，より多くの情報にあふれ製品の追跡が行われる．フィデラルエキスプレスの配送小包のように，サプライ・チェインを通じて製品にタグが付けられ，簡単に位置確認ができるようになる．

さまざまな形式のデータ表示とデータアクセスがシステムに統合化され，特別な知識を必要とせず使えるようになる．これによりシステムインターフェイスは直感的に操作できるようになる．

さまざまなシステムは，その境界がわからなくなるくらい相互的に働くことになる．「いいとこどり」手法で導入されたシステムも，統合化されたシステムとして共通のインターフェイスを持ち，組織内の各種の部署や職種の人々によって使われるようになる．企業の経営システムに「プラグ」を差し込むように簡単に取り付けられ，しかも特殊な機能を提供するアプリケーションが増えることになる．第三の目標は，意思決定支援システムと人工エージェントの開発によって実現される．人工エージェントは，より高度で，実際のデータに基づき，共同利用可能なシステムで，企業競争力を拡大する鍵となる．

最後に電子商取引は，仕事のやり方，取引の方法，ビジネスの姿までも変化させる．電子商取引が提供するインターフェイスによって，企業や政府機関は有効な製品データ，比較データを得ることができる．また，電子商取引が提供するインターフェイスによって，自動的にエラーをチェックしそれを直すような取引も可能となる．政府機関，教育機関，企業のデータベースにあるデータにアクセスが可能となり，それらのデータの変更や訂正も可能となるであろう．ビジネスは，企業を超えて拡大し，より高度なアプリケーションが基礎的な業務プロセスを実行し情報を他のアプリケーションに渡す役割を担うようになる．

サプライ・チェイン・マネジメントのように複雑なプロセスでは，システムは個々の機能を実行するばかりではなく，システム内の他の機能に警戒を出してチェックを行う機能を持つようになり，情報技術の3つの目標の実現に特に大きな役割を果たすであろう．

11

サプライ・チェイン・マネジメントのための意思決定支援システム

事例：生産フローを円滑にするサプライ・チェイン・マネジメント

　エアロストラクチャーズは，商用機や軍用機の翼と翼部品を受注生産方式で製造している．かつて，同社はその組立工程の部品を移動させるためいつも大混乱をきたしていた[*1)]．

　最近になり，テキサス州アービングにある i2 テクノロジーのサプライ・チェイン・マネジメント・システム「Rhythm」のおかげで，エアロストラクチャーズは作業フローの平準化を行い，在庫費用を 50 万ドル削減した．

　過去に，ナッシュビルに本社を置くこの会社が「ストリンガー」50 個という大口注文を受けたことがあった．ストリンガーとは翼桁のことで，翼の支持構造で翼と胴体に結合するために整形された金属部品であり，長いものは 50 フィートもある．同社では，1 日で材料からストリンガーを作ると，熱処理を行うまでの間，数日間放置され，ストリンガー炉と呼ばれる熱処理炉で成形されていた．

　昔からのこの生産方式では，無駄な時間が多かった．エアロストラクチャーズでは，小さな作業が製造工程のすきまにうまく組み込まれていなかったために，ストリンガー炉や他の製造設備が効率的に使われていなかった．同社の旧い資材所要量計画 (MRP) システムは，製造設備ごとの作業の正確なスケジュールができるように設計されていなかったためである．

[*1)] 出典：Thomas Hoffman，1997 年 12 月 10 日付コンピュータワールド誌より（転載許可済み）．

さらに，エアロストラクチャーズの受注生産の製品は，完成するまでに220もの作業工程を移動させながら製作する必要があるために，未完成の製品を工程に長時間滞留させておくことはできなかった．

同社の製造・情報システム担当副社長である Julie Peeler は「注文納期が明日であるとすれば，システムはそれを教えてくれるが，同じ総処理時間で2つの小さな作業を処理できることを教えてくれない」とこぼしていた．

エアロストラクチャーズでは，マコーミック＆ドッチ (McCormack & Dodge) が開発し，IBM のメインフレームコンピュータ S/390MVS 上で稼動する生産在庫最適化システム (PIOS) という 10 年前の MRP-II (製造資源計画) システムを使っていた．

エアロストラクチャーズの古いシステムは，MRP システムが同社の生産実行のリード時間を後追いしていたために，受注生産の在庫管理を混乱させていた．このため，エアロストラクチャーズにおけるアルミニウム，チタニウム，その他資材の発注に困難をきたしていた．

昨年半ばに導入されてから Rhythm は，エアロストラクチャーズの計画業務の効率化に大きく貢献している．PIOS システムは，コンピュータ・アソシエイツ (Computer Associates International) の CA-IDMS データベースを通して，計画情報を夜間に IBM の RS/6000 ベースの Rhythm システムに送り込んでいる．

Rhythm は，作業指図の優先順位を計算し，翌日の朝 MRP が実行される前にその情報を PIOS システムにアップロードしていると，Peeler は説明している．

エアロストラクチャーズでは，このためのハードウェア，ソフトウェア，およびサポートに対して，65 万ドルの投資をした．

エアロストラクチャーズによる Rhythm の活用は，このような製造最適化システムが，現在いかに脚光を浴びているかを示すものであり，「エアロストラクチャーズのような企業にとってのメリットは，企業内サプライ・チェインの運用を円滑化できることだ」とマサチューセッツ州ファミングハムにあるインターナショナル・データ (International Data) のアナリスト Dennis Byron は話している．

コネティカット州スタンフォードにあるメタ・グループ (Meta Group) のアナリスト Barry Wilderman は，そのようなシステムの導入は，まだ戦いの

半ばにすぎないのだという．それは Rhythm やメリーランド州ロックビルのマニュジスティクスの製造スケジュールシステムが，あまりにも複雑なためである．

それには Peeler も同意見である．

エアロストラクチャーズの仕様に合わせてシステムをカスタマイズする作業に，i2 は 1996 年の夏の大半を費やしたと彼女は語っている．「最適化が容易であれば，多くの企業が Rhythm を採用しているだろう」と彼女は語った．

エアロストラクチャーズは，マコーミック&ドッチの MRP システムを，バーンの企業体資源計画システムに置き換えるプロジェクトの真っ最中である．

i2 システムの Rhythm はバーン製の企業体資源計画システムに連動可能だが，統合はできない．そのため，エアロストラクチャーズが Rhythm を使い続けるかどうかは決まっていないと Peeler は語っている．

本章の最後まで読めば，次の問題を理解できるであろう．
- エアロストラクチャーズのケースで説明したようなソフトウェアを導入する目的は何か?
- システムに対してどのような種類の意思決定支援ツールが選択されたか，そしてそれはなぜか?
- エアロストラクチャーズのシステムと，そのサプライ・チェイン最適化ソフトウェア Rhythm とはどのような関係にあるのか?
- 情報技術の現在の傾向は，エアロストラクチャーズの意思決定支援システムの導入にどのように影響するのか?

11.1 はじめに

サプライ・チェインの運営・管理における進歩の多くは，進化を続けるコンピュータ技術によりもたらされている．第 10 章では情報技術とその多くの側面を検討したが，本章では，特に意思決定支援システム (Decision Support System: DSS) に焦点を当てる．

多くの複雑なビジネスシステムと同じように，サプライ・チェイン・マネジメントの問題も，全面的にコンピュータに委ねられるほど，厳密に定義されて

いない．むしろほとんどすべての場合，システムの効果的な管理には，人間固有の柔軟性，直観力，知識が欠かせない．けれども，コンピュータの支援がなければ，効果的な分析や理解ができない面もあり，意思決定支援システムの目的は，まさにこのような面での支援を提供することにある．その名が示すとおり，意思決定支援システムは，それ自体が意思決定を行うのではなく，人間の意思決定過程の中で意思決定者を援助し支援することがその目的である．

意思決定支援システムには，ユーザーが自分自身で分析するスプレッドシートから，さまざまな分野の専門知識を組み込んで，実行可能な代替案を提案するエキスパートシステムまである．具体的な状況に対してどの意思決定支援システムが適しているかは，問題の性質，計画期間の範囲，実行が必要とされる意思決定の種類によってさまざまである．また，問題を特定しないで多様なデータ解析ができる一般的なツールと，特定の応用に特化したシステム (これは往々にして高価になりがちである) には，それぞれ一長一短がある．

サプライ・チェイン・マネジメントを形成する多様な分野の中で，意思決定支援システムは，ロジスティクス・ネットワーク設計のようなストラテジックな問題から，倉庫や製造設備への製品の割当てといったタクティカルな問題，生産スケジュール，配送方法の選択，そして車両の配送ルート設定に至る日常業務上のオペレーショナルな問題までの多様な範囲をカバーしている．システムの多くに固有の規模と複雑さがあるために，意思決定支援システムは効果的な意思決定に不可欠となっている．サプライ・チェイン・マネジメントにおける意思決定支援システムは，高度計画/スケジュール作成 (Advanced Planning and Scheduling: APS) システムと呼ばれることもある．多くの場合，これらのシステムは，以下の領域をカバーしている．

需要計画 履歴データと顧客の購買パターンに基づき，正確な予測を決定する．最近になって，計画過程における購買担当者と納入業者の協力関係もその対象となった．

供給計画 需要を満たすために効率的にロジスティクス資源を配分する．これにはストラテジック・レベルのサプライ・チェイン計画，在庫計画，配送計画，共同調達・輸送計画が含まれる．これらのシステムは，物流資源計画 (Distribution Resource Planning: DRP) システムと呼ばれることもある．

11.1 はじめに

製造計画とスケジューリング 需要を満たすために効率的に製造資源を配分する．これには，優先順位をスケジュールに組み入れ，購入部品と製造部品を発注する従来からの資材所要量計画 (Material Resource Planning: MRP) システムもある．さらに顧客に対してリード時間を見積もるシステムも含む．

一般に，意思決定支援システムは，考えうる解決策を示すために定量化できる情報を扱う．定量化できない他の要素をもとに，意思決定者は最も適切な解決策を決めることができる．たいていの意思決定支援システムにおいては，想定できる複数のシナリオによって，意思決定者は意思決定支援システムによって下した決定がもたらす結果を分析することもできる．このような「もしこうなったら (what-if) 分析」によって，問題の発生を事前に予測し回避することができる．

意思決定支援システムの多くは，意思決定プロセスを支援するために，数理的手法を活用している．これらの手法は，第二次世界大戦中の膨大な軍需物資のロジスティクス業務を支援するためオペレーションズ・リサーチの数学的学問分野から生まれた．それ以来，向上を続けるコンピュータの力と同様に技法が改良され，拡大を続けるコンピュータの力によって，道具も改善され誰もが使えるものになってきた．

また，人工知能 (AI) 手法が組み込まれた意思決定支援システムもある．特に，可能な最短時間で顧客への供給方法を決定したり，顧客が電話の向こうで待っている状態で配送リード時間を見積もったりするようなリアルタイム意思決定においては，エージェント (と呼ばれるプログラム) が人工知能を使用している．Fox, Chionglo, Barbuceanu[39] は，「エージェントとはお互いに連絡をとりあい影響しあうソフトウェアプロセスであり，それはサプライ・チェイン全体に影響を及ぼす意思決定を大域的に作り出すことができる」と定義している．たとえば，顧客サービス担当者が適切なリード時間を決定した後に，顧客サービス支援エージェントは製造計画エージェントとお互いに連絡をとりあって，リード時間を確実なものとするのである．レッド・ペッパー・ソフトウェア (Red Pepper Software) のレスポンス・エージェント (Response Agent) は，このような計画・スケジューリング・エージェントの一例であり，計画担当者を支援する人工アシスタントとして機能する[113]．

エキスパートシステムもまた，人工知能に属し，専門家の知識をデータベースに蓄えて，それを問題解決に活用する．エキスパートシステムは通常，ルールとして表現される広範囲な知識データベースに依存している．そして問題の解決時には，知識を基礎としてルールを適用し，どのように到達したかを説明できる結論を導き出す．意思決定支援システムでは，この種のエキスパートシステムは，意思決定者が代替解決案を考える時間も専門知識もない場合に，代替案を提案する役割を果たす．ロジスティクスの実務においては広汎に使われている訳ではないが，このようなシステムは，結論を専門家としての論拠に基づいて説明できるため，重要な役割を果たす．

企業全体のデータベースを統合する巨大なデータウェアハウスがより一般的になるにつれて，意思決定支援システムではデータウェアハウス情報を分析するために高度な統計的ツールを使っている．最近では，データマイニング用のツールが，データを徹底的に探索し予期しないパターンや関係を発見するために使われ，次第にその価値が認識されるようになっている．このようなツールは，現在，予想できないマーケティング上の関連性を発見するために使用されているが，輸送や在庫というサプライ・チェイン上の関係の分析にも活用できる (第3章参照)．

11.2 意思決定支援システムのシステム構成

意思決定支援システムを効果的に選択し活用するには，システム構成に不可欠な要素を正しく理解することが必要である．意思決定支援システムの構成要素は主に，入力のためのデータベースおよびパラメータ，分析用ツール，提示の仕組みの3つである．

● 入力データは，意思決定に必要な基本的な情報をデータベースにしたものである．それは特定の問題に特化したパソコンベースのデータベースから抽出してもよいし，企業の取引データを蓄積したデータウェアハウスから抽出してもよいし，ネットワークを通じてアクセスされる分散データベースから抽出してもよい．このデータベースには，必要なサービスレベル，明文化された制約，いろいろなその他の制約，といったパラメータやルールが含まれる．

● データ分析には，通常，問題に関する専門知識が必要であり，ユーザーが一定のパラメータを微調整できるように設計されていなくてはならない．分析ツールとしては，オペレーションズ・リサーチや人工知能に基づいた解法，コスト計算機能，シミュレーション，フロー解析，その他の論理的手続きが使用される．企業が直面する膨大で多様な問題を処理できるような既存の解決法はほとんどないために，この構成要素はたいへん複雑なものとなる．

● 多様なデータベースおよびスプレッドシート提示ツールは，意思決定支援システムによる分析の結果を表現するために使われる．多くの場合，出力データは意思決定者が理解しきれないほど大量のリストや表による情報となる．したがって，意思決定者が多量の出力データを理解できるように，多様なデータを視覚化する技法が使われる．たとえば，拠点配置計画，配送計画，販売計画用の意思決定支援システムは，地理情報システム (Geographic Information System: GIS) を使って拠点配置，経路，サプライ・チェイン分析に関連する複雑な地理データを表示する．同様に，スケジューリング・システムでは工場スケジュールを表示するためにガントチャートを使用し，シミュレーションはモデルの関係を説明するためにアニメーションを使っている．

　これらのシステムの構成要素は，検討する課題の計画期間によって大きな影響を受ける．これまでみてきたように，ストラテジック・レベルの意思決定は一般に長期計画を扱い，集約された履歴データおよび予測に関する考察を含む．そしてその分析と提示は特に迅速である必要はない．なぜならばストラテジック・レベルの意思決定では素早い反応は必要とされていないからである．これとは対照的に，オペレーショナルな意思決定は短期計画を扱うので，現行データを必要とし，意思決定支援システムは素早く反応することが求められる．

11.2.1　入力データ

　どんな分析にもいえることだが，意思決定支援システムにおいても，確実な分析を行うには入力データが重要である．ごく最近までは，適切な情報を得ること自体が複雑な仕事であった．アメリカ企業は，全般的にこの情報収集の戦いで勝利をおさめてきた．企業体資源計画，バーコード，POS(Point-Of-Sale)情報管理システム，電子商取引のような情報技術を広く駆使することによって，

企業は大きなビジネスデータベースを作り上げた．このようなデータベースは，巨大なデータウェアハウスかあるいはより小さなデータマートに集積され，分析ツールによって解析される．さらに，ネットワークの拡大とネットワークへのアクセスツールによって，今や，地理的に分散しているデータベースへのアクセスも可能となっている．

分析の種類によっては，意思決定支援システムは企業内のいろいろな部門に情報収集を依頼することがある．また，サプライ・チェーン・ネットワーク設計には，企業内の各部門からの静的情報と動的情報の両方が必要となってくる．ここで静的データは，工場稼動率，工場配置，倉庫配置，顧客，倉庫費用・輸送費用などであり，動的データは，需要予測，受注，最新の納期情報などである．このような情報は，通常，企業内の単一のデータベースや部門ではカバーしきれない．

システムに組み込まれたデータの品質とモデルの品質を評価するためには，そのデータとモデルをシステムに入力して，これらが現実に対応しているかどうかをみる．たとえば，トラックの配送計画に関する意思決定支援システムについて考えてみよう．システムの最終的な目的は，それぞれの顧客が求める時刻に納品・集荷をトラックが効率的に行えるように配送経路を提案することである．したがってたとえば，現在のトラックの配送経路をシステムに入力して得られる配送時間が，トラックの運転手が実際に働いている配送時間と同じであるかどうかを比較することによって，モデルの妥当性をテストできる．同様に，モデルを入力して得られる経費も，実際の財務記録および経理記録と比較しチェックできる．一般にモデルとデータの妥当性確認として知られているこのプロセスは，モデルとデータが充分に正確であることを確認するうえで不可欠である．もちろん，「充分に正確である」ことの意味は，その意思決定の内容に依存する．この問題に関してさらに詳しく知りたい方は，第2章の2.3節を参照していただきたい．

さらに，意思決定が扱う計画期間によって必要なデータの詳しさは変わる．ストラテジックな計画では，年度ごとのデータの総計が有効であり，日ごとあるいは週ごとの生データは，短期計画に使用される．解の精度は入力データに依存するので，分析に必要なツールは入力データの品質によってある程度決ま

ることになる．

例 11.2.1. 意思決定支援システムは，ロジスティクス・ネットワーク設計のためにストラテジック・レベルで使用されることが多い．そのとき，意思決定支援システムは必要な倉庫の数と大きさ，各倉庫が担当する顧客を決定するために使われる．意思決定支援システムは，拠点選択と顧客配分にかかわる費用計算のために，ロジスティクス・システムの情報を使う．ロジスティクス・ネットワーク設計に必要なデータとして，製造業者，倉庫，顧客，それらの間の輸送などがある．ここで問題にしている意思決定支援システムは長期計画ツールであるため，年間需要データと経費が用いられるが，意思決定者が季節性をどのように反映させるかを決める必要もある．さらにこの種の意思決定支援システムを活用するためには，意思決定者が製品群ごとに在庫方針を指定することも必要である．これによって倉庫の大きさと納品頻度を計算することができる．必要な入力データの一部を表 11.1 に要約する．

表 11.1 ロジスティクス・ネットワーク設計のための入力データ

構成要素	データ
製造業者	立地，生産能力とその費用，倉庫への輸送費用
倉庫	立地，固定費用，変動費用，在庫回転，小売業者への輸送費用
小売業者	立地，製品ごとの年間需要
製品	体積，重量，保管費用

この種のデータは，企業のデータベースからは簡単に得られない場合もある．たとえデータを得られたとしても，特に意思決定支援システムの地理的表示と分析に合う形式ではないかもしれない．だれもがそう思うように，データを収集し，表にし，確認するには相当な時間がかかる．

11.2.2 分析ツール

意思決定支援システムにまつわる問題としてもう 1 つ提起しておく必要がある．それはいろいろな解の評価尺度である．総費用の削減が目的の場合もあれば，顧客サービスレベルの改善の方が重要な場合もある．通常の意思決定支援システムはそのインターフェイスにこのようなパラメータの設定を提供しており，意思決定者が望む優先度を選択することができる．

データが収集されると，データの分析と提示が必要となる．意思決定支援シ

ステムおよび扱っている具体的な意思決定にもよるが，データ分析には多くの方法がある．意思決定者が意思決定支援システムの解の妥当性と正確さを評価するためには，意思決定支援システムのデータ分析方法を理解しておくことが重要である．分析方法にもよるが，統計手法を選択することによって数多くの異なる結論を表現できる．この問題に関する興味ある議論として文献[105]がある．どの分析が最も適切であるかを決めるのは，意思決定者自身である．

11.3 節では，サプライ・チェーン・マネジメントに関する異なる意思決定，そして適切なデータを分析するために意思決定支援システムにおいてよく使われるツールに関して議論する．ここでは，意思決定支援システムにおいて一般的な手法・技法を紹介する．

クエリー データ量が莫大なために，手作業による分析がほとんど不可能な場合はよくある．具体的な問題，たとえば「カリフォルニア州における当社の顧客の数は?」「ある製品を 3,000 ドル以上購入した州ごとの顧客数は?」というような質問の形 (クエリー) にすることによって意思決定は容易になる．

統計的分析 クエリーだけでは不十分な場合，データの傾向とパターンを判断するために統計的手法を使う．たとえば，倉庫の平均在庫，各経路の平均顧客数と平均長さ，顧客需要の変動といった統計的データも，意思決定者にとって有益なデータである．

データマイニング 最近では，企業のデータベースが大きくなりあらゆる情報を含むようになってきたために，データの中に隠されたパターン，傾向，関係を見出すための新しいツールが開発されている．データマイニングによって，たとえば，「金曜日の夕方コンビニエンスストアーに来る男性顧客は，ビールと紙おむつを購入する頻度が高い」というようなマーケティングの金脈を掘り出すことができる．

オンライン分析処理 (OnLine Analytical Processing: OLAP) ツール オンライン分析処理ツールは一般的に，データウェアハウスに保存されている企業データをみるための直感的な方法を提供する．オンライン分析処理ツールは，データを各問題に共通の切り口に沿って集約し，意思決定者が問題の切り口に沿ってあるいは問題の各レベル間を行ったり来たりできるように誘導する．さらにオンライン分析処理ツールはこのようなデータ分析を可能にするため，

高度な統計的ツールとそれを提示するツールをも備えている．その多くは汎用ツールであり，スプレッドシートよりも高度であり，大量のデータを分析するには，データベースツールよりも使いやすい．

計算機能　単純な意思決定支援ツールは，費用計算のような特殊な計算もできる．多くの場合，特に変化が予測され容易に評価できる場合，単純な計算以上のものは必要ないかもしれない．製品の種類によっては，予測や在庫管理には使用できるが，他の場合にはもっと高度なツールが必要とされることもある．

シミュレーション　すべての業務には，不確定要素がある．売上高の予測はむずかしく，機械の故障を予測することはできない．分析作業の困難さはこのような問題の不確実性あるいは確率論的な要素に起因する．この場合，シミュレーションが有効なツールとなる．シミュレーションを行う場合，業務のモデルをコンピュータ上に作成し，そのモデルに含まれる不確定要素 (たとえば，売上高や故障率) のそれぞれを確率分布によって指定する．そのモデルを「実行」すると，コンピュータが業務の進行をシミュレーションし，不確実なイベントが発生するたびに，コンピュータは，指定された確率分布を用いてイベントの影響を計算する．

たとえば，生産ラインのシミュレーション・モデルを考えてみよう．コンピュータがモデルを実行すると，たとえば，1つの作業を1号基のマシンで行うのに，どれくらいの時間を要するか，2号基のマシンではどうか，あるいは作業4を3号基のマシンで処理している間に3号基は故障しないかというような一連の意思決定を行う．モデルを実行すると，統計的データ (たとえば稼働率，作業完了回数) が集められて分析される．これはランダムなモデルであるために，そのモデルを実行するたびごとに，違った結果が得られる．そのモデルの平均結果とこの結果の変動性を決定するために統計的手法を使う．また，入力パラメータを変化させ，異なるモデルや異なる意思決定を比較することもできる．たとえば，同じようにシミュレートした顧客需要を利用して，異なるロジスティクス・システムを比較することもできる．一般的にシミュレーションは，分析的に解明することがむずかしい非常に複雑なシステムを理解するのに便利なツールである．

人工知能　11.1節で論じたように，人工知能ツールは意思決定支援システム

の入力データの分析に利用できる．人工知能は，具体的な問題に適用可能な知識を集めてルールの形で表したデータベースのこともあるし，オンライン人工エージェントのこともある．前者は一般にコンピュータ故障時の原因究明や複雑な化学反応過程のような技術的問題を解く場合に応用され，後者はサプライ・チェインの複数の構成要素を管理するといった目的に適している．実際にサプライ・チェイン・マネジメント用の多くの意思決定支援システムは，人工エージェントを使ってサプライ・チェインにおける異なる活動を計画し実行している．エージェントシステムは以下の各要素によって特徴づけ可能であり，各要素はお互いに無関係ではない[39]．

- 各人工エージェントに割り当てられた活動 (たとえば，ソフトウェアプロセッサ)
- 異なるエージェント間の相互作用のレベルと種類
- 各エージェントに埋め込まれた知識のレベル

たとえば，リアルタイムのサプライ・チェイン計画ツールは人工エージェントによって構成され，各エージェントは，各施設の情報を収集し，その施設の計画・スケジューリングを行う．ここでいう施設とは，製造工場や物流センターである．各エージェントは，他のエージェントと相互に連絡をとりあい，異なる工場間の余剰能力のバランスをとったり，不足部品を見つけ出したり，生産とロジスティクスの調整を行う．中央の計画エージェントは，各施設のエージェントと連絡をとり，各施設の状態の情報を集め，中央における計画の意思決定を伝える．人間が行う意思決定とは異なり，エージェントが行う意思決定の種類やレベル，エージェント間で行われるコミュニケーションの頻度やレベルは，個別のシステムの実装によって，また，分野によっても異なっている．

数理モデルとその解法 11.1 節で論じたように，オペレーションズ・リサーチにみられる数学的手法は，多くの場合，問題に対する潜在的な解を決定するためのデータを利用する．たとえば，これらの手法は，新しい倉庫の最善の組み合わせ，トラックの効率的な輸送経路，小売店の効果的な在庫方針などを生成できる．このような解法は，次の 2 つのカテゴリに分けられる．

厳密解法 厳密解法は，与えられた具体的な問題に対して「数学観点では最適な解」を見つけだす．この解法の実行には，特に問題が複雑な場合

には，かなりの時間を要する．多くの場合，最適またはきわめて最適に近い解を見出すことは(大変時間がかかるので)不可能である．また一方で，そのような努力をするほどの価値がないこともある．それはこの解法に入力されるデータが近似データあるいは集約データの場合であり，近似的な入力に対する「厳密な解」は，近似的な入力に対する「近似解」とたいして変わらない．

近似解法 この解法は，そこそこ良いがしかし必ずしも最適とはいえない解を見つけだす．近似解法は概して厳密解法よりもはるかに高速に実行される．数理的解法を使う多くの意思決定支援システムは，近似解法を用いている．優れた近似解法を使えば，最適解に非常に近い解が素早く得られる．近似解法を用いたシステム設計では，解の品質とスピードがトレードオフの関係となる．また，近似解法によって得られる解が最適解からどれだけ離れているか見積もることは，有用であることが多い．

厳密解法と近似解法に関するさらに詳しい議論については，第2章を参照していただきたい．

実際に使われる分析ツールは，以上に述べた多くのツールを組み合わせている．ほとんどすべての意思決定支援システムは，ツールの組み合わせで提供されている．また，その多くはスプレッドシートのような一般的なツールを用いてさらなる分析を進めることができるようになっている．また，以上に記したツールのいくつかは，一般的なツール(たとえば，スプレッドシート)に埋め込まれていることが多い．

多くの意思決定支援システムでは，解決しようとしている問題に特化した知識を含んだ分析ツールが使われている．普通，このような問題は複雑なために，意思決定支援システムは効率的な解を見つけ出すために，問題特有の知識を活用している．こうして，要求されるサービスレベルを満たし費用を最小化する解が得られる．

特定の意思決定支援システムに通用する適切な分析ツールを決定するには，次のような多くの要素を考慮すべきである．

- 検討中の問題の種類
- 解に求められる精度：最適解を必ずしも見つける必要がないかもしれない．

- 問題の複雑さ：ツールによっては非常に複雑な問題に適していないこともある．
- 定量化可能な出力情報の数と種類
- 意思決定支援システムに求められるスピード：リード時間の見積もりや，車両の配送経路を決めるようなオペレーショナルなシステムにおいては，スピードが不可欠である．
- 意思決定者の目的または目標の数．たとえば，トラックの配送経路に関する意思決定支援システムでは，最小車両数と最小総走行距離を使って解を出すことが必要かもしれない．

表 11.2 に問題の種類とそれに適した分析ツールを示しておく．

表 11.2 分析ツールとその応用

問題	使用ツール
マーケティング	クエリー，統計，データマイニング
配送経路	近似解法，厳密解法
生産スケジューリング	シミュレーション，近似的ディスパッチングルール
ロジスティクス・ネットワーク構成	シミュレーション，近似解法，厳密解法
モード選択	近似解法，厳密解法

例 11.2.2. 事例 11.2.1 で説明したロジスティクス・ネットワーク設計問題を考えてみよう．この問題に関する近似解法と厳密解法は，ここ数年の間に進歩している．近似解法にするか厳密解法にするかという選択は，解こうとする問題がどれだけむずかしいかということやモデル化において意思決定者が考慮すべき問題 (たとえばサービスレベルなど) によって決まる．たとえば，処理できる問題の大きさ，パラメータの数，その他の特殊な事情によって，厳密解法を使えるかどうかは決まる．また，問題の性質 (あるいは解の性質) によっては，近似解法と厳密解法を組み合わせることによって解を求めた方がよいものもある．

11.2.3 提示ツール

提示ツールは，意思決定者にデータを表示するために使用される．このようなツールには，次のようないろいろな形式がある．

- 報告書

- チャート
- スプレッドシート
- アニメーション
- フロアプランのような特殊な図形式
- 地理情報システム

報告書，チャート，表などは非常に一般的に使われているので，読者はこのようなツールを熟知していると思う．アニメーションは，すでに述べたシミュレーション・モデルを表現するツールとして広く使用されている．これは意思決定者がシミュレーション・モデルの妥当性を検証し，その結果を理解するうえで役立つ．また，解決しようとする問題によって使用されるグラフィック形式は特殊なものとなる．そういった例として，設備レイアウトにおいて，意思決定支援システムが新しい設備のフロアプランを提案する場合がある．

サプライ・チェイン・マネジメントでは，意思決定支援システムの出力の多くは地理的な性格を持つものが多い．たとえば，ロジスティクス・ネットワーク設計，販売地域分析，トラック配送経路ソフトウェアのすべてには，地理に関連する出力が含まれている．地理情報システム (Geographic Information Systsem: GIS) はここ数年の間に，多くのサプライ・チェイン・マネジメントの意思決定支援システムにおける提示用ツールとして広く使われるようになってきた．次に地理情報システムを詳しく説明する．

地理情報システム

地理情報システムは，統合されたコンピュータ用地図作成および空間データベース管理システムであり，地理的参照データの保存，検索，管理，分析，表示のための広汎な機能がある．

地理情報システムの代表的な機能としては，次のようなものがある．

- 一般的な地図作成および課題に応じた地図作成
- データベース管理
- 対話的データ照会
- 空間データ検索
- 地図データ編集
- 空間データ分析

- 地図座標変換
- 地図データのインポート/エキスポート
- バッファリング/ポリゴン・オーバーレイ

　地理情報システムをプラットホームとして利用する利点は，地図表示や分析だけではない．ほかにも，データベース，照会，レポートツールが組み合わさっているなどの利点がある．さらにロジスティクス・モデルの作成において，地理情報システムは自動的に距離と移動時間を計算できるという大きな利点がある．完全なパッケージほど広い範囲をカバーしているわけではないが，スプレッドシートの中には限定された形の地理情報システムを含むものもある．当初はこのようなシステムは高度な UNIX ワークステーションだけで使われていた．しかし，今では多くのパソコン上であるいはネットワーク上で実行できる優秀で比較的安価なシステムが提供されている．地理情報システムを配備する際の大きな問題は，地理データの入手可能性と品質である．米国では，地図，道路ネットワーク，人口統計情報などの高品質データを，非常に安い価格で入手できる．しかし，他の諸国ではこのようなデータがないか，あっても容易に入手できず，その利用に大きな費用がかかりすぎて，地理情報システムの効果的な活用の妨げとなっている．もっとも，このようなデータは米国においてすら，すべてのアプリケーションで使うには完全でないか，あるいは古くなっていて，使用に際しては常に更新する必要がある[*1]．

　地理情報システムは，当初，次のような分野で広汎に使われていた．
- 市場分析
- 国勢調査と人口統計データ分析
- 不動産
- 地質学
- 林業

　さらに最近では，サプライ・チェイン管理者にとって潜在的な関心が高い次のような分野で，地理情報システムが活用されるようになってきた．
- 輸送・通信におけるネットワーク分析

[*1] 訳者注：米国に比べると若干割高感はあるが，日本でも高品質の地理情報システムが数多く提供されている．

11.2 意思決定支援システムのシステム構成

- 拠点の選定
- 輸送経路
- サプライ・チェイン・マネジメント

サプライ・チェイン・マネジメントで用いられる典型的な地理情報システムの画面を，図 11.1 に示す．画面には，納入業者の倉庫，顧客，ロジスティクス・ネットワーク全体の資材の流れに関する情報が表示される．

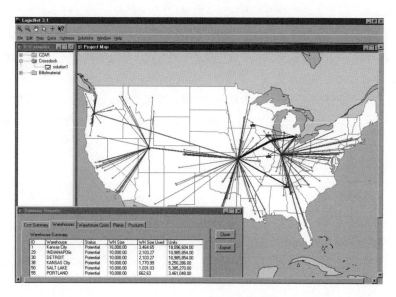

図 11.1 サプライ・チェイン・マネジメントで用いられる典型的な地理情報システムの画面

意外なことではないかもしれないが，ロジスティクス・モデルの作成に地理情報システムを利用するには特別に考慮すべき事項がある．それは，地図の座標変換と移動時間の計算に時間がかかることが多いことである．地図の座標変換とは，住所などで表された所在地を緯度経度などの地理的座標に変換する作業を意味し，変換用データベースが必要になる．

このようなデータは米国では広く手に入れることができるが，他の国では容易に入手できるとは限らない[1]．　意思決定支援システムで活用する顧客デー

---

[1] 訳者注：幸いにも日本では，お金を出せば容易に入手できる．

タを作成するには，このステップが必要であり，所在地データの品質次第では長時間を要することもある．

ロジスティクスに関連するアプリケーションでは，輸送に要する時間と費用を計算するために2点間の距離を利用する．その方法の1つは2点の座標間の直線距離を計算して，(2地点間の実際の道路距離は直線距離よりも長いので)それにある係数をかける方法である．この方法は，もちろん，非常に単純な方法であり，座標以外には大した情報を必要としない．この場合は一般に，異なる地域に対しては別々の係数が適用される．移動距離を計算するもう1つの方法は，実際の道路網に基づいて最短経路を明らかにし距離を決定する方法である．それには道路網に関して詳細かつ広汎で正確な情報が必要になる．また，最短経路の計算には，たとえそれが中規模の問題であったとしても，非常に時間がかかる (訳者注：計算に用いる解法とデータ構造に工夫の余地があり高速化できる場合もある)．表 11.3 は，上記の2つの案を比較したものである．それ以外の技法については第2章を参照していただきたい．

表 11.3　道路距離と直線距離

項目	直線距離	道路距離
データ	安価	高価
複雑さ	低い	高い
正確さ	中くらい	高い
スピード	速い	遅い

どちらの計算方法においても，移動時間を計算するためには，移動速度を決める必要がある．問題とするモデルにおける2地点間の移動時間をユーザーに入力させることはいつでもできるが，それは大規模な問題の場合には実用的ではない．

配送計画システムのユーザーは，より正確な解が得られるような道路網を要求するかもしれない．しかし，そのようなアプローチを用いても，直線距離を用いるアプローチよりも著しく良い結果が得られる訳ではないことが経験的に知られている．これは，スクールバス経路計画のような，短距離経路計画や市内経路計画についても当てはまる．

地図データの提示用として，意思決定支援システムに地理情報システムが組み込まれていることもあるし，商用地理情報システムがプラットホームとしてあるいはサーバーとして使われていることもある．米国で利用できる地図データの大半は，TIGER/Line ファイル形式となっている．頭文字語の TIGER は，「地形学的に統合された地図コードと参照」(Topologically Integrated Geographic Encoding and Referencing) の頭文字をとったもので，これは米国国勢調査局が開発したデジタルデータベースの名称である．そして10年ごとに行う国勢調査および他の計画に必要な地図作製をサポートしている．TIGER/Line ファイルは，TIGER データベースから抜粋したもので，一般に公開されている．地理情報システムベンダーの中には，ユーザーがこれらのファイルをダウンロードして使えるようにしているものもあるし，TIGER/Line をもとにして独自形式のデータを販売しているものもある．地図データの表示形式において，あるシステムから別のシステムへデータを変換できるような標準的なデータは，ほかにはない．

解法と地理情報システムの統合

前にも述べたように，地理情報システムはサプライ・チェイン・マネジメントの重要な領域，すなわちロジスティクス・ネットワーク設計，配送経路計画，モード選択などで使われるようになった．これらの用途に共通する考え方として，地理情報システムを数理モデルや解法と統合することがある．図 11.2 は，そのようなシステムを図示したものである．

このようなシステムでは，地図データを地理情報システムから取得し，需要情報，費用，生産，保管能力などの属性データは標準データベースから取得する．そして，これらのデータがシステムの心臓部である地理情報システムエンジンに送られる．エンジンは，サプライ・チェインの構成要素を間のさまざまな関係を表す抽象的なネットワークを構築する．こうして構築されたネットワークはさまざまな厳密解法や近似解法の入力をして用いられ，システムの制約条件を満たし数々の目的を最適にするようなたくさんの解 (あるいは戦略) がさまざまな解法によって生成される．これらの解は吟味・修正・解析され，最も適切な解が実施に移されることとなる．

地理情報システムと数理モデルや解法を統合する利点は何か？

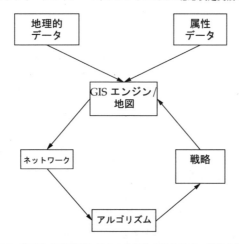

図 11.2　解法と地理情報システムを統合するための一般的な枠組み

1) ユーザーがデータとモデルを目で見ることによって，それが本当にサプライ・チェイン環境を表していることを検証できる．

2) 一方通行路や走行方向規制などの正確な道路情報レベルのデータベースが，(必要があれば) 得られる．

3) ユーザーはシステムが生成した解と戦略を目で見ることができる．

4) 「もしこうなったら (what-if) 分析」が可能となる．

11.3　サプライ・チェインの意思決定支援システム

第1章でみたように，サプライ・チェイン・マネジメントでは，非常に多種類の意思決定が行われている．この意思決定を以下で検証し，意思決定支援システムがどのように意思決定のプロセスで役立つかを検討する．その範囲は，ストラテジックな意思決定からオペレーショナルな意思決定までがカバーされている．

需要計画　正確な需要予測の開発は，サプライ・チェイン全体の効率にとって重要である．したがって，予測は意思決定支援システムの重要な領域となり，協調化ツールと標準が，他のより伝統的な統計ツールとともに，このプロセスを支援するために開発されている．

ロジスティクス・ネットワーク設計　ロジスティクス・ネットワーク設計については，事例の中ですでに論じてきた．ネットワークの設計には，倉庫・工場の拠点配置決定や，小売業者と顧客の倉庫への割当てが含まれる．代表的な入力データとしては，拠点候補，輸送費用，総需要予測などがある．近似解法や厳密解法を使って，ネットワーク設計を提案することもできるが，すべての判断基準が定量化されるわけではないので，意思決定者が最終的に自分自身で判断することが必要になる．

例 **11.3.1**．　アメリカ赤十字社の大西洋岸中部地区 (文献[52] 参照) では，血液の収集と配給に関する再配置の影響を見きわめるために，最適化モデルに基づく意思決定支援システムを使用した．大西洋岸中部地区には，当初3箇所の血液処理拠点があった．そのうちの2箇所は血液の収集と配給を行い，1箇所は採血だけを行っていた．新しい施設が検討されていて，古い施設の閉鎖と資源の再配分を含むいくつかのシナリオが検討された．人件費や輸送費用がそれぞれの案に及ぼす影響を決定し，この意思決定を支援するために数理モデルが使用された．その結果，中部大西洋岸地域では，現有施設をより効率的に活用することによって，新施設建設のための資本支出を行うことなくその目標を達成できることが判明した．そして，最終的に新しい施設は建設されなかった．

例 **11.3.2**．　P&G(文献[20] 参照) は1993年に，同社のサプライ・チェイン全体を再設計するプロジェクトを開始した．同社はさまざまな理由から，工場の数を減らして経費を下げることができると結論づけた．P&Gでは，製造の状況を分析するために，製品ライン別にチームが編成された．さらに，物流センターの配置を分析して，顧客の物流センターへの割当て方針を検討する別のチームも編成された．

　P&Gの技術陣は，各チームの意思決定を支援するために，シンシナティ大学の教授と一緒に意思決定支援システムを開発した．物流センターの拠点配置問題や顧客割当問題に対する解を得るために，数理的手法を用いた．そして，製品供給源に関して最適な意思決定を行うために数理的手法を地理情報システムと組み合わせた．製品供給源チームは，地理情報システムによってシステムが生成した解を視覚化し，これによってシステム内のさまざまな費用の原因の間にある相互作用をより良く理解することができた．この理解から得られた洞察によって，まったく新しい現実的な解決策が得られた．そのうえ，データと解決策を視覚化することによって，チームは，本来見

つけることが不可能とも思われる入力データベースのエラーを見つけることもできた．

北米における製造システムおよびロジスティクス・システムを全体的に再設計することによって，P&Gは年間2億5000万ドル以上もの経費を節減した．この金額のうちのどれだけが意思決定支援システムによって直接もたらされたものであるか算定することはむずかしいが，P&G内では，少なくともその10%は意思決定支援システムによるものであると判断している．

在庫配置 会社がそのロジスティクス・ネットワークの変更を考えていなくても，在庫をどの倉庫にいつ保管するかは決定しなければならない．それが在庫配置である．在庫配置では，それぞれの期間にそれぞれの拠点で保管する在庫レベルを決めるために，輸送費用，需要予測，保有在庫が使われる．意思決定支援システムは方針を提案するために厳密解法や近似解法を使うこともある．

例 11.3.3. アモコ・ケミカル(文献[31]参照)は以下の在庫管理問題に直面していた．
1) サプライ・チェインの段階別に適切な在庫レベルを明確にすること．
2) 資本，設備，人員の能力面に関する制約にどう対処するか．
3) 販売，生産，在庫のそれぞれを担当する管理者間の矛盾した組織目標．それぞれの組織目標として以下のものがあった．
- 運転資本の成長分野への再配分
- 顧客サービスレベルの維持もしくは改善
- 業務効率の改善
- 業界No.1を目指すプレッシャー

アモコは，これらの問題に取り組むためにメルサ・マネージメント・コンサルティング (Mercer Management Consulting Inc.) と一緒に専用の意思決定支援システムを開発した．そのシステムは，アモコの複数段階ロジスティクス・ネットワーク，経費，目標をモデル化したものであった．分析には最適化手法とシミュレーションの両方が使われた．最適化手法により在庫目標を設定し，在庫目標が決められた後，在庫方針，関連費用，顧客サービスをテストするためにシミュレーションが使われた．アモコによれば，このシステムの導入によって以下のような利点がもたらされた．
- 欠品により生じる費用を含む在庫費用に対する理解
- 非効率な業務を過剰在庫でカバーすることはできないという理解
- より良い計画，協調，連絡

販売地域の割当て 販売地域は，顧客と営業担当者の両方を満足させて，しかも売上げが最大になるような方法で割り当てることが必要である．販売地域を割り当てるための意思決定支援システムは一般に，顧客の立地や需要予測を入力として，意思決定者が選定した目標(たとえば移動距離や販売見込み)に応じて販売地域計画を出力する．

物流資源計画 (Distribution Resource Planning: DRP) 物流資源計画では，倉庫・小売業者群に対する適切な経路計画・在庫方針を決定するモデルを扱う．このような意思決定支援システムに，倉庫や小売店の立地，在庫・輸送費用，各小売店に対する需要予測を入力すると，分析手法を活用して，高レベルの顧客サービスを最小費用で達成する方針を出力する．

資材所要量計画 (Material Requirement Planning: MRP) 資材所要量計画システムは，具体的に製品を生産開始するときに部品展開表と部品リード時間を利用する．これらの意思決定支援システムは一般に，高度な数理的アプローチをとる訳ではないが，産業界では広く使われている．資材所要量計画システムは，意思決定者が意思決定支援システムの出力だけを解決策候補として使う理由を示す良い例である．資材所要量計画システムは，一般に生産能力を考慮に入れていないために，不可能なスケジュールを提案してくることがある．したがって，計画を費用がかかりすぎない範囲で実現可能なスケジュールになるように修正することは，意思決定者に任されている．

例 11.3.4. ターナー (Tanner)(文献[12]参照) は，高級女性服飾メーカーである．同社は 1990 年代の初めには，納期遅れ (約 74%) と高レベルの仕掛品に手を焼いていた．この問題に対処するために，同社はスケジュール作成用の意思決定支援システムに救いを求めた．ターナーの数百点に及ぶ生産品目の個々に必要な資材や作業要員を詳細に記録したデータベースからデータがシステムに入力される．情報は直接使用できる形になっていなかったために，意思決定支援システムの導入に際しては，このデータベースの作成に長期間を必要とした．

このシステムは，入力データと受注に基づいて製造スケジュールを生成するものである．特に，生産と需要に関して与えられた制約条件の中で，不足製品数と製品在庫数を最小にするスケジュールを生成する．これらの目標はいずれも相反するため，た

とえば，製品不足は減らせるが，一方で完成品の在庫レベルが上がるスケジュールが作成されることもある．このように，このシステムは，お互いに優劣を比較できないようなスケジュールの集合，あるいはある1つの目的に関して改善するには他の目的に関して改悪せざるをえないようなスケジュールの集合を生成する．最終的に経営陣は，こうして与えられたスケジュールの集合の中から採用するスケジュールを決めなければならない．当初，試作品として数理計画法が使われていたが，最終的には問題が大きすぎるので近似解法を使用せざるをえなくなった．

システムのインターフェイスは，直観的なメニュー形式だったため，教育期間は最短とすることができ，ユーザーの評判は最初から良かった．システムの開発，修正，導入に要した1年間が終わるまでの間に，納期遵守率は90％まで上昇し，仕掛品在庫は20万ドル以上も削減することができた．また，スケジュール担当者は，細かいスケジュールの作成という単調な繰り返し作業から開放され，大局的な計画立案業務に専念できるようになった．

在庫管理 施設内に多くの異なる品目が在庫として存在すると，その在庫管理は非常にむずかしくなる．在庫管理のための意思決定支援システムは，リード時間および予測される需要に沿った輸送・保管費用情報を用いて，意思決定者が低費用かつ高顧客サービスレベルを実現できるような在庫方針を提案する．

製造拠点割当ておよび工場配置 多くのメーカーには生産工場のネットワークがあり，それぞれの工場で，特定の製品や部品を生産している．工場配置のための意思決定支援システムは，生産費用，リード時間，輸送費用，需要予測を入力情報として使い，生産工場に対する製品・部品の可能な割当てを提案する．これらの意思決定支援システムは人工知能や数理的手法を組み合わせて使っていることが多い．

車両計画 車両計画 (fleet planning) は一般に，企業が所有する車両の配車だけではなく，特定ルートに利用する運送会社の選択の判断も含む．運賃構成は非常に複雑で，しかもスピードや信頼性が輸送会社によって異なることもあり，輸送モードの選択は一般的にむずかしい問題である．そのうえ，運賃構成のような入力データも，頻繁に更新することが必要となる．

車両計画では，運送経路が重要な要素となってくる．ここで，静的システムと動的システムという2つのシステムを区別して考える．静的システムでは，

11.3 サプライ・チェインの意思決定支援システム

毎日の経路はほとんど当日の朝に作成され，週の経路は週の初めに作成される．こうして作成された経路は，当日またはその週の間に変更されることはない．動的システムでは，経路は計画期間中(すなわち，日または週の間で)に更新される．たとえば，電話の修理業者について考えてみよう．修理を依頼する電話は日中にかかってきて，修理作業は電話がかかってきた時点で各作業員に割り当てられる．意思決定支援システムは，最終的にどこからどのくらいの修理依頼がくるのかもわからないまま，修理作業にかかる費用を最小にしようとするので，こういったシステムは静的システムよりも複雑なものになる．

例 11.3.5. モービル(文献[8] 参照)は，潤滑油製品をまとめて出荷するために意思決定支援システムを利用している．モービルは全米10箇所に工場を持ち，毎日数百件もの注文を受けている．これらの注文は，モービルの自社輸送部門に所属するトラックか，モービルに製品を納入している業者から提供される専用トラックを使って配送されている．

モービルの配車担当者は，契約輸送業者の代わりに使用する社有車両の選択と配車，注文の取りまとめ，そして取りまとめの利点を早く活かすためにいつ注文を出荷すべきかというような多くの問題に対処しなければならなかった．

このような問題に対処するために，モービルは重量製品コンピュータ支援発送(Heavy-Products Computer-Assisted Dispatch: HPCAD)システムをインサイト(Insight)と共同開発した．このシステムに注文，距離，運賃情報を入力すると，実行可能な複数の作業スケジュールが作成され，各スケジュールにかかる費用を計算する．すると，最適化モジュールが，これらの情報に基づいて費用効率の高い詳細な発送計画を決定する．意思決定支援システムは配車担当者が配車計画を作成するときに，システムと対話的に計画を作成できるように設計されている．

モービルの内部監査によれば，HPCADシステムによって輸送資源のより効果的な活用が可能となり，会社はこれによって年間100万ドル以上の費用を節減していると判断されている．モービルの見積もりによれば，HPCADを使って計画された配送の77%が，手作業で計画された場合と異なっている．

例 11.3.6. 世界でも最大の鉄道会社の1つCSXトランスポート(CSX Transportation)(文献[51] 参照)は，CSX鉄道システム内における経路とスケジュールのストラテ

ジックな関係を調査するために，コンピュータ支援経路・スケジュール設定 (Computer Aided Routing and Scheduling: CARS) と呼ばれる意思決定支援システムを開発した．経路設定機能は出荷品を積出地から目的地に移動する適切な経路を決定し，スケジュール設定機能はそれぞれの経路の各行程において出荷品を移動させるタイミングを決定する．システムは，必要条件が与えられると，適切な経路とスケジュールを決定するためにシミュレーテッド・アニーリング法を用いた近似解法を用いる．システムに需要と費用を入力すると，スケジュールと経路が生成され，そのスケジュールと経路が，経路に要する費用・効率を表す表・レポートとともに，図によって表示される．経営陣はこの意思決定支援システムをストラテジックなツールとして活用し，新規に鉄道車両を購入するか，あるいはレンタルするか，列車を別の速度で運転するか，そして操車場における処理量を増やすかといった考えられるストラテジックな意思決定を検討することが可能となる．これらのそれぞれの場合についての需要履歴データをシステムに入力すると，システムは現実的なスケジュールと経路を計算し，さまざまなレポートでそれを比較する．

タクティカルなあるいはオペレーショナルなツールとしての CARS の効果も調査された．CARS のスケジュールと経路は，それらがシステムにあるすべてのパラメータと制約条件を読み込まれていないにもかかわらず，現在マニュアル作業で作成しているスケジュールや経路とほとんど同じであった．ただし，経路はストラテジックな分析の利用に充分耐えうるものであった．

リード時間の見積もり　多くの製造業では営業担当者が電話で注文を受け，リード時間を見積もって納期を回答している．営業担当者は回答した納期が守れるように，余裕をみてリード時間を見積もることが多かった．しかし意思決定支援システムを使用すると，それぞれの注文の納期を正確に判断して，より短いリード時間を見積もることができるようになった．これは，現在の生産スケジュール，製造所要時間，納入期間を考慮に入れて計算される．しかし，営業担当者は，依然として各注文の重要度を判断することが求められている．重要でない顧客からの注文に対して，意思決定支援システムが提示する納期よりも遅い納期を，営業担当者が回答する場合もある．それによって，将来もっと重要な顧客からの注文に短いリード時間で対応する余裕が生まれるからである．

生産スケジュールの作成　生産スケジュールを作成する意思決定支援システ

ムは,製造品目,製造工程情報,製品納期を入力すると,製造順序すなわち生産スケジュールを提案する.意思決定支援システムはスケジュールを作成するために,人工知能,数理的手法,シミュレーション技法を活用する.人工知能に基づいた生産スケジュールは,生産スケジュール作成担当者が以前に使ったスケジュール作成ルールを使用する.数理的最適化に基づいたスケジュール作成システムは,目的の集合を最大化または最小化するような解法を使う.最後に,シミュレーションに基づいたスケジュール作成システムは,意思決定者が単純なスケジュール作成ルールを選択しそれをシミュレーションシステムで「テスト」できるようにしている.たとえば,意思決定者はすべての仕事を納期順にスケジューリングした場合の影響をテストすることができる.すなわち,与えられたルールに従ってシステム生産工程をシミュレーションし,意思決定者がその結果をみることができる.たとえば,納期遅延件数や納期経過後納入の平均納期遅延時間を,システムは予測することができる.図 11.3 に代表的な生産スケジュール作成インターフェイスを示す.

作業要員のスケジュール 同様に,生産 (またはサービス) スケジュール,人件費情報,勤務ルール (たとえば最長勤務時間) を,作業要員のスケジューリング意思決定支援システムに入力すると,必要な労働力を可能な限り低い費用で常時確保するための,作業要員の勤務スケジュールが可能なだけ複数提案される.このシステムでは,複雑な労働組合との協定を組み込んでおくことが必要になる.スケジューリングと資源配分問題を解決するために意思決定支援システムを活用した事例を以下に示す.

例 11.3.7. フィデラルエキスプレス (Fedex)(文献[19] 参照) には,乗務員の個人の情報を用いないで,便をいくつかまとめたものからなる月間計画表を作成し,それらを乗務員に入札[*1)]させる,もしくは直接勤務表を作るための手作業による詳細な手順があった.この手順では,連邦航空労働規則と就業規則および乗務員各人の希望が,法律を遵守しかつ望ましい乗務計画を決定するときに反映されるようになっていた.フィデラルエキスプレスのパイロットは 1993 年に初めて労働組合を組織し,労働契

[*1)] 訳者注:ここでいう入札とは,優先順位の順 (通常は年齢順) に好きなものを取ってもらう方式を指す.日本のトラック業界ではこれをカルタ取りと呼ぶ.

11. サプライ・チェイン・マネジメントのための意思決定支援システム

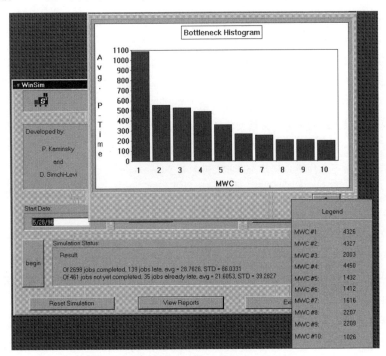

図 11.3 代表的な生産スケジュール作成インターフェイス

約交渉を行った．フィデラルエキスプレスは交渉の席で提案された就業規則の代替案の影響を判断する分析ツールが必要だった．そこでフィデラルエキスプレスは，この交渉に使うために自動乗務計画作成システムを開発した．この意思決定支援システムは，あらゆる就業規則に対応した乗務計画を作成し，新しい就業規則の影響を判断するために「もしこうなったら (what-if) 分析」を実行できた．このシステムは，すべての就業規則および要求されるフライトを入力として扱い，シミュレーテッド・アニーリング法によって解析可能な乗務計画の集合を作成した．このツールは最初の労働契約交渉に利用され，その後も，貴重な分析ツールとして引き続き活用されている．

以上に述べたそれぞれのシステムについて，出力を表現する適切な方法は異なることが理解できるだろう．地図やチャートにより表示する方法が良い場合もあれば，いずれでも充分な情報が提供できない場合もある．このようなときには，意思決定者にはまったく異なる報告形式が必要になる．

11.4 サプライ・チェイン意思決定支援システムの選択

　意思決定支援システムは，以上に述べたサプライ・チェインの問題に応じて，さまざまなシステム構成，プラットホーム，価格帯で提供されている．意思決定支援システムのプラットホームは，ここ15年の間に，柔軟性の乏しいメインフレームシステムから，単独で使えるパソコンツールやクライアント/サーバープロセスへと発展し，最近では，高性能かつ拡張性を備えた，企業向け意思決定支援アプリケーションが新しく生まれている．このようなシステムは，パソコンレベルの数千ドルのシステムから，企業全体で導入する数百万ドルものシステムに至る広い価格帯で提供されている(文献[28]参照)．

　それぞれの意思決定支援システムを評価するには，以下のような点を検討する必要がある．

- 意思決定者が扱う計画の範囲(計画期間を含む)
- 意思決定支援システムが必要とするデータ
- ユーザーインターフェイスの能力
- 必要とされる分析力．これにはモデルの精度，効率の尺度の定量化能力，望ましい分析ツール，すなわち，最適化，近似解法，シミュレーション，必要とされる財務計算機能，必要とされる計算速度が含まれる．
- 多様な解を生成する能力．これによって意思決定者が最も適切な解決策を選択できる．そしてそういった選択は定量化できない問題に基づいていることが多い．
- 必要とされる提示能力：これには，意思決定者の使いやすさ，グラフィックインターフェイス，地理情報を扱う能力，表，報告書などの機能を含む．
- 既存システムとの互換性と統合性：これにはExcel, dBase, Access, FoxProのような標準的なパソコンファイル形式のデータを作成したり取り込んだりできるデータベース・インターフェイス機能を含む．
- システムで必要とされるハードウェアおよびソフトウェア：これには，必要とされるプラットホーム，変化に対する柔軟性，ユーザーインターフェイス，技術的サポートの内容が含まれる．

- **全体の価格：** これには基本モデル，カスタマイゼイション，長期的なアップグレードが含まれる．多くの場合，サポートやカスタマイゼイションには，初期投資よりもはるかに費用がかかるので注意が必要である．
- **補完的なシステムの必要性．** 単一ベンダーから購買できるように製品をとりそろえているか．たとえば，経路設定意思決定支援システムに負荷計画ソフトウェアが必要な場合もある．

例 11.4.1. シカゴ地区の小さな鋼鉄メーカーでは，物流センターの再配置の検討が必要となっていた．南部では翌日配送サービスを行うことができず，また輸送費用が非常にかかる顧客もあった．経営陣はロジスティクス・チームに，新しい物流センターをどこに設置すべきか，また，どの既存施設を閉鎖すべきかを分析し，それを計画にまとめて提出するよう指示した．

これは長期計画に必要とされるストラテジック・レベルの問題であるため，ロジスティクス・チームは，市販のソフトウェアパッケージを検討し，分析に役立つ適切なツールを購入またはリースすることを決めた．チームのメンバーである経営学修士 (MBA) の一人が，その問題を線形計画法によってモデル化しようとしたが，線形計画法には組み込めない多くの要因があった．

チームはこのような分析を行うには年間データが必要であるとすぐにわかった．メーカーには多くの顧客がいるので，集約したデータこそ本質的であった．チームでは各自のデスクトップ環境で使えるスタンドアローンのパソコンツールを使いたいと考えた．他のシステムとの統合は考慮しなかったが，(たとえば Excel や dBase のような) 標準パソコンファイル形式が使えて，しかも結果を標準形式で出力できるデータベースインターフェイスが欲しいと考えた．

ロジスティクス・チームは，ロジスティクス関連の雑誌とインターネットから，このようなシステムを提供できる 5～6 社のベンダーを見つけた．残念なことに，顧客の評判以外の比較データは得られなかった．

チームでは参考資料と試用版を集め，ベンダーの対応を判断するために次のような項目を作成した．

- 必要とされるデータベース
- 地理情報システムの能力
- 輸送モデルの作成に必要とされるもの
- 物流センターの費用構造

11.4 サプライ・チェイン意思決定支援システムの選択

- モデルの前提と柔軟性
- 製造費用の構造
- 使用する最適化手法
- 報告能力
- カスタマイゼイションのオプション
- 価格体系およびリース・購入費用
- サポートと教育訓練
- 企業の実績と照会先

最後にチームは，異なるシステムを検討してランクづけし，最も必要条件に適していると考えられるベンダーに決めた．チームでは購入オプションを付けて製品をリースすることとした．

サプライ・チェイン意思決定支援システムや先進的計画システムなどと呼ばれるために，市場での理解には混乱がある．提供されるソリューションの範囲，品質，価格と同じように，使われる用語もサプライヤーごとに違っている．もちろん，ユーザーにとっても，ユーザー自身が必要としているものや組織にとってシステムが持つ価値を理解することは重要である．また，自社の情報システムに意思決定支援システムを自己責任で統合するのか，あるいはサプライ・チェイン用の意思決定支援システムを企業体資源計画システムとともに購入するのかを判断するために，自社の開発能力を把握しておく必要がある．

まとめ

サプライ・チェイン・マネジメントの意思決定支援システムは，ロジスティクス・ソフトウェア業界で急成長している分野である．意思決定支援システムは，今日の市場において要求される柔軟なソリューションを提供し，競争相手が多い業界に適応するために標準的な機能やインターフェイスを取り入れつつ進化している（文献[28]参照）．また，意思決定に必要な基本的なデータが集められているので，この情報をサービス向上やサプライ・チェインの費用削減に使い競争において優位な立場に立つために，高度な手法の活用が強力に押し進められている．以下は，意思決定支援システム特にサプライ・チェインの意思決

定支援システムと先進的計画システムにみられる主要な傾向である．

企業体資源計画システムとの統合　意思決定支援システムを企業体資源計画システムに統合することは，標準インターフェイスを使うと簡単であり，企業体資源計画システムに意思決定支援システムのロジックが組み込まれていることが多い．最初の例は，SCOPE(Supply Chain Optimization, Planning and Execution) イニシアティブの一環でもある，SAP の APO(Advanced Planner and Optimizer) である．ピープルソフトのような企業体資源計画システムベンダーも，企業体資源計画システムに意思決定支援システム機能を付加しつつある．

改良された最適化　多くの意思決定支援システムには本当の意味での最適化機能は備わっていない．すなわち，これらのシステムは必ずしも最適とは限らない実行可能戦略を生成するために近似解法を用いているか，あるいは，かなり小さな問題の最適化ならば求められるという具合にシステムを限定しているのが一般的である．たとえば，既存の物流資源計画および資材所要量計画システムの大半は最適化をまったく行わず，多くの場合，容量は考慮されていない．

標準化　第10章でも述べたように，システムの複雑さを減らし費用を下げるためには，標準の開発が重要な前提条件となる．現在，市場にある多くの意思決定支援システムには互換性がなく，また統合することもむずかしい．しかし，戦略的提携が進むに連れて，パートナー間のプロセス統合を効率的に行うように，標準の定義を進めざるをえなくなってきている．たとえば，CPFR (p.286 参照) は，異なるサプライ・チェイン間で予測・計画を協調して行う WWW ベースのツールである．

文　献

1) Andel, T. "There's Power In Numbers." *Transportation & Distribution* 36 (1995), pp. 67–72.
2) Andel, T. "Manage Inventory, Own Information." *Transportation & Distribution* 37 (1996), p. 54.
3) Andreoli, T. "VMI Confab Examines Value-Added Services." *Discount Store News* 34 (1995), pp. 4–61.
4) Anonymous. "Divorce: Third-Party Style." *Distribution* 94 (1995), pp. 46–51.
5) Anonymous. "Choosing Service Providers." *Transportation & Distribution* 36 (1995), pp. 74–76.
6) Artman, L. B. "The Paradigm Shift from 'Push' to 'Pull' Logistics—What's the Impact on Manufacturing?" Northwestern University, Manufacturing Management Symposium, Evanston, IL, May 1995.
7) Ballou, R. H. *Business Logistics Management.* 3rd ed. Englewood Cliffs, NJ: Prentice Hall, 1992.
8) Bausch, D. O.; G. G. Brown; and D. Ronen. "Consolidating and Dispatching Truck Shipments of Mobil Heavy Petroleum Products." *Interfaces* 25 (1995), pp. 1–17.
9) Signorelli, S., and J. Heskett. "Benetton (A)." Harvard University Business School Case (1984).
10) Blumenfeld, D. E.; L. D. Burns; C. F. Daganzo; M. C. Frick; and R. W. Hall. "Reducing Logistics Costs at General Motors." *Interfaces* 17 (1987), pp. 26–47.
11) Bovet, D., and Y. Sheffi. "The Brave New World of Supply Chain Management." *Supply Chain Management Review*, Spring 1998, pp. 14–22.
12) Bowers, M. R., and A. Agarwal. "Lower In-Process Inventories and Better On-Time Performance at Tanner Companies, Inc." *Interfaces* 25 (1995), pp. 30-43.
13) Bowman, R. "A High Wire Act." *Distribution* 94 (1995), pp. 36–39.
14) Bramel, J., and D. Simchi-Levi. *The Logic of Logistics: Theory, Algorithms and Applications for Logistics Management.* New York: Springer, 1997.
15) Buzzell, R. D., and G. Ortmeyer. "Channel Partnerships Streamline Distribution." *Sloan Management Review* 36 (1995), p. 85.
16) Byrne, P., and W. Markham. "Global Logistics: Only 10 Percent of Companies Satisfy Customers." *Transportation and Distribution* 34 (1993), pp. 41–45.
17) Caldwell B. "Wal-Mart Ups the Pace." http://www.informationweek.com, December 9, 1996.

18) Caldwell, B.; T. Stein; and M. K. McGee. "Uncertainty: A Thing of the Past?" http://www.informationweek.com, December 9, 1996.
19) Cambell, K. W.; R. B. Durfee; and G. S. Hines. "FedEx Generates Bid Lines Using Simulated Annealing." *Interfaces* 27 (1997), pp. 1–16.
20) Camm, J. D.; T. E. Chorman; F. A. Dill; J. R. Evans; D. J. Sweeney; and G. W. Wegryn. "Blending OR/MS, Judgement, and GIS: Restructuring P&G's Supply Chain." *Interfaces* 27 (1997), pp. 128–42.
21) Chesbrough, H., and D. Teece. "When Is Virtual Virtuous: Organizing for Innovation." *Harvard Business Review* 74, no. 1 (1996), pp. 65–74.
22) Chen, F. Y.; J. K. Ryan; and D. Simchi-Levi. "The Impact of Exponential Smoothing Forecasts on the Bullwhip Effect." Working paper, Northwestern University, 1997.
23) Chen, F. Y.; Z. Drezner; J. K. Ryan; and D. Simchi-Levi. "The Bullwhip Effect: Managerial Insights on the Impact of Forecasting and Information on Variability in the Supply Chain." In *Quantitative Models for Supply Chain Management*. S. Tayur; R. Ganeshan; and M. Magazine, eds. Norwell, MA: Kluwer Academic Publishing, 1998, Chap. 14.
24) Clemmet, A. "Demanding Supply." *Work Study* 44 (1995), pp. 23–24.
25) Davis, D., and T. Foster. "Bulk Squeezes Shipping Bosts." *Distribution Worldwide* 78, no. 8 (1979), pp. 25–30.
26) Davis, D. "State of a New Art." *Manufacturing Systems* 13 (1995), pp. 2–10.
27) ———. "Third Parties Deliver." *Manufacturing Systems* 13 (1995), pp. 66–68.
28) Deutsch, C. H. "New Software Manages Supply to Match Demand." *New York Times*, December 16, 1996.
29) Dornier, P.; R. Ernst; M. Fender; and P. Kouvelis. *Global Operations and Logistics: Text and Cases*. New York: John Wiley, 1998.
30) Drezner, Z.; J. K. Ryan; and D. Simchi-Levi. "Quantifying the Bullwhip Effect: The Impact of Forecasting, Leadtime and Information." Working paper, Northwestern University, 1996, To appear in *Management Science*.
31) Eid, M. K.; D. J. Seith; and M. A. Tomazic. "Developing a Truly Effective Way to Manage Inventory," Council of Logistics Management conference, October 5–8, 1997.
32) Feitzinger, E., and H. Lee. "Mass Customization at Hewlett-Packard: The Power of Postponement." *Harvard Business Review* 75, no. 1 (1977), pp. 116–21.
33) Fernie, J. "International Comparisons of Supply Chain Management in Grocery Retailing." *Service Industries Journal* 15 (1995), pp. 134–47.
34) Fisher, M. L. "National Bicycle Industrial Co.: A Case Study." The Wharton School, University of Pennsylvania, 1993.
35) Fisher, M. L.; J. Hammond; W. Obermeyer; and A. Raman. "Making Supply Meet Demand in an Uncertain World." *Harvard Business Review*, May–June 1994, pp. 83–93.
36) Fisher, M. L. "What Is the Right Supply Chain for Your Product?" *Harvard*

Business Review, March–April 1997, pp. 105–17.
37) Fites, D. "Make Your Dealers Your Partners." *Harvard Business Review*, March–April 1996, pp. 84–95.
38) Flickinger, B. H., and T. E. Baker. "Supply Chain Management in the 1990's." http://www.chesapeake.com/supchain.html.
39) Fox, M. S.; J. F. Chionglo; and M. Barbuceanu. "The Integrated Supply Chain Management System." Working paper, University of Toronto, 1993.
40) Gamble, R. "Financially Efficient Partnerships." *Corporate Cashflow* 15 (1994), pp. 29–34.
41) Geoffrion, A., and T. J. Van Roy. "Caution: Common Sense Planning Methods Can Be Hazardous to Your Corporate Health." *Sloan Management Review* 20 (1979), pp. 30–42.
42) Guengerich, S., and V. G. Green. *Introduction to Client/Server Computing*. SME Blue Book Series, 1996.
43) Handfield, R., and B. Withers. "A Comparison of Logistics Management in Hungary, China, Korea, and Japan." *Journal of Business Logistics* 14 (1993), pp. 81–109.
44) Henkoff, R. "Delivering the Goods." *Fortune*, November 28, 1994, pp. 64–78.
45) Harrington, L. "Logistics Assets: Should You Own or Manage?" *Transportation & Distribution* 37 (1996), pp. 51–54.
46) Hax, A. C., and D. Candea. *Production and Inventory Management*. Englewood Cliffs, NJ: Prentice Hall, 1984.
47) Hopp, W., and M. Spearman. *Factory Physics*. Burr Ridge, IL: Richard D. Irwin, 1996.
48) Hornback, R. "An EDI Costs/Benefits Framework." *EDI World Institute*, January 27, 1997.
49) House, R. G., and K. D. Jamie. "Measuring the Impact of Alternative Market Classification Systems in Distribution Planning." *Journal of Business Logistics* 2 (1981), pp. 1–31.
50) Huang, Y.; A. Federgruen; O. Bakkalbasi; R. Desiraju; and R. Kranski. "Vendor-Managed-Replenishment in an Agile Manufacturing Environment." Working paper, Philips Research.
51) Huntley, C. L.; D. E. Brown; D. E. Sappington; and B. P. Markowicz. "Freight Routing and Scheduling at CSX Transportation." *Interfaces* 25 (1995), pp. 58–71.
52) Jacobs, D. A.; M. N. Silan; and B. A. Clemson. "An Analysis of Alternative Locations and Service Areas of American Red Cross Blood Facilities." *Interfaces* 26 (1996), pp. 40–50.
53) Johnson, J. C., and D. F. Wood. *Contemporary Physical Distribution and Logistics*. 3rd ed. New York: Macmillan, 1986.
54) Jones, H. "Ikea's Global Strategy Is a Winning Formula." *Marketing Week* 18, no. 50 (1996), p. 22.
55) King, J. "The Service Advantage." *Computerworld*, October 28, 1998.

56) Kogut, B. "Designing Global Strategies: Profiting from Operational Flexibility." *Sloan Management Review* 27 (1985), pp. 27–38.
57) Koloszyc, G. "Retailers, Suppliers Push Joint Sales Forecasting." *Stores*, June 1998.
58) Lawrence, J. A., and B. A. Pasternack. *Applied Management Science: A Computer Integrated Approach for Decision Making.* New York: John Wiley, 1998.
59) Leahy, S.; P. Murphy; and R. Poist. "Determinants of Successful Logistical Relationships: A Third Party Provider Perspective." *Transportation Journal* 35 (1995), pp. 5–13.
60) Lee, H. L., and C. Billington. "Managing Supply Chain Inventory: Pitfalls and Opportunities." *Sloan Management Review*, Spring 1992, pp. 65–73.
61) Lee, H.; P. Padmanabhan; and S. Whang. "The Paralyzing Curse of the Bullwhip Effect in a Supply Chain." *Sloan Management Review*, Spring 1997, pp. 93–102.
62) ———. "Information Distortion in a Supply Chain: The Bullwhip Effect." *Management Science* 43 (1996), pp. 546–58.
63) Lee H. "Design for Supply Chain Management: Concepts and Examples." Working paper. Department of Industrial Engineering and Engineering Management, Stanford University, 1992.
64) Lessard, D., and J. Lightstone. "Volatile Exchange Rates Put Operations at Risk." *Harvard Business Review* 64 (1986), pp. 107–14.
65) Levitt, T. "The Globalization of Markets." *Harvard Business Review* 61 (1983), pp. 92–102.
66) Lewis, J. *Partnerships for Profit.* New York: Free Press, 1990.
67) Lindsey. *A Communication to the AGIS-L List Server.*
68) *Logistics Technology News*, May 23, 1997.
69) Magretta, J. "The Power of Virtual Integration: An Interview with Dell Computer's Michael Dell." *Harvard Business Review*, March–April 1998, pp. 72–84.
70) Maltz, A. "Why You Outsource Dictates How." *Transportation & Distribution* 36 (1995), pp. 73–80.
71) "Management Brief: Furnishing the World." *The Economist*, November 19, 1994, pp. 79–80.
72) Manrodt, K. B.; M. C. Holcomb; and R. H. Thompson. "What's Missing in Supply Chain Management? *Supply Chain Management Review*, Fall 1997, pp. 80–86.
73) Manugistics Supply Chain Compass, 1997.
74) Markides, C., and N. Berg. "Manufacturing Offshore Is Bad Business." *Harvard Business Review* 66 (1988), pp. 113–20.
75) Martin, J. *Cybercorp: The New Business Revolution.* New York: American Management Association, 1996.
76) Mathews, R. "Spartan Pulls the Plug on VMI." *Progressive Grocer* 74 (1995), pp. 64–65.
77) McGrath, M., and R. Hoole. "Manufacturing's New Economies of Scale." *Harvard Business Review* 70 (1992), pp. 94–102.

78) McKay, J. "The SCOR Model." Presented in *Designing and Managing the Supply Chain*, an Executive Program at Northwestern University, James L. Allen Center, 1998.
79) McWilliams, G. "Whirlwind on the Web." *Business Week*, April 7, 1997, pp. 132–36.
80) Microsoft. "VCI." Presented at the 1997 Council of Logistics Management Conference, October 1997.
81) Mische, M. "EDI in the EC: Easier Said Than Done." *Journal of European Business* 4 (1992), pp. 19–22.
82) Monczka, R.; G. Ragatz; R. Handfield; R. Trent; and D. Frayer. "Executive Summary: Supplier Integration into New Product Development: A Strategy for Competitive Advantage." *The Global Procurement and Supply Chain Benchmarking Initiative*, Michigan State University, The Eli Broad Graduate School of Management, 1997.
83) Mottley, R. "Dead in Nine Months." *American Shipper*, December 1998, pp. 30–33.
84) Narus, J., and J. Anderson. "Turn Your Industrial Distributors into Partners." *Harvard Business Review*, March–April 1986, pp. 66–71.
85) ———. "Rethinking Distribution: Adaptive Channels." *Harvard Business Review*, July–August 1986, pp. 112–20.
86) Nussbaum, B. "Designs for Living." *Business Week*, June 2, 1997, p. 99.
87) Ohmae, K. "Managing in a Borderless World." *Harvard Business Review* 67 (1989), pp. 152–61.
88) Patton, E. P. "Carrier Rates and Tariffs." In *The Distribution Management Handbook*. J. A. Tompkins and D. Harmelink, eds. New York: McGraw-Hill, 1994, chap. 12.
89) Peppers, D., and M. Rogers. *Enterprise One to One*. New York: Doubleday, 1997.
90) Pike, H. "IKEA Still Committed to U.S., Despite Uncertain Economy." *Discount Store News* 33, no. 8 (1994), pp. 17–19.
91) Pine, J. B. II, and J. Gilmore. "Welcome to the Experience Economy." *Harvard Business Review*, July–August 1998, pp. 97–108.
92) Pine, J. B. II; D. Peppers; and M. Rogers. "Do You Want to Keep Your Customers Forever?" *Harvard Business Review*, March–April 1995, pp. 103–15.
93) Pine, J. B. II. *Mass Customization*. Boston: Harvard University Business School Press, 1993.
94) Pine, J. B. II, and A. Boynton. "Making Mass Customization Work." *Harvard Business Review* 71, no. 5 (1993), pp. 108–19.
95) Pollack, E. "Partnership: Buzzword or Best Practice?" *Chain Store Age Executive* 71 (1995), pp. 11A–12A.
96) Rayport, J. F., and J. J. Sviokla. "Exploiting the Virtual Value Chain." *Harvard Business Review*, November–December 1995, pp. 75–85.
97) Reichheld, F. F. "Learning from Customer Defections." *Harvard Business Review*, March–April 1996, pp. 57–69.

98) Ries, A., and L. Ries. "*The 22 Immutable Laws of Branding.*" New York: Harper-Business, 1998.
99) Rifkin, G. "Technology Brings the Music Giant a Whole New Spin." *Forbes ASAP*, February 27, 1995, p. 32.
100) Robeson, J. F., and W. C. Copacino, eds. *The Logistics Handbook*. New York: Free Press, 1994.
101) Robins, G. "Pushing the Limits of VMI." *Stores* 77 (1995), pp. 42–44.
102) Ross, D. F. *Competing through Supply Chain Management*. New York: Chapman & Hall, 1998.
103) Schoneberger, R. J. "Strategic Collaboration: Breaching the Castle Walls." *Business Horizons* 39 (1996), p. 20.
104) Schwind, G. "A Systems Approach to Docks and Cross-Docking." *Material Handling Engineering* 51, no. 2 (1996), pp. 59–62.
105) Shenk, D. *Data Smog: Surviving the Information Glut*. New York: HarperCollins, 1997.
106) Stalk, G.; P. Evans; and L. E. Shulman. "Competing on Capabilities: The New Rule of Corporate Strategy." *Harvard Business Review*, March–April 1992, pp. 57–69.
107) The Supply Chain Council. "SCOR Introduction," release 2.0, August 1, 1997.
108) Troyer, T., and D. Denny. "Quick Response Evolution." *Discount Merchandiser* 32 (1992), pp. 104–7.
109) Troyer, C., and R. Cooper. "Smart Moves in Supply Chain Integration." *Transportation & Distribution* 36 (1995), pp. 55–62.
110) Trunnick, P.; H. Richardson; and L. Harrington. "CLM: Breakthroughs of Champions." *Transportation & Distribution* 35 (1994), pp. 41–50.
111) Verity, J. "Clearing the Cobwebs from the Stockroom." *Business Week*, October 21, 1996.
112) Wood, D.; A. Barone; P. Murphy; and D. Wardlow. *International Logistics*. New York: Chapman & Hall, 1995.
113) Zweben, M. "Delivering on Every Promise." *APICS*, March 1996, p. 50.
114) *Journal of Business Strategy*, October–November 1997.
115) *The Wall Street Journal*, October 23, 1997.
116) *U.S. Surgical Quarterly Report*, July 15, 1993.
117) *The Wall Street Journal*, October 7, 1994.
118) *The Wall Street Journal*, August, 1993.
 (Dell Computer ref.)
119) *The Wall Street Journal*, July 15, 1993.
 (Liz Claiborne ref.)
120) *The Wall Street Journal*, October 7, 1994.
 (IBM ThinkPad ref.)
121) 久保幹雄, ロジスティクス工学, 朝倉書店, 2001.

監修者あとがき

　昨今，巷ではサプライ・チェインという言葉をよく聞くようになってきた．そもそもサプライ・チェインとは，物流，ロジスティクス (兵站学) が情報技術によって武装されることによって生まれたものであり，最近では，学術的にもその地位を確立しつつある新しい学問体系である．

　本書は，このサプライ・チェインに対する本格的なテキスト "Designing and Managing the Supply Chain : Concepts, Strategies, and Case Studies" (Irwin/McGraw-Hill) の翻訳である．原著は，Book-of-the-Year Award および Outstanding IIE Publication Award を受賞している良書であり，最近数多く創設されているサプライ・チェイン関連の学科における標準的なテキストとして採用されている．本書は，サプライ・チェインに関する最新の技術の紹介のみならず，サプライ・チェインの実務への応用にも配慮している点が特徴である．また，各章ごとに事例 (ケース・スタディ) や実例を挙げ，現場の臨場感を読者に感じてもらえるようにしている点も特徴である．

　本書は，サプライ・チェインを初めて学ぶ，学部・修士課程の学生，ならびに実務家をターゲットとして書かれている．より進んだ理論や最新の研究の成果については，原著者の一人である David Simchi-Levi が Julien Bramel とともに書いた姉妹書 "Logic of Logistics" (Springer) ならびに拙著『ロジスティクス工学』(朝倉書店，2001 年) を参照されたい．

　訳者には，サプライ・チェインの実務で活躍をしている方々ならびに新進気鋭の研究者にお願いした．1 章から 4 章の翻訳は，(株) 日本総合研究所の伊佐田文彦，橋爪直道，佐川浩二の各氏に，5 章から 11 章の翻訳は田熊博志氏ならびに東洋ビジネスエンジニアリング (株) の佐藤泰現氏のグループにお願いし，

それをもとに，若手研究者である宮本裕一郎氏が全体のバランスをとるように再翻訳するといった方式をとった．この方式によって，サプライ・チェインの現場の臨場感のみならず，学術書としても完成された翻訳になったと自負している．本書が，わが国におけるサプライ・チェインの標準的なテキストとして用いられ，研究ならびに実務のレベル向上に寄与することを期待する次第である．

2002年1月

久保幹雄

和文索引

ア 行

i2 テクノロジー (i2 Technologies Inc.) 299
IBM 9
ISO(International Standards Organization (ISO)) 285
斡旋 (procurement) →購買 (purchasing)
アップルコンピュータ（情報技術の標準化）(Apple Computers, IT standardization) 274
アマゾン・コム（在庫レベル）(Amazon.com, inventory levels) 241
アメリカ国内自動車等級料率表（等級量）(National Motor Freight Classification, class quantity) 27
アメリカ赤十字社 (American Red Cross) 318
アメリカンエアライン（競争力優位）(American Airlines, competitive advantage) 265
アメリカン・ソフトウェア (American Software) 287
アモコ・ケミカル（在庫配置）(Amoco Chemical Corporation, inventory deployments) 319
安全在庫 (safety stock) 69
　計算する (calculating) 60
　集中型配送システム対分散型配送システム (centralized versus decentralized systems) 69
　定義 (defined) 60～61, 97
　集中化と (centralization and)── 136
　リード時間と (lead time and)── 97
「いいとこどり」導入 (best-of-breed solutions) 295
　情報技術の選択 (IT alternatives) 295
　対単一ベンダー導入 (versus single-vendor solutions) 295
　定義 (defined) 295
　不利な点 (disadvantages) 295
　利点 (advantages) 295
E*TRADE 284

イケア (Ikea) 209
e コマース (E-commerce) →電子商取引 (electronic commerce)
意思決定支援システム (decision support systems (DSS)) 14
高度計画/スケジュール作成システムの範囲 (APS systems areas) 301
サプライ・チェインの選択 (supply chain selecting) 326～328
サプライ・チェイン・マネジメント (supply chain management) 294
数理的手法 (mathematical tools) 302
生産フローの円滑化（事例）(production flow smoothing (case study)) 298～300
データウェアハウスの使用 (data warehouse use) 301
人間の貢献 (human contributions) 300
理解 (understanding) 303～317
選択 (selecting) 301
企業体資源計画と (ERP and)── 293～294
サプライ・チェインと (supply chain and)── 317～325
──の種類 (types of) 301
──の目的 (purpose of) 300～301
──の問題の種類 (problem types for) 300～301
意思決定支援システムの理解 (decision-support system (DSS) understanding) 293
ストラテジックレベルの意思決定の特色 (strategic decision characteristics) 304
提示ツール (presentation tools) 311～317
入力データ (input data) 304～305
分析ツール (analytical tools) 306～311
──の構成要素 (components of) 303
イーストマンコダック (Eastman Kodak) 148
委託販売関係 (consignment relationship) 157
納入業者の利点 (supplier benefits) 157
小売業者の利点 (retailer benefits) 157
小売・納入提携の在庫所有権 (RSP inventory ownership) 157

和文索引

位置追跡システム（情報技術通信と）(location tracking, IT communication and) 277
移動平均 (moving average) 103
鞭効果利益 (bullwhip benefits) 101
予測技法 (forecast technique) 99
——の鞭効果計算 (bullwhip calculations of) 99
イーベイ (ebay) 284
E-メール (E-mail) →電子メール (electronic mail)
インターナショナル・データ (International data) 300
インターネット (internet) 242, 279
　学習形態 (learning modes form) 246
　クライアント／サーバー方式 (client/server as) 279
　顧客の利益 (customer benefits) 251
　情報アクセス (information accessing) 245
　スーパーマーケット買物スタイル (supermarket shopping-style) 242
　製品選択 (product selections) 239
　通信標準 (communication standards) 266
　データのやりとり (data transfers) 284
　類のない夢や感動 (unique experience relationships) 246
　電子商取引と (e-commerce and)—— 281
　標準化と (standardization and)—— 272, 281
　——の影響 (effects of) 251
インターフェイス機器 (interface devices) 275
　競合する標準 (standards competing in) 275
　情報技術基盤要素 (IT infrastructure component) 275
　同一アクセスの傾向 (uniform access trends) 275
　グラフィック機能と (graphics and)—— 275
　——の種類 (types of) 275
インディビデュアル (Individual Inc.) 245
インテル (Intel Corporation) 9, 180
イントラネット (intranets) 281
　無制限アクセス (unlimited access) 282
　——の使用 (uses of) 282

VF (VF corporation) 163
ウィンテル標準（インターフェイス機器）(Wintel standards, interface devices) 275
ウェスタン・パブリシング (Western Publishing) 162
　書籍の所有権 (book ownership) 162

ベンダー管理在庫方式 (VMI) 162
——による小売業者管理 (retailer management by) 162
ウェブブラウザ（インターフェイス標準化競争）(Web browser, interface standard competition) 275
ウォールストリートジャーナル (*Wall Street Journal*) 127
ウォルマート (Wal-Mart) 12, 240
　各国の状況（事例）(international tastes (case study)) 169~175
　競争において優位に立つこと (competitive advantage of) 265
　協力システム (collaborative systems) 116
　クロスドッキング戦略導入 (cross-docking use) 237
　顧客要求満足 (customer need satisfying) 8
　在庫回転率 (inventory turnover rate) 73
　在庫所有権 (inventory ownership) 157
　サプライ・チェインの変革 (supply chain innovator) 242
　CPFR 試験 (CPFR testing) 286
　棚のスペース問題 (shelf space issues) 210
　データの集約 (data aggregation) 23
　ベンダー管理在庫方式 (VMI) 155, 163
　運賃基礎番号 (rate base number) 27

エアロストラクチャーズ (Aerostructures Corporation) 299
ABC 法 (ABC approach) 72
安全在庫レベル削減 (safety stock levels reducing) 73
ANSI(American National Standards Institute) 285
AMR 258
AOT 244
エキストラネット（限定アクセス）(extranets, limited access) 282
エキスパートシステム (の使用) (expert systems, uses of) 303
エシェロン在庫 (echelon inventory) 70
エージェント（と呼ばれるプログラム）(intelligent agents) 302
　人工知能 (AI) 302
　定義 (defined) 302
　例 (examples) 302
　意思決定支援システムと (DSS systems and)—— 302
エース・ハードウェア (Ace Hardware) 158

SPHP (Schering-Plough Healthcare Products) 163
エスプレッソコーヒーの供給ライン（事例）(Espresso Lane Backups (case study)) 255〜262
「いいとこどり」導入手法 (best-of-breed approach) 255
企業体資源計画システムへの変換 (ERP switching) 258
業務の統合 (integration managing) 261
サプライ・チェーン・マネジメント・システムの構成 (supply chain menu) 259
ジョイントベンチャー (joint ventures) 256
成長のレシピ (growth recipe) 256〜259
エッグヘッド・ソフトウェア (Egghead Software) 240
LTL（輸送価格）(trucks less than loads (LTL) transportation rates) 27〜28

オークマ・アメリカ (Okuma America Corporation) 166
利点 (benefits) 233
one to one コンセプト (one-to-one enterprise concept) 246
——の目的 (purpose of) 245
押し出し型サプライ・チェーン (push-based supply chains) 138
結果増大 (results increasing) 138
決定原理 (dicision basis) 138
顧客需要予測 (customer demand forecasting) 138
資源の利用効率 (resource utilization inefficiencies) 138
生産能力の決定 (production capacity determining) 138
特徴 (characteristics) 138
押し出し型システム (push-based systems) 137
対引っ張り型システム (versus pull based systems) 138
結論と (decision making and)—— 219
——の性格 (characteristics of) 219
押し出し型と引っ張り型の境界 (push-pull boundary) 219
集約された需要情報 (aggregate demand information) 220
遅延差別化戦略 (delayed differentiation strategies) 220
遅延差別化がもたらす利点 (postponement advantages) 220

定義 (defined) 220
オトラ (Otra) 166
オフィス・マックス (Office Max) 240
オブジェクトデータベース (object databases) 277
音複堂（事例）(case study) 141〜142
サプライ・チェーンの問題 (supply chain issues) 141〜142
産業の先行き (industry future) 142
オンライン分析処理ツール（の使用）(online analytical processing (OLAP) tools, uses of) 307

カ 行

海外生産（の運営）(offshore manufacturing, operatons of) 176
解決のための手法 (solution techniques) 35
近似解法 (heuristic algorithms) 35〜38
最適化手法 (optimization techniques) 38〜40
シミュレーション・モデル (simulation models) 38〜40
ロジスティクス・ネットワーク (logistic networks) 35
——のための実例 (example of) 36
解法（地理情報システムの統合）(algorithm, GIS integration) 316〜317
価格 (price) 242
顧客価値 (customer value) 242
サービスに価格をつけること (service pricing) 243
製品ブランド (product brands) 242
大量消費製品の非弾力性 (commodity inflexibility) 242
価格変動 (price fluctuations) 98
小売業者の在庫増やし (retailers stocking up) 98
販売促進と (promotions and)—— 98
学習関係 (learning relationships) 245
例 (examples) 245
——の目的 (purpose of) 245
核になる資産 (core competencies) 145
3PL(third-party logistics) 148
決定 (determining) 145
例 (examples) 146
ロジスティクス業務外部委託の利益 (logistic outsourcing benefits) 148
社内処理と (internal activities and)—— 143

戦略的提携と (strategic alliances and) 146
過剰な注文 (inflated orders) 98
——の原因 (causes of) 98
——の効果 (effects of) 98
仮想統合（定義）(virtual integration, defined) 234
各国の状況（事例）(international tastes (case study)) 169〜175
　一時的問題 (problems temporary) 174〜175
　誤算 (mistakes) 173〜174
　小規模事業展開 (small operations) 170
　物流の問題 (distribution problems) 172〜173
　豊富な資金力 (deep pockets) 170
　予測される損失 (loss forecasts) 171〜172
ガートナーグループ (Gartner Group Inc.) 258
下流の在庫 (downstream inventory) 70
間接費（規模の経済性における）(overhead, economies of scale in) 136
間接費（集中型対分散型）(overhead costs, centralized versus decentralized) 69
カンバン方式（コスト低減）(kanban, cost reductions) 5

企業間取引利益 (business-to-business benefits) 252
　外部委託 (outsourcing) 252
　情報の共有 (information sharing) 252
　リスク共同管理 (risk-pooling) 253
企業体資源計画システム (enterprise resource planning (ERP)) 274
　意思決定支援システムの種類 (DSS type) 293〜294
　コンピュータ・インターフェイス (computer interfacing) 274
　サプライ・チェイン・マネジメント (supply chain management) 293〜295
　戦略の選択 (strategy selecting) 294
　導入期間 (implementation length) 294
　標準化の利点 (standardization advantages) 273
　——の使用 (uses of) 273〜274
企業体資源計画システムによる早期導入の成功例（事例）(ERP brews instant success (case study)) 262〜264
　企業体資源計画システムベンダーの選択 (ERP vendor selecting) 263
　自社開発 (home growing) 263〜264
　対スターバックス (versus Starbucks) 262
企業買収 (acquisitions) 143
　戦略的提携 (strategic alliances) 144
　——からの管理 (control from) 143
　——の問題 (problems in) 143
企業利益 (business benefits) 252
　顧客価値を高める (customer value enhancing) 252
　データマイニング (data mining) 252
　例 (examples) 252
技術的柔軟性 (technical flexibility) 149
　新規設備 (equipment updating) 150
　要求される技術 (technological requirements) 149
技術力 (technological forces) 178
　研究開発施設の配置 (development facilities locations) 178
　製品に関して (product relating) 177
　地域の場所 (regional locations) 178
基盤設備 (infrastructure) 191
　経済条件 (economic conditions) 191
　新興諸国 (emerging nations) 191
　先進諸国 (first world nations) 191
　第三世界 (third world nations) 192
　地域差 (regional differences) 191
　——におけるロジスティクス (logistics in) 191
規模の経済性 (economies of scale) 136
　共通化 (commonality) 215
　集中型倉庫 (centralizing warehousing) 136
　在庫保管と (inventory holding and) —— 48
キャタピラー（物流統合）(Caterpiller Corporation, distributor integration) 164
キャンベル・スープ（サプライ・チェイン費用目的）(Cambell Soup, supply chain cost focus) 239
供給業者（戦略的提携と）(supplier, strategic partnerships with) 6
管理利益 (management benefits) 224
責任 (responsibilities) 224〜225
共通化 (commonality) 215
　製造の最終工程場所 (manufacturing final steps locating) 216
　部品の再設計 (component redesigning) 216
　例 (examples) 216
局所最適化 (local optimization) 117
　委託販売の利益 (consignment benefits) 157
　定義 (defined) 117

和文索引

──からの分散管理 (decentralization from) 130
距離の見積もり (mileage estimations) 28
  距離の算出 (distance estimating) 28
  公式 (formulas) 29
  例 (examples) 29〜30
近似解法 (heuristic algorithms) 35〜38
  効果 (effectiveness) 35
  最適位置 (optimal locations) 39
  システムの総費用 (total system costs) 39
  ロジスティクス・ネットワーク構成 (logistics network configuration) 39
  例 (examples) 35

クエリー (queries) 307
  意思決定支援システム分析ツール (DSS analytical tool) 307
  ──の使用者 (uses of) 307
グッチ (Gucchi) 187
グッドイヤータイヤ (Goodyear Tire and Rubber Company) 184, 244
国々のカテゴリー (nations categories) 190
  新興諸国 (emerging nations) 190
  先進諸国 (first world nations) 190
  第三世界 (third world nations) 190
クライアント/サーバー方式 (client/server computing) 279
  WWW を中心とする形 (webcentric model) 279
  インターネット (internet) 279
  内部実施 (inner-operability) 280
  不利な点 (disadvantages) 280
  分散処理 (distribution processing) 279
  ミドルウェアと (middleware and)── 280
  ──の力 (power of) 280
  ──の役割 (role of) 278
グリーンマウンテンコーヒーロースーター (Green Mountain Coffee Roasters Inc.) 260
  企業体資源計画システム（事例）(ERP brews (case study)) 262〜264
  単一ベンダーによる企業体資源計画システム導入 (single vender ERP solutions) 295
グループウェア（情報通信と）(groupware, IT communication and) 276
グループウェアデータベース (groupware databases) 278
グレイボックス（意味）(grey box, meaning of) 224
クロスドッキング (cross-docking) 131, 133

在庫管理地点 (inventory control points) 133
在庫対輸送 (inventory versus transportation) 123
再包装 (repackaging) 211
サプライ・チェイン・マネジメント (supply chain management) 6
初期投資 (start-up investment) 133
倉庫の役割 (warehouse role) 132
リード時間の短縮 (lead time reductions) 106
例 (examples) 132
在庫費用制限 (inventory cost limiting) 133
定義 (defined) 7, 12, 131

経済的な包装 (economic packaging) 209
  クロスドッキング再包装 (cross-docking repackaging) 211
  消費者包装 (customer packaging) 211
  保管スペース削減 (storage space savings) 210
  輸送費用削減 (transportation cost savings) 210
  取扱費用削減 (handling cost savings) 210
  例 (examples) 211, 212
経済的な力 (economic forces) 180
  国内部品調達率規制 (local content rquirements) 180
  通商協定 (regional trade agreements) 180
  貿易保護 (trade protection mechanisms) 180
  世界的拡大と (globalization and)── 180
経済的ロットサイズモデル (economic lot size model) 51
  公式 (formula) 62〜63
  固定発注費用 (fixed order costs) 62〜63
  総費用 (total cost in) 51
経済発注量 (economic order quantity) 51
  公式 (formulas) 51
  ──からの洞察 (insights from) 51
計算機能 (calculators) 308
  意思決定支援システム分析ツール (DSS analytical tool) 307〜308
  ──の使用 (uses of) 308
ゲートウェイ (Gateway) 240
K マート (Kmart) 240
顧客要求満足 (customer need satisfying) 8
品切れの減少 (stockouts decreasing) 163
ベンダー管理在庫の利用 (VMI use) 155

和文索引

言語 (language) →文化の違い (cultural differences)

工程順序の再編成 (resquencing) 214
  定義 (defined) 214
  例 (examples) 214〜215
高度計画/スケジュール作成システム (advanced planning and scheduling systems (APS)) 301〜303
  意思決定支援システムと (DSS and)—— 301
  ——がカバーする範囲 (areas covered in) 301
購買 (purchasing) 185, 290
  国際的な戦略 (global strategy) 185
  柔軟性 (flexibility) 185
  ——の仕事 (tasks in) 290
効率性の期待 (performance expectations) 192
  新興諸国 (emerging nations) 192
  先進諸国 (first world nations) 192
  第三世界 (third world nations) 192
小売・納入提携 (retailer-supplier partnerships (RSP)) 154
  実施するうえでの問題点 (implementation issues) 159
  実施する方法 (implementation steps) 159
  例 (examples) 162〜163
  ——における在庫所有権 (inventory ownership in) 157〜158
  ——に対する要求 (requirements for) 156
  ——の欠点 (disadvantages) 160〜162
  ——の種類 (types of) 154
  ——の成功 (success of) 162
  ——の利益 (benefits of) 154
  ——の利点 (advantages of) 160〜162
小売・納入提携実施 (retailer-supplier partnerships (RSP) implementation) 159
  機密保持 (confidentiality) 159
  小売業者の緊急対応 (retailer emergency response) 159
  在庫の決定 (stocking decisions) 159
  成果の評価 (performance measurements) 159
  問題解決 (problem solving) 159
  ——のための方法 (steps for) 159
小売・納入提携における在庫所有権 (retailer-supplier partnerships (RSP) inventory ownership) 157
  委託販売形式 (consignment relationship) 157〜158
  供給契約の交渉 (supply contract negotiating) 158
  小売業者の利益 (supplier benefits) 157
  商品補充決定権 (replenishment decision making) 157
  問題分野 (issue areas) 159
  例 (examples) 158
  ——の批判 (criticisms of) 157
小売・納入提携に対する要求 (retailer-supplier partnerships (RSP) requirements) 156
  経営陣による全面的支援 (management commitments) 156
  情報システム (information systems) 156
  信頼関係 (trust relationships) 156
  在庫削減の費用効果 (inventory reduction cost impact) 157
小売・納入提携の種類 (retailer supplier partnerships (RSP) types) 154
  ベンダー管理在庫 (vendor managed inventory) 155
  例 (examples) 156
  連続補充戦略 (continuous replenishment strategy) 155
小売・納入提携の利点 (retailer-supplier partnerships (RSP) advantages) 160
  注文量情報 (order quantities knowledge) 161
  特性 (characteristics) 161
  納入業者の利益 (supplier benefits) 160
  副産物 (side benefits) 161
  問題 (problems) 162
  例 (examples) 160
コーチ (Coach) 242
  世界的な製品 (global product) 187
コカコーラ (世界的な製品) (Coca-Cola, global product) 187
顧客が受ける利益 (customer benefits) 251
  インターネットと (internet and)—— 251
  ——の変化 (changes in) 251
顧客価値 (customer value) 14, 250
  改善形態 (improvements form) 237
  価値の認識として (perceived value as) 236
  切り口 (dimensions) 238〜247
  区分 (segmenting) 236
  サプライ・チェインの選択 (supply chain selecting) 237
  サプライ・チェイン・マネジメント (supply chain managing) 236〜237

和文索引

情報技術 (information technology) 250〜253
選択の検証 (trade-off evaluating) 236
　対品質評価 (quality measuring versus) 235
　直販ビジネスモデル (事例)(direct business model (case study)) 233〜235
　定義 (defined) 14
　品質評価 (quality measuring) 235
　論点 (issues in) 14
　情報技術と (IT and)—— 250〜253
　——の評価 (measures of) 248
　——の変化 (changes from) 237
　——の目標 (goal of) 236
顧客価値の切り口 (customer value dimensions) 238
　製品の差別化 (product differentiation) 238
　——の形式 (types of) 238
顧客価値の評価尺度 (customer value measures) 248
　顧客満足度 (customer satisfaction) 248
　サービスレベル (service levels) 248
　サプライ・チェインの効率 (supply chain performance) 248
顧客関係 (customer relationships) 245
　学習関係 (learning relationships) 245
　顧客価値 (customer value) 245
　顧客の切り替え (customer switching) 245
　体験 (ユニークな体験) (unique experiences) 246
　例 (examples) 245
　one to one コンセプト (one-to-one enterprise concept) 245
顧客指向性 (customer orientation) 152
　3PL(third-party logistics) 152
　専門配列適合 (special arrangement adapting) 152
　目に見えない評価 (intangible evaluations) 152
顧客需要 (customer demands) 47
　不確実 (uncertainty from) 47
　在庫保持と (inventory holding and)—— 47
顧客需要に対する適合 (conformance requirements) 238
　顧客価値の切り口 (customer value dimension) 238
　市場仲介機能 (market mediation function) 238
　製品需要変動 (product demand variability) 239

製品需要予測可能性 (product demand predictability) 238
　例 (examples) 239
顧客満足度 (customer satisfaction) 248
　顧客のロイヤリティ分析 (customer loyalty analysis) 249
　顧客離れから学ぶこと (customer defection learning) 249
　調査結果 (survey results) 249
　例 (examples) 249
　——の利用 (uses of) 249
国際的サプライ・チェイン管理の諸問題 (international chain management issues) 186
　世界的な製品 (global products) 187
　分散的管理対中央集中管理 (local versus central control) 187〜188
　地域製品と (regional products and)—— 186〜187
　——におけるリスク (dangers in) 189
国際的戦略に必要なもの (global strategy requirements) 184
　購買 (purchasing) 185
　需要管理 (demand management) 185
　生産 (production) 185
　製品開発 (product develpment) 185
　納品 (order fulfillment) 186
　ビジネスの機能 (business functions) 184〜185
国際的なサプライ・チェイン (international supply chains) 175
　各国の状況 (事例) (international tastes (case study)) 169〜175
　技術力 (technological forces) 178
　経済的な力 (economic forces) 180
　国際化の重要性 (globalization magnitude) 175
　国内のサプライ・チェイン (domestic chains) 176
　政治的な力 (political forces) 180
　世界規模で考えた費用の影響力 (global cost forces) 179
　世界的市場が及ぼす影響力 (global market forces) 177
　リスク (risks) 181〜186
　利点 (advantages) 180〜186
　ロジスティクスにおける地域的な違い (logistic regional differences) 189〜193
　——からの好機 (opportunities from) 176
　——における諸問題 (issues in) 186〜189

346

――の種類 (types of)　175～176
国際的なサプライ・チェインの利点 (international supply chain advantages)　180
国際的戦略に必要なもの (global strategy requirements)　184～186
国際的リスクへの対処 (global risk addressing)　182～184
柔軟性 (flexibility)　181
需要特性 (demand characteristics)　181
地域の費用的利点 (regional cost advantages)　181
標準化された製品 (standardizing products)　181
費用低減 (cost lowering)　181
リスク (risks)　181～182
国際的なリスク (global dangers)　188
外国政府 (foreign governments)　189
競合企業となったパートナー企業 (collaborators becoming competitors)　188
地元の競合企業 (local collaborations)　188
例 (examples)　189
――の種類 (types of)　188
国際的リスク戦略 (global risk strategies)　182
柔軟戦略 (flexible strategies)　183
政治的作用 (political leverage)　184
投機的戦略 (speculative strategies)　182
ヘッジ戦略 (hedge strategies)　183
国際的ロジスティクス・システム (の運営) (international distribution systems, operations of)　176
コケコーラ (事例) (case study)　17
解決 (solving)　41
企業目的 (corporate goals)　19
顧客対応 (customer service issues)　19
推薦目標 (recommended goals)　17～18
製造コスト (production costs)　19
直接配送 (direct delivery)　18
ロジスティクス・ネットワーク再設計 (distribution network redesigning)　18
ロジスティクス戦略 (discription strategy)　17
固定発注費用 (order costs fixing)　62
在庫発注 (inventory ordering)　62～63
複数回発注する場合 (multiple order opportunities)　63
例 (examples)　63
――対1期 (versus single-period)　62
小松製作所 (Komatsu)　164
コンパック (Compaq)　9

サ 行

在庫回転率 (inventory turnover)　32
――の決定 (determining)　73
在庫管理 (inventory management)　69, 321
顧客サービスレベル (customer service levels)　47
在庫管理法 (inventory managing)　70～72
在庫保管理由 (inventory holding reasons)　47
サプライ・チェイン型 (supply chain forms)　46
実務上の問題 (practical issues)　72～74
集中型システム対分散型システム (centralized vs decentralized systems)　69
倉庫が1箇所の例 (single warehouse inventory)　48～64
リスク共同管理 (risk pooling)　64～69
例 (examples)　47
冷麺電子 (事例) (case study)　44～46
サプライ・チェインの意思決定支援システム (supply chain DSS)　321
――の重要性 (importance of)　47
在庫管理論 (inventory control issues)　11
在庫対輸送費用 (inventory versus transportation costs)　122
意思決定支援システムバランス (decision-support system balance)　123
クロスドッキング (cross-docking)　122
製造管理システム (production control systems)　122
物流管理システム (distribution control systems)　122
輸送問題 (transportation issues)　121～122
在庫転送 (transshipment)　135
小売 (retail use)　136
情報システム (information systems)　135
定義 (defined)　135
所有者と (ownership and)――　136
――におけるリスク共同管理 (risk-pooling in)　136
在庫配置 (inventory deployments)　319
サプライ・チェイン意思決定支援システム (supply chain DSS)　319
例 (examples)　319
在庫ポジション (定義) (inventory position, defined)　60
最適化手法 (optimization techniques)　38
2段階法の利点 (tow-stage advantages)　39

和文索引

──の制限 (limitations of) 38
最適化モデル (optimization models) 21
　データ収集問題 (data collection issues) 21
　費用問題 (cost issues) 21
　例 (examples) 21～22
サーキット・シティ(Circuit City) 141
作業要員のスケジュール (Workforce scheduling)
　サプライ・チェイン意思決定支援システム (supply chain DSS) 324
　例 (examples) 324
サービス（定義変更）(service, definition varying) 136
サービスレベル (service levels) 69, 248
　サプライ・チェインの費用 (supply chain cost) 248
　集中型配送システム対分散型配送システム (centralized versus decentralized systems) 69
　定義 (defined) 248
　──の使用 (uses of) 248
サブウェイ (Subway) 240
サプライ・チェイン意思決定支援システムの選択 (supply chain DSS selecting) 326
　課題の基準 (issues criteria) 326
　要求を理解すること (requirement understanding) 328
　例 (examples) 321
サプライ・チェイン運用参照モデル (supply chain operations reference model (SCOR)) 249
　情報技術開発戦略 (IT development strategies) 291～293
　電子商取引標準化プロセス (e-commerce standardizing process) 285
　ベンチマーク比較 (benchmarking comparing) 250
　──における対比モデル (process reference model in) 250
　──の測定基準 (metrics for) 250
サプライ・チェイン管理 (supply chain managing) 72
　エシェロン在庫 (echelon inventory) 70～71
　小売配送システム (retail distribution system) 70
　倉庫のエシェロン在庫 (warehouse echelon inventory) 71
　複数の小売システム (multi-retailer system) 70
　例 (examples) 71

──の使用 (uses of) 72
──の目的 (objectives of) 70
サプライ・チェイン・コンパスモデル (supply chain compass model) 291
　──の各段階 (stages in) 291～292
　──の基準 (criteria of) 293
　──の成果 (accomplishments of) 291
サプライ・チェイン統合課題 (supply chain integration, issues in) 12
サプライ・チェインの意思決定支援システム (supply chain decision support systems) 317
　在庫管理 (inventory management) 321
　在庫配置 (inventory development) 319
　作業要員のスケジュール (workforce scheduling) 324
　資材所要量計画 (marketing requirements planning) 320
　車両計画 (fleet planning) 321
　需要計画 (demand planning) 317
　生産スケジュールの作成 (production scheduling) 323～324
　製造拠点割当て (production location assignments) 322
　販売地域の割当て (marketing (sales) regional assignments) 321
　物流資源計画 (distribution resource planning) 320
　リード時間の見積もり (lead time quotations) 323
　ロジスティクス・ネットワーク設計 (logistics network designs) 318
　評価 (evaluating) 324
　──の使用 (uses of) 317～318
サプライ・チェインの評価 (supply chain performance) 249
　サプライ・チェイン運用参照モデル測定基準 (SCOR model metrics) 250
　製品が手に入るかどうか (product availability) 249
　──の尺度 (measurements of) 249
サプライ・チェインの目的 (supply chain objectives) 120
　原材料供給業者 (raw material suppliers) 120
　小売業者の要求 (retailer needs) 120
　顧客需要 (customer demands) 120
　製造業者の管理者が要求するもの (manufacturing management wants) 120

和文索引

ロジスティクス管理評価基準 (logistics management criteria) 120
サプライ・チェインの目標設計 (supply chain goal designing) 120
在庫対輸送費 (inventory versus transportation costs) 121〜123
製品の多様性対在庫 (product variety versus inventory) 123
トレードオフ影響の低減 (trade off impact reducing) 121〜126
リード時間対輸送費 (lead time versus transportation costs) 123
ロットサイズ対在庫 (lot size versus inventory) 121
費用対顧客サービス (cost versus customer service) 124〜125
——におけるトレードオフ (trade-off in) 120
サプライ・チェイン・マネジメント (supply chain management) 1, 5
企業の重要性 (company importance) 2
顧客が情報にアクセスすること (customer information accessing) 245
顧客要求への適合 (customer requirements conforming) 2
重要な課題 (key issues) 10〜14
サービス対在庫レベル (service versus inventory levels) 5
情報技術開発と (IT development and)—— 272
対ロジスティクス・マネジメント (versus logistics management) 3
地理情報システム使用 (GIS use) 317
定義 (defined) 1〜5
統合の問題 (integration problems) 3
費用対顧客サービス (cost versus customer service) 125
複雑性 (complexity) 8〜10
例 (examples) 6
——の進化 (evolution of) 1
——の目的 (objectives of) 2
——の目標 (purposes of) 5〜8
——の要素 (elements of) 1
サプライ・チェイン・マネジメント機能 (supply chain management functions)
クロスドッキング戦略 (cross-docking strategies) 8
経過 (spending on) 6
製造戦略 (manufacturing strategies) 7
戦略的提携 (strategic partnerships) 7

定義 (benefits of) 5
分散型対集中型システム (decentralized versus centralized systems) 7
例 (examples) 7
ロジスティクス戦略 (districution strategies) 8
サプライ・チェイン・マネジメント構成要素 (supply chain management components) 287
意思決定支援システム使用 (DSS use) 287
需要計画 (demand planning) 288
容量計画 (capacity planning) 289
投資回収 (return on investment) 288
計画担当者 (human planners) 287
購買 (procurements) 290
サプライ・チェイン・マネジメントにおける課題 (supply chain management issues) 10
意思決定支援システム (decision-support systems (DSS)) 14
顧客価値 (customer value) 14
在庫管理 (inventory control) 11
サプライ・チェインの統合 (supply chain integration) 13
情報技術 (information technology) 14
製品設計 (product design) 13
戦略的提携 (strategic partnering) 13
タクティカルレベル (tactical levels) 11
ロジスティクス戦略 (distribution strategies) 12
ロジスティクス・ネットワークの構成 (distribution network configuration) 11
サプライ・チェイン・マネジメント（マスカスタマイゼイション）(supply chain management, mass customization) 230〜231
オペレーションレベルと (operational level and)—— 11
ストラテジックレベルと (strategic level and)—— 11
サンライズ・プリウッド・アンド・ファーニチャ (Sunrise Plywood and Furniture) 188

シアーズ (Sears Roebuck) 240
3PL(third-party logistics) 147
GE(General Electric) 189
J.C. ペニー (JCPenney) 23
直接配送 (direct shipping) 132
データの集約 (data aggregation) 23
ベンダー管理在庫の利用 (VMI use) 155
CSX トランスポート（車両計画）(CSX Transportation, fleet planning) 323

和文索引

シェブロン (ロジスティクス業務外部委託) (Chevron Corp., logistics outsourscing) 148
事業リスク (operating exposure) 181
　事業利益の影響 (operating profit impact) 181
　企業価値と (company value and)── 181
資材所要量計画 (material requirements planning (MRP)) 320
　サプライ・チェインの意思決定支援システム (supply chain DSS) 320
　例 (examples) 320～321
資産保有型 3PL 対資産非保有型 3PL (asset versus non-asset owning, third-party logistics and) 153
　顧客指向性 (customer orientation) 152
　専門性 (specialization) 151
　費用の把握 (cost knowledge) 152
市場価格 (market based price) 27
市場仲介 (market mediaton) 238
　費用の源 (cost sources) 238
　原材料の製品化と (raw material converting and)── 238
システムアーキテクチャー (system architecture) 278
　クライアント/サーバー構造 (client/server structures) 279～281
　情報技術基盤要素 (IT infrastructure component) 275
　定義 (defined) 278
　レガシーシステム (legacy systems) 278
　──の将来の必要性 (future needs of) 281
システム情報の調整 (system information coordination) 116
　局所的最適化 (local optimization) 117
　システム所有者のコスト削減 (system owners cost savings) 117
　システムの調整 (system coordination) 117
　出力情報の連結 (output connecting) 116
　情報価値 (information availability) 117
　大域的最適化 (global optimization) 117
　──における複雑なトレードオフ (complex trade-off in) 116
システム統合に関連する問題 (情報技術開発と) (integration-related issues, IT development and) 272
シミュレーション (simulation) 308
　分析ツール (analytical tool) 308
　──における意思決定 (decision making in) 308
　──の使用 (uses of) 308
シミュレーション・モデル (simulation models) 38
　システム・ダイナミクス (system dynamics) 38
　設計効率 (design performance) 38
　対最適化手法 (versus optimization tool) 39
　微小分析 (microlevel analysis) 38
　変更制限 (alternative limitations) 38
　──の制限 (limitations of) 38
　──のための計算時間 (computational time for) 39
シーメンス (Siemens) 9
シモンズ (ロジスティクスの柔軟性) (Simmons Company, logistic flexibility) 150
ジャストインタイム生産 (コスト低減) (just-in-time manufacturing, cost reductions) 5
社内処理 (戦略的提携と) (internal activities, strategic alliances and) 143
車両計画 (fleet planning) 321
　サプライ・チェインの意思決定支援システム (supply chain DSS) 322
　例 (examples) 322
習慣 (customs) →文化の違い (cultural differences)
集中化された情報 (centralized information) 101
　経営的洞察 (managerial insights value) 103～105
　集中化された需要情報 (centralized demand information) 101～102
　非集中化された需要情報 (decentralized demand information) 103
　鞭効果と (bullwhip effect and)── 101
　──の価値 (value of) 101
集中化した情報の価値 (centralized information value) 103
　需要情報の共有 (demand information sharing) 104
　需要情報の抑制 (demand information withhold) 104
　注文量の変動の増加 (order quantity variance increasing) 104
　鞭効果の低減 (bullwhip effect reducing) 104
　──における鞭効果の存在 (bullwhip effect existence in) 104

集中型施設対分散型施設 (central versus local facilities) 136
　安全在庫 (safety stock) 136
　一般費用，間接費用 (overhead) 136
　規模の経済 (economies of scale) 136
　考慮すべき点 (considerations in) 136〜137
　サービス (service) 136
　集中型施設の利用 (central facility use) 137
　情報システム (information systems) 137
　輸送費 (transportation costs) 137
　リード時間 (lead time) 136
　――の操作段階 (operating degrees of) 137
集中型配送システム対分散型配送システム (central versus decentralized IT) 69
　システムにおけるトレードオフ (systems, trade-off in) 69
集中管理 (centralized control) 130
　対地域の慣習 (versus local wisdom) 188
　地域ごとのビジネス予想 (regional business expectations) 186
　データの利用 (data accessing) 131
　場所の決定 (decision making locations) 129
　鞭効果低減 (bullwhip effect reducing) 131
　問題の予防 (problem preventing) 130
　予測改善 (forecast improvements) 131
　例 (examples) 188
　自立的な地域事業と (regional independent operations and)―― 187
　――からの節約された費用 (savings allocations from) 130
　――の効果 (effectiveness of) 130
　――の目的 (objectives of) 130
柔軟性 (flexibility) 40
　3PL(third-party logistics) 150
　サービス提供 (service offering) 150
　地理的な位置 (geographic locations) 149
　定義 (defined) 40
　例 (examples) 150
　労働力の大きさ (workforce size) 150
柔軟戦略 (flexible strategies) 183
　国際的リスク (global risk strategies) 182
　導入 (implementing) 184
　導入にあたっての疑問 (implementing questions) 183
　例 (examples) 184
　サプライ・チェインと (supply chains and)―― 183
周辺機器グループ (peripherals group) 197

「ジュージュー」企業（定義）("sizzle" companies, defined) 247
受注生産モデル (build-to-order model) 240
　在庫管理 (inventory control) 240
　遅延差別化の概念 (postponement concept) 240
　例 (examples) 241
需要管理 (demand management) 185
　国際的戦略 (global strategy) 184
　市場の設定 (marketing plans) 185
　集中化された成分 (centralized component) 185
需要計画 (demand planning) 289
　意思決定 (decision making) 289
　サプライ・チェインの意思決定支援システム (supply chain DSS) 317
　需要予測 (forecasts) 289
　プロセス問題 (process problems) 288
需要情報の集中化 (centralized demand information) 101
　計算 (calculations) 103
　平均需要予測 (forecasting mean demand) 103
　目標在庫注文 (target inventory ordering) 101
需要情報の非集中化 (decentralized demand information) 103
　移動平均 (moving averages) 103
　変動の計算 (variance calculating) 103
　変動の増加 (variance increasing) 103
需要の不確実性 (demand uncertainty) 52
　――の重要性 (importance of) 52
　――の増加 (increasing of) 52
需要予測 (demand forecasting) 97
　発注点 (reorder point) 97
　ミニ－マックス在庫方策 (mini-max inventory policy) 97
　鞭効果と (bullwhip effect and)―― 97
情報技術 (IT) (information technology (IT)) 14, 264
　エスプレッソコーヒーの供給ライン（事例）(Espresso Line Backup (case study)) 255〜262
　企業体資源計画システム導入（事例）(ERP brews (case study)) 262〜264
　基盤 (infrastructures) 275
　顧客価値 (customer values) 250〜253
　サプライ・チェイン構成要素 (supply chain components) 287〜290

和文索引

サプライ・チェイン情報の統合 (supply chain information integrating) 290～296
サプライ・チェイン・マネジメントの幅 (chain management breadth) 264
サプライ・チェイン・マネジメントを実施する (chain management enabling) 264
諸問題 (problems) 266
組織の変革 (organizational structural changes) 266
通信の標準化 (communication standards) 266
電子商取引 (electronic commerce) 281～287
標準化 (standardization) 272～274
論点 (issues in) 14
——による競争において優位に立つこと (competitive advantage from) 265
——の目標 (goals of) 266～271
→システムアーキテクチャー (system architecture)，システム間情報調整 (system information coordination)
情報技術開発の各段階 (information technology (IT) development stages) 291
サプライ・チェイン・コンパスモデル (supply chain compass model) 291～292
目標 (goals) 293
情報技術基盤 (information technology (IT) infrastructure) 274
——の重要性 (importance of) 274
——の要素 (components in) 274
情報技術の統合 (information technology (IT) integrating) 290
「いいとこどり」システム導入 ("best-of-breed" solutions) 295～296
開発の各段階 (development stages) 291～293
企業体資源計画システム導入 (ERP implementation) 293～295
単一ベンダー導入 (single vendor solutions) 295
評価手法 (evaluation approaches) 291
ミドルウェアの役割 (middleware role) 291
——のレベル (levels of) 290
情報技術の目標 (information technology (IT) goals) 267
新しいシステム構成 (system structures new) 270
現在のシステム構成 (system structures currently) 269

小売業者に必要なこと (retailer needs) 267
サプライ・チェインの意思決定 (supply chain decisions) 268
情報技術開発の課題 (IT development issues) 271
情報技術の特色 (IT characteristics) 268
データ分析 (data analysis) 270
製品識別の標準化 (product identification standardization) 268
単一ポイントによるアクセス (single-point-of-contact) 268
目標の達成 (goal achieving) 271
——のためのサプライ・チェインの範囲 (supply chain areas for) 267
情報システムの利用可能性 (information system availability) 193
技術の導入 (technology increasing) 193
新興諸国 (emerging nations) 192
第三世界 (third world nations) 192
ヨーロッパの標準 (European standards) 193
情報集中型サプライ・チェイン (centralized supply chain, centralized demand information) 101
情報の価値 (information value) 75
サプライ・チェイン管理 (supply chain managing) 93～94
サプライ・チェインの統合 (supply chain integrating) 119～125
システムの調整者 (system coordinator) 116～117
情報アクセス (information accessing) 93
情報対在庫 (information versus inventory) 93
製品を置く場所 (product locating) 117
バリラ（事例）(Barilla SpA (case study)) 75～92, 107～115
複雑さ増大 (complexity increasing) 94
鞭効果 (bullwhip effect) 94～107
予測効果 (forecasting effects) 115～116
リード時間の短縮 (lead time reductions) 118～119
——の関連性 (implications of) 93
情報非集中型サプライ・チェイン (decentralized supply, demand information) 103
将来の需要 (future demands) 33
顧客需要 (customer demands) 33
顧客需要の変化 (customer demand changes) 33

長期的な影響 (long-lasting impacts) 33
シリコングラフィクス (Silicon Graphics) 247
事例 (case studies)
  エスプレッソコーヒーの供給ライン (Espresso Lane Backups) 255
  音複堂 141〜142
  企業体資源計画 (ERP brews) 262〜264
  国際的状況 (international taste) 169〜175
  コケコーラ 17〜20, 41〜43
  生産フローの円滑化 (production flow smoothing) 298〜300
  直販ビジネスモデル (diretct business model) 233〜235
  デスクジェットプリンタ (DeskJet printers) 195〜207
  バリラ (Barilla SpA) 75〜92, 107〜114
  米国出版販売 127〜129
  水着の生産 (swimsuit production) 53〜56
  冷麺電子 44〜46
新興諸国 (emerging nations) 189
  供給業者の信頼性 (supplier standards) 190
  情報システムの利用可能性 (information system availability) 190
  人的資源 (human resources) 190
  ──の基盤設備 (infrastructure of) 190
  ──の独自性 (identity of) 189
人工知能 (artificial intelligence (AI)) 308
  意思決定支援システム分析ツール (DSS analytical tool) 308
  エキスパートシステム (expert systems) 302
  エージェント対人間の意思決定 (agent versus human decisions) 309
  相互に関連した問題 (interrelated issues in) 309
  意思決定支援システムと (DSS systems and)── 302
  ──の使用 (uses of) 308
  →人工エージェント (intelligent agents)
人的資源 (human resources) 193
  新興諸国 (emerging nations) 192
  先進諸国 (first world nations) 192
  第三世界 (third world nations) 192

数理モデル (mathematical models) 309
  意思決定支援システム分析ツール (DSS analytical tool) 309〜310
  近似解法 (heuristics algorithms) 310
  厳密解法 (exact algorithms) 309
  ──の使用 (uses of) 309〜310

スコット・ペーパー (Scott Paper Company) 163
スターバックス (Starbucks Corporation) 240, 255
  エスプレッソコーヒーの供給ライン (事例) (Espresso Lane Backups (case study)) 255〜262
  企業体資源計画導入決定システム (ERP decision-support systmes) 296
「ステーキ」企業 (定義) ("steak" companies, defined) 247
スパルタン・ストアーズ (Spartan Stores) 163
スポーツマート (Sportsmart) 240
スミスクライン (分散自律管理) (SmithKline Corporation, local autonomy) 188
3M(Minnesota Mining and Manufacturing (3M)) 148
3PL 導入 (third-party logistics implementing) 153
  お互いの利益重視 (matually beneficial focus) 153
  開始時重視 (start-up focus) 153
  課題 (issues in) 153
  コミュニケーションの効果 (communication effectiveness) 153
  独自の情報システム (proprietary information systems) 154
  必要な時間 (time commitments) 153
3PL の長所 (third-party advantages) 148
  技術的な柔軟性 (technological flexibility) 149
  柔軟性 (flexibility) 149〜150
  得意とする業務への注力 (core strength focus) 148
3PL の問題点 (third-party disadvantages) 151
3PL の問題点対得意とする業務 (third-party logistic disadvantages versus core competencies) 151
  顧客処理 (customer contacts) 151
3PL の利点 (third-party logistics advantages) 147〜151
  課題 (issues in) 151〜153
  企業の規模 (company size) 148
  短所 (disadvantages) 148〜151
  長期契約 (long-term commitments) 147
  定義 (defining) 147〜148
  導入の課題 (implementing issues) 153〜154

和文索引

特徴 (characteristics) 147

生産 (production) 185
　国際的な戦略 (global strategy) 185
　コミュニケーション・システム (communication systems) 185
　集中管理 (centralized management) 185
　——の移転 (shifting in) 185
生産スケジュールの作成（サプライ・チェインの意思決定支援システム）(production scheduling, supply chain DSS) 232～324
生産フローを円滑にする（事例）(production flow smoothing (case study)) 299～301
　在庫費用削減 (inventory cost savings) 298
　サプライ・チェイン・マネジメントシステム (supply chain management system) 299～301
政治的取引（国際的リスク戦略）(political leverage, global risk strategy) 184
整数計画 (integer programming) 38
製造拠点割当て（サプライ・チェインの意思決定支援システム）(production location assignments, supply chain DSS) 322
製造戦略提携 (manufacturing strategic partnerships) 7
製品開発 (product development) 184
　国際的な戦略 (global strategy) 184
　製品の変更 (product adapting) 184
製品開発の納入業者統合 (product development supplier integration) 223
　技術 (technologies) 226
　競争圧力 (competitive forces) 224
　納入業者 (suppliers) 226
　納入業者選択 (supplier selection) 224
　利益形式 (benefits form) 224
　——の効果 (effectiveness of) 225
　——の範囲 (spectrum of) 224
製品設計 (product design) 13
　課題 (issues in) 13～14
　見直し (redesigning) 13
製品設計とサプライ・チェイン設計 (product and supply chain design) 195
　押し出し型と引っ張り型の境界 (push-pull boundary) 219～220
　経済的な包装 (economic packaging) 209～211
　考慮すべきポイント (considerations) 217～219
　製品納入業者統合 (product supplier integration) 223～227
　遅延差別化 (postponement) 213～217
　デスクジェットプリンタ（事例）(DeskJet printer (case study)) 195～207
　同時処理 (concurrent procesing) 211～213
　平行処理 (parallel processing) 211～212
　マスカスタマイゼイション (mass customization) 227～231
　輸送 (transportation) 209～211
　ロジスティクス設計 (logistics design) 209
製品選択 (product selection) 238
　顧客価値の切り口 (customer value dimension) 238
　顧客の特別な需要 (customer specific demands) 240
　在庫管理手法 (inventory controls approaches) 240
　インターネットと (internet and)—— 240
　——の多様な型 (variety types for) 240
　——への傾向 (trends for) 240
製品の多様性対在庫のトレードオフ (product variety versus inventory trade-off) 123
　重要な課題 (main issue) 124
　遅延差別化 (delayed differentiation) 124
　汎用品 (generic products) 124
　リスク共同管理 (risk pooling) 124
　複雑さと (complexity and)—— 123～124
　——の原因 (causes of) 123～124
製品の配置 (product locating) 117
　顧客需要 (customer demands) 117
　物流統合 (distribution integration) 118
製品のライフサイクル (product life cycles)
　顧客不確実性 (customer uncertainty) 48
　——の短縮 (shortening of) 48
世界規模で考えた費用の影響力 (global cost forces) 179
　拠点配置決定と (location decision and)—— 179
　熟練労働の費用 (skilled labor costs) 179
　設備の主要費用 (facility capital costs) 179
　統合されたサプライ・チェイン (integrated supply chains) 179
世界的市場が及ぼす影響力 (global market forces) 177
　企業の動向 (industry trends) 178
　技術的進歩 (technological advances) 178
　国内市場を守る (domestic market defending) 177
　需要増大 (demand growth) 177

和文索引

情報の拡大 (information proliferation) 177
 例 (examples) 177
 ——の原因 (sources of) 177
世界的な製品 (global products) 187
 地域固有の製品と (regional specific products and)—— 187
 ——の種類 (types of) 187
ゼネラルモーターズ (General Motors) 47
 外部委託の利益 (outsourcing benefits) 148
 在庫管理 (inventory management) 47
 地域倉庫使用 (regional warehouses use) 241
線形計画 (linear programming) 38
先進諸国 (first world nations) 190
 供給業者の信頼性 (supplier standards) 190
 情報システム利用 (information system availability) 190
 人的資源 (human resources) 190
 ——の独自性 (identity of) 189
 ——における基盤設備 (infrastructure in) 190
専門性 (specialization) 152
 専門技術 (expertise) 152
 3PL と (third-party logistic and)—— 152
戦略的提携 (strategic alliance) 144
 音複堂（事例）(case study) 141〜142
 外部委託理由 (outsoursing reasons) 142
 企業買収 (acquisitions) 143
 小売・納入提携 (retailer-supplier partnerships) 154〜163
 社内処理 (internal activities) 143
 3PL(third-party logistics) 147
 戦略的提携 (strategic alliances) 144
 通常の第三者取引 (arm's length transactions) 143
 物流統合 (distributor integration) 164〜167
 ロジスティクス機能の取り組み (logistic function approaches) 143
 ——のための経営資源 (managerial resources for) 142
 ——のための資金 (financial resources for) 142
 ——のための枠組み (framework for) 144〜147
戦略的提携者 (strategic partners) 13
 課題 (issues in) 13
 社内処理 (internal activities) 143
 ベンダー管理在庫 (VMI) 106

戦略的提携 (strategic alliances) 144
 通常の第三者取引 (arm's length transactions) 143
 ——からの影響 (impact form) 106
 ——からの利益 (benefits from) 13
 ——のための経営資源 (managerial resources for) 142
 ——のための資金 (financial resources for) 142
 ——のための枠組み (framework for) 144〜147
戦略的提携のための枠組み (strategic alliance framework) 144
 運営強化 (operations strengthening) 145
 技術力の付加 (technological strength adding) 145
 財務力の強化 (financial strength building) 145
 市場アクセスの改善 (market access improving) 144
 製品に対する付加価値 (adding value to products) 144
 戦略的成長強化 (strategic growth enhancing) 145
 提携分析基準 (alliance analysis criteria) 145
 問題 (problems) 146
 例 (examples) 146
 核になる強みと (core strengths)—— 146
 ——の種類 (types of) 147

総合品質管理, 費用削減 (total quality management, cost reductions) 5
倉庫が1箇所の在庫 (single warehouse inventory) 48
 感度分析 (sensitivity analysis) 52
 経済的ロットサイズ・モデル (economic lot size model) 49〜52
 在庫方策に影響を与える要因 (factors effecting inventory policy) 48
 最適な発注方策 (optimal ordering policy) 50〜51
 発注費用対保管費用 (ordering versus storage costs) 49〜50
 ——のための最適方策 (optimal policy for) 50
 ——の洞察 (insights of) 50〜51
 ——の目標 (goals of) 49

和文索引　355

倉庫候補地（条件）(warehouse locations, conditions for)　32
倉庫の容量 (warehouse capacities)　31
　倉庫スペースの計算 (storage space calculating)　32
　必要なスペース (space requirement)　31
倉庫費用 (warehouse costs)
　在庫回転率 (inventory turnover ratio)　31
　実際の在庫量 (actual inventory)　31
　必要なスペース (space requirements)　31
　――の構成内容 (components in)　31〜32
総仕掛品一定方式 (CONstant Work In Process: CONWIP)　121
　サプライ・チェーンとのかかわり (supply chain implications)　121
　――の目標 (goals of)　121
ソニックエア（ロジスティクスの柔軟性）(SonicAir, logistic flexibility)　150

タ　行

大域的最適化 (global optimization)　117
　委託販売の利益 (consignment benefits)　157
　定義 (defined)　117
　集中管理と (centralization control and)――　130
TIGER(Topologically Integrated Geographic Encoding and Referencing)　317
第三者取引 (arm's length transactions)　143
　戦略的提携 (strategic alliances)　144
　長期的な関係 (long-term partnerships)　143
　――からの利益 (benefits from)　143
第三世界 (third world nations)
　基盤設備 (infrastructure)　190
　供給業者の標準 (supplier standards)　190
　情報システム (information systems)　190
　人的資源 (human resources)　190
　――の独自性 (identity of)　190
タイムワーナー (Time Warner)　148
ダウケミカル (Dow Chemical)　148
ターナー (Tanner Companies)　320〜321
W.R. グレース (W.R. Grace Inc.)　76
ダンロップ・エネルカ (Dunlop-Enerks)　167

地域製品 (regional products)　186
　世界的な製品の差 (global product differences)　186
　例 (examples)　186
　――の種類 (types of)　186

遅延差別化 (delayed product differentiation)　214
　延期 (postponement)　213
　集約された予測情報 (aggregate frorecasts)　213
　製品の再設計 (product redesigning)　214
遅延差別化 (postponement)　213
　押し出し型・引っ張り型利点 (push-pull advantages)　220
　集約された予測情報 (aggregate forecasts)　213
　遅延差別化 (delayed differentiation)　214
　――のための技法 (techniques for)　213
遅延差別化 (postponement) →押し出し型と引っ張り型の境界 (push-pull boundary)
遅延差別化戦略 (delayed differentiation strategy)　139
　引っ張り型・押し出し型サプライ・チェーン (pull-push supply chains)　138〜140
遅延差別化で考慮すべきこと (delayed differentiating considerations)　217
　関税率 (tariffs)　219
　在庫価値 (inventory value)　218
　資本支出 (capital expenditures)　218
　製造プロセスの可能性 (process possibilities)　218
　費用対効果 (cost effectiveness)　218
　普遍的な製品の影響力 (generic product impact)　218
　モジュール化設計費用 (modular design costs)　218
遅延差別化の実施 (delayed differentiation implementing)　214
　共通化 (commonality)　215
　工程順序の再編成 (resequencing)　214〜215
　標準化 (standardization)　217
　モジュール化 (modularity)　216
　――の概念 (concepts for)　214〜217
中国 (China)
　現地政府との取引の危険性 (government dealing dangers)　189
　――における基盤 (infrastructure in)　191
直接配送 (direct shipments)　132
　定義 (defined)　8, 131
　例 (examples)　132
　製造と (manufacturing and)――　132
　――の長所 (advantages of)　132
　――の目的 (purpose of)　132

和文索引

直販ビジネスモデル（事例）(direct business model (case study)) 233～235
仮想統合 (virtual integration) 234
顧客関係 (customer relationships) 233
顧客分割 (customer segmentations) 234
在庫回転 (inventory turnover) 234
在庫回転率計測 (inventory velocity measuring) 234
部品製造 (component manufacturing) 233
不利な点 (disadvantages) 234
利点 (benefits) 233
——の起源 (origin of) 233
地理情報システム（GIS）(geographic information systems) 312
アプリケーションの原型 (applications original) 313
アプリケーションの更新 (applications new) 313
解法の統合 (algorithms integrating) 316～317
TIGER/Line ファイル (TIGER/Line files) 316
提示ツール (presentation tool) 311
輸送価格 (transportation rates) 25
利点 (advantages) 313
ロジスティクス・モデルを考慮して (logistics modeling considerations) 313～316
——の機能 (capabilities of) 312

通信 (communication) 276
情報技術基盤要素 (IT infrastructure component) 275
——のアプリケーション (applications from) 276
——の傾向 (trends in) 275

TL（輸送価格）(truckloads (TL) transportation rates) 27～28
定期的在庫調査方策（目的）(periodic inventory review policy, goal of) 72
提示ツール (presentation tools) 311～317
図形式 (graphic formats) 312
アニメーションと (animation and)—— 312
地理情報システムと (GIS systems)—— 312～317
——の表示形式 (display formats of) 312
ディズニー（類のない夢や感動）(Disney, unique experience relationships) 247

定番オプション（顧客要求と）(option fixing, customer requirements and) 241
ディラード・デパートメント (Dillard Department Stores) 156
定量的方法（の目標）(quantitative approaches, goals of) 73
テキサスインスツルメント (Texas Instruments) 180
デスクジェットプリンタ（事例）(DeskJet printer (case study)) 195～207
在庫 (inventory) 205～207
在庫ゼロの追及 (zero inventory quest) 198～200
サービスの危機 (service crisis) 205～207
事例分析 (case analysis) 220～223
背景 (background) 197
物流プロセス (distribution process) 203～205
ヨーロッパにおけるデータ (Europe data) 206
プリンタの小売市場 (retail printer market) 197～198
将来と (future and)—— 207～209
——のためのサプライ・チェインと (supply chain for) 200～203
データウェアハウス (data warehouses) 277
データベースとして (as databases) 277
意思決定支援システムと (DSS systems and)—— 303
データマイニングと (data mining and)—— 303
データ収集 (data collection) 23
距離の見積もり (mileage estimations) 28
将来の需要 (future demand) 23
倉庫候補地 (warehouse potential locations) 32
倉庫の能力 (warehouse capabilities) 31～32
倉庫費用 (warehouse costs) 30～31
データの集約 (data aggregation) 23～25
ネットワーク構成情報 (network configuration information) 23
輸送価格 (transportation rates) 25
要求されるサービスレベル (service level requirements) 33
データの妥当性 (data validation) 33
ネットワーク構成変換 (network configuration changes) 35
利益 (benefits) 34

和文索引　　357

——の重要性 (importance of)　34
——の目的 (purpose of)　34
——への対処法 (process for)　34
データベース (databases)　277
　情報技術基盤要素 (IT infrastructure component)　274〜275
　専用データベースの型 (specialized databases types)　277〜278
　データの編成 (data organizing)　277
データマイニング (data mining)　252, 307
　企業利益 (business benefits)　252
　分析ツール (analytical tool)　306
　データウェアハウスと (data warehouses and)——　303
　——の使用 (uses of)　306
データマート (datamarts)　278
鉄道運賃料率（等級）(railroad classification, class quantity)　27
デル (Dell Computer Corporation)　240
　インターネット直販モデル (internet direct-sell model)　282
　オプションの限定 (option limits)　241
　企業間取引利益 (business-to-business benefits)　252
　顧客関係 (customer relations)　245
　顧客のためのWWW設計 (customer based web design)　246
　在庫管理論 (inventory management issues)　48
　受注生産モデル (build-to-order model)　240〜241
　遅延手法の使用 (postponing use)　236
　直販ビジネスモデル（事例）(direct business model (case study))　233〜235
　データベースアクセスの課題 (database access issues)　284
　付加価値サービス (value-added services)　244
　マスカスタマイゼイション (mass customization)　227〜231
需要特性（国際的サプライ・チェインの）(demand characteristics, international supply chains)　181
電子商取引 (electronic commerce)　281, 283
　インターネット標準 (internet standards)　281
　各段階 (levels)　283
　諸問題 (difficulties)　283
　定義 (defined)　281

例 (examples)　283
情報技術の発達と (IT development and)——　271
——の利点 (advantages of)　282
電子商取引の各段階 (electronic commerce levels)　283
片側通行コミュニケーション (one-way communication)　284
データ交換 (data exchange)　285
データベースアクセス (database access)　284
標準プロセス (standardizing processes)　285
プロセス共有 (sharing processes)　285
——の種類 (types of)　283
電子データ交換 (electronic data interchange (EDI))　272
リード時間の短縮 (lead time reducing)　106
データ交換 (data exchanges)　285
情報技術通信と (IT communication and)——　276
標準化と (standardization and)——　272
——の使用 (uses of)　284
——の標準 (standards of)　284
電子メール（情報技術通信と）(electronic mail, IT communication and)　276
伝統的ロジスティクス戦略 (traditional distribution strategy)　8
定義 (defined)　8

トイザラス (Toys "R" Us)　162
統一等級料率表（決定要素）(uniform freight classifications, product determining)　27
投機的戦略 (speculative strategies)
　国際的リスク戦略 (global risk strategy)　182
　単一のシナリオ (single scenario use)　182
等級別運賃率 (class rates)　27
　貨物運送 (freight)　27
　基準変更 (changes bases)　28
　決定要素 (determining factors)　27
統計的分析 (statistical analysis)　307
　分析ツール (analytical tool)　307
　——の使用 (uses of)　307
統合された国際的サプライ・チェイン（の運営）(integrated global supply chains, operations of)　176
同時処理 (concurrent processing)　211
　製造工程の変更 (manufacturing process modifying)　212

定義 (defined) 212
モジュール化の概念 (modularity concept) 212
利益 (benefits) 212
利点 (advantages) 212
例 (examples) 212
東芝 (Toshiba) 188

ナ 行

ナショナル自転車 (National Bicycle) 229
ナショナル・セミコンダクター (National Semiconductor) 7, 9, 12
ナビスター (Navistar International Transportation Corp.) 244
南部自動車輸送の郵便番号に基づく完全調査運賃 (Southern Motor Carrier's Complete Zip Auditing and Rating) 28
　LTL 産業と (LTL industry and)―― 28

日産（地域製品と）(Nissan Motor Company, regional products and) 186~187
入力データ (input data) 304~305
　情報収集 (information collecting) 304
　データの詳細の問題 (data detail issues) 305
　データの源 (data sources) 304~305
　モデルとデータの妥当性の確認 (model and data validation) 305
　例 (examples) 305~306
　ロジスティクス・ネットワーク設計 (logistics network design) 306
　意思決定支援システムの構成要素としての (DSS component as)―― 303

ネットワーク構成のための意思決定支援システム (network configuration DSS features) 40
　計算時間 (running time) 41
　効力 (effectiveness) 40
　最適化モデルの特徴 (optimization model features) 40
　システムの頑健性 (system robustness) 40
　システムの柔軟性 (system flexibility) 40

納入業者統合 (supplier integration) 224
　管理利益 (management benefits) 224
　最善のアプローチ決定 ("best" approach determining) 225
　責任 (responsibilities) 224~225
　統合レベル (integration level) 224

納入業者統合の有効性 (supplier integration effectiveness) 225
　継続的改善目標 (future plan sharing) 226
　信頼関係の構築 (relationship building) 226
　信頼関係の段階 (relationship steps) 225
　納入業者選択で考慮すべきこと (supplier selection considerations) 225
納品 (order fulfillment) 185
　国際的戦略 (global strategy) 185
　集中化システム (centralized systems) 186

ハ 行

ハイネッケン (Heineken) 287
バッチ発注 (batching ordering) 97
　ミニーマックス在庫方策 (min-max inventory policy) 97
　――の影響 (impact of) 97
　――のための理由 (reasons for) 98
発注点 (reorder point) 97
　定義 (defined) 97
　リード時間と (lead time and)―― 97
発注費用 (order costs) 59
　固定発注費用 (fixing of) 59~62
　在庫レベルの分析 (inventory analysis) 62
　サービスレベル (service level) 61
　在庫配置 (inventory position) 60
　販売履歴 (historical data) 61
　物流業者の方策 (distributor policy) 60
　例 (examples) 61~62
　――に対する情報 (information for) 59
バリラ（事例）(Barilla SpA (case study)) 67
　営業と販売管理 (sales and marketing) 84~86
　会社の背景 (company background) 76~78
　工場ネットワーク (plant network) 79~81
　顧客との情報交換 (customer communication) 113
　産業の背景 (industry background) 78~79
　ジャストインタイム配送 (JITD) 75, 107~109
　ジャストインタイム配送導入 (JITD implementation) 110~115
　出荷決定ルール (shipping decision rules) 113~115
　ロジスティクス (distribution) 86~92
　ロジスティクスの流れ (distribution channels) 81~84
　――からの問題 (issues form) 92
バーン (Baan Company) 301

和文索引

販売地域の割当て，サプライ・チェインの意思決定支援システム (marketing (sales) regional assignments, supply chain DSS) 320

P&G(Procter and Gamble) 12, 239
 サプライ・チェイン費用目的 (supply chain cost focus) 239
 ベンダー管理在庫方式 (VMI use) 155
 毎日低価格 (everyday low pricing) 242
 鞭効果 (bullwhip effect) 94
 ロジスティクス・ネットワーク設計 (logistic network designs) 317～318
 ――の節約 (savings of) 6
ビジネスウィーク (*Business Week*) 127, 210
日立 (Hitachi) 164, 188
引っ張り型サプライ・チェイン (pull-based supply chains) 139
 顧客需要対予測 (customer demand versus forecasts) 139
 情報の流れる速さ (information flow speed) 139
 遅延差別化 (delayed differentiation) 139～140
 特徴 (characteristics) 139
引っ張り型システム (pull-based systems)
 生産需要 (demand driven production) 219
 対押し出し型システム (versus push systems) 137
 ――の性格 (characteristics of) 219
ピーポッド one to one 事業 (Peapod Inc., one-to-one enterprise) 246
ヒューレット・パッカード (Hewlett-Packard) 189, 195
 ウォルマートの要求 (Wal-Mart demands) 237
 外国政府の危険性 (foreign government dangers) 189
 デスクジェットプリンタ（事例）(DeskJet printer (case study)) 195～207
標準化 (standardization) 272
 企業体資源計画システム (ERP system) 274
 ソフトウェア開発プロセス (software development process) 273
 遅延差別化戦略達成 (postponement strategy accomplishing) 217
 通信形式 (communication forms) 272
 ハードウェアの手ごろさ (hardware affordability) 272
 情報技術開発と (IT development and)―― 272
 電子データ交換と (EDI and)―― 273
 ――の欠点 (drawbacks of) 274
 ――のための理由 (reasons for) 272
標準予測平滑法（の利用）(standard forecast smoothing techniques, uses of) 97
費用的利点（国際的サプライ・チェイン）(cost advantages, international supply chains) 181
品質 (quality) 235
 顧客価値対 (customer value versus) 235
 ブランド認識 (brand name perception) 242
 ――の評価 (measuring of) 235

ファースト・ブランズ (First Brands Inc.) 156
VF(VF Corporation) 163
フィールプール・コーポレーション (Whirlpool Corporation) 147
フェデックス (Fedex) 243
 競争において優位に立つこと (competitive advantage) 265
 作業要員のスケジュール (workforce scheduling) 324
 製品識別の標準化 (product identification standards) 268
 ブランド名認識 (brand name perception) 242
 付加価値サービス (value-added services) 244
フォード (Ford Motor Company) 9, 244
付加価値サービス (value-added services) 243
 情報提供 (information access as) 244
 例 (examples) 243～244
 ――の種類 (types of) 243
 ――の目的 (purpose of) 243
 ――の料金 (charges for) 244
複雑性 (complexity) 8
 新しい問題 (problems new) 10
 企業の成功 (company success) 10
 サプライ・チェインの効率の問題 (supply chain performance issues) 8～10
 システムの多様性 (system variations) 10
 需要と供給の適合 (supply and demand matching) 9
 ネットワークの複雑性 (network complexity) 9
 例 (examples) 9
複数小売システム (multi-retailer systems) 70

複数発注機会 (multiple order-opportunities) 58
　固定リード時間 (fixed lead time) 59
　不定期な需要 (random demand) 58
　物流業者が在庫を持つ理由 (distributor inventory holding reasons) 59
ブックシェルフ技術 (bookshelf technologies) 226
　技術開発 (technology developments) 226
　最先端調和 (cutting edge balancing) 226
物流業者の課題 (distributor issues) 166
　懸念 (skepticism) 166
　信頼関係構築 (trust building) 167
　物流業者集中化 (distributor centralizing) 166
　例 (examples) 167
物流資源計画 (サプライ・チェインの意思決定支援システム) (distribution resource planning (DRP) supply chain DSS) 320
物流センター (distribution centers) 241
　課題 (issues with) 241
　在庫量 (inventory quantity) 241
物流統合 (distributor integration (DI)) 164
　顧客需要 (customer needs) 164～165
　情報 (information) 164
　物流業者の扱い (distributor treatments) 164
　問題点 (issues) 166
　例 (examples) 164
　――の種類 (types of) 165
物流統合の種類 (distributor integration (DI) types) 165
　共通在庫 (inventory pools) 165
　緊急注文 (rush orders) 165
　顧客の特殊な要求 (customer special requests) 165
　在庫チェック (inventory checking) 165
　情報システム (information systems) 165
　例 (examples) 165
ブラックボックス (意味) (black box, meaning of) 224
ブランド (brand names) 242
　品質保証認識 (quality guarantee perception) 242
　価格と (price and)―― 242
ブリティッシュ・ペトローリアム (ロジスティクス業務外部委託) (British Petroleum (BP) logistics outsourcing) 149
文化の違い (cultural differences) 190

　言語 (language) 190
　習慣 (customs) 191
　宗教・価値観 (beliefs) 191
　ロジスティクスと (logistics and)―― 190
分散管理 (decentralized controls) 130
　――からの局所最適化 (local optimizatin from) 131
　――における戦略の統合 (strategy identification in) 131
　――の効果 (effectiveness of) 130
分析用ツール (analytical tools) 303, 306, 310
　意思決定支援システム構成要素 (DSS component) 303
　結果の評価 (outcome evaluating) 306
　知識を含んだ (embedded knowledge) 310
　ツールの種類 (tool types) 306～311
　ハイブリッドツールの使用 (hybrid tools use) 310
　分析ツール選択基準 (analytical selection criteria) 310
　例 (examples) 311
　――の応用 (applications for) 311

米国出版販売 (事例) (case study) 127～129
　オンライン書店 (online bookselling) 128
　業界の変化 (industry changes) 128
　好機 (opportunities for) 128
　物流センター (regional distribution centers) 128
　予測技術 (forecasting techniques) 128
米国生産在庫管理協会 (American Production Inventory Control Society) 258
ベストバイ (Best Buy) 141
ヘッジ戦略 (hedge strategies) 183
　好調と不調同時 (simultaneous success and failure) 183
　国際的リスク戦略 (global risk strategies) 183
　サプライ・チェインの埋合せ (supply chain offsetting) 183
ベネトン (工程順序の再編成) (Benetton, resequencing) 214
ベンダー管理在庫方式 (VMI) (vendor managed inventory systems) 155
　委託販売対所有権 (consignment versus ownership) 157
　経営陣による全面的な支援 (management commitments) 156
　決定 (determining) 157

和文索引　　361

情報システム (information systems)　156
　例 (examples)　158
　──の批判（問題）(criticisms of)　157
　──の目標 (goal of)　155
ベンダー管理補充 (vendor managed replenishment systems (VMR))　→ベンダー管理在庫方式 (vendor managed inventory systems)
ベンチマーキングパートナーズ (Benchmarking Partners Inc.)　259
変動の縮小 (reducing variability)　105
　顧客の需要過程 (customer demand process)　105
　毎日低価格戦略 ("everyday low pricing" strategy)　105
変動リード時間 (variable lead times)　63
　──の仮定 (assumptions of)　63
　──のための公式 (formulas for)　63

方策の問題（戦略）(political issues, strategies for)　72〜73
保管費（倉庫費）(storage costs, warehouse costs)　30
補充目標点 (order-up-to-level)　60, 97
　公式 (formulas)　61
　固定発注費用 (fixed order costs)　62〜63
　定義 (defined)　97
　変動リード時間の変動 (variable lead times)　63
　──の構成要素 (components of)　60〜61
　──の利用 (uses of)　97
ホーム・デポ (Home Depot)　240
ホワイトボックス（意味）(white box, meaning of)　224
ホンダ (Honda Motor Company)　241
　オプション限定 (option limits)　241
　地域固有製品 (regional specific products)　187

マ 行

マイクロソフト (Microsoft)　178,
　開発施設の配置 (development facility locations)　178
　VCI(value chain initiative)　286
　情報技術標準化と (IT standardization and)──　274
　毎日低価格 (everyday low pricing)　242
　変動の縮小 (variability reducing)　105
　鞭効果低減 (bullwhip effect reducing)　242

マクドナルド（世界的な製品）(McDonald's, global products)　187
マスカスタマイゼイション (mass customization)　125, 227
　IT 調整 (IT coordination)　230
　企業管理者の結論 (managers decisions)　227
　コスト対顧客サービス (cost versus customer service)　125
　サプライ・チェイン・マネジメント (supply chain management)　230〜231
　手工業生産 (craft production)　227
　戦略的提携 (strategic partnerships)　230
　大量生産 (mass production)　227
　定義 (defined)　227
　利益 (benefits)　228
　例 (examples)　230〜231
　──の働き (workings of)　227〜230
　──の発展 (evolving of)　227
マスカスタマイゼイションの成功 (mass customization success)
　専門化した熟練ユニット (specialized skill units)　228
　例 (examples)　229
　──のための特質 (attributes for)　228
　──への鍵 (keys to)　229
松下 (Matsushita)　229
マーテル (Martel)　189
マニュジスティクス (Manugistics Inc.)　301

ミシェラン (Michelin)　184
水着の生産（事例）(swimsuit production (case study))　53〜58
　初期在庫 (initial inventory)　56〜58
ミッション・ファーニチャ(Mission Furniture)　188
三菱自動車 (Mitsubishi Motor Company)　244
ミード−ジョンソン (Meed−Johnson)　163
ミドルウェア (middleware)　280
　定義 (defined)　280
　──の重要性 (importance of)　280
ミリケン (Milliken and Company)　155

鞭効果 (bullwhip effect)　94
　安全在庫高 (safety stock amounts)　96
　管理技術 (control techniques)　97〜98
　顧客需要対在庫 (customer demand versus inventory)　95
　需要予測 (demand forecasting)　95

情報集中化 (information centralizing) 101
　〜105
　対処法 (coping methods) 105〜107
　定義 (defined) 94〜95
　ばらつきの増加 (variability increasing) 96
　——の定量化 (quantifying of) 98〜101
鞭効果対処 (bullwhip effect coping) 105
　戦略的提携 (strategic partnerships) 106〜
　107
　不確定要因の低減 (uncertainty reducing)
　105
　変動の縮小 (variability reducing) 105
　リード時間の短縮 (lead time reducing) 106
　——のための提案 (suggestions for) 105〜
　107
鞭効果の定量化 (bullwhip effect quantifying)
　98
　移動平均計算 (moving average calculating)
　99〜100
　補充目標点計算 (order-up-to-point calculating) 99
　——の目的 (purpose of) 99

メタ・グループ (Meta Group) 300
メルサ・マネジメント・コンサルティング（在庫配置）(Mercer Management Consulting, inventory deployments) 319
メルセデス・ベンツ (Mercedes) 242

モジュール化 (modularity) 216
　位置 (locations) 216
　焦点 (focus) 216
モトローラ (Motorola) 9, 188
モービル (Mobil Oil Corporation) 323

ヤ 行

有機的な組織（大量生産と）(organic organization, mass production and) 227
USAA(United Services Automobile Association) 245
　企業利益 (business benefits) 252
有効な予測 (forecast effectiveness) 115
　協力して予測する方式 (cooperative forecasting systems) 116
　小売業者の予測 (retailer forecasts) 115
　例 (examples) 116
　——の影響 (influences to) 100
　——の重要性 (importance of) 52
　——の正確性 (accuracy of) 115

輸送価格 (transportation rates) 25
　LTL 産業 (LTL industry) 27
　自社所有トラック (company-owned trucks)
　25
　他社利用輸送 (external fleet) 25
　TL 業者 (TL carriers) 27
　——の特徴 (characteristics of) 25
輸送費用 (transportation costs) 69
　小売業者拠点 (retailer location) 137
　生産拠点 (production facility locations)
　137
　倉庫の量 (warehouse quantity) 137
要求されるサービスレベル (service levels requirements) 33
　顧客距離と (customer distance and)—— 33
　顧客と (customers and)—— 33
容量計画（製造決定）(capacity planning, decision making) 289

ラ・ワ 行

ライダー・デデイケイテッド・ロジスティクス (Ryder Dedicated Logistics) 147
　外部委託の利益 (outsourcing benefits) 149
　3PL(third-party logistics) 126
　ロジスティクスの柔軟性 (logistic flexibility)
　149
ラバーメイド (Rubbermaid) 210

リスク (risks) 181
　外国企業 (foreign companies) 182
　為替レートの変動 (fluctuating exchange rates) 181
　現地政府の反応 (government reactions) 182
　事業の障害 (operating exposure) 181
　地域の費用差 (regional cost differences)
　181
リスク共同管理 (risk-pooling) 64
　ACME 事例 (ACME case study) 64〜69
　在庫転送 (transshipment use of) 135
リッツ・クライボーン（在庫管理論）(Liz Claiborne, inventory management issues)
　48
リード時間 (lead time) 97
　増加効果 (effects from increasing) 97
　倉庫位置 (warehouse locations) 137
　変動拡大 (variability magnifying) 97
　リード時間対輸送費 (lead time versus transportation costs) 123

和文索引

情報利用 (information use) 123
予測改善 (forecasting improvements) 123
リード時間の短縮 (lead time reduction) 106
　クロスドッキング (cross-docking) 106
　情報システム (information systems) 119
　製造業者選択尺度 (vendor selection criteria) 118
　電子データ交換 (EDI) 106
　POS の受け渡し (point-of-sale transferring) 119
　ロジスティクス・ネットワーク設計 (distribution network designs) 119
　――の重要性 (importance of) 118
　――のための要素 (components for) 106
リード時間の見積もり (サプライ・チェイン意思決定支援システム) (lead time quotation, supply chain DSS) 323
リレーショナルデータベース (relational databases) 277
リーン生産 (コスト削減) (lean manufacturing, costs reductions) 5

類のない体験関係 (unique experience relationships) 246
　顧客との相互影響 (customer interactions) 247
　定義 (defined) 246
　例 (examples) 246～247
　――に対する料金請求 (customer charges for) 247
ルーセントテクノロジーズ (ウォルマートの要求) (Lucent Technologies, Wal-Mart demand) 237

例外運賃 (exception freight rate) 27
冷麺電子 (事例) (case study) 44
　顧客タイプ (customer types) 44
　サービスレベルの危機 (service level crisis) 44
　――を論ずる (reasons for) 44～45
レガシーシステム (legacy systems) 278
　パソコンの接続 (personal computer connecting) 278
　データベース (databases) 277
　部門ごとに扱うこと (departmental solution as) 278
　「無能な」端末の利用 ("dumb" terminal use) 278
レクサス (Lexus) 249

レテク・インフォメーション・システム (Retek Information Systems Inc.) 257
連続補充戦略 (continuous replenishment strategy) 155
　在庫レベル削減 (inventory level reductions) 155
　POS データ (point of sale data) 155

ロジスティクス製品設計 (における構成要素) (logistics design, components in) 209
ロジスティクス戦略 (distribution strategies) 12, 135
　輸送費相互作用 (transportation cost interplaying) 134
　影響要因 (factors influencing) 134
　押し出し型システム対引っ張り型システム (push versus pull systems) 137～140
　クロスドッキング (cross-docking) 8, 133～135
　在庫転送 (transshipment) 135
　集中型施設対分散型施設 (central versus local facilities) 136～137
　集中管理対分散管理 (centralilzed versus decentralized control) 130～131
　需要変動 (demand variability) 134
　情報の入手可能性 (information availability) 130
　外向きロジスティクス (outbound distribution) 131
　直接方式 (direct shipping) 8
　直送配送 (direct shipments) 132
　とるべき戦略 (strategies alternatives) 131～135
　ネットワーク設計の考察 (network design considerations) 129
　米国出版販売 (事例) (case study) 127～129
　論点 (issues in) 12
　伝統的な (traditional)―― 8
　――の特性 (attributes of) 135
ロジスティクスにおける地域的な違い (logistics regional differences) 190
　基盤 (infrastructures) 191
　効率性の期待 (performance expectations) 192
　情報システムの利用可能性 (information system availability) 192
　人的資源 (human resources) 193
　文化の違い (cultural differences) 190～191
　――のカテゴリー (categories of) 190

——の国別カテゴリー (nation categories of) 190
ロジスティクス・ネットワーク設計 (logistics network disigns) 318
　サプライ・チェインの意思決定支援システム (supply chain DSS) 318
　例 (examples) 318〜319
ロジスティクス・ネットワークの構成 (logistics network configuration) 107
　解決手法 (solution techniques) 35〜40
　関係者 (participants) 20
　コケコーラ（事例）(case study) 17〜19
　戦略的意思決定 (strategic decisions) 20
　データ収集 (data collection) 23〜25
　データの妥当性 (data validation) 23〜35
　トレードオフ (trade-off) 21
　ネットワーク構成のための意思決定支援システム (network configuration DSS) 40〜42
　モデルの妥当性 (model validation) 23〜35
　問題点 (issue sources) 21
　——の目標 (objectives of) 21
ロットサイズと在庫のトレードオフ (lot size and inventory trade-off) 121
　新しい製造手法の焦点 (modern manufacturing practice focus) 121
　工場の状況情報 (factory status information) 121
　ロットサイズ利益 (lot size benefits) 121
ロレックス (Rolex) 242

ワーナーランバート (Warner-Lambert) 116
　CPFR 試験 (CPFR testing) 286
　協力システム (collaborative systems) 116

欧文索引

A

ABC approach(ABC 法) 72
   safety stock levels reducing(安全在庫レベル削減) 73
Ace Hardware(エース・ハードウェア) 158
Acquisitions(企業買収) 143
   control from(——からの管理) 143
   problems in(——の問題) 143
   strategic alliances(戦略的提携) 144
Advanced Planning and Scheduling systems (APS)(高度計画/スケジュール作成システム) 301〜303
   areas covered in(——がカバーする範囲) 301
   DSS and(意思決定支援システムと——) 301
Aerostructures Corporation(エアロストラクチャーズ) 299
Algorithm, GIS integration(解法（地理情報システムの統合）) 316〜317
Amazon.com, inventory levels(アマゾン・コム（在庫レベル）) 241
American Airlines, competitive advantage of(アメリカンエアライン（競争力優位）) 265
American National Standards Institute (ANSI) 285
American Production Inventory Control Society(米国生産在庫管理協会) 258
American Red Cross(アメリカ赤十字社) 318
American Software(アメリカン・ソフトウェア) 287
Amoco Chemical Corporation, inventory deployments(アモコ・ケミカル（在庫配置）) 319
AMR 258
Analytical tools(分析用ツール) 303, 306, 310
   analytical selection criteria(分析ツール選択基準) 310
   applications for(——の応用) 311
   DSS component as(意思決定支援システム構成要素) 303
   embedded knowledge(知識を含んだ) 310
   examples(例) 311
   hybrid tools use(ハイブリッドツールの使用) 310
   outcome evaluating(結果の評価) 306
   tool types(ツールの種類) 306〜311
AOT, Inc. 244
Apple Computers, IT standardization and (アップルコンピュータ（情報技術の標準化と——）) 274
Arm's length transactions(第三者取引) 143
   benefits from(——からの利益) 143
   long-term partnerships(長期的な関係) 143
   strategic alliances(戦略的提携) 144
Artificial intelligence (AI)(人工知能) 308
   → Intelligent agents(人工エージェント)
   agent versus human decisions(エージェント対人間の意思決定) 309
   DSS analytical tool(意思決定支援システム分析ツール) 308
   DSS systems and(意思決定支援システムと——) 302
   expert systems(エキスパートシステム) 302
   interrelated issues in(相互に関連した問題) 309
   uses of(——の使用) 308
Asset versus non-asset owning, third-party logistics and(資産保有型 3PL 対資産非保有型 3PL) 153

B

Baan Company(バーン) 301
Barilla SpA (case study)(バリラ（事例）) 67
   company background(会社の背景) 76〜78
   customer communication(顧客との情報交換) 113
   distribution(ロジスティクス) 86〜92
   distribution channels(ロジスティクスの流れ) 81〜84

industry background(産業の背景) 78~79
issues form(——からの問題) 92
JITD(ジャストインタイム配送) 75, 107~109
JITD implementation(ジャストインタイム配送導入) 110~115
plant network(工場ネットワーク) 79~81
sales and marketing(営業と販売管理) 84~86
shipping decision rules(出荷決定ルール) 113~115
Batching ordering(バッチ発注) 97
　impact of(——の影響) 97
　min-max inventory policy(ミニ—マックス在庫方策) 97
　reasons for(——のための理由) 98
Beliefs（宗教・価値観）→ Cultural differences(文化の違い)
Benchmarking Partners Inc.(ベンチマーキングパートナーズ) 259
Benetton, resequencing(ベネトン（工程順序の再編成）) 214
Benchmarking Partners Inc.(ベンチマーキングパートナーズ) 259
Best Buy(ベスト・バイ) 141
"Best-of-breed" solutions(「いいとこどり」導入) 295
　advantages(利点) 295
　defined(定義) 295
　disadvantages(不利な点) 295
　IT alternatives(情報技術の選択) 295
　versus single-vendor solutions(対単一ベンダー導入) 295
Black box, meaning of(ブラックボックス（意味）) 224
Bookshelf technologies(ブックシェルフ技術) 226
　cutting edge balancing(最先端調和) 226
　technology developments(技術開発) 226
Brand names(ブランド) 242
　price and(価格と——) 242
　quality guarantee perception(品質保証認識) 242
British Petroleum (BP) logistics outsourcing(ブリティッシュ・ペトローリアム（ロジスティクス業務外部委託）) 149
Build-to-order model(受注生産モデル) 240
　examples(例) 241
　inventory control(在庫管理) 240

postponement concept(遅延差別化の概念) 240
Bullwhip effect(鞭効果) 94
　control techniques(管理技術) 97~98
　coping methods(対処法) 105~107
　customer demand versus inventory(顧客需要対在庫) 95
　defined(定義) 94~95
　demand forecasting(需要予測) 95
　information centralizing(情報集中化) 101~105
　quantifying of(——の定量化) 98~101
　safety stock amounts(安全在庫高) 96
　variability increasing(ばらつきの増加) 96
Bullwhip effect coping(鞭効果対処) 105
　lead time reducing(リード時間の短縮) 106
　strategic partnerships(戦略的提携) 106~107
　suggestions for(——のための提案) 105~107
　uncertainty reducing(不確定要因の低減) 105
　variability reducing(変動の縮小) 105
Bullwhip effect quantifying(鞭効果の定量化) 98
　moving average calculating(移動平均計算) 99~100
　order-up-to-point calculating(補充目標点計算) 99
　purpose of(——の目的) 99
Business benefits(企業利益) 252
　customer value enhancing(顧客価値を高める) 252
　data mining(データマイニング) 252
　examples(例) 252
Business Week(ビジネスウィーク) 127, 210
Business-to-business benefits(企業間取引利益) 252
　information sharing(情報の共有) 252
　outsourcing(外部委託) 252
　risk-pooling(リスク共同管理) 253

C

Calculators(計算機能) 308
　DSS analytical tool(意思決定支援システム分析ツール) 307~308
　uses of(——の使用) 308
Campbell Soup, supply chain cost focus(キャンベル・スープ（サプライ・チェイン費用目

欧文索引

的)) 239
Capacity planning, decision making(容量計画(製造決定)) 289
Case Studies(事例)
   Barilla SpA(バリラ) 75~92, 107~114
   DeskJet Printers(デスクジェットプリンタ) 195~207
   Diretct Business Model(直販ビジネスモデル) 233~235
   ERP Brews(企業体資源計画) 262~264
   Espresso Lane Backups(エスプレッソコーヒーの供給ライン) 255
   International Taste(国際的状況) 169~175
   Production Flow Smoothing(生産フローの円滑化) 298~300
   Swimsuit Production(水着の生産) 53~56
Caterpiller Corporation, distributor integration(キャタピラー（物流統合）) 164
Central versus decentralized IT(集中型配送システム対分散型配送システム) 69
   systems, trade-off in(システムにおけるトレードオフ) 69
Central versus local facilities(集中型施設対分散型施設) 136
   central facility use(集中型施設の利用) 137
   considerations in(考慮すべき点) 136~137
   economies of scale(規模の経済) 136
   information systems(情報システム) 137
   lead time(リード時間) 136
   operating degrees of(——の操作段階) 137
   overhead(一般用，間接費用) 136
   safety stock(安全在庫) 136
   service(サービス) 136
   transportation costs(輸送費) 137
Centralized control(集中管理) 130
   bullwhip effect reducing(鞭効果低減) 131
   data accessing(データの利用) 131
   decision making locations(場所の決定) 129
   effectiveness of(——の効果) 130
   examples(例) 188
   forecast improvements(予測改善) 131
   versus local wisdom(対地域の慣習) 188
   objectives of(——の目的) 130
   problem preventing(問題の予防) 130
   regional business expectations(地域ごとのビジネス予想) 186
   regional independent operations and(自立的な地域事業と——) 187
   savings allocations from(——からの節約された費用) 130
Centralized demand information(需要情報の集中化) 101
   calculations(計算) 103
   forecasting mean demand(平均需要予測) 103
   target inventory ordering(目標在庫注文) 101
Centralized information(集中化された情報) 101
   bullwhip effect and(鞭効果と——) 101
   centralized demand information(集中化された需要情報) 101~102
   decentralized demand information(非集中化された需要情報) 103
   managerial insights value(経営的洞察) 103~105
   value of(——の価値) 101
Centralized information value(集中化された情報の価値) 103
   bullwhip effect existence in(——における鞭効果の存在) 104
   bullwhip effect reducing(鞭効果の低減) 104
   demand information sharing(需要情報の共有) 104
   demand information withhold(需要情報の抑制) 104
   order quantity variance increasing(注文量の変動増加) 104
Centralized supply chain, centralized demand information(集中型サプライ・チェイン（集中化された需要情報）) 101
Chevron Corp., logistics outsourcing(シェブロン（ロジスティクス業務外部委託）) 148
China(中国)
   government dealing dangers(現地政府との取引の危険性) 189
   infrastructure in(——における基盤) 191
Circuit City(サーキット・シティ) 141
Class rates(等級別運賃率) 27
   changes bases(基準変更) 28
   determining factors(決定要素) 27
   freight(貨物運送) 27
Client/server computing(クライアント/サーバー方式) 279
   disadvantages(不利な点) 280
   distribution processing(分散処理) 279

inner-operability(内部実施) 280
internet(インターネット) 279
middleware and(ミドルウェアと——) 280
power of(——の力) 280
role of(——の役割) 278
webcentric model(WWW を中心とする形)
 279
Coach(コーチ) 242
 as global product(世界的な製品) 187
Coca-Cola, as global product(コカコーラ(世界的な製品)) 187
Collaborative Planning, Forecasting and Replenishment(CPFR) 286
Commonality(共通化) 215
 component redesigning(部品の再設計) 216
 examples(例) 216
 manufacturing final steps locating(製造の最終工程場所) 216
Communication(通信) 276
 applications from(——のアプリケーション) 276
 IT infrastructure component(情報技術基盤要素) 275
 trends in(——の傾向) 275
Compaq(コンパック) 9
Complexity(複雑性) 8
 company success(企業の成功) 10
 examples(例) 9
 network complexity(ネットワークの複雑性) 9
 problems new(新しい問題) 10
 supply and demand matching(需要と供給の適合) 9
 supply chain performance issues(サプライ・チェインの効率の問題) 8～10
 system variations(システムの多様性) 10
Concurrent processing(同時処理) 211
 advantages(利点) 212
 benefits(利益) 212
 defined(定義) 212
 examples(例) 212
 manufacturing process modifying(製造工程の変更) 212
 modularity concept(モジュール化の概念) 212
Conformance requirements(顧客需要に対する適合) 238
 customer value dimension(顧客価値の切り口) 238

examples(例) 239
market mediation function(市場仲介機能) 238
product demand predictability(製品需要予測可能性) 238
product demand variability(製品需要変動) 239
Continuous replenishment strategy(連続補充戦略) 155
 inventory level reductions(在庫レベル削減) 155
 point of sale data in(——におけるPOSデータ) 155
CONWIP(総仕掛品一定方式トランスポート) 121
 goals of(——の目標) 121
 supply chain implications(サプライ・チェインとのかかわり) 121
Core competencies(核になる資産) 145
 determining(決定) 145
 examples(例) 146
 internal activities and(社内処理と——) 143
 logistic outsourcing benefits(ロジスティクス業務外部委託の利益) 148
 strategic alliances and(戦略的提携と——) 146
 third-party logistics(3PL) 148
Consignment relationship(委託販売関係) 157
 retailer benefits(小売業者の利点) 157
 RSP inventory ownership(小売・納入提携の在庫所有権) 157
 supplier benefits(納入業者の利点) 157
Cost advantages, international supply chains(費用的利点(国際的サプライ・チェイン)) 181
Cross-docking(クロスドッキング) 131, 133
 defined(定義) 7, 12, 131
 examples(例) 132
 inventory control points(在庫管理地点) 133
 inventory cost limiting(在庫費用制限) 133
 inventory versus transportation(在庫対輸送) 123
 lead time reductions(リード時間の短縮) 106
 repackaging(再包装) 211
 start-up investment(初期投資) 133
 supply chain management(サプライ・チェイ

ン・マネジメント) 6
warehouse role(倉庫の役割) 132
CSX Transportation, fleet planning(CSX トランスポート (車両計画)) 323
Cultural differences(文化の違い) 190
　beliefs(宗教・価値観) 191
　customs(習慣) 191
　language(言語) 190
　logistics and(ロジスティクスと——) 190
Customer benefits(顧客が受ける利益) 251
　changes in(——の変化) 251
　internet and(インターネットと——) 251
Customer demands(顧客需要) 47
　inventory holding and(在庫保持と——) 47
　uncertainty from(不確実) 47
Customer orientation(顧客指向性) 152
　intangible evaluations(目に見えない評価) 152
　special arrangement adapting(専門配列適合) 152
　third-party logistics(3PL) 152
Customer relationships(顧客関係) 245
　customer switching(顧客の切り替え) 245
　customer value(顧客価値) 245
　examples(例) 245
　learning relationships(学習関係) 245
　one-to-one enterprise concept(one to one コンセプト) 245
　unique experiences(体験（ユニークな）) 246
Customer satisfaction(顧客満足度) 248
　customer defection learning(顧客離れから学ぶこと) 249
　customer loyalty analysis(顧客のロイヤリティ分析) 249
　examples(例) 249
　survey results(調査結果) 249
　uses of(——の利用) 249
Customer value(顧客価値) 14, 250
　changes from(——の変化) 237
　defined(定義) 14
　dimensions(切り口) 238〜247
　Direct Business Model (case study)(直販ビジネスモデル（事例)) 233〜235
　goal of(——の目標) 236
　improvements form(改善形態) 237
　information technology(情報技術) 250〜253
　issues in(論点) 14
　IT and(情報技術と——) 250〜253

measures of(——の評価) 248
　perceived value as(価値の認識として) 236
　quality measuring(品質評価) 235
　quality measuring versus(対品質評価) 235
　segmenting(区分) 236
　supply chain managing(サプライ・チェイン・マネジメント) 236〜237
　supply chain selecting(サプライ・チェインの選択) 237
　trade-off evaluating(選択の検証) 236
Customer value dimensions(顧客価値の切り口) 238
　product differentiation(製品の差別化) 238
　types of(——の形式) 238
Customer value measures(顧客価値の評価尺度) 248
　customer satisfaction(顧客満足度) 248
　service levels(サービスレベル) 248
　supply chain performance(サプライ・チェインの効率) 248
Customs(習慣) → Cultural differences(文化の違い)

D

Data collection(データ収集) 23
　data aggregation(データの集約) 23〜25
　future demand(将来の需要) 23
　mileage estimations(距離の見積もり) 28
　network configuration information(ネットワーク構成情報) 23
　service level requirements(要求されるサービスレベル) 33
　transportation rates(輸送価格) 25
　warehouse capabilities(倉庫の能力) 31〜32
　warehouse costs(倉庫費用) 30〜31
　warehouse potential locations(倉庫候補地) 32
Data mining(データマイニング) 252, 307
　analytical tool(分析ツール) 306
　business benefits(企業利益) 252
　data warehouses and(データウェアハウスと——) 303
　uses of(——の使用) 306
Data validation(データの妥当性) 33
　benefits(利益) 34
　importance of(——の重要性) 34
　network configuration changes(ネットワーク構成変換) 35

process for(——への対処法) 34
purpose of(——の目的) 34
Data warehouses(データウェアハウス) 277
　data mining and(データマイニングと——) 303
　as databases(データベースとして) 277
　DSS systems and(意思決定支援システムと——) 303
Databases(データベース) 277
　data organizing(データの編成) 277
　IT infrastructure component(情報技術基盤要素) 274～275
　specialized databases types(専用データベースの型) 277～278
Datamarts(データマート) 278
Decentralized controls(分散管理) 130
　effectiveness of(——の効果) 130
　local optimizatin from(——からの局所最適化) 131
　strategy identification in(——における戦略の統合) 131
Decentralized demand information(需要情報の非集中化) 103
　moving averages(移動平均) 103
　variance calculating(変動の計算) 103
　variance increasing(変動の増加) 103
Decentralized supply, demand information(情報非集中型サプライ・チェイン) 103
Decision-support system (DSS) understanding(意思決定支援システムの理解) 293
　analytical tools(分析ツール) 306～311
　components of(——の構成要素) 303
　input data(入力データ) 304～305
　presentation tools(提示ツール) 311～317
　strategic decision characteristics(ストラテジックレベルの意思決定の特色) 304
Decision support systems (DSS)(意思決定支援システム) 14
　APS systems areas(高度計画/スケジュール作成システムの範囲) 301
　data warehouse use(データウェアハウスの使用) 303
　ERP and(企業体資源計画システムと——) 293～294
　human contributions(人間の貢献) 301
　mathematical tools(数理的手法) 302
　problem types for(——の問題の種類) 301
　production flow smoothing (case study)(生産フローの円滑化（事例）) 298～300

　purpose of(——の目的) 300～301
　selecting(選択) 301
　supply chain and (サプライ・チェインと——) 317～325
　supply chain management(サプライ・チェイン・マネジメント) 294
　supply chain selecting(サプライ・チェインの選択) 326～328
　types of(——の種類) 301
　understanding(理解) 303～317
Delayed differentiating considerations(遅延差別化で考慮すべきこと) 217
　capital expenditures(資本支出) 218
　cost effectiveness(費用対効果) 218
　generic product impact(普遍的な製品の影響力) 218
　inventory value(在庫価値) 218
　modular design costs(モジュール化設計費用) 218
　process possibilities(製造プロセスの可能性) 218
　tariffs on(関税率) 219
Delayed differentiation implementing(遅延差別化の実施) 214
　commonality(共通化) 215
　concepts for(——の概念) 214～217
　modularity(モジュール化) 216
　resequencing(工程順序の再編成) 214～215
　standardization(標準化) 217
Delayed differentiation strategy(遅延差別化戦略) 139
　pull-push supply chains(引っ張り型・押し出し型サプライ・チェイン) 138～140
Delayed product differentiation(遅延差別化) 214
　aggregate forecasts(集約された予測情報) 213
　postponement as(延期) 213
　product redesigning(製品の再設計) 214
Dell Computer Corporation(デル) 240
　build-to-order model(受注生産モデル) 240～241
　business-to-business benefits(企業間取引利益) 252
　customer based web design(顧客のためのWWW設計) 246
　customer relations(顧客関係) 245
　database access issues(データベースアクセスの課題) 284

欧文索引

Direct Business Model (case study)(直販ビジネスモデル（事例）) 233～235
  internet direct-sell model(インターネット直販モデル) 282
  inventory management issues(在庫管理論) 48
  mass customization(マスカスタマイゼイション) 227～231
  option limits(オプションの限定) 241
  postponing use(遅延手法の使用) 236
  value-added services(付加価値サービス) 244
Demand characteristics, international supply chains(需要特性（国際的サプライ・チェインの）) 181
Demand forecasting(需要予測) 97
  bullwhip effect and(鞭効果と——) 97
  min-max inventory policy(ミニーマックス在庫方策) 97
  reorder point(発注点) 97
Demand management(需要管理) 185
  centralized component(集中化された成分) 185
  global strategy(国際的戦略) 184
  marketing plans(市場の設定) 185
Demand planning(需要計画) 289
  decision making(意思決定) 289
  forecasts(需要予測) 289
  process problems(プロセス問題) 288
  supply chain DSS(サプライ・チェインの意思決定支援システム) 317
Demand uncertainty(需要の不確実性) 52
  importance of(——の重要性) 52
  increasing of(——の増加) 52
DeskJet Printer (case study)(デスクジェットプリンタ（事例）) 195～207
  background(背景) 197
  case analysis(事例分析) 220～223
  distribution process(物流プロセス) 203～205
  Europe data(ヨーロッパにおけるデータ) 206
  future and(将来と——) 207～209
  inventory(在庫) 205～207
  retail printer market(プリンタの小売市場) 197～198
  service crisis(サービスの危機) 205～207
  supply chain for(——のためのサプライ・チェイン) 200～203
  zero inventory quest(在庫ゼロの追及) 198

～200
Dillard Department Stores(ディラード・デパートメントストア) 156
Direct Business Model (case study)(直販ビジネスモデル（事例）) 233～235
  benefits(利点) 233
  component manufacturing(部品製造) 233
  customer relationships(顧客関係) 233
  customer segmentations(顧客分割) 234
  disadvantages(不利な点) 234
  inventory turnover(在庫回転) 234
  inventory velocity measuring(在庫回転率計測) 234
  origin of(——の起源) 233
  virtual integration(仮想統合) 234
Direct shipments(直接配送) 132
  advantages of(——の長所) 132
  defined(定義) 8, 131
  examples(例) 132
  manufacturing and(製造と——) 132
  purpose of(——の目的) 132
Disney, unique experience relationships(ディズニー（類のない夢や感動）) 247
Distribution centers(物流センター) 241
  inventory quantity(在庫量) 241
  issues with(課題) 241
Distribution network configuration(ロジスティクス・ネットワークの構成) 11
  issues in(論点) 9
Distribution resource planning (DRP) supply chain DSS(物流資源計画（サプライ・チェインの意思決定支援システム）) 320
Distribution strategies(ロジスティクス戦略) 12, 135
  attributes of(——の特性) 135
  central versus local facilities(集中型施設対分散型施設) 136～137
  centralilzed versus decentralized control(集中管理対分散管理) 130～131
  cross-docking(クロスドッキング) 8, 133～135
  demand variability(需要変動) 134
  direct shipments(直接配送) 132
  direct shipping(直送方式) 8
  factors influencing(影響要因) 134
  information availability(情報の入手可能性) 130
  issues in(論点) 12
  network design considerations(ネットワーク

設計の考察) 129
outbound distribution(外向きロジスティクス) 131
push versus pull systems(押し出し型システム対引っ張り型システム) 137〜140
strategies alternatives(とるべき戦略) 131〜135
traditional(伝統的な──) 8
transportation cost interplaying(輸送費相互作用) 134
transshipment (在庫転送) 135
Distributor integration (DI)(物流統合) 164
customer needs(顧客需要) 164〜165
distributor treatments(物流業者の扱い) 164
examples(例) 164
information(情報) 164
issues(問題点) 166
types of(──の種類) 165
Distributor integration (DI) types (物流統合の種類) 165
customer special requests(顧客の特殊な要求) 165
examples(例) 165
information systems(情報システム) 165
inventory checking(在庫チェック) 165
inventory pools(共通在庫) 165
rush orders(緊急注文) 165
Distributor issues(物流業者の課題) 166
distributor centralizing(物流業者集中化) 166
examples(例) 167
skepticism(懸念) 166
trust building(信頼関係構築) 167
Dow Chemical(ダウケミカル) 148
Downstream inventory(下流の在庫) 70
Dunlop-Enerks(ダンロップ・エネルカ) 167

E

E*Trade 284
E-commerce(e コマース) → Electronic commerce(電子商取引)
E-mail(E メール) → Electronic mail(電子メール)
Eastman Kodak(イーストマンコダック) 148
eBay(イーベイ) 284
Echelon inventory(エシェロン在庫) 70
Economic forces(経済的な力) 180
globalization and(世界的拡大と──) 180
local content requirements(国内部品調達率規制) 180
regional trade agreements(通商協定) 180
trade protection mechanisms(貿易保護) 180
Economic lot size model(経済的ロットサイズモデル) 51
fixed order costs(固定発注費用) 62〜63
formulas for(公式) 62〜63
total cost in(総費用) 51
Economic order quantity(経済発注量) 51
formulas for(公式) 51
insights from(──からの洞察) 51
Economic packaging(経済的な包装) 209
cross-docking repackaging(クロスドッキング再包装) 211
customer packaging(消費者包装) 211
examples(例) 211, 212
handling cost savings(取扱費用削減) 210
storage space savings(保管スペース削減) 210
transportation cost savings(輸送費用削減) 210
Economies of scale(規模の経済性) 136
centralizing warehousing(集中型倉庫) 136
inventory holding and(在庫保管と──) 48
overhead(一般経費, 間接経費) 136
Egghead Software(エッグヘッド・ソフトウェア) 240
Electronic commerce(電子商取引) 281, 283
advantages of(──の利点) 282
defined(定義) 281
difficulties(諸問題) 283
examples(例) 283
internet standards(インターネット標準) 281
IT development and(情報技術の発達と──) 271
levels(各段階) 283
Electronic commerce levels(電子商取引の各段階) 283
data exchange(データ交換) 285
database access(データベースアクセス) 284
one-way communication(片側通行コミュニケーション) 284
sharing processes(プロセス共有) 285
standardizing processes(標準プロセス) 285
types of(電子商取引の各段階の種類) 283

欧文索引

Electronic data interchange (EDI)(電子データ交換) 272
  data exchanges(データ交換) 285
  IT communication and(情報技術通信と──) 276
  lead time reducing(リード時間の短縮) 106
  standardization and(標準化と──) 272
  standards of(──の標準) 284
  uses of(──の使用) 284
Electronic mail, IT communication and(電子メール(情報技術通信と)) 276
Emerging nations(新興諸国) 189
  human resources(人的資源) 190
  identity of(──の独自性) 189
  information system availability(情報システムの利用可能性) 190
  infrastructure of(──の基盤設備) 190
  supplier standards(供給業者の信頼性) 190
Enterprise resource planning (ERP)(企業体資源計画システム) 274
  computer interfacing(コンピュータ・インターフェイス) 274
  DSS type(意思決定支援システムの種類) 293〜294
  implementation length(導入期間) 294
  standardization advantages(標準化の利点) 273
  strategy selecting(戦略の選択) 294
  supply chain management(サプライ・チェイン・マネジメント) 293〜295
  uses of(──の使用) 273〜274
ERP Brews Instant Success (case study)(企業体資源計画システムによる早期導入の成功例(事例)) 262〜264
  ERP vendor selecting(企業体資源計画システムベンダーの選択) 263
  home growing(自社開発) 263〜264
  versus Starbucks(対スターバックス) 262
Espresso Lane Backups (case study)(エスプレッソコーヒーの供給ライン(事例)) 255〜262
  best-of-breed approach(「いいとこどり」導入手法) 255
  ERP switching(企業体資源計画システムへの変換) 258
  growth recipe(成長のレシピ) 256〜259
  integration managing(業務の統合) 261
  joint ventures(ジョイントベンチャー) 256
  supply chain menu(サプライ・チェイン・マネジメント・システムの構成) 259
"Everyday low pricing"(毎日低価格) 242
  bullwhip effect reducing(鞭効果低減) 242
  variability reducing(変動の縮小) 105
Exception freight rate(例外運賃) 27
Expert systems, uses of(エキスパートシステム(の使用)) 303
Extranets, limited access(エキストラネット(限定アクセス)) 282

F

Fedex(Federal Express) 243
  brand name perception(ブランド名認識) 242
  competitive advantage(競争において優位に立つこと) 265
  product identification standards(製品識別の標準化) 268
  value-added services(付加価値サービス) 244
  workforce scheduling(作業要員のスケジュール) 324
First Brands Inc.(ファースト・ブランズ) 156
First world nations(先進諸国) 190
  human resources(人的資源) 190
  identity of(──の独自性) 189
  information system availability(情報システム利用) 190
  infrastructure in(──における基盤設備) 190
  supplier standards(供給業者の信頼性) 190
Fleet planning(車両計画) 321
  examples(例) 322
  supply chain DSS(サプライ・チェインの意思決定支援システム) 322
Flexibility(柔軟性) 40
  defined(定義) 40
  examples(例) 150
  geographic locations(地理的な位置) 149
  service offering(サービス提供) 150
  third-party logistics(3PL) 150
  workforce size(労働力の大きさ) 150
Flexible strategies(柔軟戦略) 183
  examples(例) 184
  global risk strategies as(国際的リスク) 182
  implementing(導入) 184
  implementing questions(導入にあたっての疑問) 183
  supply chains and(サプライ・チェインと──)

183
Ford Motor Company(フォード) 9, 244
Forecast effectiveness(有効な予測) 115
　accuracy of(――の正確性) 115
　cooperative forecasting systems(協力して予測する方式) 116
　examples(例) 116
　importance of(――の重要性) 52
　influences to(――の影響) 100
　retailer forecasts(小売業者の予測) 115
Future demands(将来の需要) 33
　customer demand changes(顧客需要の変化) 33
　customer demands(顧客需要) 33
　long-lasting impacts(長期的な影響) 33

G

Gartner Group Inc.(ガートナーグループ) 258
Gateway(ゲートウェイ) 240
General Electric(GE) 189
General Motors(ゼネラルモーターズ) 47
　inventory management(在庫管理) 47
　outsourcing benefits(外部委託の利益) 148
　regional warehouses use(地域倉庫使用) 241
Geographic Information Systems(GIS)(地理情報システム(GIS)) 312
　advantages(利点) 313
　algorithms integrating(解法の統合) 316～317
　applications new(アプリケーションの更新) 313
　applications original(アプリケーションの原型) 313
　capabilities of(――の機能) 312
　logistics modeling considerations(ロジスティクスモデルを考慮して) 313～316
　presentation tool as(提示ツール) 311
　transportation rates(輸送価格) 25
　TIGER/Line files(TIGER/Line ファイル) 316
Global cost forces(世界規模で考えた費用の影響力) 179
　facility capital costs(設備の主要費用) 179
　integrated supply chains(統合されたサプライ・チェイン) 179
　location decision and(拠点配置決定と――) 179
　skilled labor costs(熟練労働の費用) 179
Global dangers(国際的なリスク) 188

collaborators becoming competitors(競合企業となったパートナー企業) 188
　examples(例) 189
　foreign governments(外国政府) 189
　local collaborations(地元の競合企業) 188
　types of(――の種類) 188
Global market forces(世界的市場が及ぼす影響力) 177
　demand growth(需要増大) 177
　domestic market defending(国内市場を守る) 177
　examples(例) 177
　industry trends(企業の動向) 178
　information proliferation(情報の拡大) 177
　sources of(――の原因) 177
　technological advances(技術的進歩) 178
Global optimization(大域的最適化) 117
　centralization control and(集中管理と――) 130
　consignment benefits(委託販売の利益) 157
　defined(定義) 117
Global Procurement and Supply Chain Benchmarking Initiative 208
　strategic planning process(ストラテジックレベルの計画プロセス) 225
Global products(世界的な製品) 187
　regional specific products and(地域固有の製品と――) 187
　types of(――の種類) 187
Global risk strategies(国際的リスク戦略) 182
　flexible strategies(柔軟戦略) 183
　hedge strategies(ヘッジ戦略) 183
　political leverage(政治的作用) 184
　speculative strategies(投機的戦略) 182
Global strategy requirements(国際的戦略に必要なもの) 184
　business functions(ビジネスの機能) 184～185
　demand management(需要管理) 185
　order fulfillment(納品) 186
　product development(製品開発) 185
　production(生産) 185
　purchasing(購買) 185
Goodyear Tire and Rubber Company(グッドイヤータイヤ) 184, 244
Green Mountain Coffee(グリーンマウンテンコーヒーロースター) 260
　ERP Brews (case study)(企業体資源計画システム(事例)) 262～264

欧文索引　375

single vender ERP solutions(単一ベンダーによる企業体資源計画システム導入)　295
Grey Box, meaning of(グレイボックス(意味))　224
Groupware, IT communication and(グループウェア(情報通信と))　276
Groupware database(グループウェアデータベース)　278
Gucchi, as global product(グッチ(国際的製品))　187

H

Hedge strategies(ヘッジ戦略)　183
　global risk strategies as(国際的リスク戦略)　183
　simultaneous success and failure(好調と不調同時)　183
　supply chain offsetting(サプライ・チェインの埋合せ)　183
Heineken(ハイネッケン)　287
Heuristic algorithms(近似解法)　35～38
　effectiveness(効果)　35
　examples(例)　35
　logistics network configuration(ロジスティクス・ネットワーク構成)　39
　optimal locations(最適位置)　39
　total system costs(システムの総費用)　39
Hewlett-Packard(ヒューレット・パッカード)　189, 195
　DeskJet printer (case study)(デスクジェットプリンタ(事例))　195～207
　foreign government dangers(外国政府の危険性)　189
　Wal-Mart demands(ウォルマートの要求)　237
Hitachi(日立)　164, 188
Home Depot(ホーム・デポ)　240
Honda Motor Company(ホンダ)　241
　option limits(オプション限定)　241
　regional specific products(地域固有製品)　187
Human resources(人的資源)　193
　emerging nations(新興諸国)　192
　first world nations(先進諸国)　192
　third world nations(第三世界)　192

I

i2 Technologies Inc.(i2 テクノロジー)　299
IBM　9

foreign government dangers(外国政府の危険性)　189
inventory management issues(在庫管理の課題)　48
IT standardization and(情報技術標準化と──)　274
value-added services(付加価値サービス)　243
Ikea(イケア)　209
Individual Inc.(インディビュディアル)　245
Inflated orders(過剰な注文)　98
　causes of(──の原因)　98
　effects of(──の効果)　98
Information system availability(情報システムの利用可能性)　193
　emerging nations(新興諸国)　192
　European standards(ヨーロッパの標準)　193
　technology increasing(技術の導入)　193
　third world nations(第三世界)　192
Information technology (IT)(情報技術(IT))　14, 264
　→ System architecture; System information coordination(→システムアーキテクチャー，システム間情報調整)
　chain management breadth(サプライ・チェイン・マネジメントの幅)　264
　chain management enabling(サプライ・チェイン・マネジメントを実施する)　264
　communication standards(通信の標準化)　266
　competitive advantage from(──による競争において優位に立つこと)　265
　customer values(顧客価値)　250～253
　electronic commerce(電子商取引)　281～287
　ERP Brews (case study)(企業体資源計画システム導入(事例))　262～264
　Espresso Lane Backup (case study)(エスプレッソコーヒーの供給ライン)　255～262
　goals of(──の目標)　267～271
　infrastructures(基盤)　274
　issues in(論点)　14
　organizational structural changes(組織の変革)　266
　problems(諸問題)　266
　standardization(標準化)　272～274
　supply chain components(サプライ・チェイン構成要素)　287～290
　supply chain information integrating(サプ

ライ・チェイン情報の統合) 290~296
Information technology (IT) development stages(情報技術開発の各段階) 291
　goals(目標) 293
　Supply Chain Compass Model(サプライ・チェイン・コンパスモデル) 291~292
Information technology (IT) goals(情報技術の目標) 267
　data analysis(データ分析) 270
　goal achieving(目標の達成) 271
　IT characteristics(情報技術の特色) 268
　IT development issues(情報技術開発の課題) 271
　product identification standardization (製品識別の標準化) 268
　retailer needs(小売業者に必要なこと) 267
　single-point-of-contact(単一ポイントによるアクセス) 268
　supply chain areas for(――のためのサプライ・チェインの範囲) 267
　supply chain decisions(サプライ・チェインの意思決定) 268
　system structures currently(現在の情報システム構成) 269
　system structures new(新しいシステム構成) 270
Information technology (IT) infrastructure(情報技術基盤) 275
　components in(――の要素) 275
　importance of(――の重要性) 275
Information technology (IT) integrating(情報技術の統合) 290
　"best-of-breed" solutions(「いいとこどり」システム導入) 295~296
　development stages(開発の各段階) 291~293
　ERP implementation(企業体資源計画システム導入) 293~295
　evaluation approaches(評価手法) 291
　levels of(――のレベル) 290
　middleware role(ミドルウェアの役割) 291
　single vendor solutions(単一ベンダー導入) 295
Information value(情報の価値) 75
　Barilla SpA (case study)(バリラ (事例)) 75~92, 107~115
　bullwhip effect(鞭効果) 94~107
　complexity increasing(複雑さ増大) 94
　forecasting effects(予測効果) 115~116

implications of(――の関連性) 93
information accessing(情報アクセス) 93
information versus inventory(情報対在庫) 93
lead time reductions(リード時間の短縮) 118~119
product locating(製品を置く場所) 117
supply chain integrating(サプライ・チェインの統合) 119~125
supply chain managing(サプライ・チェイン管理) 93~94
system coordinator(システムの調整者) 116~117
Infrastructure(基盤設備) 191
　economic conditions(経済条件) 191
　emerging nations(新興諸国) 191
　first world nations(先進諸国) 191
　logistics in(――におけるロジスティクス) 191
　regional differences(地域差) 191
　third world nations(第三世界) 192
Input data(入力データ) 304~305
　data detail issues(データの詳細の問題) 305
　data sources(データの源) 304~305
　DSS component as(意思決定支援システムの構成要素としての――) 303
　examples(例) 305~306
　information collecting(情報収集) 304
　logistics network design(ロジスティクス・ネットワーク設計) 306
　model and data validation(モデルとデータの妥当性の確認) 305
Integer programming(整数計画) 38
Integrated global supply chains, operations of(統合された国際サプライ・チェイン (の運営)) 176
Integration-related issues, IT development and (システム統合に関連する問題 (情報技術開発と)) 272
Intel Corporation(インテル) 9, 180
Intelligent agents(エージェント (と呼ばれるプログラム)) 302
　AI in(人工知能) 302
　defined(定義) 302
　DSS systems and(意思決定支援システムと――) 302
　examples(例) 302
Interface devices(インターフェイス機器) 275
　graphics and(グラフィック機能と――) 275

IT infrastructure component(情報技術基盤要素) 274
  standards competing in(競合する標準) 275
  types of(——の種類) 275
  uniform access trends(同一アクセスの傾向) 275
Internal activities, strategic alliances and(社内処理（戦略的提携と）) 143
International chain management issues(国際的サプライ・チェイン管理の諸問題) 186
  dangers in(——におけるリスク) 189
  global products(世界的な製品) 187
  local versus central control(分散的管理対中央集中管理) 187～188
  regional products and(地域製品と——) 186～187
International Data Corporation(インターナショナル・データ) 300
International distribution systems, operations of(国際的ロジスティクス・システム（の運営）) 176
International Standards Organization (ISO) 285
International supply chain advantages(国際的なサプライ・チェインの利点) 180
  cost lowering(費用低減) 181
  demand characteristics(需要特性) 181
  flexibility(柔軟性) 181
  global risk addressing(国際的リスクへの対処) 182～184
  global strategy requirements(国際的戦略に必要なもの) 184～186
  regional cost advantages(地域の費用的利点) 181
  risks(リスク) 181～182
  standardizing products(標準化された製品) 181
International supply chains(国際的なサプライ・チェイン) 175
  advantages(利点) 180～186
  as domestic chains(国内のサプライ・チェイン) 176
  economic forces(経済的な力) 179～180
  global cost forces(世界規模で考えた費用の影響力) 179
  global market forces(世界的市場が及ぼす影響力) 177
  globalization magnitude(国際化の重要性) 175

International Tastes (case study)(各国の状況（事例）) 169～175
  issues in(——における諸問題) 186～189
  logistic regional differences(ロジスティクスにおける地域的な違い) 189～193
  opportunities from(——からの好機) 176
  political forces(政治的な力) 180
  risks(リスク) 181～186
  technological forces(技術力) 178
  types of(——の種類) 175～176
International Tastes (case study)(各国の状況（事例）) 169～175
  deep pockets(豊富な資金力) 170
  distribution problems(物流の問題) 172～173
  loss forecasts(予測される損失) 171～172
  mistakes(誤算) 173～174
  problems temporary(一時的問題) 174～175
  small operations(小規模事業展開) 170
Internet(インターネット) 242, 279
  client/server as(クライアント／サーバー方式) 279
  communication standards(通信標準) 266
  customer benefits(顧客の利益) 251
  data transfers(データのやりとり) 284
  e-commerce and(電子商取引と——) 281
  effects of(インターネットの影響) 251
  information accessing(情報アクセス) 244
  learning modes form(学習形態) 246
  product selections(製品選択) 239
  standardization and(標準化と——) 271, 281
  supermarket shopping-style(スーパーマーケット買物スタイル) 242
  unique experience relationships(類のない夢や感動) 246
Intranets(イントラネット) 281
  unlimited access(無制限アクセス) 281
  uses of(——の使用) 281
Inventory control issues(在庫管理論) 11
Inventory deployments(在庫配置) 319
  examples(例) 319
  supply chain DSS(サプライ・チェイン意思決定支援システム) 319
Inventory management(在庫管理) 69, 321
  centralized vs decentralized systems(集中型システム対分散型システム) 69
  customer service levels(顧客サービスレベル)

47
examples(例) 47
importance of(――の重要性) 47
inventory holding reasons(在庫保管理由) 47
inventory managing(在庫管理法) 70~72
practical issues(実務上の問題) 72~74
risk pooling(リスク共同管理) 64~69
single warehouse inventory (example)(倉庫が1箇所の例) 48~64
supply chain DSS(サプライ・チェインの意思決定支援システム) 321
supply chain forms(サプライ・チェイン型) 46
Inventory position, defined(在庫ポジション (定義)) 60
Inventory turnover(在庫回転率) 32
determining(――の決定) 73
Inventory versus transportation costs(在庫対輸送費用) 122
cross-docking(クロスドッキング) 122
decision-support system balance(意思決定支援システムバランス) 123
distribution control systems(物流管理システム) 122
production control systems(製造管理システム) 122
transportation issues(輸送問題) 121~122

J

JCPenney(J.C. ペニー) 23
data aggregation(データの集約) 23
direct shipping(直接配送) 132
VMI use(ベンダー管理在庫の利用) 155
Just-in-time manufacturing, cost reductions(ジャストインタイム生産 (コスト低減)) 5

K

Kanban, cost reductions(カンバン方式 (コスト低減)) 5
Kmart(K マート) 240
customer need satisfying(顧客要求満足) 8
stockouts decreasing(品切れの減少) 163
VMI use(ベンダー管理在庫の利用) 155
Komatsu(小松製作所) 164

L

Language(言語) → Cultural differences(文化の違い)
Lead time(リード時間) 97
effects from increasing(増加効果) 97
variability magnifying(変動拡大) 97
warehouse locations(倉庫位置) 137
Lead time quotation, supply chain DSS(リード時間の見積もり (サプライ・チェイン意思決定支援システム)) 323
Lead time reduction(リード時間の短縮) 106
components for(――のための要素) 106
cross-docking(クロスドッキング) 106
EDI(電子データ交換) 106
distribution network designs(ロジスティクス・ネットワーク設計) 119
importance of(――の重要性) 118
information systems(情報システム) 119
point-of-sale transferring(POS の受け渡し) 119
vendor selection criteria(製造業者選択尺度) 118
Lead time versus transportation costs(リード時間対輸送費) 123
forecasting improvements(予測改善) 123
information use(情報利用) 123
Lean manufacturing, costs reductions(リーン生産 (コスト削減)) 5
Learning relationships(学習関係) 245
examples(例) 245
purpose of(――の目的) 245
Legacy systems(レガシーシステム) 278
databases(データベース) 277
departmental solution as(部門ごとに扱うこと) 278
"dumb" terminal use(「無能な」端末の利用) 278
personal computer connecting(パソコンの接続) 278
Lexus(レクサス) 249
Linear programming(線形計画) 38
Liz Claiborne, inventory management issues(リッツ・クライボーン (在庫管理論)) 48
Local optimization(局所最適化) 117
consignment benefits(委託販売の利益) 157
decentralization from(――からの分散管理) 130

defined(定義) 117
Location tracking, IT communication and(位置追跡システム（情報技術通信と）) 277
Logistics design, components in(ロジスティクス製品設計（における構成要素）) 209
Logistics network configuration(ロジスティクス・ネットワークの構成) 107
　data collection(データ収集) 23〜25
　data validation(データの妥当性) 23〜35
　issue sources(問題点) 21
　model validation(モデルの妥当性) 23〜35
　network configuration DSS(ネットワーク構成のための意思決定支援システム) 40〜42
　objectives of(――の目標) 21
　participants in(関係者) 20
　solution techniques(解決手法) 35〜40
　strategic decisions(戦略的意思決定) 20
　trade-off in(トレードオフ) 21
Logistics network disigns(ロジスティクス・ネットワーク設計) 318
　examples(例) 318〜319
　supply chain DSS(サプライ・チェーンの意思決定支援システム) 318
Logistics regional differences(ロジスティクスにおける地域的な違い) 190
　categories of(――のカテゴリー) 190
　cultural differences(文化の違い) 190〜191
　human resources(人的資源) 193
　information system availability(情報システムの利用可能性) 192
　infrastructures(基盤) 191
　nation categories of(――の国別カテゴリー) 189
　performance expectations(効率性の期待) 192
Lot size and inventory trade-off(ロットサイズと在庫のトレードオフ) 121
　factory status information(工場の状況情報) 121
　lot size benefits(ロットサイズ利益) 121
　modern manufacturing practice focus (新しい製造手法の焦点) 121
Lucent Technologies, Wal-Mart demand(ルーセント・テクノロジーズ（ウォルマートの要求）) 237

M

McDonald's as global product(マクドナルド（世界的な製品）) 187
Manufacturing strategic partnerships(製造戦略提携) 7
Manugistics, Inc.(マニュジスティクス) 301
Market based price(市場価格) 27
Market mediaton(市場仲介) 238
　cost sources(費用の源) 238
　raw material converting and(原材料の製品化と――) 238
Marketing regional assignments, supply chain DSS(販売地域の割当て、サプライ・チェーンの意思決定支援システム) 320
Mass customization(マスカスタマイゼイション) 125, 227
　benefits(利益) 228
　cost versus customer service(コスト対顧客サービス) 125
　craft production(手工業生産) 227
　defined(定義) 227
　evolving of(――の発展) 227
　examples(例) 230〜231
　IT coordination(IT調整) 230
　managers decisions(企業管理者の結論) 227
　mass production(大量生産) 227
　strategic partnerships(戦略的提携) 230
　supply chain management(サプライ・チェーン・マネジメント) 230〜231
　workings of(――の働き) 227〜230
Mass customization success(マスカスタマイゼイションの成功)
　attributes for(――のための特質) 228
　examples(例) 229
　keys to(――への鍵) 229
　specialized skill units(専門化した熟練ユニット) 228
Material requirements planning (MRP)(資材所要量計画) 320
　examples(例) 320〜321
　supply chain DSS(サプライ・チェーンの意思決定支援システム) 320
Mathematical models(数理モデル) 309
　DSS analytical tool(意思決定支援システム分析ツール) 309〜310
　exact algorithms(厳密解法) 309
　heuristics algorithms(近似解法) 310
　uses of(――の使用) 309〜310
Matsushita(松下) 229
Mattel(マーテル) 189
Mead-Johnson(ミード–ジョンソン) 163
Mercedes(メルセデス・ベンツ) 242

380　　　　　　　　　　欧　文　索　引

Mercer Management Consulting, inventory deployments(メルサ・マネージメント・コンサルティング（在庫配置）)　319
Meta Group, Inc.(メタ・グループ)　299
Michelin(ミシェラン)　184
Microsoft(マイクロソフト)　178,
　development facility locations(開発施設の配置)　178
　IT standardization and(情報技術標準化と——)　274
　value chain initiative(VCI)　286
Middleware(ミドルウェア)　280
　defined(定義)　280
　importance of(——の重要性)　280
Mileage estimations(距離の見積もり)　28
　distance estimating(距離の算出)　28
　examples(例)　29〜30
　formulas for(公式)　29
Milliken and Company(ミリケン)　155
Minnesota Mining and Manufacturing (3M)　148
Mission Furniture(ミッション・ファーニチャ)　188
Mitsubishi Motor Company(三菱自動車)　244
Mobil Oil Corporation(モービル)　323
Modularity(モジュール化)　216
　focus(焦点)　216
　locations(位置)　216
Motorola(モトローラ)　9, 188
Moving average(移動平均)　103
　bullwhip benefits(鞭効果利益)　101
　bullwhip calculations of(——の鞭効果計算)　99
　forecast technique(予測技法)　99
Multi-retailer systems(複数小売システム)　70
Multiple order-opportunities(複数発注機会)　58
　distributor inventory holding reasons(物流業者が在庫を持つ理由)　59
　fixed lead time(固定リード時間)　59
　random demand(不定期な需要)　58

N

National Bicycle(ナショナル自転車)　229
National Motor Freight Classification, class quantity(アメリカ国内自動車等級料率表（等級量）)　27
National Semiconductor(ナショナル・セミコンダクター)　7, 9, 12

National Transportation Exchange(National Transportation Exchange)　284
Nations categories(国々のカテゴリー)　190
　emerging(新興諸国)　190
　first world(先進諸国)　190
　third world(第三世界)　190
Navistar International Transportation Corp.(ナビスター)　244
Network configuration DSS features(ネットワーク構成のための意思決定支援システム)　40
　effectiveness(効力)　40
　optimization model features(最適化モデルの特徴)　40
　running time(計算時間)　41
　system flexibility(システムの柔軟性)　40
　system robustness(システムの頑健性)　40
Nissan Motor Company, regional products and(日産（地域製品と）)　186〜187

O

Object databases(オブジェクトデータベース)　277
Office Max(オフィス・マックス)　240
Offshore manufacturing, operations of(海外生産（の運営）)　176
Okuma America Corporation(オークマ・アメリカ)　166
One-to-one enterprise concept(one to one コンセプト)　246
　benefits(利点)　245
　purpose of(——の目的)　245
Online analytical processing (OLAP) tools, uses of(オンライン分析処理ツール（の使用）)　307
Operating exposure(事業リスク)　181
　company value and(企業価値と——)　181
　operating profit impact(事業利益の影響)　181
Optimization models(最適化モデル)　21
　cost issues(費用問題)　21
　data collection issues(データ収集問題)　21
　examples(例)　21〜22
Optimization techniques(最適化手法)　38
　limitations of(——の制限)　38
　tow-stage advantages(2段階法の利点)　39
Option fixing, customer requirements and(定番オプション（顧客要求と）)　241
Order costs(発注費用)　59

distributor policy(物流業者の方策) 60
examples(例) 61〜62
fixing of(固定発注費用) 59〜62
historical data(販売履歴) 61
information for(——に対する情報) 59
inventory analysis(在庫レベルの分析) 62
inventory position(在庫配置) 60
service level(サービスレベル) 61
Order costs fixing(固定発注費用) 62
examples(例) 63
inventory ordering(在庫発注) 62〜63
multiple order opportunities(複数回発注する場合) 63
versus single-period(——対1期) 62
Order fulfillment(納品) 185
centralized systems(集中化システム) 186
global strategy(国際的戦略) 185
Order-up-to-level(補充目標点) 60, 97
components of(——の構成要素) 60〜61
defined(定義) 97
fixed order costs(固定発注費用) 62〜63
formula for(公式) 61
uses of(——の利用) 97
variable lead times(変動リード時間) 63
Organic organization, mass production and(有機的な組織（大量生産と）) 227
Otra(オトラ) 166
Overhead, economies of scale in(間接費（規模の経済性における）) 136
Overhead costs, centralized versus decentralized(間接費（集中型対分散型）) 69

P

Peapod Inc., one-to-one enterprise (ピーポッド one to one 事業) 246
Performance expectations(効率性の期待) 192
emerging nations(新興諸国) 192
first world nations(先進諸国) 192
third world nations(第三世界) 192
Periodic inventory review policy, goal of(定期的在庫調査方策（目的）) 72
Peripherals Group(周辺機器グループ) 197
Political issues, strategies for(方策の問題（戦略）) 72〜73
Political leverage, global risk strategy as(政治的取引（国際的リスク戦略）) 184
Postponement(遅延差別化) 213
aggregate forecasts(集約された予測情報) 213
delayed differentiation(遅延差別化) 214
push-pull advantages(押し出し型・引っ張り型利点) 220
techniques for(——のための技法) 213
Postponement boundary(遅延差別化境界) → Push-pull boundary(押し出し型と引っ張り型との境界)
Presentation tools(提示ツール) 311〜317
animation and(アニメーションと——) 312
display formats of(——の表示形式) 312
GIS systems(地理情報システムと——) 312〜317
graphic formats(図形式) 312
Price(価格) 242
commodity inflexibility(大量消費製品の非弾力性) 242
customer value(顧客価値) 242
product brands(製品ブランド) 242
service pricing(サービスに価格をつけること) 243
Price fluctuations(価格変動) 98
promotions and(販売促進と——) 98
retailers stocking up(小売業者の在庫増やし) 98
Procter and Gamble(P&G) 12, 239
bullwhip effect(鞭効果) 94
"everyday low pricing" use(毎日低価格) 242
logistic network designs(ロジスティクス・ネットワーク設計) 317〜318
savings of(——の節約) 6
supply chain cost focus(サプライ・チェイン費用目的) 239
VMI use(ベンダー管理在庫方式) 155
Procurement(斡旋) → purchasing(購買)
Product design(製品設計) 13
issues in(課題) 13〜14
redesigning(見直し) 13
Product development(製品開発) 184
global strategy(国際的な戦略) 184
product adapting(製品の変更) 184
Product development supplier integration(製品開発の納入業者統合) 223
benefits form(利益形式) 224
competitive forces(競争圧力) 224
effectiveness of(——の効果) 225
spectrum of(——の範囲) 224
supplier selection for(納入業者選択) 224

suppliers(納入業者) 226
technologies(技術) 226
Product life cycles(製品のライフサイクル)
　customer uncertainty(顧客不確実性) 48
　shortening of(──の短縮) 48
Product locating(製品の配置) 117
　customer demands(顧客需要) 117
　distribution integration(物流統合) 118
Product selection(製品選択) 238
　customer specific demands(顧客の特別な需要) 240
　customer value dimension(顧客価値の切り口) 238
　internet and(インターネットと──) 240
　inventory controls approaches(在庫管理手法) 240
　trends for(──への傾向) 240
　variety types for(──の多様な型) 240
Product and supply chain design(製品設計とサプライ・チェイン設計) 195
　concurrent procesing(同時処理) 211～213
　considerations(考慮すべきポイント) 217～219
　DeskJet Printer (case study)(デスクジェットプリンタ (事例)) 195～207
　economic packaging(経済的な包装) 209～211
　logistics design(ロジスティクス設計) 209
　mass customization(マスカスタマイゼイション) 227～231
　parallel processing(平行処理) 211～212
　postponement(遅延差別化) 213～217
　product supplier integration(製品納入業者統合) 223～227
　push-pull boundary(押し出し型と引っ張り型の境界) 219～220
　transportation(輸送) 209～211
Product variety versus inventory trade-off(製品の多様性対在庫のトレードオフ) 123
　causes of(──の原因) 123～124
　complexity and(複雑さと──) 123～124
　delayed differentiation(遅延差別化) 124
　generic products(汎用品) 124
　main issue(重要な課題) 124
　risk pooling(リスク共同管理) 124
Production(生産) 185
　centralized management(集中管理) 185
　communication systems(コミュニケーション・システム) 185

　global strategy(国際的な戦略) 185
　shifting in(──の移転) 185
Production Flow Smoothing (case study) (生産フローを円滑にする (事例)) 299～301
　inventory cost savings(在庫費用削減) 298
　supply chain management system(サプライ・チェイン・マネジメントシステム) 299～301
Production location assignments, supply chain DSS(製造拠点割当て (サプライ・チェインの意思決定支援システム)) 322
Production scheduling, supply chain DSS (生産スケジュールの作成 (サプライ・チェインの意思決定支援システム)) 323～324
Pull-based supply chains(引っ張り型サプライ・チェイン) 139
　characteristics(特徴) 139
　customer demand versus forecasts(顧客需要対予測) 139
　delayed differentiation(遅延差別化) 139～140
　information flow speed(情報の流れる速さ) 139
Pull-based systems(引っ張り型システム)
　characteristics of(──の性格) 219
　demand driven production(生産需要) 219
　versus push systems(対押し出し型システム) 137
Purchasing(購買) 185, 290
　flexibility(柔軟性) 185
　global strategy(国際的な戦略) 185
　tasks in(──の仕事) 290
Push-based supply chains(押し出し型サプライ・チェイン) 138
　characteristics(特徴) 138
　customer demand forecasting(顧客需要予測) 138
　dicision basis(決定原理) 138
　prodcution capacity determining(生産能力の決定) 138
　resource utilization inefficiencies(資源の利用効率) 138
　results increasing(結果増大) 138
Push-based systems(押し出し型システム) 137
　characteristics of(──の性格) 219
　decision making and(結論と──) 219
　versus pull based systems(対引っ張り型システム) 138
Push-pull boundary(押し出し型と引っ張り型の境界) 219

aggregate demand information(集約された需要情報) 220
defined(定義) 220
delayed differentiation strategies(遅延差別化戦略) 220
postponement advantages(遅延差別化がもたらす利点) 220

Q

Quality(品質) 235
　brand name perception(ブランド認識) 242
　customer value versus(顧客価値対) 235
　measuring of(――の評価) 235
Quantitative approaches, goals of(定量的方法(の目標)) 73
Queries(クエリー) 307
　DSS analytical tool(意思決定支援システム分析ツール) 307
　uses of(――の使用者) 307

R

Railroad classification, class quantity(鉄道運賃料率(等級)) 27
Rate base number, uses of(運賃基礎番号の使用) 27
Reducing variability(変動の縮小) 105
　customer demand process(顧客の需要過程) 105
　"everyday low pricing" strategy(毎日低価格戦略) 105
Regional products(地域製品) 186
　examples(例) 186
　global product differences(世界的な製品の差) 186
　types of(――の種類) 186
Relational databases(リレーショナルデータベース) 277
Reorder point(発注点) 97
　defined(定義) 97
　lead time and(リード時間と――) 97
Resquencing(工程順序の再編成) 214
　defined(定義) 214
　examples(例) 214～215
Retailer-supplier partnerships (RSP)(小売・納入提携) 154
　advantages of(――の利点) 160～162
　benefits of(――の利点) 154
　disadvantages(――の欠点) 160～162
　examples(例) 162～163
implementation issues(実施するうえでの問題点) 158～159
implementation steps(実施する方法) 159
inventory ownership in(――における在庫所有権) 157～158
requirements for(――に対する要求) 156
success of(――の成功) 162
types of(――の種類) 154
Retailer-supplier partnerships (RSP) advantages(小売・納入提携の利点) 160
　characteristics(特性) 161
　examples(例) 160
　order quantities knowledge(注文量情報) 161
　problems(問題) 162
　side benefits(副産物) 161
　supplier benefits(納入業者の利益) 160
Retailer-supplier partnerships (RSP) implementation(小売・納入提携実施) 159
　confidentiality(機密保持) 159
　performance measurements(成果の評価) 159
　problem solving(問題解決) 159
　retailer emergency response(小売業者の緊急対応) 159
　steps for(――のための方法) 159
　stocking decisions(在庫の決定) 159
Retailer-supplier partnerships (RSP) inventory ownership(小売・納入提携における在庫所有権) 157
　consignment relationship(委託販売形式) 157～158
　criticisms of(――の批判) 157
　examples(例) 158
　issue areas(問題分野) 159
　replenishment decision making(商品補充決定権) 157
　supplier benefits(小売業者の利益) 157
　supply contract negotiating(供給契約の交渉) 158
Retailer-supplier partnerships (RSP) requirements(小売・納入提携に対する要求) 156
　information systems(情報システム) 156
　inventory reduction cost impact(在庫削減の費用効果) 157
　management commitments(経営陣による全面的支援) 156
　trust relationships(信頼関係) 156

Retailer supplier partnerships (RSP)
  types(小売・納入提携の種類) 154
  continuous replenishment strategy(連続補充戦略) 155
  examples(例) 156
  vendor managed inventory(ベンダー管理在庫) 155
Retek Information Systems Inc.(レテク・インフォメーション・システム) 257
Risk-pooling(リスク共同管理) 64
  ACME case study(ACME 事例) 64〜69
  transshipment use of(在庫転送) 135
Risks(リスク) 181
  fluctuating exchange rates(為替レートの変動) 181
  foreign companies(外国企業) 182
  government reactions(現地政府の反応) 182
  operating exposure(事業の障害) 181
  regional cost differences(地域の費用差) 181
Rolex(ロレックス) 242
Rubbermaid(ラバーメイド) 210
Ryder Dedicated Logistics(ライダー・デディケイテッド・ロジスティクス) 147
  logistic flexibility(ロジスティクスの柔軟性) 149
  outsourcing benefits(外部委託の利益) 149
  third-party logistics(3PL) 126

S

Safety stock(安全在庫) 69
  calculating(計算する) 60
  centralization and(集中化と) 136
  centralized versus decentralized systems(集中型配送システム対分散型配送システム) 69
  defined(定義) 60〜61, 97
  lead time and(リードタイムと——) 97
Sales regional assignments, supply chain DSS(販売地域割当て，サプライ・チェインの意思決定支援システム) 320
Schering-Plough Healthcare Products (SPHP) 163
Scott Paper Company(スコット・ペーパー) 163
Sears Roebuck(シアーズ) 240
  third-party logistics(3PL) 147
Service, definition varying(サービス（定義変更）) 136
Service levels(サービスレベル) 69, 248

centralized versus decentralized systems(集中型配送システム対分散型配送システム) 69
  defined(定義) 248
  supply chain cost(サプライ・チェインの費用) 248
  uses of(——の使用) 248
Service levels requirements(要求されるサービスレベル) 33
  customer distance and(顧客距離と——) 33
  customers and(顧客と——) 33
Siemens(シーメンス) 9
Silicon Graphics(シリコングラフィクス) 247
Simmons Company, logistic flexibility(シモンズ（ロジスティクスの柔軟性）) 150
Simulation(シミュレーション) 308
  analytical tool(分析ツール) 308
  decision making in(——における意思決定) 308
  uses of(——の使用) 308
Simulation models(シミュレーション・モデル) 38
  alternative limitations(変更制限) 38
  computational time for(——のための計算時間) 39
  design performance(設計効率) 38
  limitations of(——の制限) 38
  microlevel analysis(微小分析) 38
  system dynamics(システム・ダイナミクス) 38
  versus optimization tool(対最適化手法) 39
Single warehouse inventory(倉庫が1箇所の在庫) 48
  economic lot size model(経済的ロットサイズ・モデル) 49〜52
  factors effecting inventory policy(在庫方策に影響を与える要因) 48
  goals of(——の目標) 49
  insights of(——の洞察) 50〜51
  optimal ordering policy(最適な発注方策) 50〜51
  optimal policy for(——のための最適方策) 50
  ordering versus storage costs(発注費用対保管費用) 49〜50
  sensitivity analysis(感度分析) 52
"Sizzle" companies, defined(「ジュージュー」企業（定義）) 247

SmithKline Corporation, local autonomy (スミスクライン(分散自律管理)) 188
Solution techniques(解決のための手法) 35
　example of(——のための実例) 36
　heuristic algorithms(近似解法) 35〜38
　logistic networks(ロジスティクス・ネットワーク) 35
　optimization techniques(最適化手法) 38〜40
　simulation models(シミュレーション・モデル) 38〜40
SonicAir, logistic flexibility(ソニックエア(ロジスティクスの柔軟性)) 150
Southern Motor Carrier's Complete Zip Auditing and Rating(南部自動車輸送の郵便番号に基づく完全調査運賃) 28
　LTL industry and(LTL 産業と——) 28
Spartan Stores(スパルタン・ストアーズ) 163
Specialization(専門性) 152
　expertise(専門技術) 152
　third-party logistic and(3PL と——) 152
Speculative strategies(投機的戦略)
　global risk strategy as(国際的リスク戦略) 182
　single scenario use(単一のシナリオ) 182
Sportmart(スポーツマート) 240
Standard forecast smoothing techniques, uses of(標準予測平滑法(の利用)) 97
Standardization(標準化) 272
　communication forms(通信形式) 272
　drawbacks of(——の欠点) 274
　EDI and(電子データ交換と——) 273
　ERP system(企業体資源計画システム) 274
　hardware affordability(ハードウェアの手ごろさ) 272
　IT development and(情報技術開発と——) 272
　postponement strategy accomplishing(遅延差別化戦略達成) 217
　reasons for(——のための理由) 272
　software development process(ソフトウェア開発プロセス) 273
Starbucks Corporation(スターバックス) 240, 255
　ERP decision-support systmes(企業体資源計画導入決定システム) 296
　Espresso Lane Backups (case study)(エスプレッソコーヒーの供給ライン(事例)) 255〜262

Statistical analysis(統計的分析) 307
　analytical tool(分析ツール) 307
　uses of(——の使用) 307
"Steak" companies, defined(「ステーキ」企業(定義)) 247
Storage costs, warehouse costs(保管費(倉庫費)) 30
Strategic alliance(戦略的提携) 144
　acquisitions(企業買収) 143
　arm's length transactions(通常の第三者取引) 143
　distributor integration(物流統合) 164〜167
　financial resources for(——のための資金) 142
　framework for(——のための枠組み) 144〜147
　internal activities(社内処理) 143
　logistic function approaches(ロジスティクス機能の取り組み) 143
　managerial resources for(——のための経営資源) 142
　outsoursing reasons(外部委託理由) 142
　retailer-supplier partnerships(小売・納入提携) 154〜163
　strategic alliances(戦略的提携) 144
　third-party logistics(3PL) 147
Strategic alliance framework(戦略的提携のための枠組み) 144
　adding value to products(製品に対する付加価値) 144
　alliance analysis criteria(提携分析基準) 145
　core strengths and(核になる強みと) 146
　examples(例) 146
　financial strength building(財務力の強化) 145
　market access improving(市場アクセスの改善) 144
　operations strengthening(運営強化) 145
　problems(問題) 146
　strategic growth enhancing(戦略的成長強化) 145
　technological strength adding(技術力の付加) 145
　types of(——の種類) 147
Strategic partners(戦略的提携者) 13
　benefits from(——からの利益) 13
　impact form(——からの影響) 106

issues in(課題) 13
VMI and(ベンダー管理在庫と) 106
Subway(サブウェイ) 240
Sunrise Plywood and Furniture(サンライズ・ポリウッド・アンド・ファーニチャ) 188
Supplier integration(納入業者統合) 224
　"best" approach determining(最善のアプローチ決定) 225
　integration level(統合レベル) 224
　management benefits(管理利益) 224
　responsibilities(責任) 224～225
Supplier, strategic partnerships with(供給業者（戦略的提携と）) 6
Supplier integration effectiveness(納入業者統合の有効性) 225
　future plan sharing(継続的改善目標) 226
　relationship building(信頼関係の構築) 226
　relationship steps(信頼関係の段階) 225
　supplier selection considerations(納入業者選択で考慮すべきこと) 225
Supply Chain Compass Model(サプライ・チェイン・コンパスモデル) 291
　accomplishments of(——の成果) 291
　criteria of(——の基準) 293
　stages in(——の各段階) 291～292
Supply chain decision support systems(サプライ・チェインの意思決定支援システム) 317
　demand planning(需要計画) 317
　distribution resource planning(物流資源計画) 320
　evaluating(評価) 324
　fleet planning(車両計画) 321
　inventory development(在庫配置) 319
　inventory management(在庫管理) 321
　lead time quotations(リード時間の見積もり) 323
　logistics network designs(ロジスティクス・ネットワーク設計) 318
　marketing regional assignments(販売地域の割当て) 321
　material requirements planning(資材所要量計画) 320
　production location assignments(製造拠点割当て) 322
　production scheduling(生産スケジュールの作成) 323～324
　sales regional assignments(販売地域の割当て) 320
　uses of(——の使用) 317～318

workforce scheduling(作業要員のスケジュール) 324
Supply chain DSS selecting(サプライ・チェイン意思決定支援システムの選択) 326
　examples(例) 321
　issues criteria(課題の基準) 326
　requirement understanding(要求を理解すること) 328
Supply chain goal designing(サプライ・チェインの目標設計) 120
　cost versus customer service(費用対顧客サービス) 124～125
　inventory versus transportation costs (在庫対輸送費) 121～123
　lead time versus transportation costs (リード時間対輸送費) 123
　lot size versus inventory(ロットサイズ対在庫) 121
　product variety versus inventory(製品の多様性対在庫) 123
　trade off impact reducing（トレードオフ影響の低減）121～126
　trade-off in(——におけるトレードオフ) 120
Supply chain integrating(サプライ・チェインの統合) 12
　conflicting goals and(相反する目標と——) 119
　global conflicting designing(国際的な対立の設計) 120
　incentives for(——のための刺激) 119～126
　information benefits(情報の利益) 119
　objectives conflicting(相反する目的) 119
Supply chain integration, issues in(サプライ・チェイン統合（課題）) 12
Supply chain management(サプライ・チェイン・マネジメント) 1, 5
　company importance(企業の重要性) 2
　complexity(複雑性) 8～10
　cost versus customer service(費用対顧客サービス) 125
　customer information accessing(顧客が情報にアクセスすること) 245
　customer requirements conforming(顧客要求への適合) 1～5
　defined(定義) 2
　elements of(——の要素) 1
　evolution of(——の進化) 1
　examples(例) 6
　GIS use(地理情報システム使用) 317

integration problems(統合の問題) 3
IT development and(情報技術開発と——) 272
key issues(重要な課題) 10〜14
versus logistics management(対ロジスティクス・マネジメント) 3
objectives of(——の目的) 2
purposes of(——の目標) 5〜8
service versus inventory levels(サービス対在庫レベル) 5
Supply chain management, mass customization(サプライ・チェイン・マネジメント(マスカスタマイゼイション)) 230〜231
Supply chain management components(サプライ・チェイン・マネジメント構成要素) 287
 capacity planning(容量計画) 289
 demand planning(需要計画) 288
 DSS use(意思決定支援システム使用) 287
 human planners(計画担当者) 287
 procurements(購買) 290
 return on investment(投資回収) 288
Supply chain management functions(サプライ・チェインマネジメント機能)
 benefits of(定義) 5
 cross-docking strategies(クロスドッキング戦略) 8
 decentralized versus centralized systems(分散型対集中型システム) 7
 distriction strategies(ロジスティクス戦略) 8
 examples(例) 7
 manufacturing strategies(製造戦略) 7
 spending on(経過) 6
 strategic partnerships(戦略的提携) 7
Supply chain management issues(サプライ・チェイン・マネジメントにおける課題) 10
 customer value(顧客価値) 14
 decision-support systems(意思決定支援システム) 14
 distribution network configuration(ロジスティクス・ネットワークの構成) 11
 distribution strategies(ロジスティクス戦略) 12
 information technology(情報技術) 14
 inventory control(在庫管理) 11
 operational level and(オペレーションレベルと——) 11
 product design(製品設計) 13
 strategic level and(ストラテジックレベルと——) 11
 strategic partnering(戦略的提携) 13
 supply chain integration(サプライ・チェインの統合) 13
 tactical levels and(タクティカルレベルと) 11
Supply chain managing(サプライ・チェイン管理) 72
 echelon inventory(エシェロン在庫) 70〜71
 examples(例) 71
 multi-retailer system(複数の小売システム) 70
 objectives of(——の目的) 70
 retail distribution system(小売配送システム) 70
 uses of(——の使用) 72
 warehouse echelon inventory(倉庫のエシェロン在庫) 71
Supply chain objectives(サプライ・チェインの目的) 120
 customer demands(顧客需要) 120
 logistics management criteria(ロジスティクス管理評価基準) 120
 manufacturing management wants(製造業者の管理者が要求するもの) 120
 raw material suppliers(原材料供給者) 120
 retailer needs(小売業者の要求) 120
Supply Chain Operations Reference Model (SCOR)(サプライ・チェイン運用参照モデル) 249
 benchmarking comparing(ベンチマーク比較) 250
 e-commerce standardizing process(電子商取引標準化プロセス) 285
 IT development strategies(情報技術開発戦略) 291〜293
 metrics for(——の測定基準) 250
 process reference model in(——における対比モデル) 250
Supply chain performance(サプライ・チェインの評価) 249
 measurements of(——の尺度) 249
 product availability(製品が手に入るかどうか) 249
 SCOR model metrics(サプライ・チェイン運用参照モデル測定基準) 250
Swimsuit Production (case study)(水着の生産(事例)) 53〜58

initial inventory(初期在庫) 56～58
Symbolic network, GIS applications(抽象的なネットワーク（地理情報システムと）) 317
System architecture(システムアーキテクチャー) 278
　client/server structures(クライアント/サーバー構造) 279～281
　defined(定義) 278
　future needs of(──の将来の必要性) 281
　IT infrastructure component(情報技術基盤要素) 275
　legacy systems(レガシーシステム) 278
System information coordination(システム情報の調整) 116
　complex trade-off in(──における複雑なトレードオフ) 116
　global optimization(大域的最適化) 117
　information availability(情報利用可能性) 117
　local optimization(局所的最適化) 117
　output connecting(出力情報の連結) 116
　system coordination(システムの調整) 117
　system owners cost savings(システム所有者のコスト削減) 117

T

Tanner Companies(ターナー) 320～321
Technical flexibility(技術的柔軟性) 149
　equipment updating(新規設備) 150
　technological requirements(要求される技術) 149
Technological forces(技術力) 178
　development facilities locations(研究開発施設の配置) 178
　product relating(製品に関して) 177
　regional locations(地域の場所) 178
Texas Instruments(テキサスインスツルメント) 180
Third world nations(第三世界)
　human resources(人的資源) 190
　identity of(──の独自性) 190
　information systems(情報システム) 190
　infrastructure(基盤設備) 190
　supplier standards(供給業者の標準) 190
Third-party advantages(3PLの長所) 148
　core strength focus(得意とする業務への注力) 148
　flexibility(柔軟性) 149～150
　technological flexibility(技術的な柔軟性)
149
Third-party disadvantages(3PLの問題点) 151
Third-party logistic disadvantages versus core competencies(3PLの問題点対得意とする業務) 151
　customer contacts(顧客処理) 151
Third-party logistic issues asset versus non-asset owning(資産保有型3PL対資産非保有型3PL) 153
　cost knowledge(費用の把握) 152
　customer orientation(顧客指向性) 152
　specialization(専門性) 151
Third-party logistics advantages(3PLの利点) 147～151
　characteristics(特徴) 147
　company size(企業の規模) 148
　defining(定義) 147～148
　disadvantages(短所) 148～151
　implementing issues(導入の課題) 153～154
　issues in(課題) 151～153
　long-term commitments(長期契約) 147
Third-party logistics implementing(3PL導入) 153
　communication effectiveness(コミュニケーションの効果) 153
　issues in(課題) 153
　mutually beneficial focus(お互いの利益重視) 153
　proprietary information systems(独自の情報システム) 154
　start-up focus(開始時重視) 153
　time commitments(必要な時間) 153
TIGER(Topologically Integrated Geographic Encoding and Referencing) 317
Time Warner(タイムワーナー) 148
Toshiba(東芝) 188
Total quality management, cost reductions(総合品質管理，費用削減) 5
Toys "R" Us(トイザラス) 162
Traditional distribution strategy(伝統的ロジスティクス戦略) 8
　defined(定義) 8
Transportation costs(輸送費用) 69
　production facility locations(生産拠点) 137
　retailer location(小売業者拠点) 137
　warehouse quantity(倉庫の量) 137
Transportation rates(輸送価格) 25

欧文索引

characteristics of(――の特徴) 25
company-owned trucks(自社所有トラック) 25
external fleet(他社利用輸送) 25
LTL industry(LTL 産業) 27
TL carriers(TL 業者) 27
Transshipment(在庫転送) 135
 defined(定義) 135
 information systems(情報システム) 135
 ownership and(所有者と――) 136
 retail use(小売) 136
 risk-pooling in(――におけるリスク共同管理) 136
Trucks less than loads (LTL) transportation rates(LTL（輸送価格）) 27〜28

U

Uniform freight classifications, product determining(統一等級料率表（決定要素）) 27
Unique experience relationships(類のない体験関係) 246
 customer charges for(――に対する料金請求) 247
 customer interactions(顧客との相互影響) 247
 defined(定義) 246
 examples(例) 246〜247
United Services Automobile Association (USAA) 245
 business benefits(企業利益) 252

V

Value-added services(付加価値サービス) 243
 charges for(――の料金) 244
 examples(例) 243〜244
 information access as(情報提供) 244
 purpose of(――の目的) 243
 types of(――の種類) 243
Variable lead times(変動リード時間) 63
 assumptions of(――の仮定) 63
 formulas for(――のための公式) 63
Vendor managed inventory systems(VMI)(ベンダー管理在庫方式（VMI）) 155
 consignment versus ownership(委託販売対所有権) 157
 criticisms of(――の批判（問題）) 157
 determining(決定) 157
 examples(例) 158
 goal of(――の目標) 155

information systems(情報システム) 156
management commitments(経営陣による全面的な支援) 156
Vendor managed replenishment systems (VMR)(ベンダーシ管理補充) → Vendor managed inventory systems(ベンダー管理在庫方式)
VF Corporation(VF) 163
Virtual integration, defined(仮想統合（定義）) 234

W

W.R. Grace Inc.(W.R. グレース) 76
Wal-Mart(ウォルマート) 12, 240
 collaborative systems(協力システム) 116
 competitive advantage of(競争において優位に立つこと) 265
 CPFR testing(CPFR 試験) 286
 cross-docking use(クロスドッキング戦略導入) 237
 customer need satisfying(顧客要求満足) 8
 data aggregation(データの集約) 23
 International Tastes (case study)(各国の状況（事例）) 169〜175
 inventory ownership(在庫所有権) 157
 inventory turnover rate(在庫回転率) 73
 shelf space issues(棚のスペース問題) 210
 supply chain innovator(サプライ・チェインの変革) 242
 VMI use(ベンダー管理在庫方式) 155, 163
Wall Street Journal(ウォールストリートジャーナル) 127
Warehouse capacities(倉庫の容量) 31
 space requirement(必要なスペース) 31
 storage space calculating(倉庫スペースの計算) 32
Warehouse costs(倉庫費用)
 actual inventory(実際の在庫量) 31
 components in(――の構成内容) 31〜32
 inventory turnover ratio(在庫回転率) 31
 inventory turnover ratios(在庫回転率) 31
 space requirements(必要なスペース) 31
Warehouse locations, conditions for(倉庫候補地（条件）) 32
Warner-Lambert(ワーナーランバート) 116
 collaborative systems(協力システム) 116
 CPFR testing(CPFR 試験) 286
Web browser, interface standard competition(ウェブブラウザ（インターフェイス標

準化競争)） 275
Western Publishing(ウェスタン・パブリッシング) 162
　book ownership(書籍の所有権)　162
　retailer management by(──による小売業者管理)　162
　VMI use(ベンダー管理在庫方式)　162
Whirlpool Corporation(フィールプール・コーポレーション)　147

White box, meaning of(ホワイトボックス（意味))　224
Wintel standards, interface devices(ウィンテル標準（インターフェイス機器))　275
Workforce scheduling(作業要員のスケジュール)
　examples(例)　324
　supply chain DSS(サプライ・チェイン意思決定支援システム)　324

監修者略歴

久保幹雄（くぼ みきお）

- 1963年　埼玉県に生まれる
- 1990年　早稲田大学大学院理工学研究科
　　　　　博士後期課程修了
- 現　在　東京海洋大学商船学部
　　　　　流通情報工学科助教授・博士(工学)

訳者略歴

伊佐田文彦（いさだ ふみひこ）

- 1964年　兵庫県に生まれる
- 2001年　大阪大学大学院経済学研究科
　　　　　博士後期課程単位取得
- 現　在　名古屋商科大学
　　　　　経営情報学部講師

佐藤泰現（さとう やすあき）

- 1959年　福井県に生まれる
- 1983年　早稲田大学理工学部卒業
- 現　在　東洋ビジネスエンジニアリング株式会社
　　　　　SCMコンサルティング部部長

田熊博志（たくま ひろし）

- 1953年　岡山県に生まれる
- 1975年　上智大学外国語学部卒業
- 現　在　企業のIT戦略立案，ERP導入
　　　　　支援，ERP関係書籍翻訳に従事

宮本裕一郎（みやもと ゆういちろう）

- 1971年　神奈川県に生まれる
- 1998年　東京大学大学院工学系研究科
　　　　　修士課程修了
- 現　在　上智大学理工学部
　　　　　機械工学科助手

サプライ・チェインの設計と管理(普及版)
——コンセプト・戦略・事例——　　定価はカバーに表示

2017年 4月20日　初版第 1 刷
2022年 8月 5日　　　　第 4 刷

監修者　久　保　幹　雄
発行者　朝　倉　誠　造
発行所　株式会社　朝　倉　書　店

東京都新宿区新小川町6-29
郵便番号　162-8707
電話　03(3260)0141
FAX　03(3260)0180
http://www.asakura.co.jp

〈検印省略〉

© 2002〈無断複写・転載を禁ず〉

Printed in Korea

ISBN 978-4-254-27023-5　C 3050

JCOPY　〈出版者著作権管理機構　委託出版物〉

本書の無断複写は著作権法上での例外を除き禁じられています．複写される場合は，
そのつど事前に，出版者著作権管理機構（電話 03-5244-5088，FAX 03-5244-5089，
e-mail: info@jcopy.or.jp）の許諾を得てください．

東工大 圓川隆夫・前青学大 黒田 充・法大 福田好朗編

生 産 管 理 の 事 典

27001-3 C3550　　　　B 5判 752頁 本体28000円

〔内容〕機能編（生産計画，工程・作業管理，購買・外注管理，納期・在庫管理，品質管理，原価管理，工場計画，設備管理，自動化，人と組織，情報技術，安全・環境管理，他）／ビジネスモデル統合編（ビジネスの革新，製品開発サイクル，サプライチェーン，CIMとFA，他）／方法論編（需要予測，生産・輸送計画，スケジューリング，シミュレーション，モデリング手法，最適化手法，SQC，実験計画法，品質工学，信頼性，経済性工学，VE，TQM，TPM，JIT，他）／付録（受賞企業一覧，他）

P.M.スワミダス編
前青学大 黒田　充・前筑波大 門田安弘・
早大 森戸　晋監訳

生 産 管 理 大 辞 典

27007-5 C3550　　　　B 5判 880頁 本体38000円

世界的な研究者・製造業者が一体となって造り上げた105用語からなる中項目大辞典。実際面を尊重し，定義・歴史的視点・戦略的視点・技術的視点・実施・効果・事例・結果・総括的知見につき平易に解説。950用語の小項目を補完収載。〔内容〕SCM／MRP／活動基準原価／環境問題／業績評価指標／グローバルな製造合理化／在庫フロー分析／資材計画／施設配置問題／JIT生産に対するかんばん制御／生産戦略／製品開発／総合的品質管理／段取り時間の短縮／プロジェクト管理／他

A.チャーンズ・W.W.クーパー・A.Y.リューイン・L.M.シーフォード編
前政策研究大学院大 刀根　薫・成蹊大 上田　徹監訳

経営効率評価ハンドブック（普及版）
—包絡分析法の理論と応用—

27014-3 C3050　　　　A 5判 484頁 本体13000円

DEAの基礎理論を明示し，新しいデータ分析法・実際の効果ある応用例を収めた包括的な書。〔内容〕基本DEAモデル／拡張／計算的側面／DEA用ソフト／航空業界の評価／病院の分析／炭酸飲料業界の多期間分析／病院への適用／高速道路の保守／醸造産業における戦略／位置決定支援／病院における生産性／所有権と財産権／フェリー輸送航路／標準を取り入れたDEA／修正DEAと回帰分析を用いた教育／物価指数における問題／野球選手の相対効率性／農業と石炭業への応用／他

東京海洋大 久保幹雄・慶大 田村明久・中大 松井知己編

応用数理計画ハンドブック（普及版）

27021-1 C3050　　　　A 5判 1376頁 本体26000円

数理計画の気鋭の研究者が総力をもってまとめ上げた，世界にも類例がない大著。〔内容〕基礎理論／計算量の理論／多面体論／線形計画法／整数計画法／動的計画法／マトロイド理論／ネットワーク計画／近似解法／非線形計画法／大域的最適化問題／確率計画法／トピックス（パラメトリックサーチ，安定結婚問題，第K最適解，半正定値計画緩和，列挙問題）／多段階確率計画問題とその応用／運搬経路問題／枝巡回路問題／施設配置問題／ネットワークデザイン問題／スケジューリング

G.S.マタラ・C.R.ラオ編
慶大 小暮厚之・早大 森平爽一郎監訳

ファイナンス統計学ハンドブック

29002-8 C3050　　　　A 5判 740頁 本体26000円

ファイナンスに用いられる統計的・確率的手法を国際的に著名な研究者らが解説した，研究者・実務者にとって最高のリファレンスブック。〔内容〕アセットプライシング／金利の期間構造／ボラティリティ／予測／選択可能な確率モデル／特別な統計手法の応用（ブートストラップ，主成分と因子分析，変量誤差問題，人工ニューラルネットワーク，制限従属変数モデル）／種々の他の問題（オプション価格モデルの検定，ペソ問題，市場マイクロストラクチャー，ポートフォリオ収益率）

前東工大 今野　浩・明大 刈屋武昭・首都大 木島正明編

金融工学事典

29005-9 C3550　　　　A5判 848頁 本体22000円

中項目主義の事典として，金融工学を一つの体系の下に纏めることを目的とし，金融工学および必要となる数学，統計学，OR，金融・財務などの各分野の重要な述語に明確な定義を与えるとともに，概念を平易に解説し，指針書も目指したもの〔内容〕伊藤積分／ALM／確率微分方程式／GARCH／為替／金利モデル／最適制御理論／CAPM／スワップ／倒産確率／年金／判別分析／不動産金融工学／保険／マーケット構造モデル／マルチンゲール／乱数／リアルオプション他

日大 蓑谷千凰彦・東大 縄田和満・京産大 和合 肇編

計量経済学ハンドブック

29007-3 C3050　　　　A5判 1048頁 本体28000円

計量経済学の基礎から応用までを30余のテーマにまとめ，詳しく解説する。〔内容〕微分・積分，伊藤積分／行列／統計的推測／確率過程／標準回帰モデル／パラメータ推定(LS,QML他)／自己相関／不均一分散／正規性の検定／構造変化テスト／同時方程式／頑健推定／包括テスト／季節調整法／産業連関分析／時系列分析(ARIMA,VAR他)／カルマンフィルター／ウェーブレット解析／ベイジアン計量経済学／モンテカルロ法／質的データ／生存解析モデル／他

東北大 照井伸彦監訳

ベイズ計量経済学ハンドブック

29019-6 C3050　　　　A5判 564頁 本体12000円

いまやベイズ計量経済学は，計量経済理論だけでなく実証分析にまで広範に拡大しており，本書は教科書で身に付けた知識を研究領域に適用しようとするとき役立つよう企図されたもの。〔内容〕処理選択のベイズ的諸側面／交換可能性、表現定理、主観性／時系列状態空間モデル／柔軟なノンパラメトリックモデル／シミュレーションとMCMC／ミクロ経済におけるベイズ分析法／ベイズマクロ計量経済学／マーケティングにおけるベイズ分析法／ファイナンスにおける分析法

J.D.フィナーティ著　法大 浦谷 規訳

プロジェクト・ファイナンス
――ベンチャーのための金融工学――

29003-5 C3050　　　　A5判 296頁 本体5200円

効率的なプロジェクト資金調達方法を明示する。〔内容〕理論／成立条件／契約担保／商法上の組織／資金調達／割引のキャッシュフロー分析／モデルと評価／資金源／ホスト政府の役割／ケーススタディ(ユーロディズニー，ユーロトンネル他)

J.スタンプフリ・V.グッドマン著
米村　浩・神山直樹・桑原善太訳

ファイナンス数学入門
――モデリングとヘッジング――

29004-2 C3050　　　　A5判 304頁 本体5200円

実際の市場データを織り交ぜ現実感を伝えながら解説。〔内容〕金融市場／2項ツリー，ポートフォリオの複製，裁定取引／ツリーモデル／連続モデルとブラック-ショールズ公式，解析的アプローチ／ヘッジング／債券モデルと金利オプション／他

慶大 小暮厚之編著

リ ス ク の 科 学
――金融と保険のモデル分析――

29008-0 C3050　　　　A5判 164頁 本体2400円

規制緩和など新たな市場原理に基づく保険・年金リスクの管理技術につき明記。〔内容〕多期間最適資産配分モデル／変額保険リスクVaR推定／株価連動型年金オプション性／株式市場の危険回避度／バブル崩壊後の危険回避度／将来生命表の予測

日本年金数理人会編

新版 年 金 数 理 概 論

29017-2 C3050　　　　A5判 184頁 本体3200円

年金数理を包括的に知る，年金数理人をめざすための教科書の最新改訂版。〔内容〕年金制度論／年金数理の基礎／計算基礎率の算定／年金現価／財政計画と財政方式／各種財政方法の構造／財政計算／財政検証／退職給付会計／投資理論への応用

東京海洋大 久保幹雄著

サプライ・チェイン最適化ハンドブック

27015-0　C3050　　　　　　A5判 520頁 本体17000円

工学的なアプローチの必要性から実務界において大きな注目を浴びている，サプライ・チェイン最適化に関する数学的基礎から理論と応用をまとめた書。〔内容〕数理計画入門／線形計画／整数計画／区分的線形関数／グラフとネットワーク／経済発注量モデル／動的ロットサイズ決定モデル／確率的在庫モデル／鞭効果／安全在庫配置モデル／施設配置モデル／ロジスティックネットワーク設計モデル／収益管理／動的価値付けモデル／配送計画モデル／運搬スケジューリングモデル／他

前青学大 黒田　充編著

サプライチェーン・マネジメント
――企業間連携の理論と実際――

27009-9　C3050　　　　　　A5判 216頁 本体3000円

SCMの考え方・理論から実際までを具体的に解説。〔内容〕全体最適／消費財流通変化／SCM在庫モデル／ITと業務改革／システム間連携技術／プランニング・スケジューリング統合技術／戦略的品質経営／アパレル流通／実例

D.J.バワーソクス他著
神奈川大松浦春樹・前専修大 島津　誠訳者代表

サプライチェーン・ロジスティクス

27010-5　C3050　　　　　　A5判 292頁 本体4800円

SCMフレームワークとその実務，ITによる支援までを詳説した世界標準テキスト。〔内容〕リーン生産／顧客対応／市場流通戦略／調達製造戦略／オペレーション統合／情報ネットワーク／ERPと実行システム／APS／変革の方向性

東京海洋大 久保幹雄著

実務家のための サプライ・チェイン最適化入門

27011-2　C3050　　　　　　A5判 136頁 本体2600円

著者らの開発した最適化のための意思決定支援システムを解説したもの。明示された具体例は，実際に「動く」実感をWebサイトで体験できる。安全在庫，スケジューリング，配送計画，収益管理，ロットサイズ等の最適化に携わる実務家向け

D.スミチ-レビ他著　東京海洋大 久保幹雄監修
斉藤佳鶴子・構造計画研 斉藤　努訳

マネージング・ザ・サプライ・チェイン

27012-9　C3050　　　　　　A5判 176頁 本体3200円

スミチ-レビの「設計と管理」を補足する書。システムの設計・操作・管理での重要なモデル・解決法・洞察につき，数学的記述を避け，平易に記述。〔内容〕サプライ・チェインの統合／ネットワーク計画／外部委託・調達・供給契約／顧客価値

東京海洋大 久保幹雄著
経営科学のニューフロンティア 8

ロジスティクス工学

27518-6　C3350　　　　　　A5判 224頁 本体4500円

サプライ・チェインの本質的な理論から実践までを詳述。〔内容〕経済発注量モデル／鞭効果／確率的在庫モデル／安全在庫配置モデル／動的ロットサイズ決定モデル／配送計画モデル／運搬スケジューリングモデル／スケジューリングモデル／他

南山大 福島雅夫著

非線形最適化の基礎

28001-2　C3050　　　　　　A5判 260頁 本体4800円

コンピュータの飛躍的な発達で現実の問題解決の強力な手段として普及してきた非線形計画問題の最適化理論とその応用を多くの演習問題もまじえてていねいに解説。〔内容〕最適化問題とは／凸解析／最適性条件／双対性理論／均衡問題

首都大 木島正明・北大 鈴木輝好・北大 後藤　允著

ファイナンス理論入門
――金融工学へのプロローグ――

29016-5　C3050　　　　　　A5判 208頁 本体2900円

事業会社を主人公として金融市場を描くことで，学生にとって抽象度の高い金融市場を身近なものとする。事業会社・投資家・銀行，証券からの視点より主要な題材を扱い，豊富な演習問題・計算問題を通しながら容易に学べることを旨とした書

スウィーティングP.著　明大 松山直樹訳者代表

フィナンシャル ERM
――金融・保険の統合的リスク管理――

29021-9　C3050　　　　　　A5判 500頁 本体8600円

組織の全体的リスク管理を扱うアクチュアリーの基礎を定量的に解説〔内容〕序説／金融機関の種類／利害関係者／内部環境／外部環境／プロセスの概観／リスクの定義／リスクの特定／有用な統計量／確率分布／モデル化技法／極値論／他

上記価格（税別）は 2022年 7月現在